Springer-Lehrbuch

T0222654

Konrad Martin
Christoph Allgaier

Ökologie der Biozönosen

2., aktualisierte und erweiterte Auflage

Zeichnungen von Christoph Allgaier

 Springer

apl. Prof. Dr. rer. nat. Konrad Martin
Universität Hohenheim
Agrarökologie der Tropen und Subtropen (380)
70593 Stuttgart
K.Martin@uni-hohenheim.de

Christoph Allgaier
Staatliches Museum
für Naturkunde Stuttgart
Zoologie
Rosenstein 1
70191 Stuttgart
und
Universität Tübingen
Evolution und Ökologie
Evolutionsbiologie der Invertebraten
Auf der Morgenstelle 28
72076 Tübingen
christoph.allgaier@smns-bw.de

ISSN 0937-7433
ISBN 978-3-642-20627-6   e-ISBN 978-3-642-20628-3
DOI 10.1007/978-3-642-20628-3
Springer Heidelberg Dordrecht London New York

Die Deutsche Nationalbibliothek verzeichnet diese Publikation in der Deutschen Nationalbibliografie; detaillierte bibliografische Daten sind im Internet über http://dnb.d-nb.de abrufbar.

Umschlagabbildung, links: Grünes Heupferd *(Tettigonia viridissima),* juvenil; *rechts:* Männliche Springspinne *(Thyene imperialis),* adult (Christoph Allgaier)

Zeichnungen und Grafiken: Christoph Allgaier

Layout und Satz: Christoph Allgaier

Einbandentwurf: WMXDesign GmbH, Heidelberg

Gedruckt auf säurefreiem Papier

Springer ist Teil der Fachverlagsgruppe Springer Science+Business Media (www.springer.com)

Vorwort

…wenn Karl Möbius das sehen könnte! Er würde „seine" Austernbänke in der Nordsee, die er als Lebensgemeinschaft erkannte und dafür 1877 den Begriff Biozönose prägte, nicht mehr wiedererkennen. Die Europäische Auster ist inzwischen verschwunden, an ihrer Stelle etablierte sich die Pazifische Auster. Zusammen mit dieser existiert zwar ebenfalls eine „den durchschnittlichen äußeren Lebensverhältnissen entsprechende Auswahl und Zahl an Arten, welche sich gegenseitig bedingen", wie Möbius schrieb, aber geändert haben sich sowohl die durchschnittlichen äußeren Lebensbedingungen (durch höhere Wassertemperaturen), als auch die Auswahl an Arten, die heute aus allen Weltmeeren stammt: Amerikanische Pantoffelschnecke, Australische Seepocke, Japanischer Beerentang und Asiatischer Gespensterkrebs.

Vor 10 Jahren, als die erste Auflage der „Ökologie der Biozönosen" erschien, hatte dieser Wandel noch nicht stattgefunden. Auch in vielen anderen Lebensgemeinschaften gewinnen Tier- und Pflanzenarten, die sich in neuen Lebensräumen etablieren konnten, zunehmend an Bedeutung und werden daher in der vorliegenden Auflage behandelt. Wesentliche Veränderungen ergaben sich in den letzten Jahren auch im Verständnis der direkten und indirekten Abwehrmechanismen bei Pflanzen. Die jeweiligen Kapitel wurden daher grundlegend neu gestaltet und auf den aktuellen Stand des Wissens gebracht. Unter Berücksichtigung neuer Erkenntnisse erfolgte auch die Überarbeitung der anderen Themenbereiche, indem verschiedene Abschnitte entsprechend ergänzt oder ausgetauscht wurden. Daraus ergaben sich teilweise neue Aspekte für die Diskussion und die Schlussfolgerungen in den beiden letzten Kapiteln.

In bewährter Weise arbeiteten die beiden Autoren auch bei dieser Auflage zusammen. Konrad Martin verfasste unter redaktioneller Mitarbeit von Christoph Allgaier den Text. Die Zeichnungen und Grafiken und das Kapitel „Die Rolle von Parasiten in Biozönosen" erstellte Christoph Allgaier. Für wichtige Hinweise zur 2. Auflage bedanken wir uns bei Prof. Dr. Lutz Thilo Wasserthal, Erlangen und Prof. Dr. Peter Wenk, Tübingen.

Stuttgart, Mai 2011   Die Autoren

Vorwort zur 1. Auflage

Jeder Lebensraum der Erde weist eine bestimmte Auswahl an Pflanzen, Tieren und Mikroorganismen auf. Ihre Anwesenheit an Standorten mit unterschiedlichen Umweltbedingungen kann das Ergebnis von Prozessen sein, die bereits vor Jahrmillionen stattgefunden haben oder von solchen, die genau in diesem Moment ablaufen und wirken. Nicht nur die Zahl der Arten, sondern auch die Zahl ihrer Individuen wird von verschiedenen Faktoren bestimmt, darunter solchen, die innerhalb eines Gefüges von Arten entstehen und wirken. Alle Arten, die untereinander in Beziehung stehen, bilden eine Biozönose. Nur wenige dieser Beziehungen lassen sich durch direkte Beobachtung erkennen. Die auf dem Titel abgebildete Raupe des Mittleren Weinschwärmers *(Deilephila elpenor)* frisst an den Blättern bestimmter Pflanzen. Damit hat sich dem Betrachter ein winziger Ausschnitt aus dem Geschehen in einer Biozönose erschlossen, dessen Bedeutung und Zusammenhang mit anderen Prozessen jedoch verborgen bleibt. Was bewirkt der Raupenfraß bei der Pflanze und deren Population, und durch welche Faktoren werden die Raupen in ihrer Tätigkeit beeinflusst? In der Natur lässt sich an praktisch jeder beliebigen Pflanze beobachten, dass in der Regel nur geringe Anteile ihrer Blätter Fraßschäden von Insekten aufweisen. Was verhindert, dass die Pflanze stärkere Verluste erleidet oder sogar kahl gefressen wird? Die Erklärung dafür kann bei der Pflanze, den Prädatoren der Pflanzenfresser und bei anderen Arten, die auf diese Interaktion einwirken, gesucht werden. Auch abiotische Bedingungen, z. B. die Witterung oder die Nährstoffversorgung der Pflanze, müssen dabei in Betracht gezogen werden. In der Regel ist aber nicht zu erwarten, dass einer dieser Faktoren allein für dieses Phänomen verantwortlich ist.

Dieses Buch befasst sich mit den vielfältigen Vorgängen in Biozönosen. Zahlreiche Fallbeispiele versetzen den Leser in konkrete Situationen, die im Zusammenleben der Arten auftreten. Anschaulichkeit gewinnt das Buch durch die von Christoph Allgaier erstellten Zeichnungen und Grafiken. Es ist das Produkt aus einer mit ihm gemeinsam entstandenen Idee einer Synthese von Wissenschaft und Ästhetik zur Vermittlung ökologischer Zusammenhänge und soll diesen Einblick in die Natur zu einem faszinierenden Erlebnis machen.

Die verschiedenen Kapitel präsentieren sowohl Grundlagen als auch aktuelle Ergebnisse der Biozönoseforschung. Zunächst werden Formen und Wirkungen der wesentlichen Interaktionen zwischen Organismen einzeln dargestellt. Darauf aufbauend erfolgt die Betrachtung zunehmend komplexer Zusammenhänge und schließlich die Prüfung der Aussagen verschiedener ökologischer Hypothesen anhand von Untersuchungsergebnissen. Dabei werden auch offene Fragen und methodische Probleme diskutiert, die Anregungen für weitere Forschung liefern können. Als Lernhilfen dienen die mit Randbalken markierten Kernaussagen und Schlussfolgerungen aus den einzelnen Abschnitten sowie die Zusammenfassungen am Ende jedes Kapitels. Ein Glossar am Schluss des Buches liefert Erklärungen der wichtigsten Begriffe.

An dieser Stelle sei allen gedankt, die in unterschiedlicher Weise zur Entstehung dieses Buches beigetragen haben: Prof. Dr. Werner Koch (†), Dr. Erika und Dr. Gerhard Mickoleit, Dr. Paul Westrich, Dr. Erich Götz, Dr. Wolfgang Rähle, Dr. David Spiller und Prof. Dr. Joachim Sauerborn. Dipl.-Biol. Tilmann Stolz gilt mein besonderer Dank für die sprachlichen Korrekturen am Manuskript. Die staatlichen Museen für Naturkunde Karlsruhe und Stuttgart stellten Sammlungsmaterial als Vorlage für Zeichnungen zur Verfügung. Frau Manuela C. Kratz und Frau Stefanie Wolf vom Springer-Verlag danke ich für die gute Zusammenarbeit auf dem Weg vom Manuskript zum Buch.

Hohenheim, Oktober 2001   Konrad Martin

Inhaltsverzeichnis

1 Einführung

1.1
Arten, Umwelt und Biozönosen

Welche Faktoren bestimmen das Vorkommen von Arten und die Größe ihrer Populationen? Vor dem Hintergrund dieser zentralen Frage der Ökologie werden wohl letztlich alle Untersuchungen durchgeführt, die sich mit den Existenzansprüchen von Organismen und deren Beziehungen zueinander befassen. In einem ersten Ansatz ihrer Beantwortung lassen sich dabei zunächst zwei Aspekte unterscheiden.

Zum einen bestimmt die abiotische Umwelt die Lebensbedingungen der Arten. Die oberen und unteren Grenzwerte der Klimafaktoren und anderer physikalischer und chemischer Parameter legen den – mehr oder weniger großen – Existenzbereich einzelner Arten fest. Jeder Lebensraum ist durch eine eigene abiotische Umwelt gekennzeichnet, die nur für bestimmte Arten mit entsprechenden Anpassungen als Lebensraum infrage kommt. Vorübergehende Extreme in den herrschenden Bedingungen, z. B. im Witterungsverlauf, können die Mortalitäts- und Reproduktionsrate einer Population beeinflussen. Geografische Faktoren wie verschiedene natürliche Barrieren (z. B. Meere oder Gebirge) verhindern, dass sich eine bestimmte Art in alle für sie geeignete Lebensräume der Erde ausbreitet. Die erfolgreiche (und oft folgenreiche) Einführung und Verschleppung von Arten durch den Menschen in Gegenden, in denen sie bisher nicht vorkamen, beweist, dass in solchen Fällen Ausbreitungshindernisse für das frühere Fehlen verantwortlich waren und nicht eine mangelnde Anpassung an die Umwelt.

Zum anderen haben Arten, Populationen und Individuen nicht nur eine abiotische Umwelt, sondern auch eine biotische „Mitwelt", zu der sie in verschiedenen Beziehungen stehen können. Solche bedingen sich durch Nahrungsansprüche, Konkurrenz um Ressourcen oder durch ein- oder wechselseitige Förderungen (Mutualismus). In den Kapiteln 2–6 werden Formen und Wirkungen dieser Interaktionen zwischen verschiedenen Arten im Einzelnen behandelt. Im Vordergrund steht dabei deren Bedeutung für die Größe und

Entwicklung der Populationen und die Fitness ihrer Individuen. Außerdem wird der Frage nachgegangen, inwieweit auch Interaktionen innerhalb von Populationen hierfür eine Rolle spielen (Kapitel 7).

Lässt sich eine allgemeine Aussage darüber treffen, ob biotische oder abiotische Faktoren eine wichtigere Rolle für das Vorkommen und die Häufigkeit von Arten in einem gegebenen Lebensraum spielen? Einzelne Beobachter gelangten in dieser Frage zunächst zu sehr unterschiedlichen Auffassungen. Gleason (1926) betrieb vegetationskundliche Studien in Nordamerika und kam zu dem Schluss, dass die Zusammensetzung der Arten in einem Lebensraum das alleinige Produkt der äußeren (abiotischen) Bedingungen und der Ausbreitungsmöglichkeiten der Individuen sind. Verschiedene Arten sind somit durch zufällige Ereignisse an einem Ort zusammengekommen, wobei alle diejenigen überleben konnten, die den dortigen Gegebenheiten angepasst sind.

Im Gegensatz dazu steht die Sicht von Clements (1916), der sich vor allem mit der Entwicklung (Sukzession) von Pflanzenbeständen befasste. Nach seiner Erkenntnis bildet eine Gemeinschaft von Arten einen „Organismus höherer Ordnung", der ohne seine einzelnen Bestandteile, quasi seine Organe, nicht existieren kann. Dieser Prozess ist voraussagbar und erfolgt nach innengesteuerten Gesetzmäßigkeiten: „Ein Bestand wächst, reift und stirbt wie ein Organismus. ... Das Klimaxstadium ist der reife Organismus, die vollständig entwickelte Gemeinschaft, deren frühe und mittlere Phasen lediglich Entwicklungsstadien sind" (Clements 1916).

Nicht nur weil sich beide Aussagen ausschließlich auf Pflanzen beziehen und andere Organismen zumindest nicht explizit mit einbezogen werden, ist es fragwürdig, die jeweiligen Beobachtungen zu verallgemeinern. Andererseits legen sie jedoch nahe, dass sehr unterschiedliche Gewichtungen der Einflüsse von abiotischen und biotischen Faktoren auf das Zusammenleben der Arten möglich sind, da sonst kaum so gegensätzliche Schlussfolgerungen zu Stande gekommen wären. Zwischen den beiden Extremen existieren demnach vermutlich kontinuierliche Übergänge entlang von Gradienten, mit denen sich bestimmte Faktoren ändern. Als die jeweiligen Endpunkte solcher Achsen wären die Verhältnisse anzusehen, die von Gleason und Clements zu Grunde gelegt werden und allgemein wie folgt charakterisiert werden können (Richardson 1980; Roughgarden u. Diamond 1986):

- Die abiotische Umwelt und die Ausbreitungsmöglichkeiten der Arten bestimmen in höchstem Maße deren Vorkommen, d. h. ihre Individuen erreichen den Lebensraum, in welchem sie unter den gegebenen abiotischen Bedingungen existieren können, in ausreichender Zahl, um sich dort als Population zu etablieren. Die Arten haben keine intensiven und wenig spezifische Beziehungen, sind also grundsätzlich austauschbar. Die Dynamik der Populationen, d. h. die Entwicklung ihrer Individuenzahlen, wird dann im Wesentlichen durch abiotische Bedingungen bestimmt. Solche Verhältnisse wären nach der Zerstörung eines Systems, in einem neu entstandenen Lebensraum zu Beginn der Sukzession oder in abiotisch sehr instabiler Umwelt zu erwarten.

- Die Arten eines Gebiets beeinflussen sich gegenseitig im Verlaufe ihrer Evolution, was zu engen Anpassungen und Abhängigkeiten, aber auch zu Verdrängungsprozessen führen kann. Dadurch können über die Zeit sehr komplexe Beziehungsgefüge entstehen. Solche wären vor allem in den feuchten Tropen zu finden, wo relativ konstante abiotische Bedingungen herrschen und daher die Entwicklungen der Populationen stärker von den Beziehungen der Arten zueinander bestimmt werden als von den wenig variablen abiotischen Umweltfaktoren.

Erstmals unternahm der Kieler Meereszoologe Möbius (1877) den Versuch, ein Kollektiv von Arten anhand von bestimmten Kriterien zu charakterisieren. Er führte den Begriff **Biozönose** in einer umfassenden Arbeit über die damals im nordfriesischen Wattenmeer vorhandenen, von *Ostrea edulis* gebildeten Austernbänke in die Literatur ein (Abb. 1.1).

Möbius erkannte in dieser Definition wesentliche Kriterien des gemeinsamen Vorkommens von Arten, nämlich die Wirkung von abiotischen Faktoren sowie gewisse Beziehungen der Arten zueinander dadurch, dass sie sich „gegenseitig bedingen". Es ist jedoch fraglich, ob sich eine Biozönose auf ein

„Jede Austernbank ist gewissermaßen eine Gemeinde lebender Wesen, eine Auswahl von Arten und eine Summe von Individuen, welche gerade auf dieser Stelle alle Bedingungen für ihre Entstehung und Erhaltung finden, also den passenden Boden, hinreichende Nahrung, gehörigen Salzgehalt und erträgliche und entwicklungsgünstige Temperaturen.
Jede daselbst wohnende Art ist durch die größte Zahl von Individuen vertreten, die sich den vorhandenen Umständen gemäß ausbilden konnten; ...
Die Wissenschaft besitzt noch kein Wort für eine solche Gemeinschaft von lebenden Wesen, für eine den durchschnittlichen äußeren Lebensverhältnissen entsprechende Auswahl und Zahl von Arten und Individuen, welche sich gegenseitig bedingen und durch Fortpflanzung in einem abgemessenen Gebiete dauernd erhalten. Ich nenne eine solche Gemeinschaft Biocoenosis oder Lebensgemeinde."

Abb. 1.1. Der Begriff „Biozönose" wurde von Möbius (1877) anhand von Austernbänken in der Nordsee definiert. Die Bestände der oben dargestellten Europäischen Auster *(Ostrea edulis)* sind dort inzwischen verschwunden. An ihrer Stelle wird heute die aus dem Pazifik stammende Austernart *Crassostrea gigas* kultiviert.

„abgemessenes Gebiet", d. h. auf eine räumlich begrenzte Einheit festlegen
lässt. In aller Regel gelingt es nicht, eine klare Trennzone zu bestimmen, da z. B.
viele Organismen mobil sind und daher ihren Standort wechseln können. Vermeintlich scharfe Grenzen, die anhand der Vegetation gezogen werden können,
sind oft nicht real. So umfasst der Lebensraum von Rehen in der Kulturlandschaft Mitteleuropas Wald und Wiese. Im Extremfall gibt es saisonale Wander-
bewegungen, wie z. B. bei Zugvögeln, die im Sommer in Europa leben und im
Winter zu Mitgliedern von Biozönosen afrikanischer Lebensräume werden.
Natürlicherweise bestehen zwischen verschiedenen Lebensgemeinschaften
mehr oder weniger breite Übergangszonen entlang von Umweltgradienten, mit
denen bestimmte Arten immer häufiger werden oder neu hinzukommen, andere dagegen abnehmen. Dies ist nicht nur bei Pflanzen die Regel, sondern
auch bei wenig mobilen Tierarten wie z. B. Landschnecken (Martin 1987). Darüber hinaus müssen Tier- und Pflanzengemeinschaften keineswegs deckungs-
gleich sein, sondern können in ihrer Ausdehnung von jeweils verschiedenen
Faktoren beeinflusst werden.

Im Fall der Austernbänke haften die Muscheln fest am Substrat, und somit
können die Bereiche ihres Vorkommens eindeutig bestimmt werden. Sie finden
auch „gerade auf dieser Stelle … hinreichende Nahrung", wie Möbius feststellt,
die allerdings nicht aus dieser Biozönose stammt. Austern sind Filtrierer und
daher auf Nahrung angewiesen, die mit der Strömung und somit aus anderen
Lebensräumen herangeführt wird. In Kapitel 8 werden weitere Aspekte der Beziehungen zwischen Arten, ihrem Lebensraum sowie der Verbindung der Arten
durch Nahrungsbeziehungen betrachtet und diskutiert.

> Eine Biozönose ist weniger durch räumliche Grenzen, sondern vielmehr
> durch die funktionalen Beziehungen zwischen den Arten und ihren Wirkun-
> gen aufeinander gekennzeichnet. Wesentlich ist das Vorhandensein von Fak-
> toren, die innerhalb eines Gefüges von Arten entstehen und wirken, nämlich
> die bereits erwähnten **Interaktionen**.

Einzelne Interaktionen sind Ausschnitte aus dem Wirkungsgefüge einer Biozönose. Wohl kaum eine Artenpopulation steht einzig mit einer anderen in Interaktion, sondern ist in ein komplexes Beziehungsgeflecht eingebunden. So
haben Pflanzen z. B. Fressfeinde, Konkurrenten sowie ggf. Bestäuber und pilzliche Mutualisten (z. B. Mykorrhiza) und unterhalten damit verschiedene Interaktionen gleichzeitig zu mehreren Arten. Auch Tiere wie Pflanzenfresser (Phytophagen) oder Räuber (Prädatoren) haben oft Konkurrenten, werden zur
Beute anderer und können dazu noch in mutualistische Beziehungen eingebunden sein. Die multiplen Wirkungen, die sich dadurch auf eine Artenpopulation
ergeben, beeinflussen insgesamt deren Entwicklung, wobei nicht alle Wirkungen gleich bedeutend sind. Umgekehrt nehmen einzelne Artenpopulationen in
mehr oder weniger starkem Maße Einfluss auf die Existenzbedingungen anderer und gestalten dadurch das mit ihnen assoziierte Organismenkollektiv auf
direkte oder indirekte Weise mit. Kapitel 9 befasst sich näher mit Interaktionen

zwischen mehreren Artenpopulationen und den daraus resultierenden Effekten in der Biozönose. Darüber hinaus kann auch versucht werden, Aussagen über Prozesse zu treffen, welche die Zusammensetzung der Biozönose als Ganzes bestimmen, und zwar den begrenzenden Faktoren für die Produzenten, Phytophagen und Prädatoren. Hierfür existieren verschiedene Modelle, die in Kapitel 10 vorgestellt und anhand von Ergebnissen durchgeführter Studien geprüft und diskutiert werden. Kapitel 11 behandelt die grundlegenden Prozesse, welche für die Bestimmung der Arten- und Individuenzahlen in Biozönosen von Bedeutung sind, in einer abschließenden Übersicht.

1.2
Definitionen der Interaktionen

Bevor genauere Analysen der Wirkung verschiedener Interaktionen erfolgen, werden in den nächsten Abschnitten zuerst ihre prinzipiellen Formen definiert.

1.2.1
Phytophagie und Herbivorie

Diese beiden Begriffe werden oft synonym im Sinne von „Fraß an Pflanzen" verwendet. Pflanzenfresser lassen sich jedoch entsprechend der pflanzlichen Bestandteile, die sie für ihre Ernährung nutzen, in verschiedene Kategorien einteilen, die sich auch in ihrer Bedeutung für die Pflanzen unterscheiden. Als Überbegriff für alle Organismen, die sich auf pflanzlicher Basis ernähren, sollte der Ausdruck **Phytophagen** verwendet werden. Diese setzen sich zum Teil aus Arten zusammen, welche sich vom Pflanzenkormus ernähren. Solche sind Blatt-, Stängel- und Wurzelfresser, Pflanzensaftsauger, Minierer und Gallenbildner, die alle als **Herbivoren** bezeichnet werden (Abb. 1.2). Andere Phytophagen konsumieren pflanzliche Produkte, die im Zusammenhang mit der Reproduktion gebildet werden, also Samen und Früchte (Abb. 1.3) sowie Nektar und Pollen. Für sie existiert kein übergeordneter Begriff.

1.2.2
Prädation

Prädatoren sind Organismen, die andere Organismen aus Gründen des Nahrungserwerbs töten. Diese Interaktion findet in erster Linie zwischen Tieren statt, aber auch zwischen Pflanzen und Tieren. So sind karnivore Pflanzen Prädatoren, und genau genommen auch Tiere, die lebende Samen fressen und dadurch den Embryo töten. Ob Samenfresser als Prädatoren oder Phytophagen angesehen werden, bleibt Ansichtssache oder kommt auf den Zusammenhang an. Zu den Prädatoren gehören aber in jedem Fall **Parasitoide**. Bei diesen handelt es sich im Wesentlichen um Insekten (Schlupfwespen und Schlupffliegen), die ihre Eier in die Eier, Larven, Puppen oder Imagines anderer Arthropoden ablegen. Ihre Larven entwickeln sich im Körper des Wirtes und ernähren sich von seinem Gewebe, wodurch dieser schließlich getötet wird.

Parasiten dagegen nutzen ihre Wirte aus, töten sie aber in der Regel nicht. Sie halten sich zeitweise oder ständig an oder in den Organismen einer anderen Art auf, um von ihnen Nahrung zu beziehen. Parasitismus kommt zwischen Pflanzen und zwischen Tieren vor, aber auch Herbivorie kann als Parasitismus von Tieren an Pflanzen aufgefasst werden.

1.2.3
Konkurrenz

Der Wettbewerb zweier (oder mehrerer) Individuen oder Populationen um Nahrung, Raum oder andere begrenzt verfügbare Ressourcen, der zu ein- oder wechselseitiger negativer Beeinflussung der beteiligten Organismen führt, wird als **Konkurrenz** bezeichnet. Diese Definition gilt für Konkurrenz zwischen verschiedenen Arten **(interspezifisch)** ebenso wie für Konkurrenz zwischen Individuen derselben Art **(intraspezifisch)**. Gewöhnlich werden zwei Mechanismen der Konkurrenz unterschieden, die sich aber gegenseitig nicht ausschließen:

1. **Interferenz** ist das direkte Aufeinandertreffen von Individuen an einer gemeinsamen Ressource, wobei es zu gegenseitigen Beeinträchtigungen in Form von Abwehr, Verdrängung, physischer Schädigung und ähnlichem kommt.
2. **Ausbeutungskonkurrenz** ist eine weniger direkte Interaktion über die gemeinsame Inanspruchnahme begrenzter Ressourcen.

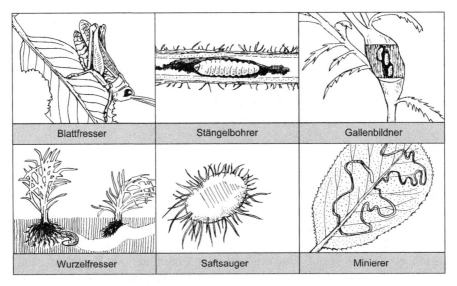

Abb. 1.2. Verschiedene Gruppen von Herbivoren. Alle nutzen Teile des pflanzlichen Kormus als Nahrung.

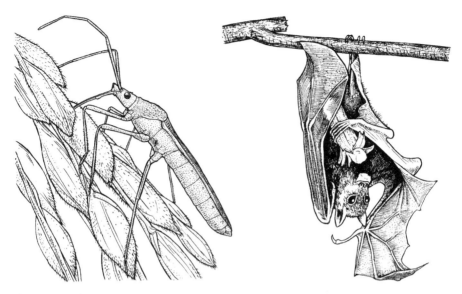

Abb. 1.3. *Links:* Wanzen der Gattung *Leptocorisa* sind granivore Reisschädlinge. Sie stechen die milchreifen Körner mit ihren Mundwerkzeugen an und saugen sie aus. *Rechts:* Viele Arten der Flugfüchse (Gattung *Pteropus*) ernähren sich von Früchten (frugivor). Das hier dargestellte Tier verzehrt unter Zuhilfenahme seines Hinterfußes eine Banane.

1.2.4
Mutualismus

Mit dem Begriff **Mutualismus** werden Interaktionen zwischen Arten bezeichnet, die für einen oder alle Partner Vorteile bringen und auf keiner Seite mit Nachteilen verbunden sind. Eine einheitliche Definition von Mutualismus gibt es nicht. Die „positiven" Beziehungen zwischen Individuen oder Populationen zeigen viele Erscheinungsformen von einseitig fördernden, aber meist wenig spezifischen Assoziationen bis hin zu engen oder gar lebensnotwendigen Wechselbeziehungen. Es wird oft versucht, diese nach bestimmten Kriterien in einzelne Kategorien einzuteilen (z. B. Probiose, Kooperation, Allianz, Kommensalismus, Protokooperation, Symbiose). Ob diese „Schubladenbildung" aber zum besseren Verständnis der Prozesse beiträgt, ist fraglich. Viele der Beziehungen lassen sich nicht deutlich einem dieser Begriffe zuordnen, und daher sollte Mutualismus als Überbegriff für das gesamte Kontinuum an positiven Wechselbeziehungen gesehen werden.

2 Phytophagie

In diesem Kapitel wird der Frage nachgegangen, welche Bedeutung die von **Phytophagen** verursachten Schäden für die Lebens- und Reproduktionsfähigkeit der Pflanzen haben. Dabei geht es zum einen um die Fresstätigkeit von Herbivoren, die indirekt auf die Bildungsrate von Samen oder anderen Vermehrungseinheiten Einfluss nehmen, zum anderen um die von Granivoren, die als direkte Konsumenten von Samen in Erscheinung treten. Dass Tiere mit diesen Ernährungsformen in terrestrischen Biozönosen bedeutend sind, lässt sich anhand der Schätzung von Strong (1983) vermuten, wonach allein schon die phytophagen Insekten $\frac{1}{4}$ aller makroskopischen Organismenarten der Erde ausmachen.

2.1
Wirkungen von Phytophagen auf die Pflanzenfitness

Fitness kann definiert werden als der relative Beitrag eines Individuums zur Nachkommenschaft einer Population. „Fit sein" im Darwinschen Sinne ist die Fähigkeit eines Genotyps, vorzeitigem Tod zu entkommen und einen möglichst hohen Reproduktionserfolg zu erzielen. Als Indikatoren für die Pflanzenfitness lassen sich Frucht- bzw. Samenproduktion, Wachstums- und Überlebensraten sowie in bestimmten Fällen die vegetative Ausbreitungsfähigkeit heranziehen (Colinvaux 1993; Tscharntke 1991).

2.1.1
Fitnessverluste

Sind Phytophagen natürlicherweise in der Lage, die Fitness ihrer Wirtspflanzen zu reduzieren? Dies ist eine nahe liegende Vermutung, und viele Untersuchungen an Wild- und Kulturpflanzen deuten darauf hin.

Herbivore Blattkäfer (Chrysomelidae) reduzierten die Blattfläche von Individuen des Schaumkrautes *Cardamine cordifolia* (Brassicaceae) an natürlichen

Standorten in den Rocky Mountains in Nordamerika um etwa 25 %. Dies resultierte in geringerem Wachstum und in einer geringeren Samenproduktion im Vergleich zu Pflanzen, die experimentell vor Fraß geschützt waren (Louda 1984).

Auf Isle Royale im nordamerikanischen Lake Superior ist *Aralia nudicaulis*, ein perennierender Vertreter der Araliaceae, im Frühjahr eine stark genutzte Nahrungsquelle für Elche *(Alces alces)*. Eine Simulation des Herbivorenfraßes durch Abschneiden von Blättern der Pflanzen zeigte, dass die beschädigten Triebe signifikant weniger Früchte produzierten als intakte Pflanzen. Fitnessverluste waren auch noch im darauf folgenden Jahr feststellbar (Edwards 1985).

Crawley (1985) führte einen 4-jährigen Versuch mit Eichen *(Quercus robur)* durch und stellte fest, dass junge Bäume natürlicherweise etwa 10 % ihrer Blattfläche durch Herbivorenfraß verlieren. Werden solche Bäume mit Insektizid besprüht, lässt sich der Blattflächenverlust auf etwa 5 % reduzieren. Trotz der insgesamt geringen natürlichen Schädigung produzierten die insektizidbehandelten Bäume zwischen 2,5- und 4,5-mal mehr Eicheln als die unbehandelten Pflanzen (Abb. 2.1).

Es steht außer Frage und bedarf keiner ausgewählten Beispiele, dass Phytophagen starke Ertragsminderungen an Nutzpflanzen verursachen können. Eine nahezu vollständige Vernichtung von Pflanzenkulturen und Ernteverluste von 100 % durch entsprechende Schädlinge bei fehlender Bekämpfung stellen keine Besonderheit dar (Kranz et al. 1979).

Andererseits sind in Agrarökosystemen Fitnessverluste erwünscht, und zwar bei Wildpflanzen, die als Konkurrenten der Nutzpflanzen in Erscheinung treten. Bei der **biologischen Unkrautbekämpfung** wird versucht, mit geeigneten Organismen die Konkurrenzkraft der Wildpflanzenpopulationen gegenüber derjenigen der Nutzpflanzen so weit zu vermindern, dass sie keinen ökonomischen Schaden verursachen. Dieses Ziel wurde in einigen Fällen bei eingeschleppten Unkräutern erreicht, wobei auch die Antagonistenarten aus dem Herkunftsgebiet der Pflanze stammen. Das Tüpfeljohanniskraut *(Hypericum perforatum*; Abb. 2.2) wurde um 1900 aus Europa nach Kalifornien eingeschleppt und verbreitete sich bis 1944 auf mehr als 8000 km^2 Weideland, über weite Flächen in fast reinen Beständen. Es ist für Weidetiere giftig und daher als Futter ungeeignet. 1945/46 wurden die ebenfalls aus Europa stammenden, auf *Hypericum perforatum* spezialisierten Blattkäferarten *Chrysolina hyperici* und *Chrysolina quadrigemina* freigelassen. Nach kurzer Zeit setzte sich *C. quadrigemina* (Abb. 2.2) erfolgreich durch. Die Larven dieser Art fressen die jährlich nachwachsenden Triebe vollständig ab und verhindern damit Blüten- und Samenproduktion. Nach etwa 3 Jahren sind die Wurzelreserven der Pflanze aufgebraucht und sie stirbt ab. Innerhalb eines Jahrzehnts wurde dadurch das Tüpfeljohanniskraut in Nordamerika auf weniger als 1 % seiner vorherigen Fläche reduziert und kommt jetzt nur noch auf marginalen, beschatteten Standorten vor (DeBach 1964; Zwölfer 1973).

Der Erfolg einer derartigen biologischen Bekämpfung hängt unter anderem davon ab, inwieweit auch die Phytophagen an die klimatischen Bedingungen in

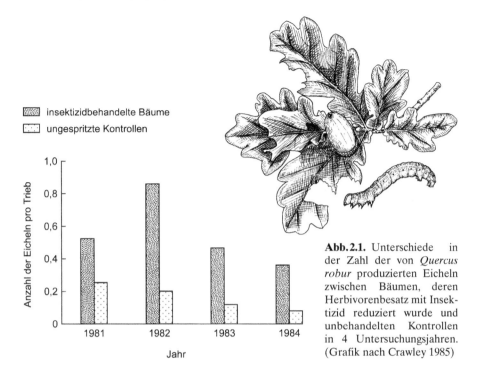

Abb. 2.1. Unterschiede in der Zahl der von *Quercus robur* produzierten Eicheln zwischen Bäumen, deren Herbivorenbesatz mit Insektizid reduziert wurde und unbehandelten Kontrollen in 4 Untersuchungsjahren. (Grafik nach Crawley 1985)

der neuen Umwelt angepasst sind und in welchem Maße sie von Parasitoiden, Prädatoren und Pathogenen verschont bleiben. Es muss außerdem sichergestellt sein, dass die eingeführten Antagonisten einen ausreichenden Spezialisierungsgrad aufweisen, damit keine anderen als die Zielpflanzen befallen werden (Zwölfer 1973). Auf weitere Formen und Aspekte der biologischen Bekämpfung wird in Abschnitt 4.3 eingegangen.

> Herbivorenfraß kann zu erheblichen Fitnessverlusten bei den betroffenen Pflanzen führen: Je mehr die Blattfläche reduziert wird, desto weniger Kohlenhydrate kann die Pflanze fotosynthetisch bilden, und entsprechend weniger Energie kann in Wachstum und Produktion von Samen investiert werden. Auch Pflanzensaftsauger, die dem Kormus Zucker, Stickstoffverbindungen und Wasser entziehen, können dadurch die Fitness der Pflanze negativ beeinflussen.

2.1.2
Kompensation von Fraßschäden

Fitnessverluste als Folge von mehr oder weniger starken Schädigungen sind jedoch nicht notwendigerweise die einzige Konsequenz für die Pflanze, wie sich in vielen Fällen gezeigt hat.

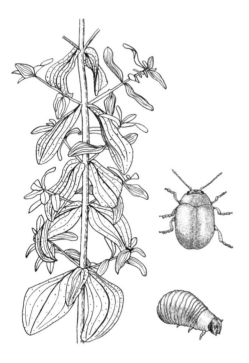

Abb. 2.2. Das aus Europa stammende Tüpfeljohanniskraut *(Hypericum perforatum)* entwickelte sich in Nordamerika zu einem bedeutenden Weideunkraut. In einem klassischen biologischen Kontrollprojekt mit dem aus Europa eingeführten Blattkäfer *Chrysolina quadrigemina* und seiner Larve konnte die Pflanze erfolgreich bekämpft werden.

Lowenberg (1994) untersuchte den Effekt der Entfernung von Blütenständen auf die Samenproduktion bei *Sanicula arctopoides* (Apiaceae) am natürlichen Standort an der nordamerikanischen Pazifikküste. Die Abtrennung von bis zu ⅓ der Dolden zu Beginn der Blütezeit führte weder natürlicherweise durch Schwarzwedelhirsche (*Odocoileus hemionus*; Abb. 2.3) noch künstlich durch Abschneiden zu Einbußen an Zahl und Gewicht der Samen, da ein Ersatz durch später gebildete Dolden erfolgte. Drei Wochen nach Beginn der Blütezeit führte die Entfernung von ⅓ der Dolden allerdings zu einem Rückgang der Samenproduktion von etwa 40 %.

Die Raupen des Schmetterlings *Depressaria pastinacella* (Oecophoridae) ernähren sich von den reifenden Samen des Pastinaks *(Pastinaca sativa)*. Sie befallen nur die an der Spitze des Haupttriebes gelegene Primärdolde, wo sie sich in einem Netz einspinnen. Hendrix (1979) verglich die Dolden- und Samenproduktion von befallenen und unbefallenen Pflanzen und fand, dass zumindest die größeren unter den beschädigten Pflanzen die Verluste in der Samenproduktion der Primärdolde durch die übrigen Dolden kompensierten. Die Zahl der insgesamt von den Pflanzen gebildeten Samen unterschied sich nicht mehr signifikant von der nicht befallener Pflanzen.

Dass Kulturpflanzen prinzipiell in ähnlicher Weise zur Kompensation fähig sind wie natürliche Arten, haben beispielsweise verschiedene Untersuchungen an der Sojabohne *(Glycine max)* gezeigt. Die Raupen des Amerikanischen Baumwollkapselwurms (*Helicoverpa zea*; Noctuidae) fressen an den Hülsen

Abb. 2.3. Schwarzwedelhirsche *(Odocoileus hemionus)* fressen die Blütenstände von *Sanicula arctopoides.*

der Sojabohne und sind im Süden von Nordamerika ein bedeutender Schädling. Durch manuelles Entfernen von 10–80 % der Hülsen bei Pflanzen in 5 unterschiedlichen Wachstumsstadien im Feld simulierten Smith u. Bass (1972) die Fraßzerstörungen. Die Ergebnisse zeigen, dass Sojapflanzen im Stadium vor Beginn der Samenbildung in den Hülsen bis zu 80 % Hülsenverlust ohne deutliche Ertragseinbußen im Vergleich zu Kontrollpflanzen tolerieren. Bei weiter herangereiften Hülsen reduzierten jedoch bereits geringe Hülsenverluste den Ernteertrag (Abb. 2.4).

Eine ähnliche Studie an der Sojabohne, bei der außerdem der Effekt von Blattfraß simuliert wurde, führten Thomas et al. (1974) durch. Sie fanden, dass die Entfernung von ⅓ der Blätter in frühen Stadien der Hülsenentwicklung keinen signifikanten Effekt auf den Ertrag hatte. Während der Samenbildung reduzierte sich aber der Ertrag nach dem Abschneiden von ⅓ der Blätter deutlich, ebenso nach der Entfernung von ⅓ der Hülsen.

Unterscheiden sich Wildformen und Kulturpflanzen in ihrer Fähigkeit, Blattverluste durch Herbivorenfraß zu tolerieren? Mit dieser Frage befassten sich Welter u. Steggall (1993) am Beispiel der Tomate *(Lycopersicon esculentum).* Wild- und Kulturpflanzen wurden 5 Wochen vor der ersten Ernte verschiedene Anteile der Blattfläche durch Einstanzen von Löchern entfernt und die Folgen für den Fruchtertrag bestimmt. Unbeschädigte Kontrollpflanzen der Kulturform erzielten zwar ein höheres Fruchtfrischgewicht als solche der Wildform (Abb. 2.5), die Trockengewichtserträge unterschieden sich jedoch kaum. Blattflächenverluste bis 30 % hatten bei beiden Tomatenformen keinen signifikanten Einfluss auf den Ertrag. Die Entfernung von 70 % der Blattfläche führte bei beiden zu Ertragsverlusten: bei der Kulturform wurde 20 % weniger Fruchtfrischgewicht als bei den Kontrollen erreicht, bei der Wildform aber nur 12 % weniger (Abb. 2.5). Welter u. Steggall ziehen daraus den Schluss, dass die Zucht

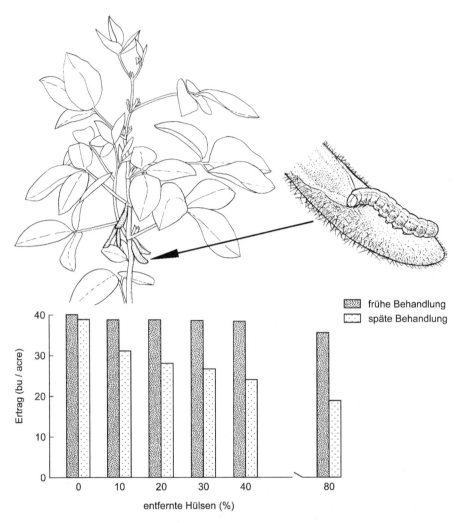

Abb. 2.4. Durch Entfernung verschiedener Anteile der Hülsen von Pflanzen der Sojabohne *(Glycine max, Bild links)* lassen sich die durch Raupen des Amerikanischen Baumwollkapselwurms *(Helicoverpa zea, Bild rechts)* verursachten Schäden simulieren. Bei früher Behandlung (vor der Samenbildung) werden die Hülsen größtenteils neu gebildet, bei später Behandlung (nach der Samenbildung) jedoch nicht mehr. (Grafik nach Daten von Smith u. Bass 1972)

größerer Früchte die relative Toleranz der Pflanzen gegenüber Herbivoren wie dem Kartoffelkäfer *(Leptinotarsa decemlineata)* und Schwärmerraupen *(Manduca-*Arten) verringert hat.

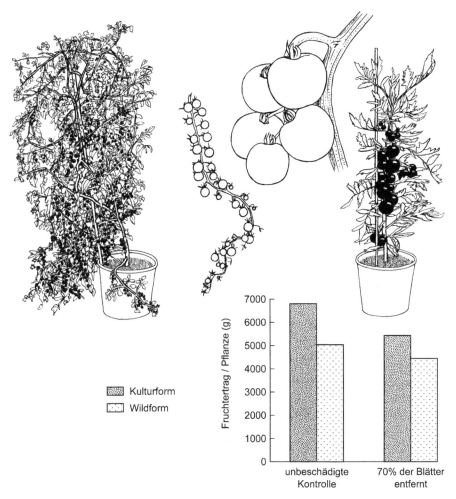

Abb. 2.5. Bei der Tomate *(Lycopersicon esculentum)* toleriert die Wildform *(Bild links)* Herbivorenfraß in höherem Maße als die Kulturform *(Bild rechts)*. *Grafik:* Die Entfernung eines Großteils der Blätter führt bei der Wildform zu einem relativ geringeren Ertragsverlust im Fruchtfrischgewicht als bei der Kulturform. (Grafik nach Daten von Welter u. Stegall 1993)

2.1.3
Überkompensation

Während durch Phytophagen bedingte Fitnessverluste von Pflanzen sowie deren Fähigkeit, diese zu gewissen Anteilen zu kompensieren, vielfach nachgewiesen wurden, gibt es kontroverse Diskussionen darüber, ob Phytophagenfraß bei bestimmten Arten sogar zu einer Erhöhung des reproduktiven Potenzials führen kann.

Abb. 2.6. Wird der im Frühjahr von *Ipomopsis aggregata* gebildete Blütenstand von Wildtieren an seiner Basis abgetrennt *(links, Pfeil)*, bilden sich multiple Infloreszenzen nach *(rechts)*. Gemessen an der Zahl der neu gebildeten Blüten, Früchte und Samen stellt dies eine deutliche Überkompensation des ursprünglichen Verlustes dar.

Belsky (1986) prüfte über 40 Arbeiten, in denen die Hypothese, dass in bestimmten Fällen Phytophagen die Fitness ihrer Wirtspflanzen erhöhen, unterstützt wird. Er kommt zu der Auffassung, dass in allen Studien überzeugende Beweise für die Existenz solcher Mechanismen fehlen, zumindest in natürlichen Systemen. In Kenntnis dieser Analyse zeigten Paige u. Whitham (1987), dass *Ipomopsis aggregata*, ein krautiger Vertreter der Polemoniaceae in Nordamerika, unter natürlichen Bedingungen Vorteile durch Herbivorie von Säugetieren haben kann. Die Art bildet nach der Keimung zunächst eine Blattrosette und nach 1–8 Jahren die Infloreszenz; die Pflanzen sterben dann nach der Blüte im Sommer ab. Im Frühjahr, also vor der Blüte, sind die Pflanzen im Untersuchungsgebiet von Arizona der Beweidung von Hirschen ausgesetzt, und bei etwa der Hälfte aller Individuen wird der Blütenstand abgefressen. Innerhalb von 3 Wochen bilden diese Pflanzen jedoch multiple Infloreszenzen nach, die bis zu 3-mal so viele Blüten, Früchte und Samen aufweisen wie die nicht befressenen Kontrollpflanzen (Abb. 2.6). Im Durchschnitt resultiert ein 2,4facher Fitnessgewinn gegenüber letzteren. Paige u. Whitham ziehen den Schluss, dass es in diesem Fall „ein Vorteil ist, gefressen zu werden". Unter natürlichen Bedingungen werden lediglich die Spitzen von $\frac{1}{3}$ der sekundär gebildeten Infloreszenzen erneut abgefressen. Dies hatte keine Auswirkung mehr auf die Zahl der gebildeten Früchte und Samen, d. h. der Fitnessgewinn, der durch den ersten Fraß erzielt wurde, blieb erhalten. Wurden von den sekundär nachgewachsenen Trieben jedoch experimentell mehr als nur die Spitzen entfernt, resultierten starke Fitnessverluste. Da dies jedoch natürlicherweise nicht geschieht, vermutet Paige (1992), dass sich die Nahrungsqualität der sekundären Infloreszenzen verschlechtert hat und sie deshalb für die Weidetiere nicht mehr so attraktiv sind.

Diesen Ergebnissen widersprechen Bergelson u. Crawley (1992). Sie untersuchten die Reaktion von *Ipomopsis aggregata* auf künstliches Abschneiden der Infloreszenzen an 14 Standorten in Nordamerika und fanden, dass in keiner der Populationen eine Überkompensation der Verluste auftrat. Paige (1994) untermauerte daraufhin mit neuen Daten, dass zumindest an dem Standort in Arizona Überkompensation als Antwort auf Herbivorenfraß stattfindet.

Solche widersprüchlichen Ergebnisse legen die Vermutung nahe, dass die Kompensationsfähigkeit einer Pflanze keine artspezifische Eigenschaft ist, sondern vielmehr von den gegebenen Bedingungen abhängt. Entscheidend hierfür sind nicht nur das Entwicklungsstadium und der Grad der Schädigung, sondern auch bestimmte biotische und abiotische Standortfaktoren. Dies wiesen Maschinsky u. Whitham (1989) bei *Ipomopsis arizonica* nach. Bei etwa der Hälfte aller Pflanzen dieser Art werden an den natürlichen Standorten in Nordamerika jedes Jahr die jungen Blütentriebe von Rehen und Felshörnchen größtenteils verzehrt. Maschinsky u. Whitham verglichen die Zahl der gebildeten Früchte und Samen zwischen natürlicherweise angefressenen, experimentell beschnittenen und unbeschädigten Individuen, die jeweils unter verschiedenen Bedingungen aufwuchsen. Berücksichtigt wurden dabei die Faktoren Nährstoffversorgung (manipuliert durch Düngung), Konkurrenz mit anderen Pflanzenarten sowie der Zeitpunkt der Phytomasseverluste. Es wurde festgestellt, dass

- natürlicherweise 80 % der Pflanzen die Verluste durch Tierfraß vollständig kompensierten und alle diejenigen, die Fitnessverluste erlitten, in Assoziation mit Gräsern wuchsen;
- Düngung als einziger Faktor zur Überkompensation führte und dadurch bei isoliert stehenden Pflanzen zwischen 33 und 120 % höhere Fruchterträge erzielt wurden als bei unbeschädigten Kontrollpflanzen;
- nur bei früh in der Saison erfolgtem Verlust ein vollständiger Ersatz an Früchten gebildet wird und zunehmend höhere Fitnessverluste auftreten, je später die Schädigung stattfindet;
- der Kompensationseffekt durch die Kombination verschiedener Faktoren beeinflusst werden kann: Wenn Pflanzen spät in der Saison beschnitten und anschließend gedüngt werden, erreichen sie denselben Kompensationsgrad wie Pflanzen, die früh in der Saison beschnitten, aber nicht gedüngt werden.

Schädigungen von Pflanzen durch Phytophagen führen nicht in allen Fällen zu Fitnessverlusten. Es gibt Beispiele, die gezeigt haben, dass auch eine Kompensation oder sogar eine Überkompensation der Gewebeverluste stattfinden kann. Die Fähigkeit einer Pflanze, Verluste durch Phytophagenfraß auszugleichen, ist gering, wenn Konkurrenz mit anderen Arten hoch ist, die Nährstoffversorgung schlecht und die Schädigung relativ spät in der Wachstumssaison erfolgt. Die Wirkungen dieser drei Faktoren, zusammen mit dem Einfluss der Witterung, entscheiden dann in hohem Maße darüber, in welchem Bereich des Kontinuums zwischen Fitnessverlust und Überkompensation die jeweilige Reaktion stattfindet.

2.2
Granivorie und Zoochorie

Die Interaktionen zwischen Samen und Tieren können aus Sicht der Pflanzen primär zwei Effekte haben: Einen negativen, der darin besteht, dass die Samen gefressen werden **(Granivorie)**, und einen positiven, der auf der Verbreitung der Samen durch die Tiere beruht **(Zoochorie)**. Dies sind die beiden extremen Formen, und es gibt Beispiele, die zeigen, dass sich beide nach ihren Wirkungen nicht immer klar trennen lassen.

Levey u. Byrne (1993) gingen dem Schicksal der Samen zweier Arten der Gattung *Miconia* (Melostomataceae) im Tieflandregenwald Costa Ricas nach. *Miconia*-Früchte werden von Vögeln gefressen, die Samen gelangen über deren Kot gewöhnlich auf den Boden. Die Wahrscheinlichkeit, dass sie an der aufgetroffenen Stelle verbleiben, ist gering: Sie werden von waldbewohnenden Ameisen der Gattung *Pheidole*, die in hoher Individuendichte vorkommen (über 300 Tiere / m^2) und deren Nester sich in teilweise verrottetem Holz befinden, erbeutet. Etwa $\frac{2}{3}$ der Samen werden von den Ameisen gefressen, die meisten der Übrigen werden im Nest gelagert, und etwa 6 % landen auf dem „Abfallhaufen" der Kolonien. Experimente von Levey u. Byrne zeigten, dass *Miconia*-Keimlinge auf dem Substrat des Ameisenmülls höhere Überlebensraten aufweisen und rascher wachsen als auf dem Oberboden des Waldes, selbst bei verschiedenen Lichtbedingungen (Abb. 2.7). Sie führen dies auf das unterschiedliche Nährstoffangebot der beiden Substrate zurück, wobei vermutlich dem Phosphor in den organischen Pflanzen- und Tierresten der Ameisendeponien entscheidende Bedeutung zukommt. Auf Grund dieses Effekts sehen Levey u. Byrne die Ameisen nicht ausschließlich als Samenprädatoren an, sondern bewerten deren Tätigkeit gleichzeitig als fördernd, da sie einem Teil der Samen günstigere Entwicklungsbedingungen verschaffen. Ob die *Miconia*-Populationen durch die Ameisen insgesamt positiv oder negativ beeinflusst werden, ließ sich jedoch nicht klären.

Wie nicht anders zu erwarten, zeigen verschiedene Studien zum Einfluss von Granivoren auf die Samenbestände einzclner Pflanzenarten große Unterschiede in Bezug auf die jeweils gefressenen Anteile. Kjellsson (1985 a) ging dem Verbleib der Samen eines Bestandes der Segge *Carex pilulifera* in Dänemark nach. Er stellte fest, dass etwa 86 % der jährlich gebildeten Samen von Tieren gefressen wird, und zwar 21 % von der Gelbhalsmaus *(Apodemus flavicollis)* und 65 % von dem Laufkäfer *Harpalus fuliginosus*. Die Mäuse leben außerhalb des *Carex*-Bestandes und dringen in diesen nur zur Nahrungssuche ein. Sie fressen die reifen Samen direkt von den Pflanzen ab, daher ist die Nutzung dieser Ressource auf einen Zeitraum von 2–3 Wochen im Sommer be-

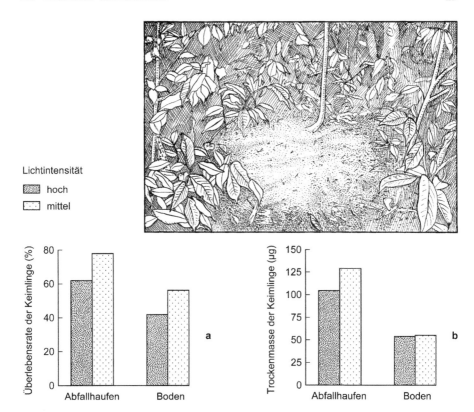

Abb. 2.7. Abfallhaufen von Ameisenkolonien im Regenwald von Costa Rica *(Bild)* bieten für Pflanzen der Gattung *Miconia* günstigere Entwicklungsbedingungen als der Waldboden. *Grafiken: a* Überlebensrate der Keimlinge auf Abfallhaufen von Ameisenkolonien und auf dem Boden, *b* Unterschiede in der Biomasse der Keimlinge auf den beiden Substraten nach 4-wöchiger Wachstumszeit; jeweils unter verschiedenen Lichtbedingungen. (Grafiken nach Levey u. Byrne 1993)

schränkt. Die Laufkäfer dagegen leben ständig auf der *Carex*-Fläche und ernähren sich wahrscheinlich fast ausschließlich von den Samen dieser Segge. Sie werden am Boden erbeutet und stammen meist vom Vorjahr. Auch Ameisen, vor allem die Art *Myrmica ruginodis*, haben Interesse an den Samen von *Carex pilulifera*. Nach Beobachtungen von Kjellsson (1985 b) wurden von den Tieren Samen am Boden des Pflanzenbestandes gesammelt und in das etwa 2 m außerhalb davon gelegene Nest getragen (Abb. 2.8). Die Ameisen haben es jedoch nicht auf die Samen selbst abgesehen, sondern auf die daran haftenden Elaiosomen. Hierbei handelt es sich allgemein um fett-, eiweiß- oder zuckerreiche Samenanhängsel, die bei verschiedenen Pflanzenarten ausgebildet sind und deren Bedeutung wahrscheinlich die Anlockung von Ameisen ist. Dementsprechend heißt diese Form der Verbreitung von Samen durch Ameisen Myrmecochorie. Nach Entfernung der Elaiosomen werden die Samen von den Ameisen wieder

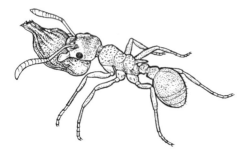

Abb. 2.8. Eine Ameise schleppt einen Samen von *Carex pilulifera* in das Nest ihrer Kolonie. Dort werden nicht die Samen selbst, sondern die daran haftenden Elaiosomen verzehrt.

aus dem Nest geschleppt und entlang dem Korridor zum *Carex*-Bestand fallen gelassen. Daraus resultiert eine von Kjellsson gemessene maximale Distanz von 1,4 m, die ein Samen mit Hilfe der Ameisen vom Rand des Bestandes aus überwinden kann. Da die Samen nur in einem Umkreis von höchstens 40 cm um die Mutterpflanze auf den Boden treffen, stellt der Ameisentransport daher einen nennenswerten Beitrag zur Ausbreitung von *Carex pilulifera* dar.

Samen ohne Elaiosomen können dagegen für bestimmte Ameisen als Beute dienen. Die mittelamerikanische Art *Solenopsis geminata* kommt auf landwirtschaftlichen Kulturflächen und in jungem Sekundäraufwuchs vor und ernährt sich unter anderem von Samen. Carroll u. Risch (1984) untersuchten den Einfluss dieser Art auf die Samenbänke verschiedener Pflanzenarten in Mexiko, die dort als Unkräuter in Erscheinung treten. In verschiedenen Experimenten stellten sie fest, dass *Solenopsis geminata* die Samen von Gräsern (v. a. der Gattungen *Cynodon*, *Paspalum* und *Setaria*) gegenüber denjenigen dikotyler Pflanzen bevorzugt. Grasreiche Feldparzellen wiesen eine höhere Siedlungsdichte der Ameisen (mehr und größere Nester) auf als solche mit höheren Anteilen anderer Pflanzen. Ein weiterer Feldversuch ergab, dass die Ameisen die Samendichte des Grases *Paspalum conjugatum* um 97 % reduzieren konnten, während diejenige von *Bidens pilosa* (Asteraceae) von den Ameisen unbeeinflusst blieb.

Andersen (1989) bestimmte die Samenverlustraten von 4 Baum- und Straucharten der Familien Myrtaceae und Casuarinaceae an Wald- und Heidestandorten im Südosten Australiens. Er stellte fest, dass in allen Fällen etwa 95 % der gebildeten Samen durch verschiedene granivore Insekten zerstört wurde. Andersen zieht daraus jedoch nicht den nahe liegenden Schluss, dass diese hohen Verluste einen starken Einfluss auf die Populationen der entsprechenden Arten haben. Nach seinen Ergebnissen ist es nicht entscheidend, wie viele Samen am Leben bleiben, sondern vielmehr, ob diese auch geeignete Standorte für die Keimung und das Überleben der Sämlinge finden. Wenn es nur wenige Stellen gibt, an denen die Voraussetzungen hierfür gegeben sind, ist ein Überangebot an Samen kaum nützlich, da die keimenden Pflanzen dann starker intraspezifischer Konkurrenz ausgesetzt wären und sowieso nur wenige überleben könnten. Eine hohe Samenzahl erfüllt nur dann ihren Zweck, wenn ausreichend große Flächen zur Verfügung stehen, auf denen die Pflanzen sich etablieren können. Ist dies nicht der Fall, dann kommt es selbst bei extrem hohen Verlusten durch Insekten im Laufe der Jahre noch zum Aufbau großer Samenbänke im Boden, wie Andersen an den von ihm untersuchten Arten und Standorten zeigen konnte.

Es ist sehr schwierig, die tatsächlichen Effekte von Granivorie auf die Populationsentwicklung von Pflanzen zu bewerten. Man kann vermuten, dass bei vielen zoochoren Pflanzenarten letztlich nicht die Samenfresser, sondern die Samenverbreiter entscheidend auf die Vermehrungsrate Einfluss nehmen: Je mehr Samen gebildet werden, desto höher ist die Wahrscheinlichkeit, dass einige davon an für ihre Entwicklung günstige Standorte transportiert werden. Von denen, die übrig bleiben, profitieren tierische und mikrobielle Konsumenten.

2.3
Effekte von Pathogenen auf Pflanzenpopulationen

Ähnlich wie phytophage Tiere können auch **pilzliche Pathogene** als Pflanzenparasiten angesehen werden, da sie sich vom Gewebe lebender Pflanzen ernähren. Im Gegensatz zu den viel beachteten Effekten von Phytophagen auf Pflanzen, stellen Analysen zur Bedeutung pilzlicher Pathogene ein relativ vernachlässigtes Gebiet der ökologischen Forschung dar. Ein Grund hierfür ist die geringe Auffälligkeit von pilzlichem Befall an Pflanzen in natürlichen Gemeinschaften und der daraus vielfach gezogene Schluss, dass derartige Erkrankungen nur sporadisch auftreten und selten zu Epidemien mit feststellbaren Fitnessverlusten führen (Burdon 1982; Augspurger 1989).

Es gibt aber auch eine Reihe von Untersuchungen an natürlichen Pflanzenpopulationen, die belegen, dass Pathogene durchaus einen bedeutenden Mortalitätsfaktor für Pflanzen in verschiedenen Lebensstadien darstellen können. In Experimenten zu den Samenverlustraten verschiedener Pflanzenarten in der nordamerikanischen Prärie konnten Crist u. Friese (1993) zeigen, dass durch Pilze erhebliche Reduktionen der Samenbank im Boden hervorgerufen werden können. Bei 5 Arten wurden die wahrscheinlich durch verschiedene Pilze bedingten Zersetzungsraten der Samen über die Wintermonate ermittelt. Extreme Verluste von rund 93 % erlitt *Artemisia tridentata* (Asteraceae). Bei den Gräsern *Poa canbyi* und *Bromus tectorum* lagen diese bei 30–40 %. Sehr geringe Rückgänge in der Zahl der Samen wurden bei einer weiteren Grasart, *Oryzopsis hymenoides*, sowie bei *Purshia tridentata* (Rosaceae) festgestellt (Abb. 2.9). Diese Unterschiede standen offensichtlich in Beziehung zur Samengröße der Pflanzen, die in umgekehrtem Verhältnis zur Zersetzungsrate steht: *P. tridentata* hat von diesen Arten die größten Samen (27 mg) und *A. tridentata* die kleinsten (0,2 mg). Crist u. Friese vermuten, dass die damit verbundenen Unterschiede in der Struktur, Dicke und Festigkeit der Samenschale die Empfindlichkeit gegenüber den Enzymen der Pilze (Cellulase und andere) beeinflussen.

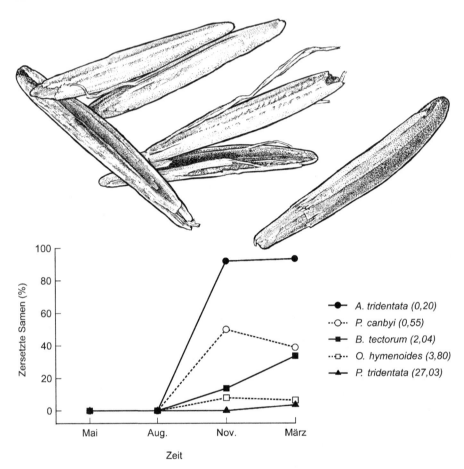

Abb. 2.9. Hauptsächlich durch Pilzbefall hervorgerufene Zersetzungsraten der Samen von *Artemisia tridentata, Poa canbyi (Bild), Bromus tectorum, Oryzopsis hymenoides* und *Purshia tridentata* im Boden der nordamerikanischen Prärie innerhalb eines Zeitraumes von 10 Monaten (*Zahlen in Klammern:* Samengewicht der Art in mg). Je kleiner und leichter die Samen, desto höher sind die Verluste ihrer Vorräte im Boden. (Grafik nach Crist u. Friese 1993)

Jennersten et al. (1983) untersuchten die Wirkung des Brandpilzes *Ustilago violacea* auf Populationen der Gemeinen Pechnelke *(Viscaria vulgaris)* in Schweden, wo diese perennierende Art an offenen, trockenen Standorten vorkommt. Jede Pflanze hat bis zu 10 einzelne Blütenstände, die von zahlreichen Insektenarten besucht werden. Unter diesen sind Hummeln und Schmetterlinge die vermutlich wichtigsten Bestäuber und gleichzeitig auch die Verbreiter der Sporen von *U. violacea*. Die von dem Pathogen befallenen Blüten können keine Samen mehr bilden. Die Befallsrate der Individuen von *V. vulgaris* stand in positiver Beziehung zur Bestandesgröße. Bestände von weniger als 35 Individuen waren in keinem Fall infiziert, solche mit mehreren hundert Pflanzen wiesen Befallsraten von durchschnittlich 25 % auf. Jennersten et al. führen dies auf die häufigeren Besuche der größeren Bestände durch die Bestäuber zurück, da solche attraktiver wirken und leichter zu entdecken sind als kleine. Dies legt den Schluss nahe, dass *U. violacea* zu einem begrenzenden Faktor für die Bestände der Pechnelken wird, sobald diese eine bestimmte Größe erreicht haben. Der dann zunehmende Anteil unfruchtbarer Pflanzen verlangsamt die Zuwachsrate und schränkt die Verbreitung der Art ein.

Verschiedene andere Untersuchungen belegen, dass die Individuendichte einer Pflanzenpopulation die Ausbreitung pilzlicher Pathogene stark beeinflussen kann. In Laborexperimenten zeigten Burdon u. Chilvers (1975), dass Keimlinge der Gartenkresse *(Lepidium sativum)*, die künstlich mit dem Pilz *Pythium irregulare* infiziert wurden, in dichten Beständen einen höheren Befall aufwiesen als in solchen mit größeren Pflanzenabständen. So war beispielsweise auf Probeflächen mit 1800 Pflanzen/m^2 nach 9 Tagen rund 40 % der Individuen befallen, in Beständen mit 3600 Pflanzen/m^2 im gleichen Zeitraum dagegen bereits 80 % (Abb. 2.10). Vergleichbare Ergebnisse erzielten die Autoren (Burdon u. Chilvers 1976) auch in Experimenten mit Gerste und dem Mehltau *Erysiphe graminis*.

Solche Beobachtungen können erklären, warum in agrarischen und forstlichen Monokulturen Pilzepidemien eine viel häufigere Erscheinung sind als in natürlichen Pflanzengemeinschaften mit höherer Artenvielfalt und größeren und unregelmäßigeren Abständen zwischen den Individuen derselben Art. Für die Gestaltung von Agrarökosystemen bestehen somit relativ einfache Möglichkeiten, den Befall der Nutzpflanzen durch Pathogene zu vermindern. An Stelle von großflächigen Monokulturen könnten Mischbestände aus verschiedenen Nutzpflanzenarten mosaik- oder streifenförmig angeordnet werden, sodass insgesamt eine heterogene Struktur entsteht. Diese schafft große Abstände zwischen gleichartigen Kulturflächen, womit auch bei hoher Pflanzendichte die Ausbreitung von Pathogenen behindert wird (Burdon u. Chilvers 1982; Dinoor u. Eshed 1984).

Günstige Voraussetzungen für die Ausbreitung von Pilzkrankheiten bieten feucht-warme Bedingungen. Daher sind Nutzpflanzenmonokulturen in den Feuchttropen besonders anfällig für Epidemien, und der Anbau von Mischkulturen ist deshalb geradezu eine Voraussetzung für die Reduktion von Ertragsverlusten durch Pathogene. Regenwälder, die natürliche Vegetation dieser Breiten, haben nicht nur eine hohe Artendiversität, sondern zeigen auch eine charakteristische Verteilung: Individuen derselben Baumart stehen gewöhnlich weit voneinander entfernt und treten nur selten benachbart oder in Gruppen auf. Die gesamte Vegetation zeigt somit ein sehr heterogenes Muster, was den Ausbruch einer natürlichen Epidemie spezifischer Pathogene weniger wahrscheinlich macht (Harlan 1976).

Pilzliche Pathogene können ebenso wie Phytophagen Einfluss auf die Fitness der Pflanzen nehmen, indem sie vegetative oder reproduktive Gewebe

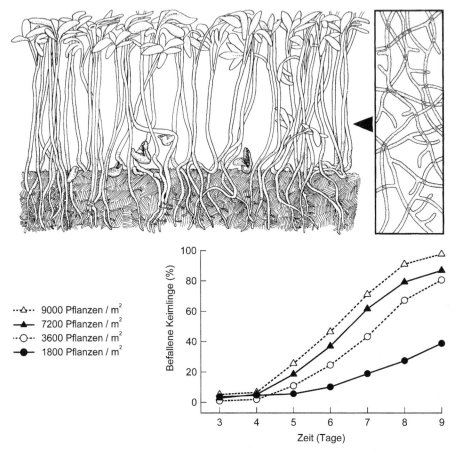

Abb. 2.10. Befallsrate von Keimlingen der Gartenkresse *(Lepidium sativum, Bild links)* durch den Pilz *Pythium irregulare (Bild rechts)* bei unterschiedlicher Pflanzendichte im Verlauf von 9 Tagen. Je dichter die Pflanzen stehen, desto größer wird der Anteil erkrankter Individuen. (Grafik nach Burdon u. Chilvers 1975)

befallen. Ausbreitung und Infektionsrate phytophager Pilze wird durch hohe Bestandesgröße und Individuendichte der Pflanzen sowie durch feucht-warme Bedingungen begünstigt.

Zusammenfassung von Kapitel 2

Phytophagen können auf Wachstum, Samenproduktion und damit insgesamt auf die Fitness von Pflanzen Einfluss nehmen. In landwirtschaftlichen Kulturen verursachen Phytophagen, überwiegend Insekten, oft erhebliche Ertragsverluste. Auch in natürlichen Systemen wirkt sich die Fresstätigkeit von Tieren oft negativ auf die Zahl der gebildeten Samen aus. Wohl vor diesem Hintergrund wird meist davon ausgegangen, dass Fitnessverluste die einzige Konsequenz für die betroffene Pflanze sind. Es gibt aber auch Untersuchungen, die gezeigt haben, dass Pflanzen ihre Verluste kompensieren oder sogar überkompensieren können, d. h. die Frucht- und Samenerträge sind gleich oder höher im Vergleich zu Pflanzen, die keine Schädigungen durch Phytophagen erlitten haben. Einen wichtigen Einfluss darauf, inwieweit Phytomasseverluste ausgeglichen werden können, haben Faktoren wie das Entwicklungsstadium der Pflanze, die Nährstoffversorgung und Konkurrenz. Überkompensation und Fitnessgewinne sind bei Pflanzen wohl eher eine Ausnahmeerscheinung und treten allenfalls bei außergewöhnlich guten Existenzbedingungen auf. Allgemein sind Fitnesseffekte durch Phytophagie nicht einfach zu messen. Sie lassen sich oft nur dann richtig einschätzen, wenn sie über mehrere Generationen hinweg und ggf. unter verschiedenen Bedingungen untersucht werden.

Auch die Wirkungen von Granivorie auf die Vermehrungsrate von Samen sind nicht pauschal zu bewerten. Sicher ist jedoch, dass der Verbreitung von Samen eine zentrale Rolle beim Reproduktionserfolg zukommt. Hierfür können durchaus auch Granivoren einen Beitrag leisten, da sie Samen oft nicht an Ort und Stelle verzehren, sondern weiter verbreiten. Selbst wenn nur ein geringer Teil davon zufällig an Standorte gelangt, wo für Keimung und Wachstum günstige Bedingungen herrschen, ist dies für die Pflanzenvermehrung unter Umständen von größerer Bedeutung als der Verlust an gefressenen Samen.

Weniger auffällig als der durch Phytophagen verursachte Schaden an Pflanzen ist der Befall durch pilzliche Pathogene. Das muss aber nicht heißen, dass diese deshalb einen weniger bedeutenden Einfluss auf die Pflanzenfitness haben. Beispiele zeigen, dass sowohl die Samenbänke im Boden als auch die Samenanlagen an der Pflanze durch Pathogene deutlich reduziert werden können. Pilzinfektionen begünstigende Faktoren sind u. a. hohe Bestandesdichte und feucht-warme Witterungsbedingungen.

3 Wechselbeziehungen zwischen Pflanzen und Phytophagen

Die bisher dargestellten Ergebnisse zur Wirkung von Phytophagen auf Pflanzen könnten zu der Ansicht verleiten, dass Pflanzen eine weitgehend passive Rolle bei den Tier-Pflanze-Interaktionen spielen und ihren Fressfeinden schutzlos ausgeliefert sind, weil sie nicht die Möglichkeit haben, sich zu verstecken, sich zu tarnen oder zu fliehen. Dieser Vorstellung widersprechen jedoch zahlreiche Erkenntnisse, nach denen Pflanzen durchaus in der Lage sein können, Phytophagen abzuwehren und zu schädigen. In diesem Kapitel wird gezeigt, auf welche Weise dies geschehen kann.

3.1 Mechanischer Schutz der Pflanzenoberfläche

Viele Pflanzen besitzen auf ihrer Oberfläche Strukturen, die Einfluss auf Herbivoren haben können. Solche sind z. B. **Dornen** (umgebildete Blätter oder Blattteile) und **Trichome** (meist einzellige Haare, die an verschiedenen Teilen der Pflanze auftreten können und aus Epidermiszellen entstanden sind). Letztere existieren in einer Vielzahl an Formen und Größen, die zusammen mit der Behaarungsdichte den Grad der Wirksamkeit in der Abwehr einzelner Herbivorenarten bestimmen. Speziell bei Züchtungen verschiedener Kulturpflanzen lassen sich solche Eigenschaften für den Schutz vor Schädlingen nutzen. So besitzen beispielsweise die Blätter bestimmter Sorten der Gartenbohne *(Phaseolus vulgaris)* hakenförmige Trichome, die einen wirksamen Schutz gegen den Befall eines Bohnenschädlings, der Zikade *Empoasca fabae* (Cicadellidae), bieten. Die Tiere verfangen sich darin oder werden regelrecht aufgespießt. Die Effektivität, mit der diese Insekten festgehalten werden, nimmt zunächst mit der Zahl der Haare pro Blattflächeneinheit zu und erreicht das Optimum – mit einer Fangquote von 50 % der angekommenen Tiere – bei etwa 2000 Trichomen/cm^2 (Pillemer u. Tingey 1976).

Singh et al. (1971) untersuchten die Auswirkung verschiedener Formen der Stängelbehaarung bei Sorten der Sojabohne *(Glycine max)* auf den Befall von *Empoasca fabae* in Nordamerika. Bei zwei Sojavarietäten wurden nach Form und Anzahl der Trichome 5 Typen unterschieden, und zwar unbehaart, spärlich behaart, kraus, normal behaart und dicht behaart. In der genannten Reihenfolge nimmt die Zahl der Trichome pro Flächeneinheit zu. Bei beiden Varietäten war der Zikadenbefall im Feld mit der Behaarungsdichte negativ korreliert: Unbehaarte Individuen wiesen eine 12–15fach höhere Zahl an Zikaden auf als dicht behaarte. Diese Unterschiede hatten auch Auswirkungen auf Wachstum und Reproduktion der Pflanzen. Dicht und normal behaarte Individuen wurden über 1 m groß, unbehaarte nicht einmal 40 cm (Abb. 3.1). Bei Abwesenheit von Zikaden im Gewächshaus wurden keine wesentlichen Unterschiede im Wachstum der 5 unterschiedlich behaarten Typen festgestellt. Dicht und normal behaarte Individuen bildeten im Freiland bei unkontrolliertem Zikadenbefall 2–4-mal so viele Samen wie unbehaarte Pflanzen. Die geringere Anfälligkeit der behaarten Sorten gegenüber Zikaden lässt sich in diesem Fall damit erklären, dass die Insekten durch dicht stehende Trichome daran gehindert werden, das Gewebe anzustechen.

Singh et al. weisen aber auch auf Untersuchungen aus Japan hin, die gezeigt haben, dass unbehaarte Sojapflanzen in hohem Maße resistent sind gegen den Schmetterling *Laspeyresia glycinivorella* (Tortricidae), dessen Raupen in den sich entwickelnden Samen fressen. Behaarte Sorten werden von dieser Art bevorzugt befallen. Damit reagiert *L. glycinivorella* genau umgekehrt wie *Empoasca fabae*. In Japan kommen beide Schädlinge vor, in Nordamerika dagegen nur die Zikade. Dies deutet an, dass die Idee, bestimmte Nutzpflanzen auf behaarte Sorten hin zu selektieren, um sie gegen Phytophagen zu schützen, keine generelle Lösung darstellt. Vielmehr hängt es u. a. vom Verhalten und der Ernährungsweise des Schädlings ab, ob damit eine Schutzfunktion erzielt wird.

Nach Beobachtungen von Tuberville et al. (1996) stellt der Besitz von Brennhaaren keinen Schutz gegen herbivore Insekten und andere Wirbellose dar. Sie boten verschiedenen solcher Tiere (Käfer, Schmetterlingsraupen, Heuschrecken, Schnecken) unterschiedlich dicht behaarte Blattstücke der Brennnessel *(Urtica dioica)* und der Kanadischen Waldnessel *(Laportea canadensis)* als Futter an. Das Fressverhalten der Tiere blieb unbeeinflusst von der Zahl der Brennhaare pro Blattflächeneinheit, d. h. von allen angebotenen Stücken wurde im gleichen Zeitraum jeweils die gleiche Menge an Blattmaterial konsumiert. Die Brennhaare sind relativ groß und stehen nicht sehr dicht. Sie können daher den Zugang zur Blattoberfläche nicht wirksam verhindern. Käfer und Heuschrecken sind durch ihre Chitinpanzer, Schnecken durch ihren Schleim vor den Wirkstoffen im Zellsaft der Brennhaare geschützt. Raupen trennen die Brennhaare beim Fressen ab und können sie sogar unbeschädigt aufnehmen und wieder ausscheiden. Tuberville et al. ziehen aus ihren Ergebnissen den Schluss, dass die Ausbildung von Brennhaaren in erster Linie einen Mechanismus zur Abwehr von herbivoren Säugern darstellt und nicht von wirbellosen Blattfressern.

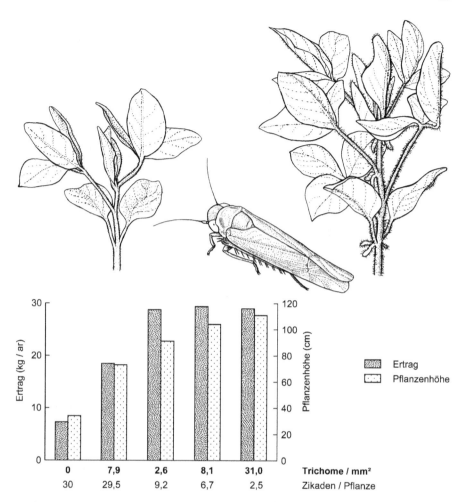

Abb. 3.1. Von der Sojabohne *(Glycine max)* existieren unbehaarte *(Bild links)* und behaarte Sorten *(Bild rechts)*. Letztere sind vor dem Befall der Zikade *Empoasca fabae (Bild mitte)* weitgehend geschützt. *Grafik:* Beziehungen zwischen der Trichomdichte bei verschiedenen Sojavarietäten bzw. dem Zikadenbefall einerseits und dem Ertrag bzw. der erreichten Größe der Pflanzen andererseits. (Grafik nach Daten von Singh et al. 1971)

> Strukturmerkmale der pflanzlichen Oberfläche wie Dornen oder Trichome können der mechanischen Abwehr von Herbivoren dienen. Sie bilden jedoch keinen vollständigen Schutz, sondern sind je nach Form, Dichte und Größe nur gegen bestimmte Gruppen von Fressfeinden wirksam.

3.2
Sekundäre Pflanzenstoffe und ihre negativen Wirkungen auf Phytophagen

Pflanzen bilden neben den primären Syntheseprodukten (Kohlenhydrate, Fette, Aminosäuren und Proteine) auch eine große Zahl an sekundären Inhaltsstoffen. Als solche kann man Substanzen bezeichnen, die nicht im – bei Fotoautotrophen weitgehend einheitlichen – Grundstoffwechsel produziert werden. Sie leiten sich vielmehr in ihrer Biosynthese von den primären Produkten ab und sind nicht allgemein verbreitet, sondern meist auf bestimmte Pflanzengruppen oder -arten beschränkt oder in bestimmten Taxa in höheren Konzentrationen zu finden als in anderen. **Phenole** (biosynthetisch abgeleitet von Kohlenhydraten), **Alkaloide** (von Aminosäuren) und **Terpenoide** (von Fetten) sind die Hauptgruppen der sekundären Pflanzenstoffe, aber auch andere Substanzen, wie z. B. nichtproteinogene Aminosäuren gehören dazu (Box 3.1).

3.2.1
Welche Funktionen haben sekundäre Pflanzenstoffe?

Einige sekundäre Pflanzenstoffe erfüllen klar definierbare Aufgaben: Lignin zum Beispiel, ein phenolisches Polymer, ist eine wichtige Gerüstsubstanz und kommt in allen Gefäßpflanzen vor (Hagerman u. Butler 1991). Als Blütenfarbstoffe dienen verschiedene sekundäre Substanzen der Anlockung von Bestäubern. Anthocyane sorgen in den meisten Fällen für Rot- und Blautöne, Flavonole bedingen weiße und gelbliche Färbungen, und Carotinoide rufen in erster Linie kräftiges Gelb und Orange hervor (Heß 1983). Bei vielen sekundären Pflanzenstoffen ist jedoch nicht so deutlich erkennbar, zu welchem Zweck sie von der Pflanze synthetisiert werden. Muller (1969) vertritt die Auffassung, dass sie für die Pflanzen toxische Stoffwechselprodukte darstellen und daher in erster Linie als „Abfall" angesehen werden können. Da Pflanzen in der Regel keine geeigneten Exkretionsorgane besitzen, müssen solche Stoffe in Vakuolen abgelagert oder durch eine entsprechende chemische Bindung entgiftet werden. Robinson (1974) konnte zeigen, dass sekundäre Pflanzenstoffe eine zum Teil beträchtliche Umsatzrate im Gewebe aufweisen und ihre Konzentration sich in kurzer Zeit verändern kann. Sie scheinen demnach keine inaktiven Endprodukte zu sein, sondern spielen eine Rolle im Pflanzenstoffwechsel.

Andererseits wird heute überwiegend die Ansicht vertreten, dass die Frage nach der Bedeutung von sekundären Pflanzenstoffen nicht allein von der physiologischen Seite her betrachtet werden kann, sondern darüber hinaus die Beziehungen zwischen Pflanzen und ihren Konsumenten berücksichtigt werden müssen. Viele der Substanzen machen Pflanzen für bestimmte Phytophagen ungenießbar und haben toxische Wirkungen. Dies wird zwar von Physiologen nicht bezweifelt, aber vielfach als Nebeneffekt angesehen, wogegen viele Entomologen vermuten, dass sich verschiedene chemische Eigenschaften von Pflanzen eigens zur Abwehr von Phytophagen herausgebildet haben. Unterstützung

Box 3.1. Einige wichtige Gruppen der sekundären Pflanzenstoffe mit Beispielen ihres Vorkommens. (Nach Harborne 1995; erweitert)

Stoffgruppen	Substanzen (Beispiele)	Vorkommen (Beispiele)
Stickstoff-Verbindungen		
Alkaloide	Atropin	*Atropa belladonna* (Tollkirsche)
	Papaverin	*Papaver somniferum* (Schlafmohn)
	Colchizin	*Colchicum autumnale* (Herbstzeitlose)
	Nikotin	*Nicotiana tabacum* (Tabak)
	Cannabinol	*Cannabis sativa* (Hanf)
Amine	Mescalin	*Lophophora williamsii* (Peyotlkaktus)
nichtproteinogene Aminosäuren	L-Dopa	*Mucuna*-Arten (Samtbohnen), in Samen
	β-Cyanoalanin	*Vicia*-Arten (Wicken), in Samen
Cyanogene Glykoside	Amygdalin	Maloideae, Prunoideae (Kern- und
	Prunasin	Steinobstgewächse)
Glucosinolate	Sinigrin	Brassicaceae (Kreuzblütler)
Terpenoide		
Monoterpene	Menthol	*Mentha piperita* (Pfefferminze)
	Pinen, Limonen	verbreitet in ätherischen Ölen
Sesquiterpene	Farnesane	verbreitet in ätherischen Ölen
Diterpene	Clerodane	verbreitet in Harzen
Polyterpene	Kautschuk	*Hevea brasiliensis* (Gummibaum)
Saponine	Avenacosid	*Avena sativa* (Hafer)
	Azadirachtin	*Azadirachta indica* (Niembaum)
	Tomatin	*Lycopersicon esculentum* (Tomate)
Cucurbitacine	Cucurbitacin	Cucurbitaceae (Kürbisgewächse)
Carotinoide	Carotin	weit verbreitet (Pigment)
	Lycopin	*Lycopersicon esculentum* (Tomate), Fruchtfarbe
Phenole		
Flavonoide	Anthocyane	v. a. rote und blaue Blütenfarbstoffe
Cumarine	Cumarin	*Asperula odorata* (Waldmeister)
		Melilotus albus (Steinklee)
Phenolische Polymere	Lignine	weit verbreitet, wichtigste Gerüstsubstanzen der Pflanzen
	Tannine (Gerbstoffe)	weit verbreitet, v. a. in Rinden und Blättern

für diese Ansicht liefern viele Untersuchungen, von denen im Folgenden einige dargestellt werden.

3.2.2
Wirkungen auf Phytophagen

Janzen et al. (1977) testeten verschiedene sekundäre Substanzen, die in Pflanzensamen vorkommen, auf ihre Toxizität gegen Larven des Samenkäfers *Callosobruchus maculatus* (Bruchidae). Die natürliche Nahrung der Larven, die Samen der Kuhbohne *(Vigna unguiculata)*, wurde mit unterschiedlichen Konzentrationen (0,1 %, 1 %, 5 %) an verschiedenen Alkaloiden versetzt. Von den 11 eingesetzten Substanzen zeigten 9 bei einer Konzentration von 0,1 % eine letale Wirkung bei den Larven. Die toxischen Effekte der Alkaloide betreffen eine breite Palette physiologischer Funktionen. Sie können die DNS- und RNS-Synthese, den Membrantransport, die Wirkung von Enzymen und die Proteinsynthese hemmen oder Rezeptoren blockieren (Robinson 1979).

Außer den 20–25 Aminosäuren, die allgemein die Bausteine der Proteine sind, gibt es noch über 400 andere, davon 260 in höheren Pflanzen, die natürlicherweise nicht in Proteinen vorkommen. Ihre toxischen Wirkungen lassen sich zumindest teilweise damit erklären, dass manche von ihnen mit den proteinogenen Aminosäuren strukturelle Ähnlichkeit aufweisen. Sie können daher an Stelle der vorgesehenen Aminosäuren in Proteine eingebaut werden (Rosenthal u. Bell 1979).

Janzen et al. (1977) prüften auch die Wirkung von 24 nichtproteinogenen Aminosäuren im Futter von *Callosobruchus maculatus*. Hier zeigten sich unterschiedliche Effekte: Nur 5 waren bei einer Dosis von 0,1 % letal. Die meisten zeigten eine mengenabhängige Wirkung und waren erst bei einer Konzentration von 5 % tödlich für die Larven. Janzen et al. vermuten, dass die nichtproteinogenen Aminosäuren mit entsprechenden strukturähnlichen proteinogenen Aminosäuren bei der Proteinbiosynthese konkurrieren. Je mehr „falsche" Aminosäuren vorhanden sind, desto größer ist die Wahrscheinlichkeit, dass diese in Enzyme und andere Proteine eingebaut werden und damit deren Funktion beeinträchtigen. Dies könnte dann die dosisabhängige Wirkung erklären.

Auch die zu den Phenolen zählenden Tannine (Gerbstoffe) können Einfluss auf die Fitness von Phytophagen haben. Über die physiologische Funktion dieser in Gefäßpflanzen weit verbreiteten Stoffgruppe ist nur wenig bekannt. Tannine zeichnen sich dadurch aus, dass sie Bindungen mit löslichen Proteinen eingehen und darin vermutlich ihr toxischer Effekt besteht, wobei aber die physiologischen Wirkungsmechanismen nicht ganz klar sind (Hagerman u. Butler 1991). Pflanzenmaterial, das mehr als 2 % Tannine enthält, ist jedenfalls für die meisten Phytophagen nicht als Nahrung geeignet (Swain 1979).

Eine Studie zur Wirkung von Tanninen auf die Raupen des Frostspanners *(Operophtera brumata)*, die sich von Blättern der Eiche *(Quercus robur)* ernähren, führte Feeny (1968) durch. Die Raupen wurden mit künstlicher Nahrung aufgezogen, die Casein (ein Protein) enthielt und mit verschiedenen Konzentrationen an Tanninen aus Eichenlaub versetzt war. Ein Gehalt von 1 % an Tanninen hatte bereits einen deutlichen Hemmeffekt auf das Raupenwachstum, was auch an verringerten Puppengewichten erkennbar war.

Feeny u. Bostock (1968) fanden, dass sich der Tanningehalt in Eichenblättern im Verlauf der Wachstumsperiode verändert: Im April beträgt er 0,5 % und nimmt bis September auf etwa 5 % des Trockengewichts zu (Abb. 3.2). Die Frostspannerraupen können also nur während einer kurzen Zeit an soeben ausgetriebenen Blättern fressen. Die Eier werden im Spätherbst auf den Eichen abgelegt. Wenn im Frühjahr Blattknospung und Raupenschlupf nicht synchron verlaufen, kann bei der Frostspannerpopulation eine hohe Mortalitätsrate auftreten (Abb. 3.3). Andererseits kann bei einer optimalen Überlappung ein vollständiger Kahlfraß der Eichen stattfinden, wie es Feeny (1970) in Südengland beobachtete. Die Zeitpunkte von Blattknospung und Raupenschlupf werden jeweils von den Witterungsbedingungen bestimmt, auf die Eiche und Frostspanner unabhängig voneinander reagieren (Feeny 1976).

> Pflanzen verschiedener Taxa synthetisieren bestimmte sekundäre Pflanzenstoffe, deren Funktion nicht in allen Fällen bekannt ist. Viele dieser Substanzen haben jedoch abschreckende, fraßhemmende oder toxische Effekte auf bestimmte Phytophagen, wobei die Schädigung der Konsumenten dosisabhängig ist. Somit kann angenommen werden, dass verschiedene chemische Produkte der Pflanzen speziell der Abwehr von Fressfeinden dienen.

3.3
Anpassungen an sekundäre Pflanzenstoffe bei Insekten

Ein und dieselbe sekundäre Substanz, die von einer bestimmten Pflanze gebildet wird, kann auf verschiedene Phytophagenarten ganz unterschiedliche Ef-

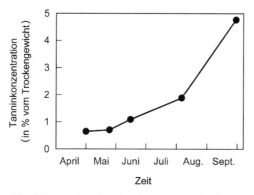

Abb. 3.2. Anstieg der Tanninkonzentration in Blättern der Eiche *(Quercus robur, Bild)* im Verlauf der Vegetationsperiode. (Grafik nach Feeny u. Bostock 1968)

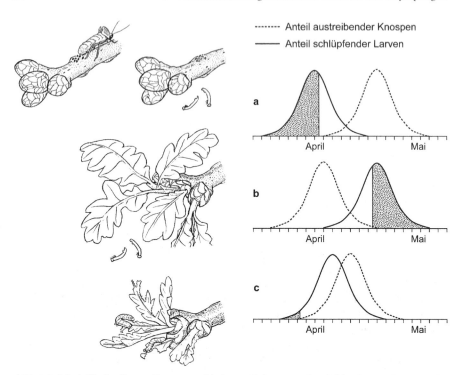

Abb. 3.3. Modellhafte Darstellung verschiedener Zeiträume des Schlupfs von Raupen des Frostspanners *(Operophtera brumata)* und der Blattknospung von Eichen *(Quercus robur)* im Frühjahr sowie der Konsequenzen für die Überlebensrate der Tiere. *a* Wenn die meisten Raupen bereits geschlüpft sind, bevor die ersten Knospen austreiben, stirbt ein Großteil der Individuen *(graue Fläche)*. *b* Dies ist auch der Fall, wenn die Knospen bereits ausgetrieben haben, bevor die Raupen schlüpfen *(graue Fläche)*. *c* Je stärker sich die beiden Ereignisse zeitlich überschneiden, desto geringer ist die Mortalitätsrate der Frostspannerpopulation. (Grafik nach Feeny 1976)

fekte haben. Die Raupen der beiden nordamerikanischen Schmetterlingsarten *Malacosoma disstria* (Lasiocampidae) und *Orgyia leucostigma* (Lymanthridae) ernähren sich jeweils von den Blättern einer breiten Palette von Baumarten. Karowe (1989) versorgte die Raupen der beiden Arten mit künstlicher Nahrung, die zwischen 0 und 8 % an löslichen Tanninen enthielt. Bereits bei 0,5 % Tanningehalt im Futter reagierten die Raupen von *M. disstria* mit verringertem Wachstum und einer erhöhten Mortalitätsrate. Ähnlich wie für den Frostspanner, kommt auch für diese Art nur Nahrung mit sehr geringen Mengen dieser Stoffe infrage. Dagegen war die Entwicklung von *O. leucostigma* selbst bei 8 %igem Tanningehalt in keiner Weise beeinträchtigt.

Blau et al. (1978) wiesen nach, dass Allylglucosinolat, ein Senföl, für die Raupen der Schwalbenschwanzart *Papilio polyxenes* (Papilionidae) in hohem Maße toxisch ist. Die Substanz kommt in vielen Arten der Kreuzblütler (Brassicaceae) vor, die von den Raupen dieser Art in der Natur nicht gefressen werden. Im Gegensatz dazu wird das Wachstum der Raupen des Kleinen Kohlweißlings *(Pieris rapae)*, die sich ausschließlich von Brassicaceen ernähren, selbst durch unnatürlich hohe Konzentrationen von Allylglucosinolat nicht beeinflusst. Die Raupenentwicklung des Eulenfalters *Spodoptera eridania* (Noctuidae), einer Art mit einem breiten Spektrum an Wirtspflanzen, wird erst durch hohe Konzentrationen dieser Substanz gehemmt. Diese Beispiele belegen, dass einzelne Arten in der Lage sind, sekundäre Pflanzenstoffe in höherer Konzentration als andere in der Nahrung zu tolerieren, sich also durch Entwicklung physiologischer Mechanismen angepasst haben.

Weiterführende Untersuchungen haben gezeigt, dass entsprechend angepasste Insektenarten sogar eine Vorliebe für Wirtspflanzen mit den höchsten Konzentrationen der für andere Phytophagen schädlichen Stoffe besitzen. So wählen die Weibchen der nordamerikanischen Rapsweißling-Unterart *Pieris napi macdunnoughii* aus den in ihrem Lebensraum in den südlichen Rocky Mountains einheimischen Arten der Brassicaceae für die Eiablage bevorzugt diejenigen mit den höchsten Gehalten an Allylglucosinolat aus. Es wurde auch nachgewiesen, dass sich die Raupen dort deutlich schneller entwickeln als auf anderen Brassicaceenarten, die ebenfalls als Wirtspflanze akzeptiert werden und hauptsächlich Isopropylglucosinolate enthalten. Eine weitere Art wird nicht zur Eiablage angenommen: Sie enthält wiederum andere Glucosinolate, die für die Raupen tödlich sind. Das Weibchen sorgt durch sein Eiablageverhalten also bestens für seine Nachkommen – könnte man meinen. Im Lebensraum der Schmetterlinge kommt jedoch noch eine weitere, aus Eurasien eingeführte Brassicaceenart *(Thlaspi arvense)* vor, die erst seit höchstens 100 Jahren dortigen Pflanzengemeinschaften angehört. Sie wird ebenfalls als Wirtspflanze angenommen, erweist sich aber als tödliche Falle: Sie enthält ein Allylglucosinolat, an das die Raupen von *P. napi macdunnoughii* nicht angepasst sind und das anscheinend mit dem chemisch ähnlichen Inhaltsstoff der bevorzugten Wirtspflanzen verwechselt wird (Chew 1979).

Analoge Beispiele für die Präferenz bestimmter Inhaltsstoffe gibt es auch bei anderen Phytophagenarten. Nach dem Motto „je bitterer, desto besser" handelt der Gefleckte Kürbiskäfer *(Diabrotica undecimpunctata howardi*; Abb. 3.4), auf den Cucurbitacine – die Bitterstoffe der Kürbisgewächse (Cucurbitaceae) aus der Gruppe der Terpene – fraßstimulierend wirken. Chambliss u. Jones (1966) stellten fest, dass Fruchtstücke von Wassermelonen *(Citrullus vulgaris)* mit hohem Gehalt an Cucurbitacinen am attraktivsten für die Käfer sind. In einem Experiment, bei dem Fruchtstücke von Varietäten mit und ohne Cucurbitacinen zur Wahl standen, war nach kurzer Zeit die Zahl der Käfer auf den bitteren Proben um ein Vielfaches höher als auf den nicht bitteren. Honigbienen und Wespen, die ebenfalls von den ausliegenden Melonenstücken angelockt wurden, reagierten in umgekehrter Weise, indem sie sich auf den nicht bitteren Stücken niederließen (Abb. 3.5).

Ähnlich wie bei der Züchtung von Pflanzen mit bestimmten morphologischen Merkmalen (s. Abschn. 3.1) hat auch die Selektion von Nutzpflanzensor-

Abb. 3.4. Der herbivore Gefleckte Kürbis-käfer *(Diabrotica undecimpunctata howardi)* zeigt eine Präferenz für Kürbisgewächse (Cucurbitaceae). Die darin enthaltenen Bitterstoffe, die Cucurbitacine, haben dabei eine fraßstimulierende Wirkung.

ten mit geringer Konzentration an sekundären Inhaltsstoffen Vor- und Nach-teile. Da in bestimmten Produkten wie den Früchten von Kürbisgewächsen aus Geschmacksgründen entsprechende Substanzen sowieso unerwünscht sind, liegt es nahe, diese so weit wie möglich zu reduzieren, um gleichzeitig solche Schädlinge fernzuhalten, die davon angelockt werden. Andererseits werden diese Sorten dann umso attraktiver für andere Phytophagen, gegen die sie ur-sprünglich resistent waren.

DaCosta u. Jones (1971) verglichen zwei Varietäten der Gurke *(Cucumis sa-tivus)* auf ihre Anfälligkeit gegenüber der Milbe *Tetranychus urticae.* Eine der beiden besaß die Fähigkeit, Cucurbitacine zu produzieren, die andere nicht. Im Feldversuch wurden sie jeweils künstlich mit Milben besetzt. Innerhalb von 4 Wochen wurden die cucurbitacinfreien Pflanzen vollständig von den Phyto-phagen vernichtet, während umgekehrt die bitteren fast alle Milben zum Absterben brachten.

Insgesamt lässt sich feststellen, dass sich Phytophagen nur von einer be-stimmten Auswahl der in ihrem Lebensraum zur Verfügung stehenden Pflan-zenarten ernähren. Das Spektrum kann je nach Phytophagenart eine bis meh-rere hundert Wirtspflanzenarten umfassen und dient als Kriterium für die Ein-teilung der Phytophagen in 3 Gruppen:

1. **Monophage** Arten ernähren sich nur von einer einzigen Pflanzenart oder von sehr wenigen nahe verwandten Arten innerhalb einer Gattung. Bei-spiele sind der Gelbe Reisstängelbohrer *(Scirpophaga incertulas),* dessen Larven sich nur in Reispflanzen *(Oryza-*Arten) entwickeln und die Oliven-fliege *(Bactrocera oleae),* deren Larven nur in den Früchten des Ölbaums *(Olea europaea)* zu finden sind.

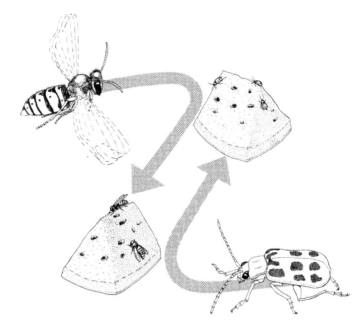

Abb. 3.5. Wespen bevorzugen Fruchtstücke der Wassermelone von Varietäten mit geringen Cucurbitacingehalten, Kürbiskäfer fressen dagegen vorwiegend an solchen mit hohen Konzentrationen dieser sekundären Pflanzenstoffe.

2. **Oligophage** Arten haben ein Wirtspflanzenspektrum, das sich ausschließlich oder überwiegend auf Arten einer bestimmten Pflanzenfamilie beschränkt. Hierzu zählt z. B. der Kartoffelkäfer *(Leptinotarsa decemlineata)*, der sich von etwa 14 Pflanzenarten ernährt, die alle der Familie Solanaceae (Nachtschattengewächse) angehören.
3. **Polyphage** Arten beziehen ihre Nahrung von Pflanzenarten aus mehreren Familien. Extreme Beispiele sind die Gemeine Spinnmilbe *(Tetranychus urticae)*, die auf etwa 900 Pflanzenarten gefunden wurde und die Wüstenheuschrecke *(Schistocera gregaria)*, die über 400 Pflanzenarten zu ihrem Wirtsspektrum zählt.

Die Nahrungswahl der Phytophagen wird hauptsächlich durch die Inhaltsstoffe der Pflanzen bestimmt, die fraßhemmend oder fraßstimulierend wirken:

- Auf polyphage Arten wirken in erster Linie primäre Pflanzenstoffe fraßstimulierend, die den Tieren als Nahrung dienen (z. B. Zuckerverbindungen). Das Wirtspflanzenspektrum solcher Phytophagen wird quasi im Ausschlussverfahren durch fraßhemmende Substanzen (v. a. sekundäre Pflanzenstoffe) bestimmt. Entscheidend ist hierfür oft nicht die Pflanzenart, sondern das Entwicklungsstadium der Pflanze, da sich die Gehalte an verschiedenen Substanzen in pflanzlichen Geweben im Laufe des Wachstums verändern können.

• Mono- und polyphage Arten orientieren sich bei der Nahrungssuche in der Regel an den charakteristischen sekundären Inhaltsstoffen der Pflanzen, an die sie angepasst sind. Für diese dienen also Substanzen, die für polyphage Arten fraßhemmend wirken können, fraßstimulierend. Solche Inhaltsstoffe stellen somit auch ein Erkennungsmerkmal für die Futterpflanzen dar und bestimmen das Wirtspflanzenspektrum dieser Phytophagen.

Da es oft schwierig ist, monophage und oligophage Phytophagenarten eindeutig voneinander abzugrenzen, werden beide zusammen als **Spezialisten** bezeichnet. Diese sind definiert als Phytophagen, die sich von einer begrenzten Zahl an Pflanzenarten mit bestimmten gemeinsamen (biochemischen) Merkmalen ernähren, die meistens innerhalb einer Pflanzenfamilie zu finden sind. Den Spezialisten werden die polyphagen Arten als **Generalisten** gegenübergestellt. Sie ernähren sich von einer breiten Palette an Pflanzenarten, die stets mehr als eine Familie umfassen.

3.3.1
Wie können sekundäre Pflanzenstoffe unschädlich gemacht werden?

Der Metabolismus der Tiere bietet grundsätzlich zwei Möglichkeiten, den schädlichen Wirkungen von sekundären Pflanzenstoffen zu entgehen. Eine besteht darin, die Verbindungen enzymatisch in ungiftige Produkte aufzuspalten und in den Stoffwechsel einzuschleusen. Zum Zweiten können sie aber auch in ihrer Grundstruktur erhalten bleiben, werden ausgeschieden oder im Körpergewebe isoliert und kommen dadurch mit dem molekularen Wirkungsort nicht in Berührung (Brattsten 1992). Eine weitere Möglichkeit, sekundäre Pflanzenstoffe unschädlich zu machen, hat der Mensch entwickelt und damit für sich das Nahrungspflanzenspektrum erweitert: Die Nutzung des Feuers zum Kochen.

Rosenthal et al. (1978) liefern ein Beispiel für die vollständige metabolische Verwertung einer toxischen Verbindung durch einen Nahrungsspezialisten. Die Samen der neotropischen Kletterpflanze *Dioclea megacarpa* (Fabaceae) sind die einzige Nahrungsquelle für die Larven des Samenkäfers *Caryedes brasiliensis* (Bruchidae). Etwa 13 % der Samentrockenmasse dieser Pflanze besteht aus L-Canavanin, einer nichtproteinogenen Aminosäure. Sie ist strukturell analog zu L-Arginin, weshalb bei der Proteinsynthese oft L-Canavanin an Stelle von L-Arginin eingebaut wird. Dies hat gewöhnlich metabolische Funktionsstörungen zur Folge. Nicht so bei *C. brasiliensis* (Abb. 3.6): Der Käfer besitzt eine spezielle Arginyl-transfer-RNS-Synthetase, die nicht mit Canavanin reagiert. Die Aminosäure wird stattdessen als Stickstoffquelle genutzt. Das Insekt hat einen Mechanismus entwickelt, um Canavanin über Zwischenstufen zu Homoserin und Ammonium abzubauen. Beide Verbindungen können im Stoffwechsel weiterverwertet werden. Somit wird nicht nur eine Entgiftung, sondern auch eine effektivere Nahrungsausnutzung ermöglicht.

Die Raupen des Amerikanischen Tabakschwärmers *(Manduca sexta)* fressen an Tabak (*Nicotiana*-Arten) und haben die Fähigkeit, mit der Nahrung aufge-

Abb. 3.6. Die Samen von *Dioclea megacarpa* enthalten hohe Konzentrationen der toxischen, nichtproteinogenen Aminosäure L-Canavanin. Der Samenkäfer *Caryedes brasiliensis* verfügt jedoch über physiologische Mechanismen, die den Einbau dieser Verbindung in körpereigene Proteine verhindern.

nommenes Nikotin in unveränderter Form rasch wieder auszuscheiden. Durch welchen Mechanismus das toxische Alkaloid daran gehindert wird, physiologisch wirksam zu werden, ist unbekannt (Self et al. 1964).

3.3.2
Nutzung von sekundären Pflanzenstoffen durch Insekten

Manche Insekten können Pflanzeninhaltsstoffe nutzen, um sich ihrerseits gegen Feinde zu schützen. Die Larven der Blattwespe *Neodiprion sertifer* ernähren sich von den Nadeln der Kiefer *Pinus sylvestris*, aus denen sie beim Fressen terpenoidhaltiges Harz aufnehmen, das sie in besonderen Taschen des Vorderdarmes speichern und bei Bedrohung oral ausscheiden. Dies schreckt bestimmte Prädatoren wie Ameisen und Spinnen ab, nicht jedoch Parasitoide (Eisner et al. 1974). Larven australischer Blattwespen der Unterfamilie Perginae haben eine sehr ähnliche Verteidigungsstrategie. Sie fressen Blätter von *Eucalyptus*-Arten und verwenden deren Öl zur Abwehr von Vögeln und Ameisen (Morrow et al. 1976).

Auch die Speicherung toxischer Pflanzeninhaltsstoffe im Körpergewebe dient vielen Phytophagen zur eigenen Verteidigung. Ein bekanntes Beispiel ist das der Monarchfalter (Danaidae), deren Raupen auf Seidenpflanzengewächsen (Asclepiadaceae) fressen. Einige Pflanzen dieser Familie, z. B. *Asclepias curassavica*, enthalten zu den Terpenoiden zählende Herzglycoside wie Calactin und Calotropin, die von den Raupen beim Fressen aufgenommen werden und im Körper verbleiben. Sie verleihen sowohl den Raupen als auch den Schmetterlingen Schutz vor bestimmten Prädatoren, z. B. Blauhähern *(Cyanocitta cristata)*, die sich nach dem Verzehr solcher Tiere erbrechen. Eine auffällige Warnfärbung von Monarchfaltern wie *Danaus plexippus* und ihren Raupen trägt dazu bei, dass sie von den Vögeln nach dieser Erfahrung gemieden werden. Es gibt auch Asclepiadaceenarten ohne Herzglycoside. Auf solchen Pflanzen aufgezogene Falter wurden von den Blauhähern ohne negative Folgen verzehrt (Brower et al. 1968; Reichstein et al. 1968).

Nicht nur zum Selbstschutz, sondern auch für Fortpflanzungszwecke können manche Schmetterlinge sekundäre Pflanzenstoffe heranziehen, so auch Monarchfalter. Die Männchen dieser Arten besitzen abdominale, ausstülpbare Haarpinsel, so genannte Coremata (Abb. 3.7). Auf diesen befinden sich winzige Partikel, die zwei Hauptsubstanzen enthalten, nämlich ein Dihydropyrrolizidin („Danaidon") und ein Diol. Beobachtungen bei *Danaus gilippus berenice* zeigten, dass beim Balzflug die Coremata der Männchen mit den Antennen der Weibchen in Kontakt gebracht werden. Dabei wird das Danaidon übertragen, vermutlich um Paarungsbereitschaft zu induzieren, und das Diol dient als Klebstoff. Danaidon kann nur gebildet werden, wenn die Männchen Pyrrolizidin-Alkaloide als Vorstufen dieser Substanz aufgenommen haben. Diese werden aus vertrockneten oder verletzten Teilen bestimmter Pflanzen (hauptsächlich Arten der Familien Boraginaceae, Asteraceae, Fabaceae) gewonnen. Die Falter geben über ihren Rüssel eine Flüssigkeit ab, mit der die Alkaloide gelöst werden, und saugen sie wieder auf (Pliske u. Eisner 1969; Meinwald et al. 1969; Boppré et al. 1978; Boppré 1983).

Auch bei den Interaktionen zwischen Nutzpflanzen, bestimmten Schädlingen und deren natürlichen Feinden können Sekundärstoffe eine Rolle spielen. Raupen des Amerikanischen Baumwollkapselwurms *(Helicoverpa zea)*, die unter anderem Tomaten befallen, nehmen von diesen beim Verzehr das Alkaloid α-Tomatin auf. Ein wichtiger Gegenspieler von *H. zea* ist die Schlupfwespe *Hyposoter exiguae*. Auf diese Parasitoide, die sich in den Raupen von *H. zea* entwickeln, geht beim Fressen das Alkaloid über und schädigt sie. Die Tiere entwickeln sich langsamer, bleiben kleiner und haben als Adulte eine kürzere Lebenszeit, wodurch ihre Effektivität bei der Bekämpfung des Schädlings gering bleibt (Campbell u. Duffey 1979; Abb. 3.8).

Bei spezialisierten Phytophagen haben sich physiologische Mechanismen entwickelt, mit denen die toxische Wirkung bestimmter sekundärer Pflanzenstoffe aufgehoben werden kann. Sie beruhen im Prinzip entweder auf

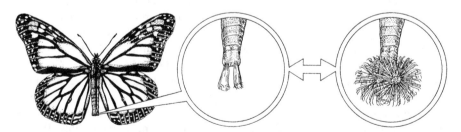

Abb. 3.7. Die Männchen der Schmetterlinge aus der Familie Danaidae (hier der Monarchfalter *Danaus plexippus*) besitzen an ihrem Abdomen paarige, ausstülpbare Haarpinsel (Coremata), die eine Funktion beim Balzverhalten erfüllen.

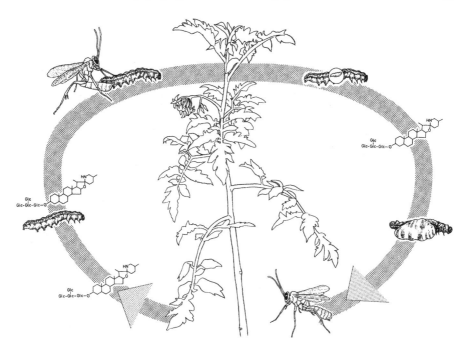

Abb. 3.8. Tomaten bilden α-Tomatin und schaden damit nicht nur ihren Fressfeinden, sondern auch ihren Nützlingen: Das Alkaloid gelangt über die Herbivoren in die Larven parasitoidischer Schlupfwespen, die dadurch in ihrer Entwicklung gehemmt werden.

der enzymatischen Spaltung oder auf der Isolation der Substanzen vom Wirkungsort. In einigen Fällen übernehmen die Pflanzeninhaltsstoffe auch biologische Funktionen bei den Tieren.

3.4
Warum sind so viele phytophage Insekten Nahrungsspezialisten?

Bernays u. Graham (1988) schätzen, dass höchstens 10 % aller phytophagen Insektenarten Pflanzen aus mehr als 3 Familien als Nahrungsquelle nutzt. Etwa 60 % aller in England an Blättern saugenden Zikadenarten und 70 % aller Arten, die dort in den Blättern der Bäume und Sträucher minieren, ernähren sich sogar nur von einer einzigen Pflanzenart (Claridge u. Wilson 1981). Rund 75 % aller Raupen von Schadschmetterlingsarten in Agrarökosystemen gemäßigter Breiten und 80 % derer in den Tropen fressen nur auf Wirten aus einer einzigen Pflanzenfamilie (Barbosa 1993; Abb. 3.9).

Welche Vorteile haben solche Spezialisierungen? Zunächst könnte man annehmen, dass ein enger Wirtskreis eher von Nachteil ist, da die entsprechenden

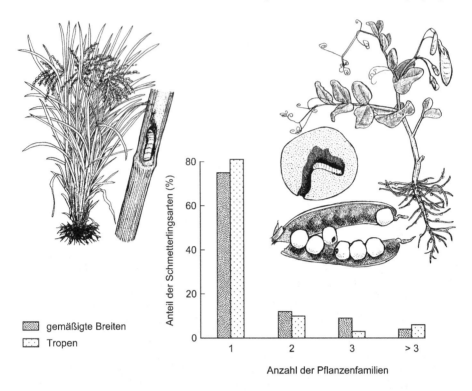

Abb. 3.9. In vielen landwirtschaftlichen Kulturen finden sich Schmetterlingsraupen als Schädlinge. Als Beispiele sind der Reisstängelbohrer *(Chilo suppressalis, Bild links)* und der Erbsenwickler *(Cydia nigricana, Bild rechts)* dargestellt. *Grafik:* Der weitaus größte Teil der Schmetterlingsarten ist auf Pflanzen einer einzigen Familie spezialisiert. Wesentliche Unterschiede zwischen den Tropen und gemäßigten Breiten gibt es dabei nicht. (Grafik nach Bernays u. Graham 1988)

Arten stark vom Vorkommen und der Häufigkeit bestimmter Wirtspflanzen abhängig sind, woraus Schwierigkeiten beim Auffinden des Wirtes sowie Beschränkungen bei der eigenen Verbreitung und Fortpflanzung resultieren können. Generalisten haben dagegen eine breite Palette an Nahrungspflanzen zur Auswahl.

Vielfach wird vermutet, dass die spezialisierten Arten unter den phytophagen Insekten bei der Ausnutzung ihrer Wirtspflanzen effektiver sind als Generalisten, d. h. sie können möglicherweise ihre Nahrung besser verwerten und dadurch einen höheren Energiegewinn oder andere physiologische Vorteile erzielen. Diese Annahme wird plausibel, wenn man berücksichtigt, dass die Generalisten auch auf ein breiteres Spektrum an potenziellen Verteidigungssubstanzen der Pflanzen treffen als Phytophagen mit einem engen Wirtskreis, dessen Arten oft ähnliche Inhaltsstoffe produzieren. Deshalb ist es denkbar, dass polyphage Pflanzenfresser energetisch aufwändigere physiologische Mechanismen haben, um die unterschiedlichen Verteidigungssubstanzen verschiedener Pflanzenfamilien unschädlich zu machen und daher einen geringeren Wirkungsgrad bei der Umwandlung von pflanzlicher Biomasse in tierisches Gewebe aufweisen (Fox u. Morrow 1981).

Zwar gibt es Untersuchungen, die diese Vorstellung unterstützen, die meisten Beispiele sprechen jedoch dagegen (Fox u. Morrow 1981). Es sind viele Fälle bekannt, in denen spezialisierte Arten auch auf anderen als ihren Wirtspflanzen gut gedeihen (Futuyma 1983). Insgesamt scheinen Fresseffektivität und Wachstum von Insekten mehr von der Nahrungsqualität (besonders vom Stickstoff- und Wassergehalt) der Pflanze abzuhängen als von ihrer taxonomischen Zugehörigkeit. Wenn also einzelne Phytophagenarten Unterschiede in der Effektivität ihres Stoffwechsels aufweisen, muss dies nicht mit dem Spektrum an Wirtspflanzen, das von dieser Art genutzt wird, in Beziehung stehen (Fox u. Morrow 1981).

Auch auf einer anderen physiologischen Ebene wird eine Ursache für die Wirtsspezialisierung angenommen: Der neurologische Wirkungsgrad von Insekten ist möglicherweise nicht ausreichend, um zwischen sämtlichen genießbaren und ungenießbaren Pflanzen unterscheiden zu können (Futuyma 1983). Als Argument hierfür könnte gewertet werden, dass eine Spezialisierung nicht notwendigerweise bedeutet, dass allein die natürlicherweise genutzten Wirtspflanzen für die Ernährung infrage kommen (s. o.). Das Vorgehen solcher Phytophagen wäre vergleichbar mit dem eines Pilzesammlers, der ausschließlich ihm bekannte Speisepilze mitnimmt und ihm unbekannte Arten, die giftig sein könnten, stehen lässt.

Jermy (1984) weist darauf hin, dass die Vorteile einer Wirtsspezialisierung nicht auf der physiologischen, sondern auf der ökologischen Ebene zu finden sein können. Indem Spezialisten eine bestimmte Pflanzenart als Ressource nutzen, wählen sie auch eine bestimmte ökologische Situation, die durch abiotische (z. B. mikroklimatische) und biotische Parameter (z. B. Prädatoren) gekennzeichnet ist, da die meisten Pflanzen nur in bestimmten Habitaten vorkommen. Das Milieu ist somit charakterisierbar, und der Phytophage hat den Vorteil, mit seiner Nahrungsquelle gleichzeitig die Umweltbedingungen vorzufinden, die seine Existenzbedingungen optimal erfüllen. Diese Vorstellung scheint zunächst nicht unbedingt einleuchtend zu sein, da manche Pflanzen durchaus an unterschiedlichen Standorten wachsen können, wie z. B. die Brennnessel *(Urtica dioica)*. Insekten, die auf dieser Pflanze fressen, können jedoch Präferenzen für bestimmte Brennnesselstandorte aufweisen. Das Vorkommen der Wirtspflanze ist somit kein hinreichender Faktor für das Vorkommen einzelner Phytophagenarten: So können auf Brennnesseln, die an feucht-kühlen, beschatteten Standorten (Waldsaum) vorkommen, die Raupen des Landkärtchens *(Araschnia levana)* erwartet werden. Stehen die Brennnesseln jedoch an einem lufttrockenen, prallsonnigen Saum- oder Unkrautflur-Biotop, werden dort die Raupen des Kleinen Fuchses *(Aglais urticae)* zu finden sein. Ein dritter „Nesselfalter", das Tagpfauenauge *(Inachis io)*, wählt bevorzugt sonnige, aber luft-

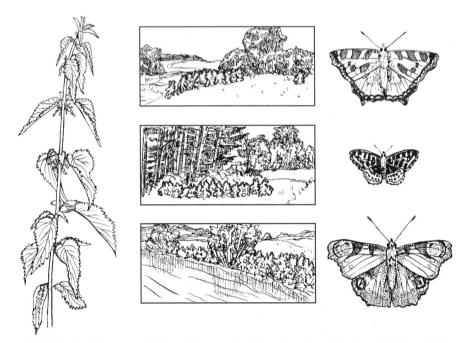

Abb. 3.10. Die Raupen des Kleinen Fuchses *(Aglais urticae, oben)*, des Landkärtchens *(Araschnia levana, mitte)* und des Tagpfauenauges *(Inachis io, unten)* ernähren sich jeweils von Brennnesseln *(Urtica dioica, links)*. Die Weibchen der einzelnen Arten bevorzugen aber für die Eiablage unterschiedliche abiotische Bedingungen und damit unterschiedliche Standorte.

feuchte Brennnesselstandorte, also an offenen Flussufern oder anderen Gewässern (Weidemann 1995; Abb. 3.10).

Auch die Möglichkeit, dass natürliche Feinde der Phytophagen einen wesentlichen Faktor bei der Herausbildung eines engen Wirtskreises darstellen, wird diskutiert. Ihr liegt die Vorstellung zu Grunde, dass sich Insekten auf solche Pflanzen spezialisiert haben, die ihnen einen größeren Schutz vor Feinden bieten als andere. Bernays (1988) konnte zeigen, dass weniger stark spezialisierte Phytophagenarten der Wespe *Mischocyttarus flavitarsus* eher zum Opfer fallen als Phytophagen mit einem engeren Kreis an Futterpflanzen. In einem Experiment wurden den Wespen 28 Arten von Schmetterlingsraupen als Beute angeboten, und zwar jeweils 2 Arten auf einer Pflanze. Dabei wurde immer eine Art mit einem breiten Wirtsspektrum („relativer Generalist") und eine Art mit engerem Wirtsspektrum („relativer Spezialist") zusammengebracht. Die jeweils gewählten Pflanzen zählen zum natürlichen Nahrungsspektrum beider Arten. Insgesamt zeigten die Wespen bei den in Käfigen durchgeführten Versuchen eine deutliche Vorliebe für die „relativen Generalisten", von denen nach 24 Stunden bei fast allen Paaren mehr Individuen erbeutet wurden als von den „relativen Spezialisten". Die Gründe hierfür sind nicht immer klar. Manche der Spezialisten sind auffällig gefärbt und werden vielleicht deshalb gemieden, weil sie, wie erwähnt, mit bestimmten Pflanzeninhaltsstoffen geschützt sind. Andere sind dagegen so gut getarnt, dass sie anscheinend von den Wespen nicht entdeckt wurden.

Eine ähnliche Untersuchung wurde von Dyer u. Floyd (1993) durchgeführt. Auch hier stand die Frage im Mittelpunkt, in welchem Maß ein polyphager Prädator, in diesem Fall die Ameise *Paraponera clavata*, eine Reihe von spezialisierten und unspezialisierten Raupen verschiedener Schmetterlingsarten als Beute nutzt. Die Nester von *P. clavata* finden sich an der Basis großer Bäume im Tieflandregenwald Costa Ricas. Im Beuterevier verschiedener Kolonien wurden von 36 Schmetterlingsarten Raupen in späten Entwicklungsstadien ausgesetzt. Dabei handelte es sich um Spezialisten (28 Arten), die jeweils nur eine Pflanzenfamilie nutzen und um Generalisten (8 Arten) mit einem breiteren Spektrum an Wirtspflanzen. Es zeigte sich, dass die Raupen spezialisierter Arten deutlich häufiger als Beute abgelehnt wurden als die der Generalisten (Abb. 3.11a). Von den polyphagen Arten fiel 67 % den Ameisen immer zum Opfer, 33 % nur manchmal, aber völlig abgelehnt wurde keine. Dagegen wurde nur 24 % der monophagen Arten immer das Opfer der Ameisen, 58 % manchmal und 18 % in keinem Fall. Dyer u. Floyd vermuten, dass die Pflanzen aus den Wirtsfamilien der Spezialisten oft charakteristische Substanzen enthalten, die von den Raupen beim Fressen aufgenommen und im Körper angereichert werden. Dabei könnte es sich teilweise um Stoffe mit abschreckender Wirkung auf die Ameisen handeln, was einigen der Arten einen relativen oder vollständigen Schutz vor Prädatoren gewährt. Für diese Vorstellung sprechen auch weitere Ergebnisse: Die Ameisen erbeuteten generell mehr Raupen in frühen Entwicklungsstadien, d. h. auch die jungen Raupen vieler Spezialisten wurden akzeptiert, während Raupen in späten Entwicklungsstadien viel häufiger abgelehnt wurden. Abbildung 3.11 b zeigt, dass rund 60 % aller angebotenen Jungraupen in jedem Fall zur Beute wurde und nur 5 % von ihnen auch viele wiederholte Versuche überlebte. Nach Auffassung von Dyer u. Floyd deutet dies darauf hin, dass die jungen Raupen der Spezialisten noch nicht so große Mengen entsprechender Abwehrstoffe im Körper akkumulieren konnten und deshalb noch als Beute nutzbar waren.

Auch interspezifische Konkurrenz wird von manchen Autoren als Mechanismus, der zu einer stärkeren Spezialisierung phytophager Arten führen kann, in Betracht gezogen. Dabei wird angenommen, dass Spezialisierungen deshalb entstanden sind, weil dadurch Konkurrenz vermieden wird, also eine Aufteilung der zur Verfügung stehenden Nahrungsressourcen unter den Arten stattgefunden hat. Es gibt jedoch keine schlüssigen Beweise dafür, dass die Evolution der Phytophagen dadurch beeinflusst wurde (Futuyma u. Moreno 1988).

Die verschiedenen Antworten auf die Frage nach den Ursachen der Spezialisierung von Phytophagen auf bestimmte Pflanzen deuten an, dass entweder (a) verschiedene Prozesse bei den einzelnen Insektenarten zu einer Wirtsspezialisierung führen können, oder (b) eine Kombination mehrerer

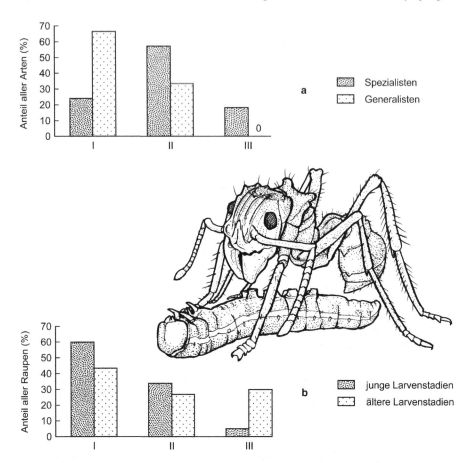

Abb. 3.11. Verhalten der Ameise *Paraponera clavata (Bild)* bei der Wahl von Schmetterlingsraupen als Beute. *a* Raupen von Spezialisten und Generalisten werden nicht in gleicher
Weise als Beute akzeptiert: *I* = Anteile der Arten, die immer als Beute angenommen wurden,
II = Anteile der Arten, die nur manchmal akzeptiert wurden, *III* = Anteile der Arten, die stets
als Beute abgelehnt wurden. *b* Auch in Bezug auf junge und ältere Larvenstadien (ohne Unterscheidung zwischen Spezialisten und Generalisten) hat *P. clavata* unterschiedliche Beute-
präferenzen: *I* = Anteile der Raupen in den beiden Altersgruppen, die immer als Beute angenommen wurden, *II* = Anteile der Raupen, die nur manchmal akzeptiert wurden, *III* = Anteile
der Raupen, die stets als Beute abgelehnt wurden. (Grafiken nach Dyer u. Floyd 1993)

Faktoren die Nutzung eines eingeschränkten Wirtskreises fördern. Es er-
scheint als unwahrscheinlich, dass ein Faktor allein in allen Fällen das Phänomen erklären kann, auch wenn manche Autoren bestimmte Möglichkeiten wie die Bedeutung von Pflanzeninhaltsstoffen oder von natürlichen
Feinden favorisieren. Insgesamt ist die Frage nach den Ursachen einer
Wirtsspezialisierung aber noch nicht befriedigend beantwortet.

3.5
Mechanismen der direkten induzierten Abwehr bei Pflanzen

Die strukturellen und chemischen Barrieren, die eine Pflanze bereits vor dem Kontakt mit einem potenziellen Angreifer aufweist, bilden ihre konstitutiven Abwehr- bzw. Resistenzmechanismen. Pflanzen sind jedoch auch in der Lage, auf den Befall von Phytophagen und Pathogenen zu reagieren, d.h. weitere Abwehrmaßnahmen erst dann einzuleiten, wenn eine Schädigung stattfindet. Prinzipiell beruhen diese entweder auf der erhöhten Produktion bestimmter Stoffe, die bereits in geringerer Konzentration im Gewebe vorhanden sind, oder auf der Neusynthese von Verbindungen. Eine physiologische Reaktion der Pflanze auf die Schädigung des Gewebes durch einen Fressfeind oder einen Krankheitserreger, die zur Verringerung der Attraktivität oder Anfälligkeit der Pflanze oder der befallenen Teile führt, wird als **direkte induzierte Abwehr** (oder direkte induzierte Resistenz) bezeichnet. Formen und Wirkungen solcher Mechanismen werden in den folgenden Abschnitten behandelt.

Davon unterschieden wird der Mechanismus der indirekten induzierten Abwehr. Dieser wirkt nicht auf die Angreifer der Pflanze selbst, sondern beruht auf der Produktion von chemischen Verbindungen, welche zur Anlockung natürlicher Feinde der Phytophagen führen können. Diese Interaktion lässt sich als eine Form von Mutualismus betrachten und wird in Abschnitt 6.4 behandelt.

3.5.1
Anstieg der Konzentrationen sekundärer Pflanzenstoffe

Phytophagenfraß führt in vielen Fällen zur Erhöhung der Konzentration an sekundären Pflanzenstoffen im beschädigten Gewebe, woraus negative Wirkungen auf Generalisten resultieren können.

Zangerl (1990) untersuchte die Interaktion zwischen Wildem Pastinak *(Pastinaca sativa)* und den polyphagen Raupen der Amerikanischen Gemüseeule *(Trichoplusia ni)*, die gelegentlich als Herbivoren an dieser Pflanze auftreten. Pastinak produziert Furanocumarine, die auf verschiedene Insekten abschreckend oder toxisch wirken. Der Fraß junger Raupen führte zu einem starken Anstieg der Konzentration dieser Substanzen in den Blättern (Abb. 3.12). Die Entwicklung der Raupen, die weiter an den beschädigten Blättern fressen, wurde durch die erhöhten Mengen an Furanocumarinen stark beeinträchtigt. Tiere im ersten Larvenstadium entwickelten sich deutlich langsamer und wiesen einen geringeren Gewichtszuwachs auf als solche, die zum Fressen immer wieder auf unbeschädigte Blätter umgesetzt wurden. Etwa $1/4$ der Individuen war nach 8 Tagen tot, die Überlebenden wirkten wenig vital und hatten offensichtlich seit dem 3. Tag nicht mehr an Gewicht zugenommen. Da sich beschädigte und unbeschädigte Blätter nicht in ihrem Stickstoffgehalt unterscheiden, geht Zangerl davon aus, dass die durch den Blattfraß hervorgerufenen negativen Effekte auf die Raupen von *T. ni* auf die Erhöhung der Konzentra-

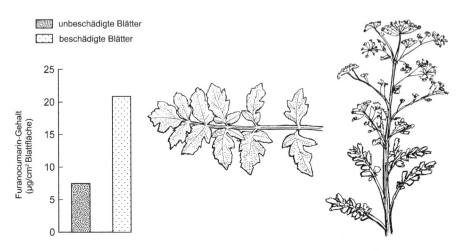

Abb. 3.12. Herbivorenfraß führt in den Blättern des Wilden Pastinaks *(Pastinaca sativa)* zur Erhöhung des Furanocumarin-Gehalts. (Nach Zangerl 1990)

tion an Furanocumarinen zurückzuführen sind und dies als eine induzierte Abwehr von Herbivoren angesehen werden kann.

Auch eine Reihe weiterer Untersuchungen belegt, dass sekundäre Pflanzenstoffe als Reaktion auf Fressfeinde vermehrt oder sogar neu gebildet werden können. Amerikanische Zitterpappeln *(Populus tremuloides)* enthalten die phenolischen Verbindungen Tremulacin und Salicortin, deren Konzentrationen in Blättern als Folge von Fraßschäden ansteigen. Diese Substanzen haben negative Effekte auf die Entwicklung der Raupen verschiedener Schmetterlingsarten, die Zitterpappeln befallen (Clausen et al. 1989).

Die Konzentrationen von Limonen und anderen Monoterpenen im Gewebe von Fichten *(Picea-*Arten) und Lärchen *(Larix-*Arten) erhöhen sich als Reaktion auf Verletzungen. Limonen hat eine stark toxische Wirkung auf Borkenkäfer der Gattung *Dendroctonus* (Werner 1995).

Das Alkaloid Nicotin, das in Tabak *(Nicotiana-*Arten) vorkommt, erreicht in beschädigten Blättern 5–10fach höhere Konzentrationen als in unbeschädigten. Herbivoren wie die Raupen des Amerikanischen Tabakschwärmers *(Manduca sexta)* und der Amerikanischen Gemüseeule *(Trichoplusia ni)* werden davon negativ beeinflusst (Baldwin 1999).

Können Phytophagen eine Erhöhung der Konzentrationen an sekundären Pflanzenstoffen in ihrer Nahrung verhindern? *Epilachna borealis* (Abb. 3.13), ein herbivorer Vertreter der Marienkäfer (Coccinellidae) in Nordamerika, scheint hierfür eine Strategie entwickelt zu haben. Diese Art ist auf Kürbisgewächse (Cucurbitaceae) spezialisiert, und die Tiere zeigen beim Fressen an Blättern von Zucchini *(Cucurbita pepo)* ein besonderes Verhalten: Sie schneiden mit ihren Mundwerkzeugen in die Blattoberseite eine Furche, die bis zur

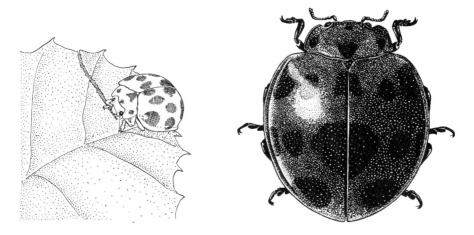

Abb. 3.13. Bevor der Käfer *Epilachna borealis* mit der Nahrungsaufnahme beginnt, schneidet er eine halbkreisförmige Furche in die Blätter seiner Wirtspflanzen (Cucurbitaceae).

unteren Epidermis reicht. Der Einschnitt wird gewöhnlich am Blattrand begonnen und dann halbkreisförmig so angelegt, dass ein äußerer Teil des Blattes vom übrigen Gewebe isoliert wird (Abb. 3.13). Die Käfer fressen dann nur an dem so abgegrenzten Gewebestück. Tallamy (1985) vermutete, dass dieses Vorgehen der Käfer zum Ziel hat, eine durch Fraß induzierte Erhöhung des Cucurbitacingehalts in der Nahrung zu vermeiden, indem durch die Durchtrennung der Leitbahnen das Einströmen von Abwehrstoffen in den isolierten Blattbereich verhindert wird. Tallamy sah diese Hypothese unterstützt durch den Nachweis, dass der Gehalt an Cucurbitacinen in den Blättern als Folge einer mechanischen Beschädigung innerhalb von 3 Stunden deutlich anstieg. Weiterführende Untersuchungen von Tallamy u. McCloud (1991) und McCloud et al. (1995) haben jedoch gezeigt, dass auch solche erhöhten Cucurbitacin-Konzentrationen keine abschreckende oder schädigende Wirkung auf die Individuen von *E. borealis* ausüben. Es handelt sich bei dieser Art somit um einen „echten" Spezialisten, der an die sekundären Pflanzenstoffe der Kürbisgewächse angepasst ist. Für das Einfurchen der Blätter wurde eine andere Erklärung gefunden: Der Phloemsaft vieler Cucurbitaceae ist zäh, klebrig und wird an der Luft hart. Die Pflanzen können damit verletztes Gewebe versiegeln und schützen sich so gegen Austrocknung und das Eindringen von Pathogenen. Bei Herbivoren behindert dieser Saft die Funktion der Mundwerkzeuge. Durch Isolierung von peripheren Blattteilen verhindert *E. borealis* das weitere Einströmen des Saftes. Eine ähnliche Strategie verfolgt auch die verwandte Art *Epilachna varivestis*, die auf der gesamten Fläche des Blattes frisst und dieses skelettiert, d. h. die größeren Gefäße unbeschädigt lässt. Verschiedene andere Herbivoren beherrschen solche Abtrenntechniken ebenfalls, darunter Generalisten wie die

Raupen der Amerikanischen Gemüseeule *(Trichoplusia ni)*. Diese können dann z. B. auch an Pflanzen mit Milchröhren (Cichorioideae) fressen (Dussourd u. Denno 1994; Dussourd 1997).

3.5.2
Induzierte Bildung weiterer Abwehrsubstanzen

Zahlreiche Untersuchungen lieferten den Nachweis, dass Pflanzen nicht nur durch sekundäre Inhaltsstoffe, sondern auch mittels einer Reihe weiterer Substanzen in der Lage sind, phytophage Angreifer abzuwehren. Eines der ersten Ergebnisse hierzu lieferten Green u. Ryan (1972) und Ryan (1973). In den Blättern von Tomaten- und Kartoffelpflanzen fanden sie ein Protein, das die Eigenschaft hat, bestimmte proteolytische (d. h. für den Abbau von Proteinen zuständige) Enzyme bei Tieren und Mikroorganismen zu hemmen. Sie stellten außerdem fest, dass die Konzentration dieser Verbindung (von ihnen als „Inhibitor I" bezeichnet) in Tomatenblättern von Pflanze zu Pflanze gleichen Alters stark variieren kann. Sie vermuteten, dass dafür exogene Faktoren verantwortlich sind und prüften den Effekt von Blattschädigungen, indem sie Kartoffelkäfer *(Leptinotarsa decemlineata)* für 24 Stunden auf jungen Tomatenpflanzen fressen

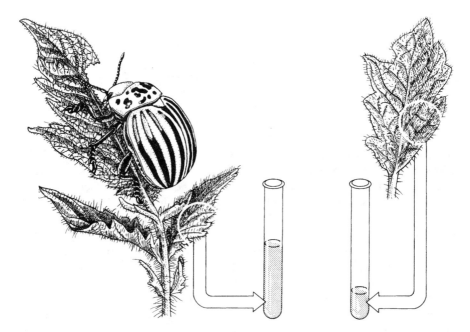

Abb. 3.14. Blattschädigungen an jungen Tomaten durch Kartoffelkäfer *(Leptinotarsa decemlineata)* führen in der Pflanze zur Bildung von Protease-Inhibitoren. Diese lassen sich nicht nur in angefressenen, sondern auch in benachbarten, unbeschädigten Blättern nachweisen, und zwar in mehrfach höherer Konzentration *(links)* als in entsprechenden Kontrollen *(rechts)*.

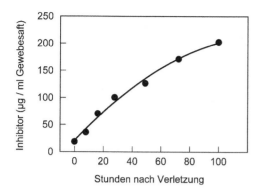

Abb. 3.15. Zunahme der Konzentration eines Protease-Inhibitors im unbeschädigten Blattgewebe junger Tomatenpflanzen nach Verletzung eines benachbarten Blattes im Zeitraum von 100 Stunden. (Nach Green u. Ryan 1973)

ließen. Nach einem weiteren Tag wurden die Gehalte an Inhibitor I in den Blättern gemessen: Angefressenes Gewebe enthielt durchschnittlich die 4fach höhere Menge als das unbeschädigter Kontrollpflanzen. Durch den Käferfraß wurde nicht nur die Inhibitor-Konzentration im beschädigten Blatt erhöht, sondern darüber hinaus auch die in anderen, unbeschädigten Blättern derselben Pflanze (Abb. 3.14). Green u. Ryan (1973) bestimmten über einen Zeitraum von rund 4 Tagen in jungen Tomatenblättern, deren benachbarte Blätter künstlich beschädigt wurden, die Zunahme der Inhibitorkonzentration und fanden den in Abbildung 3.15 dargestellten Verlauf.

Inzwischen ist bekannt, dass Proteine, die sich mit den proteolytischen Enzymen phytophager und phytopathogener Organismen verbinden und dadurch deren katalytische Aktivität hemmen, im Pflanzenreich weit verbreitet sind. Im Unterschied zu den meisten sekundären Pflanzenstoffen sind sie nicht auf bestimmte Taxa beschränkt und umfassen eine breite Palette an verschiedenen Proteinen und Polypeptiden, die insgesamt als **Protease-Inhibitoren** (auch als Proteinase-Inhibitoren) oder kurz PIs bezeichnet werden. Die beiden wichtigsten Gruppen der in Pflanzen vorkommenden Protease-Inhibitoren wirken auf Serin-Proteasen (zu denen hauptsächlich Trypsin und Chymotrypsin zählen) sowie auf Cystein-Proteasen.

Wie wirken sich die Protease-Inhibitoren auf die Herbivoren und ihre Fressaktivität aus? Die Hypothese, dass die Bildung von Protease-Inhibitoren einen Abwehrmechanismus gegen blattfressende Insekten darstellt, wurde von Broadway et al. (1986) anhand der Raupen der Zuckerrübeneule *(Spodoptera exigua)* und Tomatenpflanzen geprüft. Es sollte festgestellt werden, ob eine Beziehung zwischen den Inhibitor-Konzentrationen im Blatt und dem Wachstum der Blattmaterial fressenden Raupen besteht. An Stelle von lebenden Pflanzen wurde dazu ein Nahrungssubstrat verwendet, das gefriergetrocknetes Blattmaterial mit unterschiedlichen Gehalten an Inhibitoren enthielt. Die Ergebnisse des Fütterungsversuchs zeigten, dass mit zunehmender Inhibitor-Konzentration im Blattgewebe die mittleren Gewichte der *Spodoptera*-Raupen signifikant abnahmen (Abb. 3.16). Broadway et al. sehen damit den Nachweis erbracht, dass

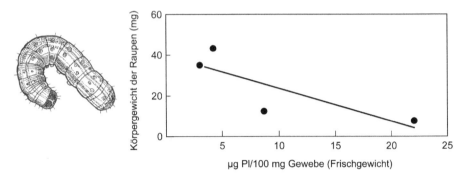

Abb. 3.16. Beziehung zwischen dem Körpergewicht der Raupen von *Spodoptera exigua* und der Konzentration an Protease-Inhibitoren (PI) in Tomatenblättern, die ihnen als Futter dienten. (Nach Broadway et al. 1986)

Protease-Inhibitoren in Tomatenblättern als induzierbare systemische (den ganzen Organismus betreffende) chemische Abwehr gegen Herbivoren anzusehen sind, da sie zur Reduktion der Nahrungsqualität führen und die Insekten schädigen.

Dieses Ergebnis ließ sich in zahlreichen weiteren Studien zu den Wirkungen von Protease-Inhibitoren auf Phytophagen bestätigen. Die Aktivität der Protease-Inhibitoren beruht demnach auf ihrer Eigenschaft, stabile Verbindungen mit den im Verdauungstrakt der Konsumenten gebildeten Proteasen einzugehen, was Wachstums- und Entwicklungsstörungen oder das Absterben zur Folge hat. Darüber hinaus hat sich gezeigt, dass sich die Aktivitäten und Wirkungen von Protease-Inhibitoren nicht auf phytophage Insekten beschränken, sondern auch Nematoden sowie verschiedene pflanzliche Pathogene (Viren, Bakterien, Pilze) betreffen.

Wolfson u. Murdock (1990) stellten die Frage nach dem Einfluss des Alters von Tomatenpflanzen auf die Bildungsrate der durch Blattfraß induzierten Synthese von Protease-Inhibitoren und bestimmten die Inhibitor-Konzentrationen in verschieden alten, beschädigten Pflanzen. Sie prüften auch die Effekte auf daran fressenden Raupen des Amerikanischen Tabakschwärmers *(Manduca sexta)*, die auf Solanaceae spezialisiert sind. Es kamen lebende Pflanzen verschiedenen Alters (2 und 4 Wochen) zum Einsatz, und zwar beschädigte Individuen, an denen die Raupen permanent fressen konnten, sowie unbeschädigte Kontrollen, von denen die Raupen alle 1–2 Tage auf neue, intakte Pflanzen entsprechenden Alters umgesetzt wurden. Es zeigte sich, dass die Gewichte der *Manduca*-Raupen von beschädigten Pflanzen, unabhängig von ihrem Alter, nach 7-tägiger Versuchsdauer stets signifikant geringer waren als in den Kontrollen, wo den Tieren immer wieder intakte Pflanzen zur Verfügung standen. Dies bestätigt aber die von Broadway et al. (1986; s. o.) erzielten Ergebnisse nur scheinbar, da sich die Konzentrationen an Protease-Inhibitoren zwischen jungen und älteren beschädigten Pflanzen stark unterscheiden. Die 2 Wochen alten Tomaten bilden erheblich größere Mengen an Protease-Inhibitoren als die 4 Wochen alten (Abb. 3.17), dennoch haben beide einen deutlich hemmenden Effekt auf das Raupenwachstum. In einem weiteren Versuch zeigte sich, dass nicht notwendigerweise ein Zusammenhang zwischen der Inhibitor-Konzentration in der Pflanze und den Raupengewichten besteht. Wolfson u. Murdock isolierten Protease-Inhibitoren aus Blättern verletzter Tomaten, stellten damit eine Lösung her und beschichteten mit dieser die Oberfläche von Blättern, die *Manduca*-Raupen zum Fraß angeboten wurden. Es ergab sich kein signifikanter Unterschied im Wachstum der Tiere, die von jeweils unbeschädigten, behandelten oder nicht behandelten Blättern fraßen. Dies zeigt, dass die Inhibitoren nicht alleine für die negative Wirkung beschädigter Pflanzen auf Herbivoren verantwortlich sind und möglicherweise noch weitere Veränderungen im Gewebe stattfinden, die zur Verminderung der Nahrungsqualität und zum verringerten Raupenwachstum führen. Wolfson u. Murdock vermuten daher, dass induzierte Reaktionen der Pflanzen auf Herbivorenbefall komplexer sind und sich nicht allein auf die Bildung von Protease-Inhibitoren beschränken.

Wie kaum anders zu erwarten, hat sich diese Vermutung vielfach bestätigt. Zu den induzierten Reaktionen auf die Angriffe phytophager Insekten zählt die Bildung vieler weiterer Stoffe, die in den meisten Fällen ebenfalls als Inhibitoren von Verdauungsenzymen der Insekten agieren und damit deren Entwicklung stören. Darunter gibt es auch pflanzeneigene Enzyme, die im Verdauungstrakt der Konsumenten aktiv bleiben und dort z. B. Aminosäuren zerstören oder die peritrophische Membran der Insekten beschädigen. Eine weitere Gruppe pflanzlicher Proteine sind Lectine, die sich mit Mono- und Oligosacchariden verbinden und dadurch ebenfalls Verdauungsprozesse beeinträchtigen. Zu nennen sind außerdem pflanzliche Polyphenol-Oxidasen, Lipoxigenasen und Peroxidasen mit weiteren schädigenden Wirkungen auf physiologische Prozesse bei Phytophagen (Chen 2008).

Eine Untersuchung von Zong u. Wang (2007) zeigt die induzierten Veränderungen solcher Verbindungen in der Pflanze und die Wirkung auf Herbivoren in einem konkreten Beispiel. Sie verglichen die Reaktionen von Tabakpflanzen

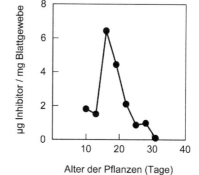

Abb. 3.17. Mengen an Protease-Inhibitoren in beschädigten Tomatenblättern in Abhängigkeit vom Alter der Pflanzen. (Nach Wolfson u. Murdock 1990)

(Nicotiana tabacum) auf die Fraßschädigung durch die Raupen des Baumwollkapselwurms *(Helicoverpa armigera)*, der sich als Generalist von Pflanzen aus über 30 Familien ernährt, sowie auf den verwandten Orientalischen Baumwollkapselwurm *(Helicoverpa assulta)*, der auf Solanaceen (einschließlich Tabak) spezialisiert ist. Untersucht wurden außerdem die Effekte von künstlicher Beschädigung der Blätter. Die Ergebnisse zeigten, dass der jeweilige Befall der beiden Herbivorenarten grundsätzlich dasselbe induzierte Abwehrsystem der Pflanze auslöste, aber mit teils quantitativen Unterschieden: Die gebildeten Konzentrationen an Protease-Inhibitoren (Abb. 3.18a), Lipoxigenasen und an Jasmonsäure waren nicht signifikant verschieden zwischen den beiden Arten, aber *H. assulta* verursachte einen geringeren Anstieg an Polyphenol-Oxidase (Abb. 3.18b) im Blattgewebe und höhere Bildungsraten an Nikotin und Peroxidase als der Generalist *H. armigera*. Die Veränderungen durch künstliche Blattschädigungen waren in allen Fällen signifikant geringer als bei den beiden Herbivoren. Zong u. Wang schließen aus ihren Ergebnissen, dass offensichtlich Unterschiede in der induzierten Reaktion bei Pflanzen existieren, die im Zusammenhang mit dem Grad der Spezialisierung der herbivoren Angreifer stehen. Ein Spezialist verursacht jedoch nicht, wie angenommen werden könnte, eine grundsätzlich weniger intensive Form der induzierten Abwehr.

Auch in anderen Fällen hat sich gezeigt, dass die induzierten Reaktionen von Pflanzen zum Teil deutlich von der Art der fressenden Phytophagen beeinflusst werden. In Tomatenpflanzen erhöhten sich durch den Blattfraß der Raupen des Amerikanischen Baumwollkapselwurms *(Helicoverpa zea)* die Konzentrationen an Protease-Inhibitoren und Polyphenol-Oxidase. Die Phloemsaft saugende Blattlausart *Macrosiphum euphorbiae* induzierte dagegen keine vermehrte Bildung von Protease-Inhibitoren an den Pflanzen, löste aber erhöhte Peroxidase- und Lipoxigenase-Aktivitäten aus (Stout et al. 1998). Andererseits wurde festgestellt, dass von einzelnen Phytophagenarten induzierte Abwehrmechanismen auch auf weitere Fressfeinde der Pflanze wirken können. So führte der Raupenfraß von *Helicoverpa zea* an Tomatenpflanzen zur induzierten Bildung von Substanzen mit negativen Wirkungen auf 4 andere Organismen, und zwar eine Blattlausart *(Macrosiphum euphorbiae)*, eine Milbenart *(Tetranychus urticae)*, die Raupen von *Spodoptera exigua* sowie auf das phytopathogene Bakterium *Pseudomonas syringae* (Stout et al. 1998).

Welche Faktoren sind für die Aktivierung der induzierten Abwehr der Pflanzen verantwortlich? Entscheidend ist der Kontakt zwischen dem Phytophagen und der Pflanze, der durch die Beschädigung des Gewebes durch den Angreifer eingeleitet wird. Dabei sind verschiedene chemische Substanzen von Bedeutung, welche die weiteren Reaktionen auslösen und als **Elicitoren** bezeichnet werden. Diese kommen mit speziellen Rezeptoren der Pflanze in Kontakt, wodurch über bestimmte Stoffwechselwege die Bildung entsprechender Abwehrstoffe erfolgt. Elicitoren können bei künstlicher oder natürlicher Beschädigung aus dem pflanzlichen Gewebe selbst freigesetzt werden, wobei die Art der Beschädigung die jeweilige Reaktion mitbestimmen kann (z. B. durch die unterschiedlichen Formen des Blattfraßes bei verschiedenen Herbivoren). Meist

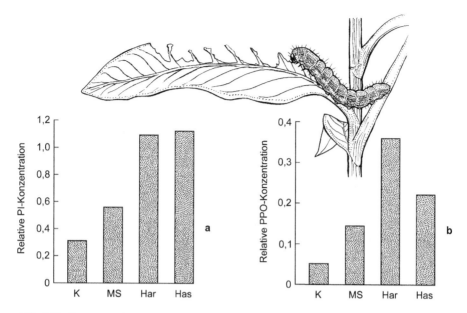

Abb. 3.18. Konzentrationen an *a* Protease-Inhibitoren (PI) und *b* Polyphenol-Oxidase (PPO) in den Blättern von Tabakpflanzen *(Nicotiana tabacum)* als Ergebnis unterschiedlicher Schädigungen: intakte Kontrollpflanzen *(K)*, mechanisch beschädigte Pflanzen *(MS)* sowie von *Helicoverpa armigera (Har)* und von *Helicoverpa assulta (Has)* befallene Pflanzen. (Nach Zong u. Wang 2007)

stammen die Elicitoren jedoch von den schädigenden Organismen (Phytophagen oder Pathogene). Bei Herbivoren wurde eine Reihe von Substanzen identifiziert, die in den Oralsekreten der Tiere vorhanden sind und als Elicitoren wirken. Dazu zählen bestimmte Proteine und Peptide sowie Fettsäure-Aminosäure-Komplexe. Im nächsten Schritt erfolgt im Bereich des beschädigten Gewebes in der Regel ein rascher Anstieg des Phytohormons Jasmonsäure (Bonaventure u. Baldwin 2010), das eine Schlüsselsubstanz der gesamten Abläufe darstellt. Der weitere Verlauf der induzierten Reaktion erfolgt über biochemische Signalketten in der Pflanze, an denen unter anderem weitere Phytohormone beteiligt sein können (Salicylsäure, Ethylen, Abscisinsäure) und letztlich zur Aktivierung und Bildung von Protease-Inhibitoren und anderen Abwehrstoffen in der Pflanze führen. Diese Prozesse sind in vielen Details noch nicht aufgeklärt. Übersichten über die bislang bekannten Mechanismen und Prozesse liefern die zusammenfassenden Darstellungen von Wu u. Baldwin (2009), Felton u. Tumlinson (2008), Howe u. Jander (2008) sowie von Mithofer u. Boland (2008).

Ein weiterer interessanter Aspekt in diesem Zusammenhang ist das Ergebnis von Untersuchungen, nach denen bestimmte Substanzen in den Oralsekreten von Phytophagen die induzierten Abwehrreaktionen der Pflanze auch unterdrücken können. Dies zeigte sich im Fall von Glucose-Oxidase im Speichel verschiedener Raupenarten, welche den Anstieg von Jasmonsäure im beschädigten Gewebe gering hält und damit die Abwehrreaktion der Pflanze vermindert. Darüber hinaus wurde festgestellt, dass polyphage Arten unter den Raupen höhere Konzentrationen an Glucose-Oxidase ausbilden als Arten mit einem engen Wirtspflanzenspektrum (Eichenseer et al. 2010).

> Durch verschiedene Mechanismen der direkten induzierten Abwehr sind Pflanzen in der Lage, auf die Angriffe von Fressfeinden zu reagieren. Wichtige induzierte Abwehrsubstanzen sind Protease-Inhibitoren. Sie erschweren oder verhindern bei den Konsumenten die Assimilation von Proteinen. Dadurch können Wachstums- und Entwicklungsstörungen auftreten, die auch spezialisierte Herbivoren, gegen die bestimmte sekundäre Pflanzenstoffe keinen Schutz bieten, betreffen. Zunehmend zeigt sich auch die Bedeutung weiterer Stoffe für die induzierte Abwehr (pflanzliche Enzyme und Lectine). Außerdem werden die induzierten Reaktionen von Pflanzen zum Teil deutlich von der Art der fressenden Phytophagen (im Zusammenhang mit dem Grad ihrer Spezialisierung) beeinflusst.

3.5.3
Pflanzliche Abwehr von Phytopathogenen

Nicht nur gegen Phytophagen, sondern auch gegen Phytopathogene (Erreger von Pflanzenkrankheiten) besitzen Pflanzen vielfältige Möglichkeiten, einen Befall zu verhindern oder einzuschränken. Zu den Phytopathogenen zählen im Wesentlichen Viren, Bakterien (einschließlich Phytoplasmen) und Pilze. Sie entziehen den Pflanzen organische Verbindungen bzw. Energie, was ebenso wie die Fraßtätigkeit von Phytophagen zu Fitnessverlusten führen kann.

Viren können sich nur in lebenden Organismen vermehren und sind dabei auf Nuklein- und Aminosäuren ihres Wirtes angewiesen. Phytopathogene Viren sind nicht in der Lage, selbständig in eine intakte Pflanze oder ihre Zellen einzudringen, sondern können dies nur über Wunden im Gewebe, die meist von Organismen verursacht werden. Letztere dienen den Viren oft gleichzeitig als Vektoren (Überträger), bei denen es sich oft um Pflanzensaft saugende Insekten (v. a. Blattläuse, Zikaden und Wanzen) handelt. Viele Vertreter der phytophagen Bakterien sind dagegen in der Lage, auch über Spaltöffnungen, Lentizellen oder Wurzelhaare in die Pflanze einzudringen. Im Innern können sie mittels Enzymen Zellwände, Mittellamellen und schließlich das Plasmalemma auflösen und den Zellinhalt als Substrat nutzen. Viele phytopathogene Pilze können darüber hinaus auch unverletzte pflanzliche Oberflächen überwinden. Von den Infektionshyphen abgegebene Enzyme dienen auch hier dem Zugang zum Zellinnern. Der wichtigste mechanische Schutz der Pflanze, insbesondere gegen Pilze, ist ein intaktes Abschlussgewebe mit einer Wachsschicht, die durch ihre geringe Benetzbarkeit die Sporenkeimung erschwert. Sekundäre Pflanzenstoffe spielen auch bei der Abwehr von Pathogenen eine wichtige Rolle. Verschiedene solcher Verbindungen, v. a. Phenolderivate, werden von den Pflanzen an die Oberflächen von Blättern, Wurzeln und Samen abgegeben. Ihre Wirkung beruht z.B. auf der Inaktivierung von Enzymen, mit denen Mikroorganismen das Gewebe angreifen. Weitere sekundäre Pflanzenstoffe in den Pflanzenzellen können auch auf eindringende Bakterien oder Pilze toxisch wirken.

Wie bei Schädigungen durch Phytophagen, besitzen Pflanzen auch gegenüber Phytopathogenen verschiedene Mechanismen der induzierten Abwehr, die durch Elicitoren ausgelöst werden. Die über Signalketten eingeleiteten Reaktionen können auf den infizierten Bereich beschränkt sein oder die gesamte Pflanze betreffen. Bei den lokal begrenzten Reaktionen lassen sich 3 Formen unterscheiden (Prell u. Day 2001):

1. **Die Bildung von Phytoalexinen:** Bei diesen handelt es sich um sekundäre Pflanzenstoffe (hauptsächlich Terpenoide und Phenole), die nach dem Befall durch ein Pathogen gebildet werden und unspezifische antimikrobielle Wirkungen zeigen. Ihre Synthese erfolgt nur in den Zellen befallener Bereiche. Bisher sind mehr als 350 solcher Verbindungen aus rund 30 Pflanzenfamilien bekannt. Beispiele sind Gossypol aus Baumwolle, Pisatin aus Erbse und Rishitin aus Kartoffel und Tomate.

2. **Histogene Reaktionen:** Vom Gewebe ausgehende (histogene) Reaktionen der Pflanze auf eindringende Erreger treten vor allem an der Zellwand von Epidermiszellen auf. Verdickungen der Zellwand, die durch Anlagerung von Substanzen (z. B. Phenole, Callose, Kieselsäure) auf der Innenseite entstehen, werden als Papillen bezeichnet. Solche Papillen sind besonders widerstandsfähig gegenüber pilzlichen Enzymen. Eine weitere häufig beobachtete histogene Reaktion der Pflanze ist die vermehrte Bildung von Lignin in der Zellwand, was ebenfalls deren Widerstand gegenüber dem Eindringen von Enzymen und Toxinen des Erregers erhöht.

3. **Die hypersensitive Reaktion:** Ein Phänomen, das nach dem Angriff eines Erregers bei der Pflanze häufig auftritt, ist das Absterben von Zellen an der Infektionsstelle. Dieser Vorgang wird nicht vom Pathogen, sondern von der Pflanze selbst ausgelöst und als hypersensitive (überempfindliche) Reaktion bezeichnet. Dadurch wird der Erreger von der Pflanze isoliert, bevor er sich weiter ausbreiten kann. Ausgelöst wird der Zelltod wahrscheinlich durch schädigende Radikale des Sauerstoffs und Wasserstoffperoxid.

3.5.4
Wechselwirkungen zwischen Pflanzen, Phytophagen und Phytopathogenen

Pflanzen werden häufig gemeinsam von phytophagen Insekten und phytopathogenen Mikroorganismen befallen. Daraus ergeben sich oft vielseitige Wechselbeziehungen bei den Abwehrmechanismen der Pflanzen gegenüber ihren Feinden sowie zwischen den beiden Typen von Angreifern untereinander. Die

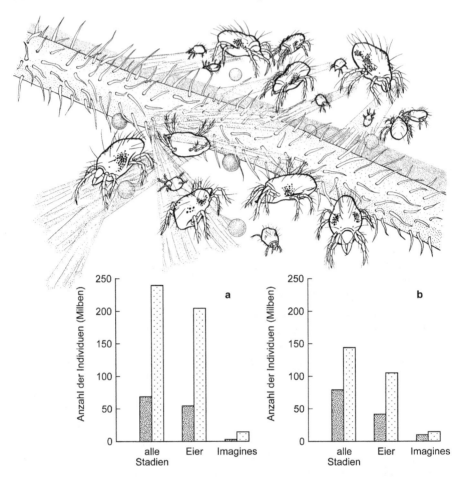

Abb. 3.19. Induzierte Milbenresistenz bei Baumwollkeimlingen. *a* Auf Baumwollkeimlingen festgestellte Anzahl Milben *(Tetranychus urticae, Bild)*, die nach zwei Wochen aus dem Nachwuchs dreier Weibchen pro Pflanze hervorgegangen sind. Im einen Fall *(dunkle Balken)* wurden die Tiere auf Pflanzen gesetzt, die bereits zuvor über eine kurze Zeit mit Milben Kontakt hatten. Im anderen Fall *(helle Balken)* wurden Baumwollkeimlinge verwendet, die vorher nicht in Berührung mit Milben gekommen waren. *b* Hier erfolgte der Erstbesatz der Pflanzen nicht durch *Tetranychus urticae*, sondern durch die verwandte Art *T. turkestani*. (Grafiken nach Karban u. Carey 1984)

folgenden Untersuchungen an der Baumwolle *(Gossypium hirsutum)* machen deutlich, wie komplex sich die Interaktionen zwischen den verschiedenen Organismen darstellen können.

Milben der Gattung *Tetranychus* sind die Hauptschädlinge an Baumwolle in Kalifornien. Karban u. Carey (1984) stellten in Experimenten fest, dass Baumwollkeimlinge in der Lage sind, eine induzierte Abwehr gegen Milbenbefall zu entwickeln. Pflanzen im Keimblattstadium wurden mit einer definierten Anzahl adulter, weiblicher Milben *(Tetranychus urticae)* besetzt. Nach 5 Tagen wurden die Tiere abgetötet. Zwölf Tage später erfolgte auf das jeweils jüngste Blatt ein erneuter Besatz mit Milben, denen dort über einen Zeitraum von 14 Tagen Gelegenheit gegeben wurde, mindestens eine neue Generation zu entwickeln. Die Populationen auf den Keimlingen, die zuvor Kontakt mit Milben hatten, produzierten eine wesentlich geringere Zahl an Eiern als die auf den Kontrollpflanzen, die zum ersten Mal von diesen Tieren befallen wurden (Abb. 3.19). Die für die verringerte Fitness der Milbenpopulationen verantwortlichen Faktoren blieben unbekannt. Es muss sich aber um Substanzen handeln, die in der Pflanze transportiert werden, da sich die anfängliche Gruppe von Milben nur auf den Keimblättern befand und die zweite Gruppe auf später gebildete Blätter gesetzt wurde. Karban (1986) überprüfte die im Labor erzielten Ergebnisse unter Feldbedingungen und konnte sie tendenziell bestätigen. Allerdings waren dort die Unterschiede zwischen den beiden Behandlungen nicht so ausgeprägt. Bei zunehmender Milbendichte im Verlauf der Anbauperiode war der Resistenzeffekt nicht mehr festzustellen.

In weiteren Untersuchungen zur induzierten Abwehr bei Baumwollkeimlingen stellten Karban et al. (1987) fest, dass ein vorangegangener Milbenbefall auch die Anfälligkeit der Pflanzen gegen Pilzkrankheiten verringert. Keimlinge, die über einen Zeitraum von 14 Tagen dem Befall von *T. urticae* ausgesetzt waren, wurden später mit *Verticillium dahliae*, dem Erreger der *Verticillium*-Welke, infiziert. Nach 30 Tagen zeigte sich, dass der Anteil an Pflanzen mit Krankheitssymptomen geringer war als bei Kontrollpflanzen, die zuvor keinen Kontakt mit Milben hatten (Abb. 3.20). Auch in der umgekehrten Reihenfolge lassen sich induzierte Wirkungen feststellen: Auf Keimlingen, die zuerst mit *Verticillium*-Welke infiziert wurden, entwickelten sich nachfolgend keine so großen *Tetranychus*-Populationen wie auf Pflanzen ohne Pilzbefall (Abb. 3.21). Demnach beeinflussen sich hier Pilze und Milben gegenseitig negativ, wobei die Wirkung des Pilzes auf die Milben nicht unbedingt auf eine induzierte Reaktion der Pflanze zurückgeführt werden kann, da die Pilzinfektion in diesem Experiment nicht mehr rückgängig zu machen war. Ein direkter Effekt der Pilze auf die Milben durch Konkurrenz wäre daher auch denkbar. Sollte es sich aber um eine durch die Pflanze vermittelte Wirkung handeln, würde dies auf einen sehr unspezifischen Abwehrmechanismus gegen ein breites Spektrum schädigender Organismen hindeuten (Karban et al. 1987).

Zu ähnlichen Ergebnissen wie in diesen Beziehungen kamen auch Lin et al. (2008), die die Interaktionen zwischen Tomatenpflanzen, den Raupen von *Helicoverpa armigera* und dem Tomatenmosaikvirus untersuchten. Raupen, die an virusinfizierten Pflanzen fraßen, entwickelten sich langsamer als diejenigen, die sich von gesunden Pflanzen ernährten. Die hemmenden Effekte auf das Wachstum der Raupen waren allerdings noch stärker, wenn diese an Pflanzen fraßen, die bereits zu einem früheren Zeitpunkt durch dieselbe Herbivorenart geschädigt wurden und keine Virusinfektion aufwiesen.

Andere Beispiele zeigen jedoch, dass negative Wirkungen von Phytopathogenen auf herbivore Insekten an Pflanzen keineswegs die Regel darstellen:

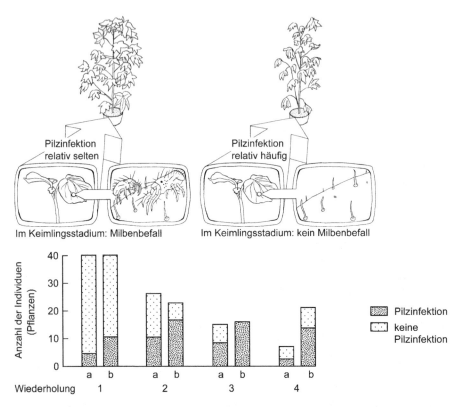

Abb. 3.20. *Bild:* Baumwollpflanzen, die im Keimlingsstadium vorübergehend Milben *(Tetranychus urticae)* ausgesetzt waren, erkranken nach Behandlung mit dem Erreger der *Verticillium*-Welke mit geringerer Wahrscheinlichkeit als Pflanzen, die keinen Kontakt mit Milben hatten. *Grafik: a* Anzahl infizierter und nicht infizierter Pflanzen, die vor Behandlung mit dem Pilz Kontakt mit Milben hatten, *b* Anzahl infizierter und nicht infizierter Pflanzen, die zuvor keinen Kontakt mit Milben hatten und als Kontrolle dienten. (Grafik nach Karban et al. 1987)

Johnson et al. (2003) untersuchten die indirekten Effekte eines pilzlichen Pathogens *(Marssonina betulae)* der Birke *(Betula pendula)* auf die Entwicklung der Blattlausart *Euceraphis betulae.* Sie stellten fest, dass die Blattläuse eine deutliche Präferenz für pilzinfizierte Blätter aufwiesen und dort auch höhere individuelle Wachstumsraten und größere Populationen hervorbrachten als auf nicht infizierten Blättern. Ursache dafür sind chemische Veränderungen in den Blättern, die als pflanzliche Reaktion auf den Pilzbefall freie Aminosäuren aus dem befallenen Blattgewebe über das Phloem abziehen und in andere Pflanzenteile verlagern. Dieser Phloemsaft stellt durch seinen höheren Aminosäuregehalt eine qualitativ bessere Nahrungsquelle dar, was die fördernde Wirkung auf die Blattläuse erklärt. Eine Übersicht über die vielfältigen direkten und indirekten Wechselwirkungen zwischen Herbivoren und phytopathogenen Pilzen auf Pflanzen liefern Rostás et al. (2003).

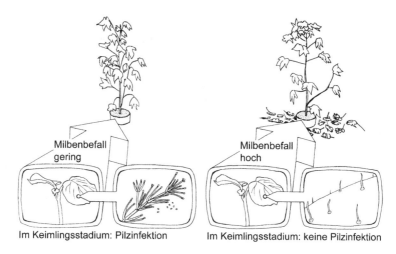

Milbenbefall gering

Im Keimlingsstadium: Pilzinfektion

Milbenbefall hoch

Im Keimlingsstadium: keine Pilzinfektion

Abb. 3.21. *Bild:* Werden Baumwollpflanzen im Keimlingsstadium mit *Verticillium*-Welke infiziert, entwickeln sich auf diesen später weniger große Milbenpopulationen als auf gesunden Pflanzen. *Grafik: a* Zahl der Milben, die sich auf erkrankten Baumwollpflanzen entwickelten, *b* Zahl der Milben, die sich innerhalb desselben Zeitraumes auf gesunden Pflanzen etablierten. (Grafik nach Karban et al. 1987)

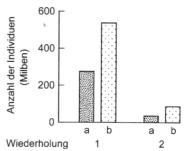

Außer den Möglichkeiten zur Abwehr von Phytophagen besitzen Pflanzen auch verschiedene Mechanismen, die sich speziell gegen Phytopathogene richten. Diese sind primär darauf ausgelegt, das Eindringen von Krankheitserregern zu verhindern oder zu erschweren und beruhen daher oft auf lokal begrenzten Reaktionen. Darüber hinaus existieren aber auch durch unterschiedliche Angreifer induzierte Mechanismen, die den Pflanzen auf breiterer Ebene eine Resistenz verleihen, durch die sie nach einem ersten Befall für später erfolgende Angriffe weniger anfällig werden. Außerdem ließen sich bei Pflanzen vielfältige Wechselwirkungen in der Abwehr von Phytophagen und Phytopathogenen nachweisen. So können Phytophagen von einer Reaktion der Pflanze beeinflusst werden, die von anderen Arten induziert wurde. Umgekehrt können Phytophagen die Bildung von Substanzen induzieren, die nicht gegen sie selbst, sondern gegen andere Organismen wirken. Insgesamt sind die Mechanismen solcher indirekten Effekte noch wenig bekannt.

3.6
Koevolution von Pflanzen und Phytophagen

In den vorangegangenen Abschnitten wurde deutlich, dass einer der Effekte von sekundären Pflanzenstoffen zweifellos der ist, bestimmte Phytophagen abzuschrecken oder zu schädigen. Andererseits sind verschiedene Pflanzenfresser in der Lage, toxische Stoffe in der Nahrung für ihren Organismus unschädlich zu machen oder darüber hinaus sogar zu ihrem eigenen Schutz oder zu anderen Zwecken zu nutzen.

Als Antwort auf die Frage nach der Entstehung derartiger Beziehungen existiert die Vorstellung, dass sich diese auf Grund von länger andauernden Interaktionen zwischen bestimmten Pflanzen- und Tierarten im Verlauf der Evolution herausgebildet haben. Hierfür wurde der Begriff **Koevolution** geprägt, und zwar von Ehrlich u. Raven (1964) in einer Analyse der evolutionären Beziehungen zwischen Schmetterlingsraupen und ihren Futterpflanzen. Auf dieser basiert das in Box 3.2 dargestellte Modell der Koevolution zwischen Pflanzen und Phytophagen. Koevolution im Sinne dieses Modells ist die evolutionäre Veränderung der Eigenschaften eines Phytophagentaxons als Antwort auf die Eigenschaften eines Pflanzentaxons, auf die eine evolutionäre Veränderung der Pflanzen als Reaktion auf die der Phytophagen erfolgt (Janzen 1980).

Der Begriff „Koevolution" sollte auf derartige reziproke evolutionäre Veränderungen beschränkt bleiben, da sonst früher oder später alle evolutionären Prozesse, bei denen irgendeine Anpassung von Arten an andere Arten vermutet werden kann, als Koevolution angesehen werden müssen. Jede Evolution von Arten findet „zusammen" mit anderen statt, aber Intensität und Richtung dieser Interaktionen können beträchtlich variieren (Jermy 1984).

3.6.1
Gibt es Beweise für das Koevolutionsmodell?

In einer detaillierten Untersuchung der Beziehungen zwischen Doldengewächsen (Apiaceae), die verschiedene Cumarine enthalten und bestimmten Insektenarten, die an diesen Pflanzen fressen, kommt Berenbaum (1983) zu dem Schluss, dass seine Ergebnisse mit dem Koevolutionsmodell weitgehend in Einklang stehen. Reziproke evolutionäre Interaktionen führen nach seiner Interpretation zu einer Entfaltung des Artenreichtums sowohl bei den phytophagen Insekten als auch bei den Pflanzen. Damit unterstützt er besonders die Punkte 5 und 6 des Szenarios (Box 3.2).

Zu anderen Schlussfolgerungen kommt dagegen Smiley (1985). Er analysierte die Beziehung zwischen Passionsblumen (*Passiflora*-Arten) und Schmetterlingen der Gattung *Heliconius* (Nymphalidae), deren Raupen fast ausschließlich auf Passifloraceen fressen. Nach seinen Erkenntnissen gibt es keine überzeugenden Beweise dafür, dass die Entstehung dieser Beziehung notwendigerweise auf den von Ehrlich u. Raven (1964) dargestellten Mechanismen beruhte. Vielmehr ist nach seiner Ansicht die pflanzliche Abwehr mittels sekun-

Box 3.2. Das Modell der Koevolution zwischen Pflanzen und Phytophagen. (Nach Strong et al. 1984)

1. Viele Pflanzengruppen produzieren chemische Stoffe, die eine autökologische oder physiologische Funktion für die Pflanze haben und gleichzeitig leicht giftig für Phytophagen sind.

2. Einige Insektengruppen fressen solche Pflanzen und reduzieren dadurch deren Fitness.

3. Mutation und Rekombination bei Pflanzen führt zur Bildung neuer, schädlicher Sekundärstoffe. Ein und dieselbe Substanz kann in entfernt verwandten Pflanzengruppen unabhängig voneinander entstehen.

4. Die Fraßintensität an den Pflanzen verringert sich, da die neuen Pflanzenstoffe eine stärker schädigende oder abschreckende Wirkung haben. Durch den Fraßdruck der Phytophagen findet eine Selektion zunehmend toxisch wirkender Substanzen statt.

5. Die Pflanzen, die nun vor dem Zugriff der Pflanzenfresser weitgehend geschützt sind, haben jetzt eine neue, adaptive Zone erreicht, d. h. ein bestimmtes phylogenetisches Entwicklungsniveau, das die Besiedelung neuer Lebensräume ermöglicht. Darauf kann eine evolutionäre Entfaltung (Radiation) der Pflanzensippen erfolgen.

6. Pflanzenfresser entwickeln eine Toleranz oder sogar eine Vorliebe für die neuen Sekundärstoffe, und eine Spezialisierung auf bestimmte Substanzen kann stattfinden.

7. Dieser Ablauf kann sich wiederholen und zur Bildung weiterer Inhaltsstoffe und engeren Spezialisierungen führen.

därer Inhaltsstoffe nur eine von mehreren möglichen Faktoren, die Einfluss auf die Evolution von Pflanzen-Phytophagen-Assoziationen nehmen können.

Bryant et al. (1989) wiederum glauben, zumindest bestimmte Schritte einer Koevolution mit ihren Untersuchungen belegen zu können. Die Triebe von Gehölzpflanzen in der borealen Zone, z. B. Birken (*Betula*-Arten) und Weiden (*Salix*-Arten) dienen im Winter phytophagen Säugern, vor allem den verschiedenen Hasenarten, als bevorzugte Nahrung (Abb. 3.22). Dabei werden die Zweige von jungen Pflanzen in geringerem Maße angenommen als die von älteren. Der Grund könnte sein, dass sekundäre Pflanzenstoffe (hier v. a. phenolische Verbindungen) in den Trieben junger Pflanzen höher konzentriert sind als in älteren. Wenn diese Inhaltsstoffe in erster Linie zur Abwehr von Phytophagen dienen, so die Hypothese von Bryant et al., dann müssten die jungen Bäume und Sträucher aus Gegenden, die nur geringe Dichten an entsprechenden Pflanzenfressern aufweisen, eine schwächere chemische Verteidigung zeigen als in solchen, wo die Fressfeinde häufig sind. Dies wurde in einer Reihe von Untersuchungen bestätigt: Junge Birken aus Island, wo vor der Besiedelung durch den Menschen keine äsenden Säugetiere vorkamen, schmeckten aus Finnland stammenden Schneehasen *(Lepus timidus)* besser und enthielten weniger Sekundärstoffe als gleich alte Birken aus Finnland und Sibirien. Darüber hinaus gibt es Hinweise darauf, dass die Populationszyklen mit Massenvorkommen alle 10 Jahre, wie sie bei den Hasenarten in Alaska und Sibirien auftreten, die Evolution von Abwehrstoffen bei den Gehölzen beeinflusst haben. Birken und Weiden aus Finnland, einer Region ohne zyklische Massenvermehrung von Hasen, werden von Schneeschuhhasen *(Lepus americanus)* aus Alaska und Schneehasen aus Finnland lieber gefressen als entsprechende Pflanzenarten dieser Gattungen aus Alaska und Sibirien, wo jeweils ausgeprägte Hasenpopulationszyklen auftreten. Dies erklären Bryant et al. mit dem besonders hohen Fraßdruck auf die Pflanzen in den regelmäßig auftretenden hasenreichen Jah-

Abb. 3.22. Schneeschuhhasen *(Lepus americanus)* sind im Winter von den Trieben der Birken und Weiden als Nahrung weitgehend abhängig. Wegen der Inhaltsstoffe der Pflanzen ist aber selbst diese karge Ressource für die Tiere nur eingeschränkt nutzbar.

ren. Im Vergleich mit finnischen Schneehasen zeigten die Alaska-Schneeschuh-hasen stets höhere Fressraten an Zweigen mit größeren Mengen an sekundären Inhaltsstoffen. Bryant et al. vermuten daher Unterschiede im Metabolismus der beiden Arten, d. h. die Alaska-Schneeschuhhasen haben einen wirkungsvolle-ren Mechanismus entwickelt, um die Sekundärstoffe zu entgiften als die finni-schen Schneehasen. Wenn dies der Fall ist, hätte nach Meinung der Autoren eine chemische Koevolution zwischen Gehölzpflanzen und Hasen stattgefun-den. Für ihre Schlussfolgerungen haben Bryant et al. Beobachtungen an ver-schiedenen Tier- und Pflanzenarten in der borealen Zone verschiedener Erd-teile verknüpft und damit eine nur indirekte und spekulative Unterstützung für das Koevolutionsmodell geliefert.

Es ist eine plausible Vorstellung und ein wichtiges Kriterium für den Nach-weis der Koevolution (Punkte 2 und 4 des Szenarios in Box 3.2), dass die Gehölze in den Massenjahren der Hasen durch den hohen Fraßdruck auch einer Selektion unterworfen sind: Die Pflanzen mit geringen Konzentrationen schädlicher Sekundärstoffe in den Zweigen werden abgefressen, die mit höhe-rem Gehalt bleiben übrig und haben einen Reproduktionsvorteil. Die Aus-übung dieses Selektionsdruckes durch die Phytophagen konnte hier nicht be-wiesen werden, aber gibt es andere Beispiele?

In Abschnitt 2.1 hat sich gezeigt, dass die Auswirkung von Konsumenten auf die Reproduktionsrate der Pflanzen extrem unterschiedlich sein kann. Beson-ders dann, wenn Kompensation oder Überkompensation stattfindet, kann wohl kaum ein Selektionsdruck angenommen werden, und auch der Umstand, dass die Reaktionen der Pflanzen von verschiedenen Umweltfaktoren mitbestimmt werden, lässt sich nur schwierig mit dieser Vorstellung in Einklang bringen. Auch Jermy (1984) hält es für eher unwahrscheinlich, dass Phytophagenbefall die Fitness der Pflanzen räumlich oder zeitlich so stark verringert, dass dadurch ein bedeutender Faktor für ihre Evolution gegeben ist. Selbst wenn die Ausbil-dung einer Resistenz gegen Pflanzenfresser stattfinden sollte, dürfte diese nicht so umfassend sein, dass daraufhin eine adaptive Radiation der Pflanzen (Punkt 5 des Koevolutions-Szenarios, Box 3.2) zu erwarten wäre.

Auch eine durch Phytophagenfraß bedingte Verringerung des Reprodukti-onserfolgs ist allein noch kein ausreichender Beweis dafür, dass Phytophagen die Entwicklung des Verteidigungssystems einer Pflanze beeinflussen. Sie müs-sen darüber hinaus eine Selektion bestimmter genetischer Merkmale aus der Palette von Variationen innerhalb einer Pflanzenpopulation bewirken. Erst ein solcher Nachweis könnte das Koevolutionsmodell in einem wesentlichen Punkt unterstützen. Einen Beitrag hierzu liefert Marquis (1984). Er beobachtete, dass die durch Herbivorenfraß bedingten Blattverluste des Pfeffergewächses *Piper arieianum* (Piperaceae) bei benachbarten Pflanzen am natürlichen Standort in Costa Rica stark variieren. Er wählte 4 Individuen aus und pflanzte von jedem 16 – genetisch identische – Ableger auf einer Versuchsparzelle in natürlicher Umgebung ein. Über ein Jahr später unterschied sich die natürliche Schädi-gungsrate durch Herbivoren zwischen den Genotypen signifikant und betrug 9–18 %. Nach weiteren Untersuchungen zur Samenproduktion unterschiedlich stark (durch Abschneiden von Blättern) beschädigter Pflanzen kommt Marquis zu dem Schluss, dass herbivore Insekten durch ihren nachteiligen Effekt auf die Fitness die längerfristige Überlebenswahrscheinlichkeit bestimmter Genotypen von *P. arieianum* verringern. Doch auch in dieser Untersuchung wurden nur indirekte Beweise erbracht, und es bleibt offen, inwiefern sekundärstoffreichere Pflanzen durch diesen Prozess selektiert werden.

Die Ergebnisse der dargestellten Untersuchungen lieferten allenfalls in einzelnen Punkten eine Unterstützung für das Koevolutionsmodell. Eine wechselseitig abhängige Entwicklung konnte jedoch für keine Gruppe von Pflanzen und Phytophagen nachgewiesen werden. Ein Grund dafür könnte sein, dass das Koevolutions-Szenario auf einem zu starren Rahmen beruht und die Berücksichtigung weiterer Aspekte erfordert. Ein wesentlicher Punkt ist dabei der Umstand, dass es sich bei den Interaktionen zwischen Pflanzen und Phytophagen in der Regel nicht um paarweise Beziehungen zwischen bestimmten Arten handelt, die in einem evolutionären „Wettrüsten" resultieren. Vielmehr ist von vielfältigen Einflüssen auszugehen, die verschiedene Arten einer Lebensgemeinschaft aufeinander ausüben. Kaum eine Pflanzenart ist nur einer einzigen Phytophagenart ausgesetzt, sondern mehreren Arten, welche die Pflanze mit teils unterschiedlichen Strategien angreifen. Ein Selektionsdruck auf die Pflanze erfolgt somit aus verschiedenen Richtungen und führt zu entsprechenden Anpassungen. Die Reaktion der Pflanze gegenüber einer Phytophagenart wird demnach von der An- oder Abwesenheit einer anderen Phytophagenart mitbestimmt. Für eine solche Situation prägte Janzen (1980) den Begriff **„diffuse Koevolution"**.

Experimentelle Untersuchungen lieferten Unterstützung für diese Annahme. Hinweise auf diffuse Interaktionen zwischen zwei bedeutenden Herbivoren der nordamerikanischen Pferdenessel *(Solanum carolinense)* fand Wise (2010). Pflanzen, die zuvor experimentell vor der Schädigung durch die Netzwanzenart *Gargaphia solani* geschützt waren, wiesen im Feld doppelt so hohe Befallsraten an Erdflohkäfern *(Epitrix fuscula)* auf als entsprechende Kontrollpflanzen mit vorangegangenem Wanzenbefall. Daraus lässt sich schließen, dass die Fähigkeit der Pflanze zur Abwehr der Erdflohkäfer durch die Anwesenheit von Wanzen vermindert wird. Die Erdflohkäfer bewirken somit eine Verringerung oder Verzögerung der evolutionären Abwehrmechanismen, welche die Pflanze bei alleinigem Befall durch die Wanzen gegenüber denselben entwickeln könnte. Ähnliche Verhältnisse, die außerdem die Abwehrmechanismen der Pflanze aufzeigen, fand Lankau (2007) in den Beziehungen zwischen dem Schwarzen Senf *(Brassica nigra)*, der darauf spezialisierten Blattlausart *Brevicoryne brassicae* und einem Generalisten, der Ackerschnecke *Deroceras reticulatum*. Bei Befall durch Schnecken reagierten die Pflanzen mit einer erhöhten Bildung von Sinigrin (Allylglucosinolat, ein Senfölglucosid), was zu einer Verringerung der Fraßschäden führte. Pflanzen mit erhöhten Sinigrin-Konzentrationen wiesen jedoch einen stärkeren Befall durch die spezialisierten Blattläuse auf. Die gleichzeitige Anwesenheit von Generalisten und Spezialisten resultierte in intermediären und damit selektiv neutralen Sinigrin-Konzentrationen.

Dieses Ergebnis zeigt ebenfalls, dass verschiedene Herbivorenarten gegensätzlichen selektiven Druck auf Pflanzen ausüben können und damit die selektive Bedeutung verschiedener Abwehrreaktionen beeinflussen.

Solche Beziehungen können außerdem geografische Unterschiede zwischen getrennten Populationen einer Pflanzenart aufweisen, wenn sich Zahl oder Häufigkeit entsprechender Phytophagenarten zwischen den jeweiligen Gebieten unterscheiden. So fanden Muola et al. (2010) bei Populationen des Schwalbenwurzes *(Vincetoxicum hirundinaria)* auf verschiedenen Inseln Finnlands Unterschiede in den Befallsraten durch phytophage Spezialisten, in der Fitness der Pflanzen sowie in den Konzentrationen einzelner Pflanzenstoffe, die auf unterschiedliche Selektionsprozesse hindeuten.

Auch ein weiterer Aspekt lässt die evolutionären Beziehungen zwischen Pflanzen und Phytophagen in einem anderen Licht erscheinen. Es hat sich gezeigt, dass Anpassungen von Phytophagen an Wirtspflanzen sehr rasch verlaufen können und nicht allein in stammesgeschichtlich dimensionierten Zeiträumen stattfinden, wie dies im Koevolutions-Szenario implizit vorausgesetzt wird.

Die Wirtspflanzen des in Colorado lebenden Schmetterlings *Colias philodice eriphyle* (Pieridae) sind verschiedene, natürlicherweise vorkommende Fabaceen, hauptsächlich *Vicia americana*. Vermutlich Ende des 19. Jahrhunderts wechselte der Schmetterling von den einheimischen Pflanzen auf Luzerne *(Medicago sativa)* über und wurde zum Schädling (Abb. 3.23). In Gegenden von Colorado, wo keine Luzerne angebaut wird, gibt es aber noch Populationen, die diesen Wechsel nicht vollzogen haben. Tabashnik (1983) untersuchte das Eiablageverhalten und das Raupenwachstum bei Schädlings- und natürlichen Popu-

Abb. 3.23. Die ursprüngliche Wirtspflanze der Raupen des Schmetterlings *Colias philodice eriphyle* in Colorado war die Wickenart *Vicia americana (links)*. Seit dort aber Luzerne *(Medicago sativa, rechts)* angebaut wird, legen die Weibchen ihre Eier fast nur noch auf dieser Pflanzenart ab.

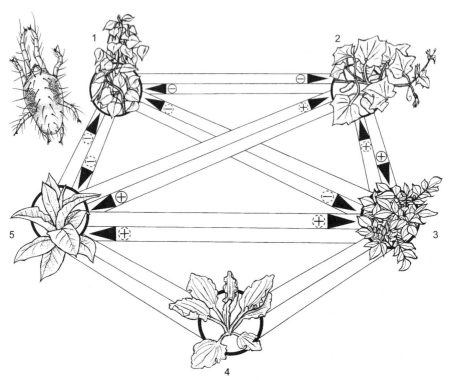

Abb. 3.24. Die Milbe *Tetranychus urticae* kann auf verschiedenen Pflanzenarten unterschiedliche Anpassungen erwerben: Ausgehend von einer Pflanze, an die eine Milbenpopulation zum gegebenen Zeitpunkt angepasst ist, zeigen die *Pfeile*, welche Konsequenzen sich für die Fitness der Milben auf einer der anderen Testpflanzen *(1–5)* ergeben, wenn sie darauf ausgesetzt werden. Testpflanzen: *1* = Gartenbohne, *2* = Gurke, *3* = Kartoffel, *4* = Wegerich, *5* = Tabak. ⊕ bedeutet positiver, ⊖ negativer Effekt auf die Milbenpopulation, ⊕ bzw. ⊖ bezeichnen vermutete Effekte. (Grafik nach Gould 1979)

lationen von *C. philodice eriphyle*. In Präferenzversuchen legten Weibchen aus natürlichen Populationen den größten Teil ihrer Eier auf Luzerne ab, die Überlebensrate der Raupen war jedoch höher auf *V. americana*. Umgekehrt entwickelten sich die Raupen von Schädlingspopulationen besser auf Luzerne als auf dem ursprünglich natürlichen Hauptwirt des Schmetterlings. Dies legt nahe, dass bei dieser Art eine Anpassung an den neuen Wirt stattgefunden hat, während gleichzeitig die Fähigkeit, auf dem ursprünglichen Wirt aufzuwachsen, teilweise verloren ging.

Gould (1979) teilte eine Population der Milbe *Tetranychus urticae* und setzte die eine Hälfte auf dem Bestand einer bevorzugten Wirtspflanze aus, der Bohne *Phaseolus vulgaris*. Die andere Hälfte wurde in einer Mischkultur aus Bohnen und einer milbenresistenten Gurkenvarietät freigelassen. Nach einem Zeitraum von 21 Monaten (etwa 50 Milbengenerationen) stellte Gould fest, dass sich die

Milben in der Mischkultur an die Gurken angepasst hatten und dadurch auf Gurken eine höhere und auf Bohnen eine niedrigere Überlebensrate hatten als die Teilpopulation in der Bohnen-Monokultur. Außerdem hatten die Nachkommen der Milben aus der Mischkultur-Population auch höhere Überlebensraten auf Tabak und Kartoffel (beides vorher ungeeignete Wirtspflanzen) als Milben aus der Bohnen-Monokultur, aber nicht auf einer *Plantago*-Art (Wegerich). Auch diese Ergebnisse belegen, dass Änderungen im Wirtswahlverhalten und Anpassungen rasche Prozesse sein können und darüber hinaus zu überraschenden Mustern führen (Abb. 3.24).

Die ökonomische Bedeutung einer raschen Anpassung von Schädlingen an Nutzpflanzen ist offensichtlich: Die Entwicklung einer neuen, schädlingsresistenten Nutzpflanzenart dauert 5–25 Jahre, im Durchschnitt 12 Jahre. Dies geschieht mit dem Risiko, dass Schädlinge die Resistenz in kürzerer Zeit brechen als für die Züchtung nötig war (Gould 1983).

> Phytophagen entwickeln Anpassungen an Pflanzen, und Pflanzen entwickeln Anpassungen an Phytophagie, die aber auch auf Grund von generellen Evolutionsprozessen zu erwarten sind. Die Beziehungen zwischen zwei Arten sind in der Regel „diffus", d. h. die wechselseitig ausgeübten Zwänge stehen unter dem Einfluss weiterer Interaktionen innerhalb einer Lebensgemeinschaft. Die jeweiligen Effekte auf die Fitness werden somit bestimmt durch die Konstellation der Arten, mit denen Pflanzen- und Tierpopulationen durch Ernährungsbeziehungen verbunden sind. Diese Assoziationen sind räumlich und zeitlich variabel und sowohl durch biochemische Evolution als auch durch ökologische Prozesse laufenden Veränderungen unterworfen.

Zusammenfassung von Kapitel 3

Pflanzen besitzen vielfältige Möglichkeiten der Abwehr von Fressfeinden. Bei den konstitutionellen Barrieren, die eine Pflanze bereits vor dem Kontakt mit einem potenziellen Angreifer aufweist, handelt es sich um verschiedene morphologische Merkmale der Gewebeoberflächen (z. B. Trichome), welche die Angriffe bestimmter Phytophagen erschweren, sowie um sekundäre Pflanzenstoffe, die allerdings sehr unterschiedliche Wirkungen auf einzelne Phytophagenarten ausüben können. Zu unterscheiden sind dabei (a) Arten, auf die solche Substanzen abschreckende, fraßhemmende oder toxische Effekte ausüben und daher nur Nahrung aufnehmen können, die solche Substanzen nicht oder nur in geringen Konzentrationen enthalten (Generalisten) und (b) Arten, auf die dieselben Stoffe attraktiv wirken und die auf Grund besonderer physiologischer Anpassungen in der Lage sind, hohe Konzentrationen an bestimmten sekundären Pflanzenstoffen in der Nahrung zu tolerieren (Spezialisten). Pflanzen sind jedoch auch in der Lage, auf den Befall von Phytophagen sowie von Pathogenen zu reagieren, d. h. weitere Abwehrmaßnahmen erst dann einzuleiten, wenn eine Schädigung stattfindet (direkte induzierte Resistenz). Diese Mechanismen beruhen meist auf einer Neusynthese bestimmter Proteine (Protease-Inhibitoren und andere), die sowohl bei Generalisten als auch bei Spezialisten Wachstums- und Entwicklungsstörungen verursachen. Weitere Formen der Abwehr richten sich gegen Phytopathogene und sind primär darauf ausgelegt, das Eindringen von Krankheitserregern zu verhindern oder zu erschweren. Sie sind meistens lokal begrenzt (Bildung von Phytoalexinen, histogene und hypersensitive Reaktionen). Darüber hinaus existieren aber auch durch unterschiedliche Angreifer induzierte Abwehrmechanismen, die wechselseitige Wirkungen auf Phytophagen und Phytopathogene hervorrufen und den Pflanzen auf breiterer Ebene eine systemische Resistenz verleihen.

Das Modell der Koevolution versucht zu erklären, wie die verschiedenen Erscheinungsformen der Interaktion zwischen Pflanzen und Phytophagen in Bezug auf Abwehr und Anpassung entstanden sind. Es legt zu Grunde, dass Veränderungen der chemisch-physiologischen Eigenschaften bei Pflanzen bzw. Phytophagen als Reaktion auf Veränderungen des jeweils anderen Taxons stattgefunden haben. Es gelang jedoch bisher nicht, einen lückenlosen Nachweis dafür zu erbringen, dass die evolutionären Entwicklungen tatsächlich so abgelaufen sind. Kaum eine Pflanzenart ist nur einer einzigen Phytophagenart ausgesetzt, sondern mehreren Arten, welche die Pflanze mit teils unterschiedlichen Strategien angreifen. Ein Selektionsdruck auf die Pflanze erfolgt somit aus verschiedenen Richtungen und führt zu entsprechenden Anpassungen (diffuse Koevolution). Darüber hinaus sind solche Assoziationen räumlich und zeitlich variabel und sowohl durch biochemische Evolution als auch durch ökologische Prozesse laufenden Veränderungen unterworfen.

4 Prädation

Anders als die meisten Herbivoren töten Prädatoren die Organismen, von denen sie sich ernähren. Die direkte Folge für eine Beutepopulation ist daher eine Verringerung ihrer Individuendichte. Der Anteil der in einem bestimmten Zeitraum erbeuteten Tiere eines Bestandes ist die **Prädationsrate**. Sie lässt sich in vielen Fällen experimentell bestimmen, wie die folgenden Beispiele zeigen.

Churchfield et al. (1991) untersuchten den Prädationseffekt von Kleinsäugern (überwiegend Spitzmäuse der Gattung *Sorex*; Abb. 4.1) auf die bodenbewohnenden Wirbellosen einer Grasbrache in England. Sie verglichen die Abundanz der Beutefauna auf abgegrenzten Parzellen ohne diese Prädatoren mit der auf Kontrollparzellen, zu denen sie freien Zugang hatten. Nach der 2-jährigen Laufzeit des Experiments zeigte sich, dass die Individuendichte verschiedener Gruppen von Wirbellosen (Asseln, Schnecken, Tausendfüßler, Spinnentiere) auf den offenen Flächen um durchschnittlich 39 % niedriger war als auf den vor Spitzmäusen geschützten Bereichen. Bei selteneren Taxa wie z. B. den Käfern waren weniger deutliche Unterschiede in den Abundanzen zwischen den Kontroll- und Experimentalparzellen festzustellen. Die Artenzusammensetzung der Bodenfauna blieb durch die Aktivität der Spitzmäuse unbeeinflusst.

Nach Beobachtungen in England werden die Eier des Apfelwicklers *(Cydia pomonella)* im Juni und Juli auf Früchten oder Blättern von Apfelbäumen abgelegt. Die geschlüpften Raupen fressen Gänge in die Früchte, die von den ausgewachsenen Raupen im August und September wieder verlassen werden, um

Abb. 4.1. Spitzmäuse, hier dargestellt die Zwergspitzmaus *(Sorex minutus)*, sind Prädatoren und ernähren sich von Insekten und anderen Wirbellosen.

ein Überwinterungsquartier in Hohlräumen der Rinde aufzusuchen und sich dort einzuspinnen (Abb. 4.2). Nach der Verpuppung schlüpfen die Motten im Frühsommer des darauf folgenden Jahres. Die überwinternden Stadien sind der Prädation durch Vögel ausgesetzt, die an den Rinden der Apfelbäume nach Nahrung suchen. Solomon et al. (1976) versuchten die dadurch hervorgerufenen Verluste der Apfelwicklerpopulation festzustellen. Künstlich mit Raupen besetzte Apfeläste wurden an Bäumen einer Apfelplantage befestigt, wobei die Kontrollen zum Schutz vor Vögeln in Drahtnetz eingefasst wurden. Letztere

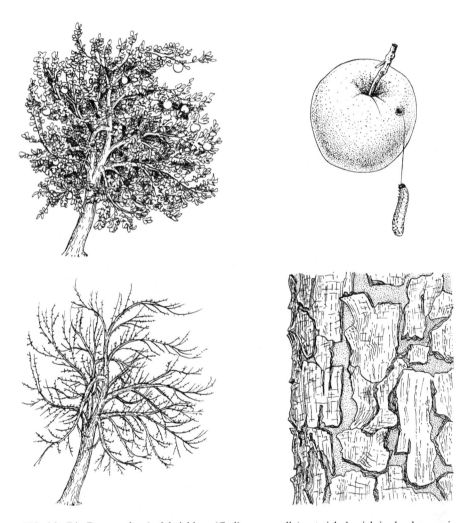

Abb. 4.2. Die Raupen des Apfelwicklers *(Cydia pomonella)* entwickeln sich in den heranreifenden Früchten, die im Spätsommer verlassen werden. Die Tiere suchen dann geschützte Stellen an der Borke des Stammes auf, spinnen sich in einen Kokon ein und überwintern darin. Nach der Verpuppung schlüpfen im Frühsommer die Falter.

zeigten über die 3 Untersuchungswinter keine oder nur sehr geringe Verluste an Raupen, wogegen an den ungeschützten Ästen ein durchschnittlich 95 %iger Rückgang der Zahl an Individuen festzustellen war. Sie wurden von Blau- und Kohlmeisen verzehrt.

Wie wirkt sich Prädation auf die Entwicklung von Beutepopulationen aus? Diese Frage lässt sich ohne Kenntnisse über Faktoren, die auf die Prädator-Beute-Beziehung Einfluss nehmen können, nicht einmal ansatzweise klären. Auch in den soeben angeführten Beispielen lässt sich darüber nur spekulieren. Die folgenden Abschnitte befassen sich im Hinblick darauf mit verschiedenen Aspekten dieser Interaktion.

4.1
Einflussfaktoren auf die Prädationsrate

Allgemein werden Prädator-Beute-Beziehungen und speziell die Zahlen der erbeuteten Tiere von vielen Faktoren beeinflusst. Colinvaux (1993), Crawley (1992a, b) und Skogland (1991) nennen einige der vermutlich wichtigsten:

1. Die Fähigkeit der Beutetiere, sich zu verteidigen und/oder dem Prädator zu entkommen,
2. Faktoren, die das räumliche und zeitliche Zusammentreffen von Prädator und Beute sowie deren relative Häufigkeit beeinflussen (z. B. Habitatstruktur, Wanderungen),
3. die Verfügbarkeit alternativer Beutetierarten und
4. die Bevorzugung oder selektive Auswahl bestimmter Alters- oder Größenklassen der Beuteart durch den Prädator.

Nachfolgend werden solche Möglichkeiten mit Beispielen belegt.

4.1.1
Verteidigungsmechanismen von Beutetieren

Bei Tieren gibt es zahlreiche Mechanismen, die verhindern, dass sie bestimmten Feinden zum Opfer fallen oder zumindest das individuelle Prädationsrisiko verringern. Nach Malcolm (1992) lassen sich drei Hauptstrategien unterscheiden. Die erste lässt sich als **Kampf** im weitesten Sinne bezeichnen. Darunter ist die Fähigkeit zu verstehen, den Angriffen von Prädatoren standhalten zu können. Dies kann außer durch direkte, physische Verteidigung z. B. auch durch Warntrachten geschehen, die entweder Giftigkeit signalisieren oder Überlegenheit vortäuschen, oder durch Totstellen. Die zweite Möglichkeit bietet die **Flucht**, mit der oft Täuschungsmanöver verbunden sind, um den Prädator abzulenken oder zu verwirren. Die Bildung von Herden und Schwärmen lässt sich ebenfalls oft als Abwehrstrategie von Prädatoren interpretieren, die entweder mit Kampf oder mit Flucht kombiniert sein kann. Eine dritte Variante besteht in der **Tarnung**, also der Vermeidung des Entdecktwerdens. Dies kann geschehen durch optische Verschmelzung mit dem Untergrund (Abb. 4.3) oder durch die

Abb. 4.3. Auf der Insel La Gomera lebt an Felswänden eine Schneckenart *(Napaeus barquini)*, die ihre Schale mit Flechten tarnt. Sie beißt kleine Stücke der Flechten vom Untergrund und modelliert daraus auf ihrer Schale eine Vielzahl abstehender Höcker. Die Konturen ihres Gehäuses verschmelzen so optisch mit den flechtenbedeckten Felsen, möglicherweise eine Anpassung gegen Fressfeinde, z. B. Kanarenpieper *(Anthus berthelotii)*. (nach Allgaier 2007)

Imitation von Objekten, die für Prädatoren uninteressant sind wie Zweige oder Blätter (Abb. 4.4).

Einen eindrucksvollen Fall aus der Kategorie „Kampf" beschreiben Ono et al. (1995) aus Japan. Kolonien der dort heimischen Honigbiene *Apis cerana japonica* werden von der japanischen Hornissenart *Vespa mandarinia japonica* angegriffen, und zwar nur im Herbst, wenn diese ihren Nachwuchs füttern muss. Die Beutezüge der Hornissen laufen in verschiedenen Phasen ab. Zunächst entdeckt ein Tier ein Bienennest, tötet einzelne Bienen und versorgt damit die Larven der eigenen Kolonie. Nach mehrmaligem Besuch markiert die Hornisse das Bienennest mit einem Duftstoff aus einer Drüse am Abdomen. Dadurch werden Artgenossen angelockt, und bei ausreichender Zahl versuchen sie, gemeinsam in das Bienennest einzudringen. Kolonien der nach Japan eingeführten europäischen Honigbiene *(Apis mellifera)*, die auf diese Weise überfallen werden, sind den Hornissen ausgeliefert. Eine Gruppe von 20–30 Angreifern ist in der Lage, 30000 europäische Bienen innerhalb von 3 Stunden zu töten, um danach die Beute im Zeitraum von mehreren Tagen abzutransportieren. Das kann den japanischen Honigbienen nicht passieren. Wenn die Prädatoren in ihr Nest eindringen, werden sie bereits von zahlreichen Arbeiterinnen erwartet. Mehr als 500 stürzen sich auf eine einzelne Hornisse und schließen sie in einer Kugel aus lebenden Bienen ein. Darin erleidet die Hornisse einen Hitzetod. Messungen von Ono et al. ergaben, dass in der Kugel die Temperatur rasch auf 47 °C ansteigt. Nach etwa 20 Minuten stirbt die Hornisse, aber die Bienen überleben. In Experimenten zeigte sich, dass die tödliche Temperatur für die Hornissen bei 44–46 °C erreicht ist, bei den Bienen erst bei 48–50 °C. Diesen geringen Unterschied machen sich die Bienen bei ihrer thermischen Verteidigung zu Nutze.

Auf den ersten Blick scheint ein Auftreten in Gruppen, was bei zahlreichen Tierarten zu finden ist, für eine Vermeidung von Feindkontakten nachteilig zu sein: Große Ansammlungen potenzieller Beutetiere werden von Prädatoren

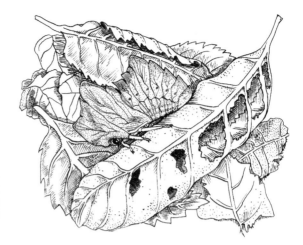

Abb. 4.4. Eine Art der Buckel-zirpen (Membracidae), die in Gestalt und Färbung einem vertrockneten Blatt täuschend ähnlich sieht.

eher entdeckt und lenken die Aufmerksamkeit mehr auf sich als einzelne Tiere, auf die ein Feind seltener stößt. Insgesamt ist jedoch das Risiko für ein Individuum, aus einer Gruppe heraus zur Beute zu werden, oft geringer als bei solitärer Lebensweise. Dies ergibt sich allein aus der Wahrscheinlichkeit: Ein Mitglied einer Herde von 100 Tieren trägt theoretisch ein individuelles Risiko von 1:100, selbst Opfer bei einem erfolgreichen Angriff zu werden. Die Herde wird aber vermutlich nicht hundertmal öfter angegriffen als ein einzelnes Tier (Krebs u. Davies 1996). Dieser Effekt wird in manchen Fällen durch zusätzliche Abwehrstrategien noch wirksamer. So leben beispielsweise Moschusochsen *(Ovibos moschatus)* zwar in Herden aus nur 10–20 Tieren, sind aber für Wölfe und Bären dennoch kaum angreifbar, da sie sich bei Gefahr formieren. Mit nach außen gerichteten Köpfen bilden sie einen Kreis, in dem geschützt die Kälber stehen.

Auch durch Kombination mit dem Faktor Zeit kann eine Verstärkung des Gruppeneffekts im Hinblick auf das Prädationsrisiko erzielt werden. Dies verdeutlicht eine Studie von Lloyd u. Dybas (1966). In Nordamerika kommen verschiedene Zikadenarten der Gattung *Magicicada* (Cicadidae) vor. Sie haben die längsten bekannten Entwicklungszyklen unter den Insekten, nämlich 17 Jahre (3 Arten im Norden) und 13 Jahre (3 Arten im Süden). Die Nymphen leben unterirdisch und ernähren sich saugend von Pflanzensaft aus Baumwurzeln. Die Adulten erscheinen nach Verlassen des Bodens für wenige Wochen zur Paarung und Eiablage in den Wäldern, und zwar von allen 3 gemeinsam vorkommenden Arten gleichzeitig, wodurch ein außerordentlicher Masseneffekt erzielt wird. Zur Spitzenzeit des Auftretens der Zikaden ist eine ausreichend große Zahl an Individuen vorhanden, um alle Prädatoren (hauptsächlich Vögel) zu sättigen, ohne dass die Insektenpopulationen vernichtet werden. Damit ist aber noch keine Erklärung für die extrem lange Entwicklungsdauer gegeben. Lloyd u. Dybas vertreten die Hypothese, dass sie das Resultat einer

evolutionären Entwicklung zur Abwehr anderer, stärker auf die Zikaden spezialisierter Feinde darstellt, in erster Linie Parasitoide. Es besteht die Möglichkeit, dass solche Arten durch die Langzeitstrategie der Zikaden ausgestorben
sind, da sie nicht in der Lage waren, mit dieser langen Generationszeit mitzu-
halten. Dabei wird vorausgesetzt, dass die Zikaden und die Parasitoide ursprünglich einen mehrjährigen, aber kürzeren synchronen Entwicklungszyklus
durchlaufen haben. Selbst wenn angenommen wird, dass eine heute lebende Pa-
rasitoidenart mit kürzerer Entwicklungsdauer durch das vorübergehende Ausweichen auf einen Ersatzwirt eine längere zikadenfreie Zeit überdauern kann,
ist es bei einer Ausdehnung der Zikadenentwicklung auf Jahresspannen mit den
Primzahlen 13 und 17 unmöglich, wieder zu diesem Wirt zurückzukehren. Denn
wie viele Jahre der Entwicklungszyklus eines Parasitoiden auch immer dauert,
ein Vielfaches davon ergibt nie 13 oder 17. Wenn die Zyklen der Zikaden 12
und 18 Jahre betragen würden, könnten Parasitoide mit beispielsweise 6-jähri-
gen Entwicklungszyklen alle 2 oder 3 Generationen die Zikaden als Wirt
nutzen.

> Tierarten, die zur Beute anderer werden können, besitzen insgesamt eine
> breite Palette an Möglichkeiten, sich gegen Prädatoren in verschiedenen
> Phasen ihrer Annäherung (Suchen, Erkennen, Angreifen) zur Wehr zu set-
> zen. Die vielfältigen Anpassungen der Beute und die z. T. bestehenden
> Gegenstrategien von Prädatoren sind das Ergebnis von Selektionsprozes-
> sen, die im Verlauf der Evolution stattgefunden haben.

4.1.2
Einfluss der Habitatstruktur

Im Norden Skandinaviens weisen die Populationen vieler phytophager Wirbel-
tierarten zyklische Fluktuationen in ihrer Dichte auf. Südlich einer deutlichen
Grenze, dem so genannten „Limes Norrlandicus", fehlen bei den gleichen
Arten solche Zyklen. Der „Limes" ist eine geomorphologische, klimatische und
biogeografische Trennlinie, die zwischen der borealen Nadelwaldzone im Norden und dem boreo-nemoralen Mischwald im Süden etwa auf Höhe des 60.
Breitengrades verläuft. In der heutigen Landschaft Schwedens unterscheiden
sich diese beiden Bereiche im Anteil an Agrarfläche, der in der Nadelwaldzone
extrem gering ist und südlich davon auf Kosten des Waldanteils rasch zunimmt.
    Steht dieser Gradient in der Landschaftsstruktur in Zusammenhang mit den
Unterschieden in der Populationsdynamik bestimmter Arten? Andrén et al.
(1985) gingen dieser Frage bei einem Vertreter der Rauhfußhühner, dem Birkhuhn *(Tetrao tetrix)*, nach. Sie vertreten die Hypothese, dass das Verschwinden
der Zyklen im Süden auf einem erhöhten Prädationsdruck beruht, der beim
Birkhuhn vor allem die Eigelege betrifft, die verschiedenen Arten von Raben-
vögeln (Corvidae) zur Beute fallen. Diese sind in der Kulturlandschaft häufiger
als im Wald. Andrén et al. etablierten je 50 künstliche Nester, die mit Eiern von
domestizierten Birkhennen belegt wurden, an 3 Standorten entlang des Land-

schaftsgradienten. Der Anteil landwirtschaftlicher Fläche betrug im nördlichen Versuchsareal 1,5 %, im mittleren, am „Limes" gelegenen 7 % und am südlichen Standort 58 %. In der gleichen Abfolge ist der Wald immer stärker in Fragmente unterteilt. Das Ergebnis der in 2 Vergleichsjahren durchgeführten Experimente zeigte, dass die Verlustrate der Eier durch Prädation wie vermutet in positiver Korrelation mit dem jeweiligen Anteil an Agrarfläche stand, d. h. sie war am niedrigsten in der nördlichen Landschaft und am höchsten in der südlichen (Abb. 4.5). Beobachtungen belegten darüber hinaus, dass die Häufigkeit der Rabenvögel ebenfalls entlang des Nord-Süd-Gradienten zunimmt. Diese Studie konnte allerdings keinen Beweis dafür erbringen, dass das Fehlen zyklischer Populationsfluktuationen beim Birkhuhn in Südschweden in direktem Zusammenhang mit den dort höheren Eierverlusten steht. Sie belegt lediglich, dass Prädatoren in verschieden strukturierten Lebensräumen einer Beuteart unterschiedlich häufig sein können und dass sich daraus deutliche Unterschiede in der lokalen Prädationsrate ergeben.

> Unterschiede in der Struktur von Lebensräumen, in denen bestimmte Prädatoren und ihre Beute gemeinsam vorkommen, können sich auf die Prädationsrate auswirken. Als Ursachen hierfür kommen Veränderungen in der

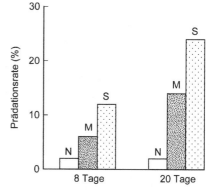

Abb. 4.5. Anteile der durch Rabenvögel erbeuteten Eier des Birkhuhns *(Tetrao tetrix, Bild)* entlang eines Landschaftsgradienten in Schweden in Zeiträumen von 8 und 20 Tagen. N = nördlicher borealer Nadelwald, M = mittlerer Bereich am „Limes Norrlandicus", S = südlicher boreo-nemoraler Mischwald und ausgedehnte Agrarflächen. (Grafik nach Andrén et al. 1985)

relativen Häufigkeit der entsprechenden Arten sowie Veränderungen in der Wahrscheinlichkeit des Aufeinandertreffens von Prädatoren und Beute (z. B. durch günstigere bzw. ungünstigere Versteck- oder Fluchtmöglichkeiten der Beute) infrage. Von den jeweiligen Bedingungen hängt es ab, ob sich die lokale Prädationsrate im Vergleich zu anderen Habitaten verringert oder erhöht.

4.1.3
Verfügbarkeit alternativer Beutearten

In der borealen Nadelwaldzone Nord- und Mittelskandinaviens sind verschiedene Mäusearten, vor allem Rötelmaus *(Clethrionomys glareolus)* und Erdmaus *(Microtus agrestis)*, die wichtigste Beute für eine Reihe von Prädatoren wie Rotfuchs *(Vulpes vulpes*; Abb. 4.6), Eulen und Wiesel. Die Mäusepopulationen zeigen regelmäßige Fluktuationen in Abständen von 3–4 Jahren. Das heißt, in diesem Zeitraum erfolgt eine beständige Zunahme ihrer Dichte bis zu einem Maximum, nach dessen Erreichen die Populationen zusammenbrechen. Die wenigen überlebenden Tiere vermehren sich und leiten einen neuen Zyklus ein. Auf Grund dieser starken Schwankungen sind die Prädatoren gezwungen, in mäusearmen Zeiten auf alternative Beutearten wie Schneehase *(Lepus timidus)* und verschiedene Rauhfußhühnerarten (Tetraenidae) auszuweichen. Deren Populationen weisen ebenfalls 3–4-jährige Zyklen auf, die weitgehend synchron mit denen der Mäuse verlaufen (Hörnfeldt 1978). Welche Ursachen haben diese regelmäßigen Populationszyklen? Hörnfeldt (1978) erstellte fol-

Abb. 4.6. Einen wesentlichen Bestandteil der Beute des Rotfuchses *(Vulpes vulpes)* bilden Mäuse der Gattung *Microtus*.

gende Hypothese: Die Mäusezyklen werden vom Nahrungsangebot gesteuert, d. h. ab einer bestimmten Mäusedichte wird im Winter das Futter so knapp, dass ein Großteil der Tiere verhungert. Die Populationen der Prädatoren, die auf Grund der guten Versorgung mit Mäusen in deren vorangegangener Vermehrungsphase nun selbst eine relativ hohe Dichte aufweisen, können ihren Nahrungsbedarf nicht mehr durch Mäuse decken. Sie müssen dazu übergehen, vergleichsweise seltene Tiere wie Schneehasen und Rauhfußhühner zu erbeuten und bewirken dadurch, dass deren Populationsgröße deutlich abnimmt. Dies führt, zeitverzögert, auch zu einem Rückgang der Prädatorendichte. Unabhängig davon nehmen in dieser Phase die Mäuse wieder zu. Ab einem bestimmten Punkt werden die Prädatoren dann wieder mit dieser Beute versorgt und können sich vermehren. Jetzt werden, bedingt durch die hohe Mäusezahl, auch die alternativen Beutearten entlastet, und ihre Bestände vergrößern sich ebenfalls wieder.

Verschiedene Untersuchungen belegen, dass einzelne Prädatorenarten auf alternative Beute ausweichen, wenn die Mäusedichte gering ist: In der Nahrung von Füchsen sind dann vor allem Schneehasen anteilmäßig stärker vertreten (Angelstam et al. 1984). Uhus *(Bubo bubo)* und Uralkäuze *(Strix uralensis)* verlegen den Hauptanteil der Beute auf Schneehasen und Rauhfußhühner (Korpimäki et al. 1990). Diese Ergebnisse allein sind allerdings noch kein ausreichender Beweis für die Richtigkeit der Hypothese. Weitere Unterstützung liefert jedoch eine Untersuchung von Lindström et al. (1994): In den 1980er Jahren erfuhren die Fuchsbestände in Schweden einen dramatischen Rückgang. Die Ursache war eine durch Milben verursachte Räude, die für Füchse tödlich ist. Welche Konsequenzen wären durch eine Verringerung der Fuchsdichte in dem Szenario von Hörnfeldt zu erwarten? Als wichtigster Effekt müßte sich zeigen, dass die synchronen Zyklen der Mäuse- und der alternativen Beutepopulationen bei nachlassendem Prädationsdruck „entkoppelt" werden, also nicht mehr weitgehend zeitgleich ablaufen. Dabei sollten nur Mäuse 3–4-jährige Zyklen beibehalten. Genau dies war der Fall: Mit dem Rückgang der Füchse stieg die Zahl der Schneehasen und Rauhfußhühner, und zwar auf höhere Niveaus als vor dem Ausbruch der Räude. Erst nachdem sich der Fuchsbestand Ende der 1980er Jahre wieder erholt hatte, ging auch die Populationsdichte der alternativen Beutetiere wieder zurück. Dieses Ergebnis lässt kaum Zweifel daran, dass den Füchsen eine Schlüsselrolle bei den Populationsentwicklungen ihrer Ausweichbeutearten zukommt. Sowohl die Dauer als auch die Amplitude der Mäusezyklen blieb von diesem Geschehen unbeeinflusst. Daraus kann geschlossen werden, dass die Dynamik der Mäusepopulationen im borealen Skandinavien von anderen Faktoren als von Prädation gesteuert wird, wahrscheinlich vom Nahrungsangebot.

In der boreo-nemoralen Zone Südskandinaviens treten keine regelmäßigen, mehrjährigen Zyklen bei den Mäusepopulationen auf. (Sie fehlen ebenso bei den anderen Beutetieren wie den Rauhfußhühnerarten; s. Abschn. 4.1.2). Stattdessen ist die Dynamik der Mäusepopulationen gekennzeichnet durch ein Maximum im Herbst und einen Rückgang der Dichte bis zum darauf folgenden

Frühjahr. Untersuchungen zur Zahl der von verschiedenen Prädatoren erbeuteten Erdmäuse in Südschweden sowie Freilandexperimente an Mäusebeständen, die vor Prädatoren geschützt waren, führten Erlinge et al. (1983, 1984) und Erlinge (1987) durch. Sie ergaben, dass die Abnahme der Mäusezahlen zwischen Herbst und Frühjahr zum größten Teil auf Prädation zurückzuführen ist. Dies lässt sich nur durch eine viel höhere Zahl an Prädatoren als in Nordskandinavien erklären, die auch in mäusearmen Phasen ernährt sein will. Daher muss alternative Beute vorhanden sein, die – wiederum anders als im Norden – sehr häufig ist. Es sind Kaninchen *(Oryctolagus cuniculus)*, die im Norden nicht vorkommen. Die Prädatoren können also während der jährlichen Minima der Mäusepopulationen durch die Kaninchen versorgt werden und dadurch ihren Bestand aufrechterhalten. Erlinge zieht daraus den Schluss, dass diese Situation ausgeprägte, mehrjährige Fluktuationen in der Zahl der Mäuse, wie dies in Nordskandinavien der Fall ist, verhindert.

> Die Prädationsrate kann durch Konstellationen in der Abundanz von Prädatoren und Beute, die durch zeitlich-dynamische Entwicklungen der jeweiligen Populationen bedingt sind, beeinflusst werden. Inwieweit sich die Abnahme der Dichte ihrer bevorzugten Beute auf die Population einer Prädatorenart auswirkt, wird entscheidend vom Angebot alternativer Beute bestimmt. Von der Entwicklung der Prädatorenpopulation in einer solchen Situation hängt es wiederum ab, wie die Population ihrer bevorzugten Beuteart beeinflusst wird, wenn deren Dichte wieder zunimmt.

4.1.4
Körpergrößenspezifische Beutepräferenz

Die Wandermuschel *(Dreissena polymorpha)* stammt ursprünglich aus Flüssen der Schwarzmeer- und Kaspisee-Region und wurde im 19. Jahrhundert nach Europa eingeschleppt (Pfleger 1984). Seit etwa 1986 kommt die Art auch in Nordamerika vor und besiedelt dort die Great Lakes, wo sie eine neue und reichlich vorhandene Nahrungsquelle für Enten darstellt. Hamilton et al. (1994) untersuchten diese Prädator-Beute-Beziehung während des Herbstzuges der Vögel am Lake Erie. Verschiedene Entenarten reduzierten die Muschelbiomasse auf frei zugänglichen Experimentalparzellen um bis zu 57 % gegenüber Kontrollparzellen, die mit Käfigen vor Enten geschützt waren. Dies hatte aber nur einen relativ geringen Effekt auf die Individuenzahlen, was damit erklärt werden kann, dass die Vögel die mittelgroßen und großen Muscheln gegenüber den häufigeren kleinen Stadien bevorzugen (Abb. 4.7). Die Enten verändern dadurch zwar die Altersstruktur der Muschelpopulation, aber ansonsten ist ihr Einfluss wenig bedeutend, da sie geeignetere Futterplätze aufsuchen, wenn an einer Stelle die bevorzugten Muschelgrößen seltener werden. Insgesamt rechnen Hamilton et al. nicht damit, dass Prädation durch Enten längerfristige Effekte auf die *Dreissena*-Population hat, da die Enten nur im Winter anwesend sind und die von ihnen verursachten Verluste rasch kompensiert werden können.

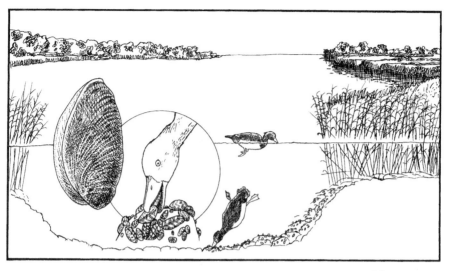

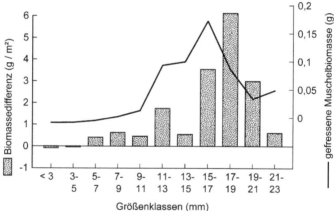

Abb. 4.7. *Bild:* In den nordamerikanischen Great Lakes ist die eingeschleppte Wandermuschel *(Dreissena polymorpha)* eine Nahrungsquelle für verschiedene Entenarten. *Grafik:* Differenzen in der Biomasse *(Balken)* der Muscheln verschiedener Größenklassen zwischen offenen, für Enten zugänglichen Seebereichen und durch Käfige geschützten Kontrollparzellen nach einem Untersuchungszeitraum von 3 Monaten. Die *Linie* stellt die Biomasseverteilung der Muscheln aus den Mägen einiger Enten dar. (Grafik nach Hamilton et al. 1994)

Die Erbeutung bestimmter Altersklassen einer Population stellt eine Einschränkung der Prädationsrate auf einen bestimmten Teil der Individuen dar. Die Folgen für die Beutepopulation sind daher anders zu bewerten als bei nicht-selektiver Prädation: Sie können sich in Bezug auf die längerfristige Entwicklung der Beutepopulation stärker auswirken (wenn v. a. juvenile Stadien betroffen sind) oder relativ geringer sein (bei der Erbeutung alter Individuen).

4.2
Können Prädatoren ihre Beutepopulationen regulieren?

Die unterschiedlichen Faktoren, von denen die Individuenzahl der Organismenpopulationen beeinflusst wird, lassen sich in zwei Kategorien einteilen. Zum einen handelt es sich um Veränderungen, die weitgehend unabhängig von der momentanen Populationsgröße stattfinden, z. B. Verluste durch ungünstige Witterungsverhältnisse wie Trockenheit, strenge Winter oder starke Niederschläge. Sie werden **dichteunabhängige Faktoren** genannt. Zum anderen gibt es Wirkungen wie die durch Konkurrenz, Ressourcenverfügbarkeit oder Krankheiten. Sie sind umso stärker, je mehr Individuen sich den Lebensraum teilen und heißen daher **dichteabhängige Faktoren**.

Auch im Hinblick auf die Populationsdynamik muss zwischen diesen beiden Mechanismen unterschieden werden. Durch abiotische Umweltfaktoren verursachte Katastrophen verringern lediglich zu einmaligen oder unregelmäßigen Zeitpunkten die Individuendichte, sind also unvorhersagbar. Die dichteabhängigen Faktoren dagegen sorgen für die **Regulation** einer Population, d. h. sie bewirken eine längerfristige Stabilisierung ihrer Dichte, indem sie auf die Mortalitäts- oder Reproduktionsrate (oder auf beide) einwirken. Dies bedeutet jedoch nicht, dass sich eine konstante Zahl an Individuen einstellt, sondern dass eine Population innerhalb bestimmter Dichtegrenzen fluktuiert.

Prädation kann zum regulierenden Faktor für eine Beutepopulation werden, wenn der Anteil der durch Feinde getöteten Individuen mit ansteigender Populationsdichte zunimmt. Dies ist grundsätzlich durch zwei Prozesse möglich: (a) durch eine **numerische Reaktion** der Prädatoren, also eine Erhöhung ihrer Individuenzahl und (b) durch eine **funktionelle Reaktion**, d. h. einer Erhöhung der Tötungsrate von Beuteindividuen durch Prädatoren (Crawley 1992 a, b; Messier 1994). Um die Regulation einer Beutepopulation durch Feinde nachzuweisen, muss gezeigt werden, dass eine oder beide der dichteabhängigen Reaktionen zumindest in bestimmten Situationen stattfindet.

Zahlreiche Studien befassen sich mit der Frage nach den regulierenden Faktoren von Huftierpopulationen, hauptsächlich von Arten afrikanischer Savannen wie Gnus oder Gazellen oder solchen mit arktisch-borealer Verbreitung wie Rentier *(Rangifer tarandus)* und Elch *(Alces alces)*. Skogland (1991) analysierte eine Reihe solcher Arbeiten und fand, dass nur wenige Untersuchungen zeigen konnten, dass (a) Nahrung einen begrenzenden oder regulierenden Faktor für solche Populationen darstellt oder (b) Prädation die Dichte reguliert. In verschiedenen Untersuchungen wurde zwar festgestellt, dass die Populationsdichte zunimmt, wenn Prädatoren fehlen, aber dies stellt noch keinen Beweis für eine Regulation dar.

Unter den Faktoren, die den Erfolg und die Effektivität der Prädatoren vermindern, betont Skogland (1991) besonders diejenigen, die im Zusammenhang mit dem Wechsel der Weidegründe stehen. Durch die hohe Mobilität der Arten bei diesen z. T. saisonalen Migrationen zwischen manchmal unterschiedlich strukturierten Lebensräumen verändert sich das räumliche und zeitliche Zusammentreffen mit ihren Feinden immer wieder. Dazu kommt, dass Prädatoren ihrerseits z. B. durch territoriale Faktoren in ihrer Beweglichkeit eingeschränkt sein können. Dadurch entstehen unter Umständen Situationen, die den funktionellen Reaktionen der Prädatoren entgegenwirken und insgesamt eine Regulation der Beutepopulationen durch Feinde wenig wahrscheinlich machen. Findet aber dann, wenn solche Bedingungen nicht gegeben sind, die Regulation einer Huftierpopulation durch Prädatoren statt? Elche beispielsweise zeigen keine ausgeprägten Migrationen und treten darüber hinaus auch nicht in Herden auf. Wie reagieren darauf Wölfe *(Canis lupus)*, ihre Hauptfeinde in Nordamerika?

Um eine empirische Aussage darüber treffen zu können, ob Wölfe in der Lage sind, Elchpopulationen zu regulieren, sammelte Messier (1994) Daten aus zahlreichen Untersuchungen, die sich mit den Interaktionen zwischen diesen Arten befassen. In seiner Analyse kommt Messier zu dem Ergebnis, dass die per capita Tötungsrate der Wölfe, also ihre funktionelle Reaktion, in enger Beziehung zur Elchdichte steht. Bei geringer Dichte der Beutepopulation stieg die Tötungsrate mit zunehmender Elchdichte rasch an (Abb. 4.8 a). Sie hatte ihr Maximum bei rund 3 Elchen / Wolf in 100 Tagen. Die Wolfdichte, also die numerische Reaktion, stellte sich ebenfalls als deutliche Funktion der Elchdichte dar. Sie zeigte einen steilen Anstieg bei niedriger Elchdichte und erreichte bei etwa 59 Wölfen / 1000 km^2 ihre Sättigung (Abb. 4.8 b). Der prozentuale Anteil der durch Wölfe getöteten Elche einer Population, die aus den numerischen und funktionellen Reaktionen berechnete Prädationsrate, nahm jedoch nicht mehr zu, sondern ab, wenn eine bestimmte Elchdichte überschritten war. Dasselbe gilt konsequenterweise für das Prädator / Beute-Verhältnis (Abb. 4.8 c). Die Prädationsrate erwies sich als dichteabhängig bei geringer Elch-Populationsdichte (bis 0,65 Elche / km^2). Bei höherer Elchdichte zeigte sich dagegen eine inverse Beziehung (Abb. 4.8 c), d. h. Elche werden dann nicht mehr von Wölfen reguliert, sondern durch andere Faktoren, deren Wirkungen noch nicht ganz klar sind (z. B. Prädation durch Bären, die im Gegensatz zu Wölfen nur Elchkälber erbeuten und Effekte von intraspezifischer Nahrungskonkurrenz bei hoher Elchdichte).

Im südlichen Australien kommt es in unregelmäßigen Intervallen zur Massenvermehrung von Hausmäusen *(Mus musculus domesticus)*. Ihre Populationsentwicklung läuft in verschiedenen Phasen ab (Abb. 4.9). Nach einem regenreichen Herbst erreichen die Mäuse im nächsten Winter eine überdurchschnittlich hohe Reproduktionsrate. Die Populationsdichte fällt anschließend im Sommer jedoch wieder auf das Ausgangsniveau zurück (Phase A). Innerhalb der beiden darauf folgenden Jahre nimmt die Mäusezahl dann bis zu einem Punkt sehr hoher Dichte zu, an dem die Population zusammenbricht und fast ausgelöscht wird (Phase B). Sinclair et al. (1990) untersuchten die Faktoren, die in den unterschiedlichen Phasen auf die Mäusedichte Einfluss nehmen. In Phase A, bei geringer Dichte, regulierten Prädatoren (hauptsächlich Raubvögel) die Mäusepopulation. Sie zeigten sowohl eine funktionelle als auch eine numerische Reaktion bei zunehmender Mäusedichte, reagierten also

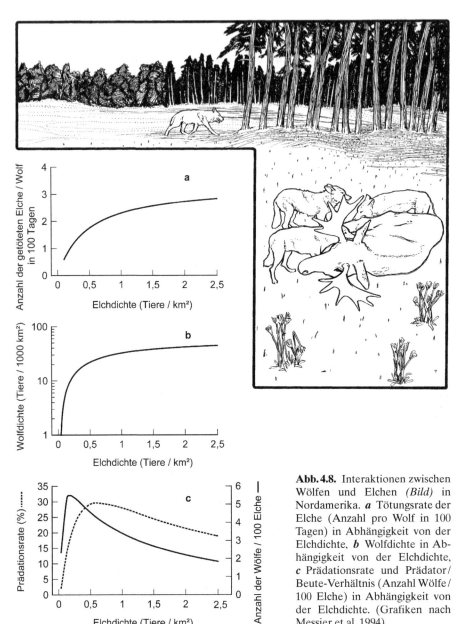

Abb. 4.8. Interaktionen zwischen Wölfen und Elchen *(Bild)* in Nordamerika. *a* Tötungsrate der Elche (Anzahl pro Wolf in 100 Tagen) in Abhängigkeit von der Elchdichte, *b* Wolfdichte in Abhängigkeit von der Elchdichte, *c* Prädationsrate und Prädator/Beute-Verhältnis (Anzahl Wölfe/100 Elche) in Abhängigkeit von der Elchdichte. (Grafiken nach Messier et al. 1994)

in dichteabhängiger Weise. Unabhängig davon trat in Phase A auch eine durch Bakterien verursachte Infektionskrankheit bei den Mäusen auf. Als Ergebnis dieser beiden Wirkungen stellte sich wieder die anfängliche Populationsgröße ein. Ab diesem Punkt ging die Zahl der Raubvögel zurück. Sie verteilten sich

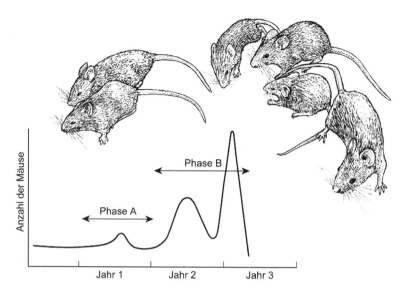

Abb. 4.9. Die Phasen der Entstehung einer Massenvermehrung von Hausmäusen *(Mus musculus domesticus, Bild)* in Australien. (Grafik nach Sinclair et al. 1990)

auf andere Gegenden, vermutlich weil dort eine höhere Mäusedichte oder alternative Beute vorhanden war. Unter weiterhin guten Lebensbedingungen erzielten die Mäuse einen erneuten Zuwachs, der nun höher war als die Prädationsrate. Die Mäusepopulation war dadurch der Regulation durch Prädatoren „entkommen" und konnte sich bis zum Auftreten von Nahrungsmangel weiterentwickeln.

Ebenfalls in Australien untersuchte Banks (2000) die Prädator-Beute-Beziehung zwischen Rotfüchsen *(Vulpes vulpes)* und Kaninchen *(Oryctolagus cuniculus)*. An verschiedenen Standorten, an denen beide Arten vorkamen, entfernte er die Füchse und überließ die Kaninchenpopulationen einer ungestörten Entwicklung. 20 Monate später konnten die Füchse wieder in die Gebiete einwandern. Daraufhin nahm zunächst die Dichte der Kaninchenpopulationen überall ab. Aber nur an Standorten, die eine relativ geringe Kaninchendichte aufwiesen, blieb diese auch 16 Monate nach Rückkehr der Prädatoren auf niedrigem Niveau. In solchen Gebieten, in denen die Kaninchenpopulationen während der Abwesenheit der Füchse eine relativ hohe Dichte entwickelten, erhöhten sich die Individuenzahlen kurz nach Rückkehr der Füchse wieder deutlich. Auch hier zeigte sich somit, dass die Beutepopulation der Regulation durch Prädatoren entkommen kann, wenn sie eine bestimmte Dichte überschreitet.

Nach einem Modell von Hestbeck (1987) lassen sich bei der Populationsregulation phytophager Säuger drei Mechanismen unterscheiden, die in Abhängigkeit von der Populationsdichte wirksam werden:

1. In Einklang mit den Ergebnissen der zuvor dargestellten Untersuchungen hat Prädation den stärksten regulierenden Effekt bei geringer Beutedichte. Die Beutepopulation kann aber wachsen, wenn die Prädatorendichte abnimmt oder die Vermehrungsrate zunimmt.
2. Wächst die Beutepopulation, so kommt nach Erreichen eines mittleren Dichteniveaus die Abwanderung von Tieren als regulierender Faktor zum Tragen. Dadurch verringert sich die Zahl der Tiere in einem bestimmten Gebiet, was die bei einer weiteren Dichtezunahme bevorstehenden Wirkungen zunächst verhindert.
3. Wenn aber keine weiteren Ausweichmöglichkeiten mehr gegeben sind, tritt bei weiterem Zuwachs der dritte Mechanismus in Kraft: Nahrungsmangel, der bei maximaler Dichte einen Zusammenbruch der Population verursacht, den nur wenige Tiere überleben.

Prädatoren sind zwar prinzipiell in der Lage, Populationen ihrer Beute zu regulieren, aber im Allgemeinen nicht in allen Stadien ihrer Dichte. Bei verschiedenen Untersuchungen an Säugern hat sich gezeigt, dass eine Regulation durch Prädatoren bei geringer Beutedichte am wahrscheinlichsten ist. Bei höherer Beutedichte bestimmen andere Faktoren die weitere Entwicklung der Population.

4.3
Biologische Schädlingsbekämpfung

Die Ausnutzung der Möglichkeiten zur Begrenzung der Populationen unerwünschter Tier- oder Pflanzenarten durch die Einflüsse anderer Organismen wird allgemein als biologische Bekämpfung bezeichnet. Speziell die **biologische Schädlingsbekämpfung** sowie deren unterschiedliche Formen werden in Box 4.1 definiert. Die folgenden Abschnitte befassen sich näher mit Aspekten der klassischen und der konservativen biologischen Schädlingsbekämpfung.

4.3.1
Klassische biologische Schädlingsbekämpfung

Analog zum bereits dargestellten Beispiel der klassischen biologischen Unkrautbekämpfung (s. Abschn. 2.1.1) hat auch die klassische biologische Bekämpfung von tierischen Schädlingen eine Reihe von Erfolgen vorzuweisen. Stellvertretend hierfür soll die Kontrolle einer Wollschildlausart auf kalifornischen Zitruspflanzen durch einen Käfer Ende des 19. Jahrhunderts genannt werden.

Im Jahre 1887 stand die kalifornische Zitrusindustrie wegen des massiven Befalls der Pflanzungen durch die Wollschildlaus *Icerya purchasi* vor dem Ruin. Diese Pflanzensaft saugende, fast sessile Art stammt sehr wahrscheinlich ursprünglich aus Australien, wo schließlich nach ihren natürlichen Feinden ge-

Box 4.1. Biologische Schädlingsbekämpfung.

Biologische Schädlingsbekämpfung ist der Einsatz von Prädatoren, Parasitoiden, Pathogenen, anderen Antagonisten oder Konkurrenten mit dem Ziel, die Abundanzen von Schädlingspopulationen niedrig zu halten und dadurch entsprechend geringere Schädigungen von Pflanzen zu erreichen (van Driesche u. Bellows 1996). Dabei lassen sich grundsätzlich drei Situationen unterscheiden:

1. **Klassische biologische Schädlingsbekämpfung** betrifft Schädlinge, die in eine Region eingeschleppt wurden, in der sie ursprünglich nicht vorkamen. Ihre Bekämpfung wird mit eingeführten Arten, die in der Regel aus dem Herkunftsgebiet des Schädlings stammen, angestrebt. Nach deren Freilassung wird eine dauerhafte Etablierung im Zielgebiet erwartet.

2. **Inundative biologische Schädlingsbekämpfung** ist die „Überschwemmung" von Zielgebieten (oft Gewächshäuser) mit meist im Labor aufgezogenen, einheimischen oder exotischen Antagonisten des Schädlings durch periodische Massenfreilassungen. Eine dauerhafte Etablierung dieser Arten wird dabei aber nicht erwartet.

3. **Konservative biologische Schädlingsbekämpfung** ist der Versuch, das Potenzial der natürlicherweise vorhandenen Nützlinge durch Schutz oder Förderung ihrer Populationen auszuschöpfen, bzw. als eine Komponente in das Spektrum der künstlichen Bekämpfungsmethoden zu integrieren.

Im weitesten Sinne „biologisch" sind auch verschiedene andere Bekämpfungsmaßnahmen, und zwar der Einsatz von
- Pheromonen oder Kairomonen, um Schädlinge in Fallen zu locken,
- pflanzlichen Produkten wie Pyrethrum (aus *Chrysanthemum*-Arten) oder Azadirachtin (aus Samen des Niembaumes; *Azadirachta indica*), die als natürliche Insektizide oder Fraßabwehrstoffe dienen,
- Bakterientoxinen, speziell aus *Bacillus thuringiensis* („Bt").

Im Unterschied zu den 3 oben genannten Methoden gelangen hier keine lebenden Organismen zum Einsatz. Weitere Sonderfälle sind u. a. die Verwendung (transgener) schädlingsresistenter Pflanzen und die genetische Schädlingsbekämpfung, bei der genetisch modifizierte Individuen der Schädlinge in natürliche Populationen eingeschleust werden, um deren Wachstum zu verringern. Dies kann z. B. durch Hervorrufen von Unfruchtbarkeit geschehen (Orr u. Suh 1999; Suckling u. Karg 1999; Robinson 1999).

sucht wurde. Unter diesen befand sich die Marienkäferart *Rodolia cardinalis* (Coccinellidae), deren Larven und Imagines von *I. purchasi* leben können. Ihre Ausbringung in die kalifornischen Orangenhaine führte bereits nach einem Jahr zur Kontrolle des Schädlings. Die Schildlaus wurde nicht vollständig ausgerottet, sondern überlebte in kleinen und verstreuten Populationen, die für den Zitrusanbau unbedeutend waren, jedoch ausreichten, um kleine *Rodolia*-Populationen zu erhalten. Probleme gab es erst 50 Jahre später, als DDT in den Plantagen zum Einsatz kam. Das Insektizid vernichtete auch die Käfer. Man musste sie von neuem einführen und züchten, um *I. purchasi* wieder kontrollieren zu können (Colinvaux 1993; DeBach 1964).

Die durchgreifenden Erfolge solcher Projekte sind hauptsächlich darin begründet, dass sowohl die Ziel- als auch die Antagonistenart an ihrem Wirkungsort Exoten sind und ihre Interaktionen von denen der für sie fremden Lebensgemeinschaften weitgehend unbeeinflusst bleiben. Um dies zu gewährleisten
und auch um andere, unerwünschte Effekte zu vermeiden, muss die zur Bekämpfung ausgewählte Art auf ihren Wirt bzw. ihre Beute spezialisiert sein und
sollte selbst möglichst wenig Feinde haben (Waage u. Mills 1992). Unterschiedliche Meinungen bestehen zu der Frage, ob bei einem klassischen Ansatz der
biologischen Kontrolle potenzielle Antagonistenarten für die Bekämpfung einzeln eingeführt werden sollen, also nur die vermutlich „beste" Art, oder mehrere Kandidaten gleichzeitig, in der Hoffnung, dass diese sich entweder alle etablieren oder sich die effektivste Art durchsetzt, wie es z. B. bei den eingeführten
Käfern zur Reduzierung des Tüpfeljohanniskrauts in Amerika der Fall war
(s. Abschn. 2.1.1). Ehler u. Hall (1982) werteten vor diesem Hintergrund die Ergebnisse von weltweit hunderten von Programmen zur biologischen Bekämpfung von tierischen Schädlingen aus und fanden, dass die Etablierungsrate ein-
geführter natürlicher Feinde in umgekehrter Beziehung zur Zahl der gleichzeitig freigelassenen Arten steht (Abb. 4.10). Sie erklären diesen Umstand mit
interspezifischer Konkurrenz um die gemeinsame Beute, die zur Folge hat, dass
bestimmte, dabei unterlegene Arten wieder aussterben. In Fällen, in denen
keine vollständige Kontrolle erzielt werden konnte, waren dann die konkur-
renzüberlegenen Arten nicht gleichzeitig die mit dem effektivsten Bekämp-
fungserfolg.

Keller (1984) interpretiert die von Ehler u. Hall dargestellten Verhältnisse
anders. Er bezweifelt, dass sich Konkurrenz bei dem großen Ressourcenangebot, das die freigelassenen Antagonisten-Populationen vorfinden, auf solche
Weise auswirkt, sofern dieser Prozess hier überhaupt eine Rolle spielt, was bisher nicht bewiesen ist. Es seien eher andere, in den zu Grunde liegenden Daten
zu suchende Einflüsse auf die Beziehung zwischen Etablierungsrate und Zahl
der freigelassenen Arten zu vermuten: Die Angaben stammen aus einem Zeitraum von annähernd 80 Jahren und sind nicht unbedingt direkt vergleichbar, da
durch die gemachten Erfahrungen im Laufe der Zeit gezieltere und erfolgver-

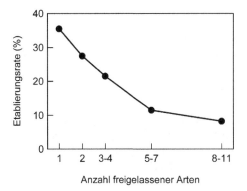

Abb. 4.10. Zusammenhang zwischen
der Etablierungsrate und der Zahl
der gleichzeitig freigelassenen Arten
an eingeführten Gegenspielern in
klassischen biologischen Kontroll-
projekten. (Nach Ehler u. Hall 1982)

sprechendere Freilassungen vorgenommen werden konnten und damit das Versuch-und-Irrtum-Prinzip vieler früherer Programme immer weniger zum Tragen kam. Außerdem sind die Informationen nicht alle verlässlich, insbesondere über die Zeitpunkte der erfolgten Freilassungen, und über erfolglose Versuche wird oft nicht berichtet.

Obwohl es viele klassische biologische Bekämpfungsprojekte gibt, in denen der erwünschte Effekt erzielt wurde, darf nicht übersehen werden, dass die meisten Versuche erfolglos geblieben sind. Schätzungen von Myers et al. (1989) und Waage u. Mills (1992) gehen davon aus, dass sich nur höchstens 16 % der eingeführten Prädatoren und Parasitoide in der Zielregion etablierten und zu einer bedeutenden Reduzierung des jeweiligen Schädlings führten. Das Scheitern kann unterschiedliche Gründe haben. In manchen Fällen besteht die Schwierigkeit der Etablierung von natürlichen Feinden darin, dass die Dichte der Schädlingspopulation bereits durch früher eingeführte Arten zwar verringert wurde, sich aber insgesamt noch nicht die gewünschte Wirkung zeigte. Dadurch ist nicht mehr die Voraussetzung für eine erfolgreiche Vermehrung von „besseren" Feinden gegeben (Ehler u. Hall 1982; Waage u. Mills 1992). In anderen Fällen stellte sich heraus, dass die freigelassenen natürlichen Feinde nicht in ausreichendem Maße an ihre neue Umwelt angepasst waren, d. h. die Prädatoren oder Parasitoide waren ökologisch anspruchsvoller als ihre Beute oder Wirte. So wirken Klimafaktoren häufig als Schranke für die Ausbreitung und das Wirksamwerden potenzieller natürlicher Feinde (Krieg u. Franz 1989).

> Sowohl die Erfolge als auch das Scheitern von Projekten der klassischen biologischen Bekämpfung müssen vor dem Hintergrund der besonderen, durch den Menschen geschaffenen Situation (unbeabsichtigt eingeschleppte und beabsichtigt nachgeführte Arten) gesehen werden. Rückschlüsse auf die Wirkungen, welche die entsprechenden Arten im Herkunftsgebiet aufeinander haben sowie allgemein zu den Effekten von Prädator-Beute-Interaktionen unter natürlichen Bedingungen, können daraus nicht gezogen werden.

4.3.2
Konservative biologische Schädlingsbekämpfung: Fallbeispiel Getreideblattläuse

Bei der konservativen biologischen Schädlingsbekämpfung wird allgemein davon ausgegangen, dass die natürlicherweise vorhandenen Antagonisten, zumindest unter günstigen Voraussetzungen, einen wichtigen Beitrag zur Begrenzung von Schädlingspopulationen leisten können. Ist dies tatsächlich allgemein der Fall? Die Beantwortung dieser Frage setzt genaue Kenntnisse der Ökologie der „nützlichen" Arten voraus. Diese betreffen vor allem (a) das Fressverhalten, d. h. die bevorzugten oder speziellen Beutearten sowie die Prädations- oder Parasitierungsrate und (b) die Aktivität, d. h. ihr Besiedelungs- und Ausbreitungsverhalten im zeitlichen Verlauf der Anbauperiode und die Einflüsse der lokalen Umwelt auf diese Entwicklungen.

Verschiedene Aspekte der Frage nach dem Potenzial einheimischer natürlicher Feinde für die Kontrolle von Schädlingen in Agrarökosystemen lassen sich anhand von Untersuchungen aus England zu den Interaktionen zwischen Blattläusen und ihren Antagonisten in Getreide aufzeigen.

Blattläuse als Getreideschädlinge

Getreideblattläuse sind mindestens seit dem 18. Jahrhundert in Europa bekannt, wurden aber als ökonomisch unbedeutend eingeschätzt. Seit 1968 traten jedoch in England und einigen anderen europäischen Ländern Massenvermehrungen in Getreidefeldern auf. Unter diesen Bedingungen verursachen die Phloemsaft saugenden Blattläuse Ernteverluste und sind auch noch bei geringerer Dichte schädlich, da sie als Überträger des Gelbverzwergungsvirus fungieren. Mit großflächigen Insektizidausbringungen wird versucht, dem entgegenzuwirken.

In England wird das Getreide von 7 Blattlausarten befallen, die in unterschiedlichen Entwicklungsstadien auf einer primären Wirtspflanze überwintern und im Frühjahr auf den Sekundärwirt (Getreide und andere Gräser) überwechseln. Drei von ihnen gelten als die wichtigsten Schädlinge: *Sitobion avenae*, die ausschließlich auf Gräsern lebt, *Metopolophium dirhodum* mit Rosen (*Rosa*-Arten) als Winterwirt sowie *Rhopalosiphum padi*, die den Winter auf der Traubenkirsche *(Prunus padus)* oder auf Gräsern überdauert.

Geflügelte Tiere dieser Blattlausarten siedeln im Frühjahr von der Umgebung der Felder auf die Getreidepflanzen über. Ausmaß und Zeitpunkt dieser Migrationen bestimmen in hohem Maße die Wahrscheinlichkeit einer Massenvermehrung. Obwohl vielfach angenommen wird, dass Überlebensrate und Flugbeginn vom Witterungsverlauf im Winter und den Temperaturbedingungen abhängen, ist es nicht die Regel, dass Blattläuse nach milden Wintern höhere Abundanzen aufweisen. Die Entwicklung der Populationen von *Metopolophium dirhodum* und *Sitobion avenae* während einer Vegetationsperiode in Getreidefeldern in England ist in Abbildung 4.11 dargestellt. Die von Dean (1973a) erhobenen Daten zeigen, dass geflügelte Tiere Anfang Juni in die Felder einfliegen. Sie vermehren sich und bringen ungeflügelte Tiere hervor, was zu einem Anstieg der Populationsdichte bis zu einem Maximum im Juli führt. Der dann einsetzende rasche Rückgang der Individuenzahlen erklärt sich hauptsächlich durch die erneute Bildung geflügelter Formen, die nun ihren Sommerwirt aufgeben und die Überwinterungspflanzen aufsuchen. Unter günstigen Bedingungen ist auch ein Verbleib von Blattläusen auf Wintergetreide möglich. Im milden Westen Englands wächst die Herbstsaat so weit heran, dass Blattläuse dort überleben und sich auch im Winter vermehren können. Im Norden und im Osten dagegen bleibt das Wintergetreide in seiner Entwicklung zurück, sodass die sich dort im Herbst ansiedelnden Blattläuse kaum Chancen haben, bis zum nächsten Frühjahr zu überdauern (George 1974; Dean 1973a, b, 1974a, b; Vickerman u. Wratten 1979; McLean et al. 1977; Walters u. Dewar 1986).

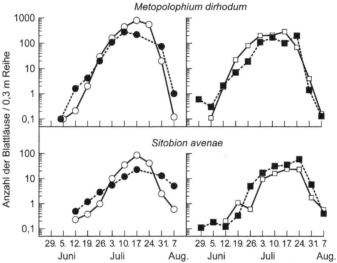

Abb. 4.11. *Bild:* Geflügelte Blattläuse besiedeln Anfang Juni die Felder und lassen sich auf den Getreidepflanzen nieder. Dort entsteht die Sommerwirtsgeneration. Die *Grafik* zeigt die Populationsentwicklungen zweier Getreideblattlausarten während der Anbausaison in verschiedenen Getreidefeldern in England. □■○ = Gerste, ● = Hafer (Grafik nach Dean 1973 a)

Natürliche Antagonisten der Getreideblattläuse

Polyphage prädatorische Arthropoden. Sunderland (1975) bestimmte das Beutespektrum von 26 prädatorischen Käferarten aus englischen Getreidefeldern durch Analysen des Inhalts ihrer Verdauungstrakte. Es handelte sich überwiegend um Vertreter der Familien der Laufkäfer (Carabidae) und Kurzflügelkäfer (Staphylinidae). Reste von Blattläusen wurden bei 12 Arten gefunden, die aber außerdem noch andere Organismen konsumieren. Den höchsten Anteil an Blattläusen in der Nahrung hatte der Laufkäfer *Agonum dorsale* (Abb. 4.12).

In einer detaillierteren Studie von Sunderland u. Vickerman (1980) wurden 16 Carabidenarten, 3 Staphylinidenarten und eine Dermapterenart als Blattlausfresser identifiziert. Die Konsumierungsrate der Prädatoren und die Blattlauspopulationsdichte im Feld zeigten in keinem Untersuchungsjahr eine auffällige Abhängigkeit, obwohl einige Arten einen höheren Anteil an Blattläusen in der Nahrung hatten, wenn diese häufig waren.

Insgesamt sind solche Daten jedoch nicht ausreichend, um die Effektivität polyphager Prädatoren abzuschätzen, besonders wenn die Größe ihrer Populationen unbekannt ist. In diesem Zusammenhang muss auch berücksichtigt werden, dass manche Prädatoren nachtaktiv sind und Beobachtungen bei Tag zu falschen Schlussfolgerungen hinsichtlich der Häufigkeit und Bedeutung bestimmter Arten führen können. Vickerman u. Sunderland (1975) erfassten blattlausfressende Arthropoden in Getreidefeldern in 3-stündigen Abständen über Zeiträume von 21 Stunden und stellten fest, dass viele prädatorische Arten nachts am häufigsten zu finden waren, z. B. Kurzflügelkäfer der Gattung *Tachyporus* (Abb. 4.13). Darüber hinaus war auch die Zahl der Prädatoren, die Blattlausreste in ihrem Verdauungstrakt enthielten, bei Nacht höher als am Tag.

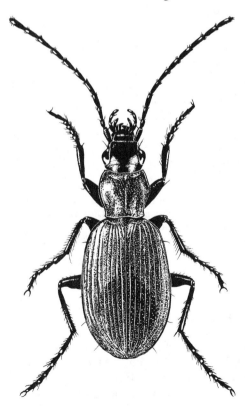

Abb. 4.12. Der Laufkäfer *Agonum dorsale* frisst in Getreidefeldern hauptsächlich Blattläuse.

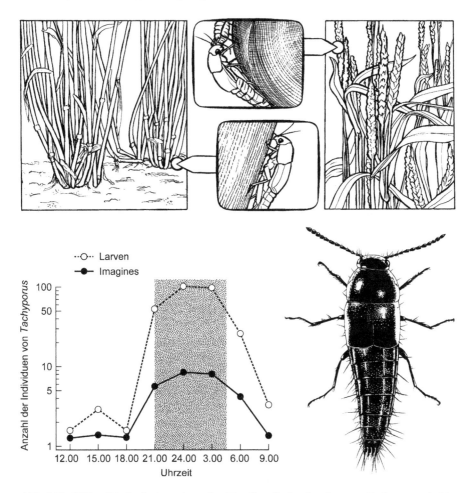

Abb. 4.13. *Bilder:* Die bodenbewohnenden Kurzflügelkäfer der Gattung *Tachyporus* sind in der Lage, Getreidehalme zu erklimmen und an den Ähren Blattläuse zu erbeuten. Die *Grafik* zeigt die Abundanzen der Larven und Imagines von *Tachyporus*-Arten auf Getreidepflanzen zu verschiedenen Tageszeiten. Die größte Aktivitätsdichte ist in der Nacht festzustellen *(dunkle Fläche)*. Jeder Punkt repräsentiert die Anzahl der Individuen pro 50 Streifnetzfänge. (Grafik nach Vickerman u. Sunderland 1975)

Weitere Untersuchungen konzentrierten sich auf das Fressverhalten und die Ökologie ausgewählter Blattlaus-Prädatoren. *Tachyporus hypnorum* stellte sich in den Analysen von Sunderland u. Vickerman (1980) als einer der wichtigsten Blattlauskonsumenten unter den prädatorischen Käfern heraus. Dennis et al. (1990) zeigten in Laborexperimenten, dass *T. hypnorum* eine deutliche Präferenz für Blattläuse gegenüber anderen Beutetieren (Collembolen und Dipteren) aufweist. Der hohe Anteil an Blattläusen in der Nahrung von *T. hypnorum* und anderen Arten dieser Gattung erklärt sich vor allem dadurch, dass die Käfer in der Lage sind, an den Getreidepflanzen emporzuklettern. Experimente mit Feldkäfigen von Dennis u. Wratten (1991) zeigten, dass verschiedene Arten der Staphylinidae (*Tachyporus*-Arten und *Philonthus cognatus*) die Dichte von kleinen Blattlauskolonien zu Beginn der Saison reduzieren können und dadurch einen Anstieg der Populationsgröße verzögern. Ein Überschreiten der Schadensschwelle ließ sich durch den Einfluss dieser Arten jedoch nicht verhindern. Auch Winder et al. (1994) ziehen aus ihren Freilanduntersuchungen den Schluss, dass *Tachyporus*-Arten die effektivsten polyphagen Prädatoren zu Beginn der Saison darstellen. Für Prädatoren, die am Boden ihre Nahrung erbeuten, sind dagegen lebende Blattläuse nur begrenzt verfügbar, da die heruntergefallenen Tiere rasch wieder auf die Pflanzen zurückkehren (Winder et al. 1994).

Untersuchungen zur Rolle von Spinnen in Getreidefeldern wurden von Sunderland et al. (1986) durchgeführt. Auf Ackerland in Europa dominieren Arten der Baldachinspinnen (Linyphiidae). Sie fertigen horizontale Deckennetze an, und zwar auf dem Boden (Arten der Unterfamilie Erigoninae) oder zwischen Getreidehalmen. Nach den Ergebnissen von Sunderland et al., die in Winterweizenfeldern erzielt wurden, haben Getreideblattläuse einen Anteil von 12 % an der Nahrung der Spinnen. Dabei handelt es sich um Tiere, die von den Pflanzen heruntergefallen sind. Die Zahl der Spinnen nimmt im Verlauf der Anbauperiode zu und damit auch der Bedeckungsgrad ihrer Netze, der mehr als 50 % erreichen kann (Abb. 4.14). Die höchste durch Spinnen bedingte Mortalitätsrate bei *Sitobion avenae* wurde erst im Juli erreicht und betrug 31 Tiere pro m^2 Netzfläche in 24 Stunden, lag aber im Juni nur bei etwa 1–3 Tieren und im Mai bei null (Abb. 4.15). Es ist daher mehr als fraglich, ob die Spinnen den Aufbau der Blattlauspopulation wesentlich beeinflussen.

Ähnlich wie die Blattläuse überwintert auch der größte Teil der polyphagen prädatorischen Arthropodenarten in geeigneten Quartieren außerhalb der Getreidefelder. Von dort aus besiedeln sie in der Vegetationsperiode die Anbauflächen. Beobachtungen von Coombes u. Sotherton (1986) ergaben, dass verschiedene Laufkäferarten (*Agonum dorsale*, *Bembidion lampros* und *Demetrias atricapillus*) am Boden einwandern, während *Tachyporus*-Arten (Staphylinidae) fliegend in den Feldern eintreffen. Dabei wurde auch festgestellt, dass die maximale Dichte der einzelnen Arten zu unterschiedlichen Zeitpunkten zwischen Anfang und Ende Mai erreicht wurde, also in einer Phase, in der sich die Blattlauspopulationen noch im Aufbau befinden.

Insgesamt konnten aber in dieser Studie noch keine Beweise erbracht werden, dass polyphage Prädatoren tatsächlich Auswirkungen auf die Entwicklung von Blattlauspopulationen haben.

Ein Ansatz zum Nachweis solcher Effekte besteht in der Einrichtung von abgegrenzten Parzellen im Feld, aus denen die Prädatoren entfernt werden und entsprechenden Kontrollparzellen, zwischen denen dann die jeweils erreichte Blattlausdichte verglichen werden kann. Edwards et al. (1979) führten solche Experimente durch und etablierten in Winterweizenfeldern die folgenden Varianten: (a) Für alle Arthropoden ungehindert zugängliche Kontrollparzel-

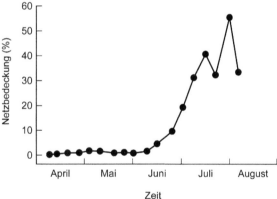

Abb. 4.14. *Bild:* Gegen Ende der Anbauperiode lauern in Getreidefeldern viele Baldachinspinnen (Linyphiidae) auf Beute. *Grafik:* Ab Juli nimmt der Bedeckungsgrad ihrer Netze deutlich zu. (Grafik nach Sunderland et al. 1986)

len; (b) abgegrenzte, für Laufkäfer von außen nicht zugängliche Parzellen, auf denen nur die Laufkäfer mittels Bodenfallen regelmäßig entfernt, sonstige Arthropoden aber wieder freigelassen wurden; (c) ebenfalls abgegrenzte Parzellen, auf denen mit Insektizid und zusätzlichen Bodenfallen die Dichte sämtlicher prädatorischer Arthropoden so weit wie möglich reduziert wurde. Der Versuch wurde in allen Varianten jeweils im April, Mai und Juni begonnen. Bei dem im April angelegten Experiment zeigte sich, dass die Individuendichte der Blattläuse in den offenen Kontrollparzellen deutlich geringer war als auf den abgegrenzten Parzellen ohne Laufkäfer. Dort wiederum gab es weniger Blatt-

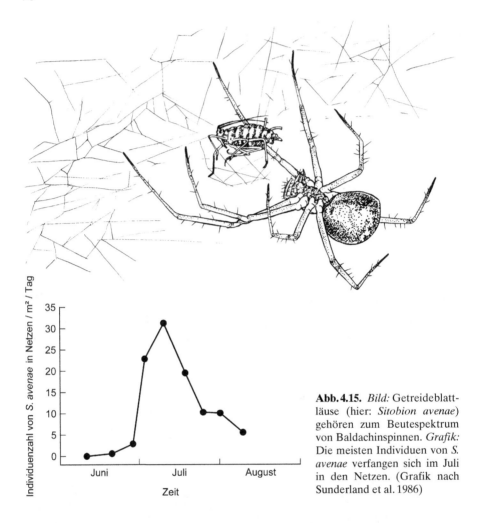

Abb. 4.15. *Bild:* Getreideblatt-läuse (hier: *Sitobion avenae*) gehören zum Beutespektrum von Baldachinspinnen. *Grafik:* Die meisten Individuen von *S. avenae* verfangen sich im Juli in den Netzen. (Grafik nach Sunderland et al. 1986)

läuse als auf den Flächen, wo auch die übrigen Prädatoren fehlten. Wenn erst im Mai oder Juni die Laufkäfer entfernt wurden, konnten keine deutlichen Unterschiede in den Abundanzen der Blattläuse auf den verschiedenen Versuchsparzellen mehr festgestellt werden (Abb. 4.16). Dies deutet darauf hin, dass die Blattlauskonsumenten nur zu Beginn der Anbauphase in der Lage sind, die Blattlausdichte zu beeinflussen. Unter den Laufkäfern trägt hierzu vor allem die Art *Agonum dorsale* bei, die sowohl zahlenmäßig als auch durch ihren hohen Anteil an Blattläusen in der Nahrung eine herausragende Stellung einnimmt (Edwards et al. 1979).

Blattlausspezifische prädatorische Arthropoden. Neben vielen Arten an polyphagen Prädatoren existieren in den Getreidefeldern auch solche, die auf

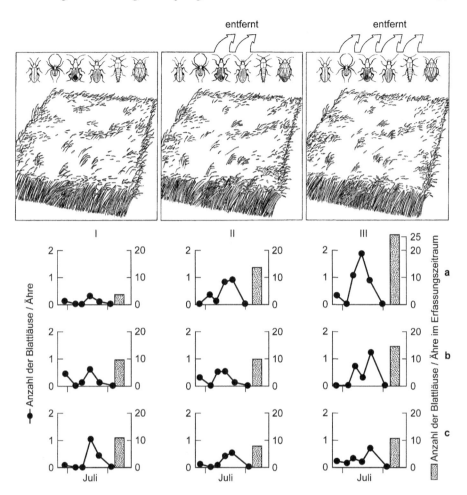

Abb. 4.16. Effekte der experimentell veränderten Dichte prädatorischer Arthropoden auf die Abundanz von Blattläusen an Getreideähren: *I* = offen zugängliche Kontrollparzellen, *II* = Laufkäfer selektiv entfernt, *III* = alle prädatorischen Arthropoden entfernt. Beginn der Experimente: *a* April, *b* Mai, *c* Juni. (Grafiken nach Edwards et al. 1979)

Blattläuse spezialisiert sind. Es sind hauptsächlich Marienkäfer (Coccinellidae) und ihre Larven sowie Schwebfliegenlarven (Syrphidae).

Untersuchungen von Dean (1974c, 1975) zeigten, dass Coccinellidae und Syrphidae erst relativ spät in den Getreidefeldern erscheinen: Marienkäfer im Mai und Juni, Schwebfliegenlarven erst im Juni und Juli (Abb. 4.17). Auf Grund dieser Umstände wird häufig bezweifelt, dass den spezifischen Prädatoren eine Bedeutung bei der Begrenzung von Blattlauspopulationen zukommt (Sunderland 1975; Winder et al. 1994). McLean et al. (1977) vermuten sogar, dass die

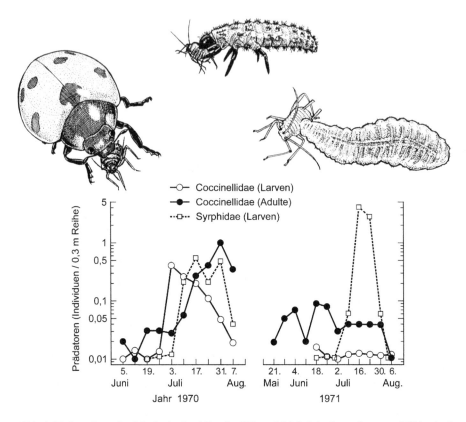

Abb. 4.17. Imagines der Marienkäfer (Coccinellidae, *Bild links*), deren Larven *(Bild mitte)* sowie die Larven von Schwebfliegen (Syrphidae, *Bild rechts*) sind blattlausspezifische Prädatoren. Die *Grafiken* zeigen deren Abundanzen in Getreidefeldern im Verlauf der Anbauperiode in zwei aufeinander folgenden Untersuchungsjahren. (Grafik nach Dean 1974c)

blattlausspezifischen Prädatoren die Felder lediglich wegen der hohen Beutedichte zum Ende der Saison besiedeln, also zu einem Zeitpunkt, zu dem der größte Schaden bereits verursacht worden ist. Auch Owen (1976) sieht das Massenauftreten von Marienkäfern (besonders von *Coccinella septempunctata*) im Jahre 1976 in England als Zeichen dafür an, dass diese Prädatoren von den Blattläusen profitieren, ohne diese effektiv zu kontrollieren. Auch die künstliche Freilassung solcher Spezialisten in ausreichender Zahl würde vermutlich nicht zum Erfolg führen, da sie voraussichtlich Felder mit geringer Blattlausdichte verlassen und damit während der kritischen Phase des Aufbaus der Blattlauspopulation nicht wirksam sind. Dagegen sehen Vickerman u. Wratten (1979) die blattlausspezifischen Prädatoren auch noch am Ende der Anbauphase als wichtig an, da sie nach ihrer Auffassung den Zusammenbruch der Blattlauspopulationen beschleunigen. Dean (1974c) und Chambers u. Adams (1986) kommen zu dem Schluss, dass speziell Schwebfliegenlarven das Potenzial haben, einen weiteren Anstieg von Blattlauspopulationen aufzuhalten, und Cannon (1986) vermutet, dass dieser Effekt auch von Marienkäfern erzielt werden kann.

Chambers et al. (1983) führten Experimente durch, in denen Blattläuse auf Winterweizenparzellen durch Feldkäfige vor ihren Feinden geschützt wurden. Sie verglichen deren Populationsentwicklung mit der auf frei zugänglichen Flächen und stellten fest, dass in der Phase des Populationswachstums keine Unterschiede in der Anstiegsrate innerhalb und außerhalb der Käfige auftraten. Allerdings erreichte die Individuenzahl höhere Werte auf den offenen Parzellen, und auch der Zusammenbruch der Populationen erfolgte dort rascher als in den Käfigen. Chambers et al. kommen zu dem Schluss, dass hauptsächlich blattlausspezifische Prädatoren für die beobachteten Unterschiede zwischen Käfigen und offenen Beständen verantwortlich sind.

Auch die Prädatoren von Getreideblattläusen haben ihrerseits Feinde. Die Frage nach der Bedeutung solcher Arten im Hinblick auf die Kontrolle der Schädlinge wurde aber nur selten gestellt. Dean (1974c) beobachtete, dass die Puppen der Syrphidae und Coccinellidae von verschiedenen Parasitoiden (Ichneumonidae) befallen werden und ermittelte jeweils eine maximale Parasitierungsrate von rund 18 %.

Parasitoide. Getreideblattläuse werden von parasitoiden Hymenopteren aus 2 Familien (Braconidae und Aphelinidae) befallen. In England kommen 7 Arten oft gemeinsam in den Feldern vor. Sie sind aber nicht alle auf Getreideblattläuse spezialisiert, sondern nutzen teilweise auch andere Wirte.

Dean (1974c) stellte im Untersuchungsjahr 1971 fest, dass die Parasitierungsrate von *Metopolophium dirhodum* im Feld Ende Mai noch bei 0 % lag, Ende Juli aber einen Höchstwert von rund 50 % erreichte, der bei *Sitobion avenae* zum gleichen Zeitpunkt sogar noch übertroffen wurde (Abb. 4.18). Auch die Parasitoide der Gattung *Aphidius* (Braconidae) besiedeln die Getreidefelder erst im Juni, und zwar von angrenzender Grasvegetation aus, wo sie zuvor die Blattlaus *Metopolophium festucae* als Wirt nutzten (Vorley u. Wratten 1987). Die Bedeutung der Parasitoide für die Kontrolle der Blattlauspopulationen wird insgesamt als nicht sehr hoch eingeschätzt. Chambers et al. (1983) kamen im Zusammenhang mit ihren Feldkäfigversuchen zu dem Schluss, dass Parasitoide nur ein hohes Angebot an Blattläusen nutzen und daher wahrscheinlich nicht in der Lage sind, deren Populationen niedrig zu halten. Die Parasitoide selbst werden von einer Reihe von Hyperparasiten befallen, wodurch ihre Effekte auf die Blattläuse vermindert werden können (Dean 1974c).

Pathogene. Dean u. Wilding (1971, 1973) fanden 3 Pilzarten der Gattung *Entomophthora*, die Getreideblattläuse befallen. Ihre Untersuchungen zu den Infektionsraten in den Jahren 1970 und 1971 zeigten, dass im Juli dieser Jahre maximal 67 bzw. 53 % der Population von *Metopolophium dirhodum* befallen war. Von *Sitobion avenae* war Ende Juli 1970 bis zu 80 % der Individuen infiziert, im darauf folgenden Jahr dagegen nur 30 %, was möglicherweise mit der insgesamt geringeren Dichte der Blattlauspopulationen im Jahr 1971 in Zusammenhang

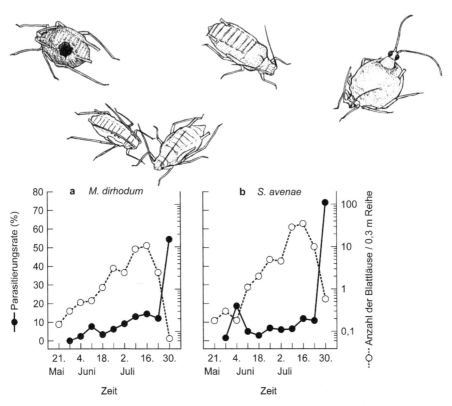

Abb. 4.18. *Bild:* Die Imagines der parasitoiden Hymenopteren hinterlassen nach ihrem Schlupf aus der Blattlaus nur die leere Hülle ihres Wirtes. Die *Grafiken* zeigen Parasitierungsraten und Abundanzen von *a Metopolophium dirhodum* und *b Sitobion avenae* auf Getreide im Verlauf einer Anbausaison. (Grafiken nach Dean 1974c)

stand. Abbildung 4.19 zeigt die Entwicklung der Pilzbefallsrate und die Entwicklung zweier Blattlauspopulationen für das Jahr 1971. Dean u. Wilding vermuten, dass zumindest im Jahr 1970 mehr Getreideblattläuse von den *Entomophthora*-Arten getötet wurden als von Prädatoren und Parasitoiden. Die Pilze breiteten sich aber zu spät in der Saison aus, um den Anstieg der Blattlauspopulationen zu verhindern. Auch Chambers et al. (1986) und Vickerman u. Wratten (1979) kommen zu dem Schluss, dass pilzliche Pathogene nur am Ende der Saison Bedeutung für die Reduktion von Blattläusen haben.

4.3.3
Diskussion: Welche Faktoren bestimmen die Beziehung zwischen Getreideblattläusen und ihren Antagonisten?

Obwohl eine große Zahl an Untersuchungen zur Ökologie von Getreideblattläusen und ihren natürlicherweise vorhandenen Antagonisten vorliegt, muss

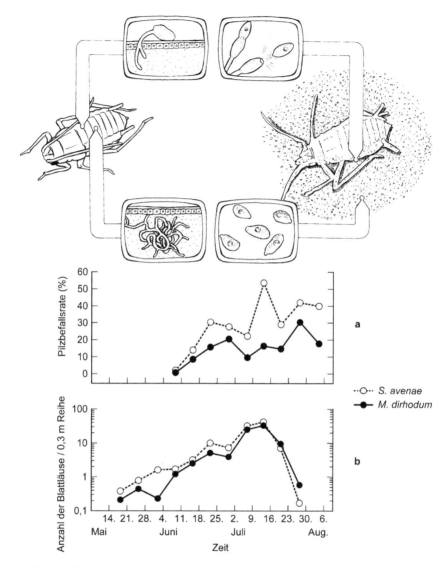

Abb. 4.19. *Bild:* Die Konidien von Pilzen der Gattung *Entomophthora* bilden auf der Blattlaus einen Keimschlauch aus, der in den Körper eindringt und sich dort zum parasitischen Mycel ausbildet *(links).* Aus dem getöteten Insekt wachsen die Konidienträger heraus. Die Konidien werden abgeschleudert und verteilen sich im Umkreis der Blattlausmumie *(rechts).* Die *Grafiken* zeigen *a* Pilzbefallsraten und *b* Abundanzen von *Sitobion avenae* und *Metopolophium dirhodum* auf Getreide im Verlauf einer Anbausaison. (Grafiken nach Dean u. Wilding 1973)

festgestellt werden, dass viele grundlegende Fragen zu deren Wechselbeziehungen noch nicht hinreichend beantwortet sind. Es bereitet große Schwierigkeiten, die Wirkungen von Prädatoren im Feld zu quantifizieren. Meist gelingt es zwar, verschiedene Einflussfaktoren auf die Blattlauspopulationen zu erkennen, aber nicht sie zu gewichten. So ist die relative Bedeutung der verschiedenen Prädatorengruppen immer noch unklar (Winder et al. 1994). Solche Unsicherheiten führen dann zu Aussagen wie der von Chambers et al. (1986): „Die Beobachtungen legen nahe, dass das Wachstum der Blattlauspopulation durch blattlausspezifische Prädatoren, parasitoide Hymenopteren und pilzliche Pathogene aufgehalten wurde." Darüber hinaus muss berücksichtigt werden, dass sich die Effekte verschiedener Antagonisten nicht notwendigerweise addieren, was in Abschnitt 9.1.1 noch näher erläutert wird. Hinzu kommt natürlich auch, dass die verschiedenen Antagonisten in ihrer Häufigkeit von Jahr zu Jahr variieren können. Daher sind Formulierungen wie „könnten wichtig sein", „unter bestimmten Umständen" oder „in manchen Jahren" in der Literatur oft zu finden. Eine weitere Unsicherheit in der Bewertung besteht darin, dass Abundanzveränderungen bei Blattläusen und ihren Feinden nicht notwendigerweise in ursächlichem Zusammenhang stehen. Es kann beispielsweise nicht automatisch angenommen werden, dass für das geringe Wachstum einer Blattlauspopulation in einem bestimmten Jahr eine hohe Prädatorendichte verantwortlich war.

Es scheint eher wahrscheinlich, dass die Dynamik der Blattlauspopulationen von verschiedenen Prozessen gesteuert wird. Die bestimmenden Faktoren für die Zuwachsrate, die maximale Dichte und für die Abundanzen im Winter sind sicher nicht dieselben. Die meisten Untersuchungen befassen sich mit den Ereignissen im Sommer. Es ist daher wenig bekannt über die Faktoren, die außerhalb der Getreidefelder auf die Blattläuse einwirken, z.B. die Häufigkeit und Verteilung der Primärwirtspflanzenarten und die dort vorhandenen Feinde. Dies gilt in ähnlicher Weise auch für verschiedene Prädatoren, die während der Anbauphase Mitglieder der Agrarbiozönose sind und im Herbst in verschiedene Habitate abwandern. Es gibt nur wenige Informationen darüber, wie sich die Witterung im Winter auf verschiedene Feinde der Blattläuse auswirkt.

Untersuchungen von Thomas et al. (1992) zeigten, dass die Blattlausprädatoren *Tachyporus hypnorum* (Staphylinidae) und *Demetrias atricapillus* (Carabidae) im Winter am häufigsten in deckungsreichen Beständen büschelbildender Gräser anzutreffen sind. Messungen der Temperaturen und der pflanzlichen Biomasse pro Flächeneinheit in experimentell angelegten Grasbeständen aus verschiedenen Arten ergaben jedoch, dass diese Parameter und die Zahl der jeweils in den Parzellen überwinternden Käfer in keinem zwingenden Zusammenhang stehen. Dafür wurde festgestellt, dass beide Arten im Winter keine, oder zumindest keine vollständige Diapause durchführen, sondern auch in dieser Zeit Nahrung aufnehmen. Sie besteht aus Arthropoden und bei *T. hypnorum* vermutlich auch aus Pilzen. Eine Beziehung zwischen Käfer- und Arthropodenbeutedichte wurde nicht gefunden.

Sowohl dichteunabhängige als auch dichteabhängige Prozesse sind an den Populationentwicklungen der Blattläuse und ihrer Antagonisten beteiligt. Die Witterung als dichteunabhängiger Faktor beeinflusst besonders im Winter und im Frühjahr den Grad der Synchronisation im Auftreten von Getreideblattläusen, Prädatoren, Parasitoiden und Pathogenen (Jones 1972).

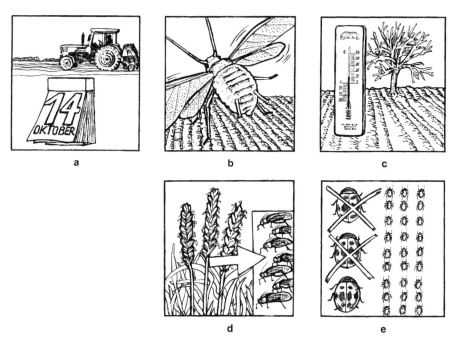

Abb. 4.20. Abschätzung des Risikos von Blattlaus-Massenvermehrungen. Dieses ist bei *Sitobion avenae* auf Wintergetreide in England am höchsten, wenn folgende Kriterien erfüllt sind (Dewar u. Carter 1984): *a* früher Aussaattermin (vor dem 14. Oktober), *b* geflügelte Tiere (Alatae) sind nach der Aussaat noch aktiv, *c* der darauf folgende Winter ist mild (weniger als 40 Frosttage), *d* im Frühjahr sind Alatae vor dem Ende der Getreideblüte bereits häufig (nach den Zahlen in Fallen), *e* natürliche Feinde sind selten (gemessen an Parasitierungsrate und Abundanz verschiedener Prädatoren).

Pilzliche Pathogene beeinflussen die Blattläuse vermutlich in dichteabhängiger Weise, d. h. die Infektionsrate steigt mit zunehmender Blattlausdichte rasch an (Dean u. Wilding 1973). Der Hauptfaktor, der die Ausbreitung von pilzlichen Pathogenen beeinflusst, scheint Regen zu sein, da die Befallsausbreitung auf Blattläusen oft in Feuchteperioden beginnt. Die Dynamik der Pilzpopulationen wird damit von einem dichteunabhängigen Faktor mitbestimmt.

Solche Betrachtungen zeigen die Schwierigkeiten auf, das Zusammenspiel verschiedener Faktoren zu bewerten und stellen darüber hinaus den Sinn der Unterscheidung zwischen dichteabhängigen und dichteunabhängigen Faktoren bezüglich ihrer Wirkungen infrage. Strong (1986) schlägt vor, die scharfe Trennung dieser beiden Formen deshalb aufzugeben. Es ist nach seiner Meinung realistischer anzunehmen, dass die äußeren Einflüsse in ihrer Intensität und Beständigkeit nie gleich bleiben und die Dynamik von Populationen durch variable Wirkungen bestimmt wird. Er schließt sich damit der Auffassung von Andrewartha u. Birch (1960) an, die ebenfalls der Ansicht sind, dass diese Zweiteilung weder präzise ist noch einen brauchbaren Rahmen für die Diskussion populationsökologischer Probleme darstellt.

Aus praktischer Sicht stellt sich die Frage, ob das fragmentarische Wissen zu den Beziehungen zwischen Blattläusen, Wirtspflanzen und natürlichen Antagonisten sowie zum Einfluss der Witterung eine ausreichende Basis liefert, um Voraussagen über die Entwicklung von Blattlauspopulationen in einzelnen Jahren treffen zu können. Dewar u. Carter (1984) versuchten die nach ihrer Ansicht wichtigsten Einflussfaktoren auf die Abundanzen von Getreideblattlausarten zu bewerten, um damit das Risiko von Blattlaus-Massenvermehrungen abzuschätzen (Abb. 4.20). Der größte Unsicherheitsfaktor dabei ist, wie Dewar u. Carter eingestehen, die Beurteilung der Rolle der natürlichen Antagonisten.

Zumindest in agrarischen Monokulturen sind Prädatoren, Parasitoide und Pathogene allein kaum in der Lage, die Entwicklung von Schädlingspopulationen zu kontrollieren. Wenn sich letztere zu Beginn der Anbauperiode im Aufbau befinden, sind die Antagonisten gewöhnlich nicht in ausreichender Zahl vorhanden, um in dieser Phase Einfluss auf das weitere Wachstum zu nehmen. Für die meisten Prädatoren werden die Felder erst bei hoher Schädlingsdichte zu einem attraktiven Beuterevier, d. h. sie profitieren erst dann von dem Nahrungsangebot, wenn der größte Schaden an der Kultur bereits verursacht wurde. Auch der Befall der Parasitoide und Pathogene erreicht erst bei hoher Schädlingsdichte deutliche Ausmaße.

Zusammenfassung von Kapitel 4

Durch Prädation werden Beutetiere getötet und aus einer Population eliminiert, deren Größe dadurch verringert wird. Die Prädationsrate, also der Anteil der erbeuteten Individuen pro Zeiteinheit, wird von verschiedenen Faktoren beeinflusst. Dabei spielt zum einen die Fähigkeit der Beutetiere, der Prädation zu entgehen, eine Rolle, zum anderen auch die Wahrscheinlichkeit des zeitlichen und räumlichen Aufeinandertreffens von Prädatoren und Beute. Außerdem kommt es darauf an, ob ein Prädator Individuen eines bestimmten Entwicklungsstadiums bevorzugt, und zu welchen Anteilen auch noch andere Arten als Beute genutzt werden. Selbst wenn die Prädationsrate sehr hoch ist, lässt sich daraus noch nicht schließen, dass diese den entscheidenden, dichtebestimmenden Faktor für eine Beutepopulation darstellt. Eine längerfristige Stabilisierung der Populationsdichte durch Prädatoren, also eine Regulation, kann nur durch dichteabhängige Reaktionen erfolgen. Das heißt, mit zunehmender Beutedichte muss auch der Anteil der durch Feinde getöteten Individuen zunehmen. In verschiedenen Untersuchungen wurde der Nachweis erbracht, dass Prädatoren ihre Beutepopulationen regulieren können, wenn diese geringe Individuendichten aufweisen. Mit zunehmender Populationsgröße werden jedoch andere dichteabhängige Prozesse wie Abwanderung und letztendlich Nahrungsmangel zum regulierenden Faktor.

Die Effektivität eines Prädators ist entscheidend für den Erfolg der klassischen biologischen Schädlingsbekämpfung. Die Kontrolle einer eingeschleppten Schädlingsart mit einem nachgeführten Gegenspieler kann nur gelingen, wenn letzterer eine Spezifität für den entsprechenden Schädling aufweist und außerdem in ausreichendem Maße an die neue Umwelt angepasst ist. Der Frage, ob die konservative biologische Bekämpfung einen nennenswerten Beitrag zur Begrenzung von Schädlingspopulationen leisten kann, wurde am Beispiel der Getreideblattläuse in England nachgegangen. Dabei hat sich gezeigt, dass die verschiedenen Antagonisten in der Regel keinen bestimmenden Einfluss auf die Entwicklung der Blattlauspopulationen nehmen, da sie erst relativ spät in größerer Anzahl in den Feldern erscheinen. In anderen Agrarökosystemen, zumindest in annuellen Monokulturen, sind im Prinzip ähnliche Verhältnisse zu erwarten.

5 Interspezifische Konkurrenz

Seit Darwin (1859) der Konkurrenz zwischen Individuen und Arten im „Kampf ums Dasein" entscheidende Bedeutung für die Evolution und die Gestaltung von Tier- und Pflanzengemeinschaften beimaß, sehen viele Ökologen diese Interaktion als den Faktor an, der Populationsdichte, Entwicklung spezieller Ernährungsweisen, Koexistenz und Ausschluss von Arten am stärksten beeinflusst. Konkurrenz ist ein Prozess, der im Gegensatz zu Prädation nicht direkt beobachtet werden kann (außer bei Interferenz). Einzelne Nachweise reichen aus, um die eindeutige Aussage „Art A frisst Art B" treffen zu können. Es ist dagegen in den meisten Fällen viel schwieriger zu belegen, dass Art X mit Art Y um eine gemeinsame Ressource konkurriert. Daher herrscht in vielen Fällen Unklarheit, ob und in welchem Maße **interspezifische Konkurrenz** die Zusammensetzung von Artengemeinschaften beeinflusst. Beispiele hierfür finden sich bei verschiedenen Gruppen von Tieren:

- In vielen Untersuchungen wurde der Schluss gezogen, dass sich Artenpopulationen von herbivoren Insekten, welche sich auf denselben Wirtspflanzen von denselben Ressourcen ernähren, kaum gegenseitig beeinflussen und somit Konkurrenz zwischen den Arten unbedeutend ist (z. B. Rathcke 1976; Strong 1983; Jermy 1985; Damman 1993). Dem widersprechen z. B. Denno et al. (1995), die in einer ausführlichen Literaturstudie keine Hinweise darauf fanden, dass interspezifische Konkurrenz bei Herbivoren prinzipiell seltener zur Wirkung kommt als bei anderen Organismengruppen.
- In verschiedenen Lebensräumen sind oft zahlreiche Arten der Laufkäfer (Carabidae) gemeinsam vertreten. In vielen Untersuchungen wird interspezifische Konkurrenz als der Mechanismus angesehen, der die Artenzahlen, Abundanzen und die räumliche Verteilung dieser Prädatoren bestimmt. Andere kommen dagegen zu dem Schluss, dass dieser Prozess keine wesentliche Rolle bei der Gestaltung von Laufkäfergemeinschaften spielt (Übersicht und Analyse verschiedener Untersuchungen in Niemelä 1993).

Ähnlich wie bei den Interaktionen Herbivorie und Prädation findet sich auch bei der interspezifischen Konkurrenz ein breites Spektrum an Wirkungen und Intensitäten, wobei sich prinzipiell drei Situationen unterscheiden lassen:

1. Das Fehlen von interspezifischer Konkurrenz zwischen Arten, die eine oder mehrere Ressourcen gemeinsam nutzen.
2. Das Auftreten von interspezifischer Konkurrenz bei gemeinsamer Ressourcennutzung, wobei sich die Arten zwar ein- oder wechselseitig mehr oder weniger stark negativ beeinflussen, aber dennoch in der Lage sind, zu koexistieren.
3. Das Auftreten von interspezifischer Konkurrenz, das zur vollständigen Verdrängung einer Art durch eine andere von der gemeinsam genutzten Ressource führt (Konkurrenzausschluss).

Die folgenden Abschnitte befassen sich anhand von Beispielen genauer mit den Bedingungen für das Auftreten von interspezifischer Konkurrenz sowie den Konsequenzen dieser Interaktion für die daran beteiligten Populationen.

5.1
Bedingungen für das Auftreten von interspezifischer Konkurrenz

Entsprechend der in Abschnitt 1.2.3 gegebenen Definition kommt interspezifische Konkurrenz zur Wirkung, wenn folgende Bedingungen erfüllt sind:
1. Die Arten kommen im selben Lebensraum (sympatrisch) vor.
2. Sie nutzen eine oder mehrere Ressourcen gemeinsam.
3. Die entsprechenden Ressourcen sind nur begrenzt verfügbar.

Die Ressourcen als diejenigen Komponenten der Umwelt, die von Arten in Anspruch genommen werden, legen zusammen mit anderen Gegebenheiten (z.B. Klimafaktoren) die Existenzbedingungen der Population einer Art fest und bilden deren so genannte **ökologische Nische**. Die heute gebräuchliche Definition dieses Begriffs lieferte Hutchinson (1957). Nach seinem Konzept ist die ökologische Nische das gesamte Spektrum der verschiedenen abiotischen und biotischen Faktoren, unter denen eine Art bzw. Population an einem Standort leben und sich durch Reproduktion erhalten kann. Jeder der Umweltfaktoren kann als Gradient angesehen werden, entlang dessen die Artenpopulation in einem bestimmten Abschnitt einen Toleranz- oder Aktivitätsbereich aufweist. Die einzelnen Variablen stellen abstrakt verschiedene räumliche Dimensionen dar. Hutchinson beschreibt eine ökologische Nische mit n Dimensionen als „n-dimensionales Hypervolumen". In Abbildung 5.1 sind als Beispiel 3-dimensionale Ausschnitte aus dem Hypervolumen zweier Arten schematisch dargestellt.

Es ist praktisch unmöglich, sämtliche Nischendimensionen einer Artenpopulation zu bestimmen, sodass das Nischenkonzept von Hutchinson eher eine theoretische Konstruktion bleibt. Daher wird im Zusammenhang mit der ökologischen Nische meist nur ein spezieller Aspekt betrachtet, und zwar die Ressourcennutzungsverteilung. Zur Bestimmung derselben wird eine Ressource in verschiedene Kategorien eingeteilt und deren Nutzungshäufigkeit bzw. -intensität entlang einer Nischenachse festgestellt. Der Ausschnitt aus einer Nischendimension, der das gesamte Spektrum der von einer Artenpopulation genutzten Ressourcenklasse abdeckt, ist die **Nischenbreite**. Zu den wich-

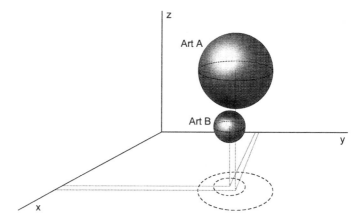

Abb. 5.1. Schematische Darstellung des 3-dimensionalen Hypervolumens zweier Arten entlang der Nischengradienten x, y und z. Die Nische von *Art B* überlappt sich vollständig mit der von *Art A* in Bezug auf die Faktoren x und y. Hinsichtlich des Faktors z gibt es keine Gemeinsamkeiten zwischen den beiden Arten. (Nach Tokeshi 1999)

tigsten und in der Praxis messbaren (s. Mühlenberg 1993 für verschiedene Methoden) Nischendimensionen gehören Nahrung, Raum und Zeit. Kategorien der Nahrungsressourcen sind z. B. verschiedene Wirts- oder Beutearten oder die Größen derselben. Räumliche Kategorien beziehen sich auf Habitatstrukturen, die von einer Artenpopulation als Lebensraum genutzt werden, und zeitliche Kategorien lassen sich anhand der diurnalen oder saisonalen Häufigkeiten im Auftreten von Individuen der beobachteten Artenpopulation differenzieren (Schoener 1989). Wenn Populationen verschiedener Arten gleiche Ressourcenklassen nutzen, besteht Nischen- bzw. **Ressourcenüberlappung**. Verschiedene Situationen, die dadurch zu Stande kommen, zeigt Box 5.1.

Obwohl die Vermutung nahe liegt, dass zwischen dem Grad der Ressourcenüberlappung und der Intensität von interspezifischer Konkurrenz ein direkter Zusammenhang besteht, ist dieser jedoch nicht immer gegeben. So fanden beispielsweise Mahdi et al. (1989) bei 8 Pflanzenarten einer Grünlandgemeinschaft, die in 6 Nischendimensionen z. T. starke Ressourcenüberlappung aufweisen, auch nach experimentellen Manipulationen ihrer Dichte keine Hinweise auf interspezifische Konkurrenz. Ein möglicher Grund für solche Fälle ist die Tatsache, dass als Voraussetzung für das Auftreten von interspezifischer Konkurrenz eine Ressource nicht nur gemeinsam genutzt werden, sondern gleichzeitig begrenzt verfügbar sein muss. Je größer das Ressourcenangebot, desto unwahrscheinlicher wird das Auftreten von Konkurrenz zwischen Artenpopulationen, welche die entsprechenden Ressourcen gemeinsam nutzen. Tischler (1993) unterscheidet in diesem Zusammenhang zwischen der gemeinsamen Nutzung nicht begrenzter Ressourcen **(potenzielle Konkurrenz)** und der gemeinsamen Nutzung begrenzter Ressourcen **(realisierte Konkurrenz).**

Box 5.1. Hypothetische Situationen der Nutzungshäufigkeit und Überlappung von Ressourcen zweier Arten (*A1* und *A2*) entlang einer Achse von Ressourcenkategorien.

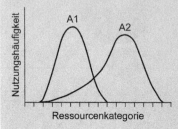

a Das von *A1* genutzte Ressourcenspektrum wird von *A2* zwar vollständig beansprucht, aber nur selten genutzt.

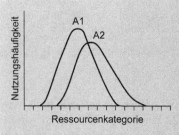

b Von *A1* und *A2* häufig genutzte Ressourcenkategorien überlappen sich innerhalb eines breiten Spektrums.

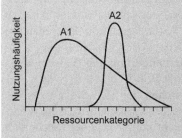

c Die auf ein enges Ressourcenspektrum spezialisierte Art *A2* nutzt ausschließlich einen auch von *A1* beanspruchten Ausschnitt, der von letzterer aber nur mäßig häufig genutzt wird.

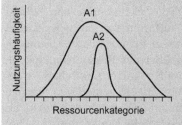

d Das von *A2* genutzte, enge Ressourcenspektrum befindet sich vollständig innerhalb des von *A1* beanspruchten und wird von *A1* stärker genutzt als von *A2*.

Welche Bedingungen führen dazu, dass an einer von mehreren Arten gemeinsam genutzten Ressource keine Knappheit herrscht? Aspekte hierzu liefern die folgenden Situationen.

An bestimmten Waldstandorten Mitteleuropas können 30 oder mehr Arten an Gehäuselandschnecken auf kleiner Fläche in der Laubstreu koexistieren (Abb. 5.2). Dabei werden Dichten von bis zu 2000 Tieren/m² erreicht. Manche Arten sind nur mit wenigen, andere dagegen mit mehreren hundert Individuen/m² vertreten (Martin 1987). Fast alle dieser Arten ernähren sich, so weit bekannt, von Pflanzenresten, die sich in Zersetzung befinden. Es stellt sich die Frage, ob interspezifische Konkurrenz im Zusammenleben dieser Arten eine Rolle spielt. Verschiedene Untersuchungen an Waldstandorten in England und Deutschland, an denen Schneckendichten bis zu 645 Individuen/m² vorkommen, ergaben übereinstimmend, dass nur rund 1% der jährlich anfallenden Laubmenge von den Gehäuseschnecken konsumiert wird (Mason 1970; Philipson u. Abel 1983; Corsmann 1990). Diese Ergebnisse legen die Vermutung nahe, dass das Nahrungsangebot für diese Tiergruppe in Wäldern nicht begrenzt ist und folglich auch keine Konkurrenz um diese Ressource stattfindet.

Verschiedene Arten der Blattkäfer-Unterfamilie Hispinae in Mittelamerika sind auf Bananengewächse der Gattung *Heliconia* spezialisiert. Die Käfer und ihre Larven halten sich auf der Innenseite junger, noch eingerollter *Heliconia*-Blätter auf und ernähren sich von diesen, indem sie mit ihren Mandibeln die Epidermiszellen abschaben. Nach Beobachtungen von Strong (1982) leben bis zu 5 Arten gleichzeitig in einem Blatt. In einer Analyse solcher Gemeinschaften, die sich auf insgesamt 13 Käfer- und 10 *Heliconia*-Arten an Standorten in Trinidad und Costa Rica erstreckte, sowie in weiteren, experimentellen Unter-

Abb. 5.2. Die Laubstreu mitteleuropäischer Kalkbuchenwälder beherbergt eine artenreiche Gehäuselandschneckenfauna.

suchungen fand Strong keine Beweise für interspezifische Konkurrenz zwischen den Käfern: Die Tiere zeigen keine intra- oder interspezifische Aggressivität und ändern ihr Verhalten nicht, wenn sie mit anderen Individuen zusammentreffen. Sie sind in den Blättern nicht entsprechend ihrer Artzugehörigkeit voneinander abgegrenzt und weisen keine Verteilungsmuster auf, die auf Konkurrenz schließen lassen, auch nicht bei experimentell erhöhter Arten- und Individuendichte. Insgesamt vermutet Strong, dass die Käferpopulationen nicht durch Nahrungs- oder Habitatfaktoren begrenzt werden, sondern hauptsächlich durch natürliche Feinde, also Prädatoren und Parasitoide (Abb. 5.3).

Die beiden Beispiele zeigen prinzipiell, unter welchen Bedingungen interspezifische Konkurrenz trotz Nutzung derselben Ressourcen nicht zur Wirkung kommt: Bei den Schnecken ist die Nahrungsressource im Überschuss vorhanden, da sie mit dem Falllaub der Bäume immer wieder nachgeliefert wird. Bei den Käfern sorgen äußere Faktoren dafür, dass die Individuendichte der Arten so gering gehalten wird, dass keine Ressourcenverknappung auftritt. In beiden Fällen beruhen diese Interpretationen jedoch nur auf Vermutungen, die nicht durch weitere Untersuchungen belegt wurden.

Das Konzept der ökologischen Nische im Sinne eines multidimensionalen „Volumens", das eine Artenpopulation in Bezug auf ihre Existenzansprüche einnimmt, ist in erster Linie als abstraktes Modell zu sehen. Dieses kann nur

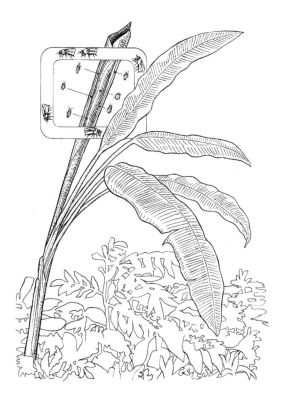

Abb. 5.3. Mehrere Käferarten aus der Unterfamilie Hispinae leben und fressen gemeinsam in jungen, noch eingerollten *Heliconia*-Blättern. Möglicherweise halten Prädatoren und Parasitoide die Populationsdichte der Arten so niedrig, dass interspezifische Konkurrenz nicht zur Wirkung kommt.

in eingeschränktem Maße zur Klärung von interspezifischen Konkurrenzverhältnissen beitragen, da der Grad der Nischenüberlappung zwischen verschiedenen Artenpopulationen nicht in einem einfachen Zusammenhang mit der Intensität von Konkurrenz steht. Zum einen gibt es Nischendimensionen, die für das Auftreten von Konkurrenz keine oder nur eine geringe Rolle spielen, und zum anderen ist die Verfügbarkeit der gemeinsamen Ressource entscheidend. Die Verfügbarkeit wiederum hängt ab von der Quantität der Ressource und von der Populationsdichte der Arten, die diese nutzen.

5.2
Formen und Wirkungen von interspezifischer Konkurrenz

Die wohl am besten geeignete Methode zum Nachweis von interspezifischer Konkurrenz und ihren Wirkungen ist die Durchführung von Experimenten. Bei solchen werden in der Regel die mutmaßlich konkurrierenden Arten jeweils getrennt voneinander gehalten und die Entwicklung ihrer Populationen bzw. das Verhalten der Individuen beobachtet. Mit Kontrollen, in denen die jeweiligen Arten uneingeschränkt aufeinandertreffen, lassen sich die jeweiligen Reaktionen vergleichen. In diesem Abschnitt werden anhand von Beispielen verschiedene Formen und Wirkungen von interspezifischer Konkurrenz dargestellt.

5.2.1
Interferenz

Der Blütennektar der Kanadischen Goldrute *(Solidago canadensis)* ist an der nordamerikanischen Atlantikküste im August die Hauptnahrung von Hummeln. Die Pflanzen werden von zwei Arten, *Bombus terricola* und *Bombus ternarius* (Apidae), regelmäßig aufgesucht. Die beiden unterscheiden sich in ihrer Körpergröße; *B. ternarius* ist deutlich kleiner als *B. terricola*. Was geschieht, wenn beide Arten auf der Futterquelle zusammentreffen? Morse (1977) untersuchte dies durch Freilandbeobachtungen und durch Experimente mit den beiden *Bombus*-Arten in Käfigen, die über Goldrutenpflanzen gestülpt wurden. Die Blüten der Goldrute stehen auf vertikalen Seitenzweigen des Hauptstängels. Dieser Blütenstand, eine Traube, wurde von Morse für die Beschreibung seiner Beobachtungen in einen proximalen, medialen und distalen Bereich, der jeweils eine ähnliche Zahl an Einzelblüten trägt, eingeteilt (Abb. 5.4). Wenn sich Individuen der kleineren *B. ternarius* alleine auf einem Blütenstand aufhielten, wurden Einzelblüten auf der ganzen Länge des Seitenzweigs besucht. Kam ein Tier von *B. terricola* hinzu, wurde *B. ternarius* auf den distalen Bereich abgedrängt (Abb. 5.4). Die Individuen der kleinen *B. ternarius* können ohne Probleme auf das dünne Ende des Zweiges ausweichen, während die von *B. terricola* auf Grund des größeren Gewichts Schwierigkeiten haben, sich dort zu halten. Nur 14 % der Einzelblüten, die von *B. terricola* außerhalb der Käfige

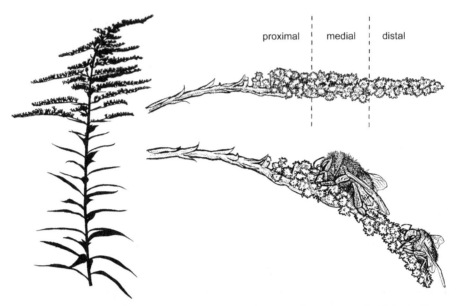

Abb. 5.4. Die größere von zwei Hummelarten, *Bombus terricola*, verdrängt die kleinere, *Bombus ternarius*, beim Nektar sammeln auf der Goldrute *(Solidago canadensis)* an das distale Ende des Blütenstandes.

besucht wurden, befand sich am distalen Ende, bei *B. ternarius* dagegen 38 %. Konkurrenz findet also hauptsächlich um die Nektarquellen im proximalen und medialen Bereich des Blütenstandes statt, und dort ist *B. terricola* gegenüber *B. ternarius* überlegen. Das flexible Verhalten von *B. ternarius* bei der Futtersuche lässt aber eine gleichzeitige Nutzung der gemeinsamen Ressource zu.

Unter bestimmten Bedingungen kann zwischen Arten Interferenz sogar völlig vermieden werden. Dies ist der Fall, wenn sich die Nutzung der gemeinsamen Ressource zeitlich nicht überschneidet. Mäusebussarde *(Buteo buteo)* erwerben bei Tag, und Waldkäuze *(Strix aluco)* bei Nacht die ihnen gemeinsame Beute, die sich überwiegend aus Mäusen der Gattung *Microtus* zusammensetzt (Abb. 5.5). Dadurch wird das direkte Zusammentreffen der Arten vermieden und ermöglicht deren räumliche Koexistenz, da interspezifische territoriale Konflikte und direkte, wechselseitige Angriffe oder gegenseitiger Beuteraub unterbunden werden (Jaksić 1982).

Bei interspezifischer Interferenz, dem Zusammentreffen von artverschiedenen Individuen an einer gemeinsam genutzten Ressource, können Konflikte abgeschwächt oder vermieden werden, wenn die beiden Arten Unterschiede in (a) der Fähigkeit, Zugang zu dem Angebot zu erlangen oder (b) der zeitlichen Nutzung derselben aufweisen. Diese Mechanismen nehmen jedoch nicht notwendigerweise Einfluss auf den Grad der Ausbeutungskonkurrenz zwischen den Arten.

Abb.5.5. Mäuse der Gattung *Microtus* sind rund um die Uhr von Prädatoren bedroht: Zwischen Mäusebussard *(Buteo buteo, links)* und Waldkauz *(Strix aluco, rechts)* sind die Zeiten des Beuteerwerbs in Tag und Nacht aufgeteilt, wodurch direkte Konflikte zwischen den Individuen der beiden Arten vermieden werden.

5.2.2
Direkte Ausbeutungskonkurrenz

Die häufigsten Fischarten der oligotrophen Seen in den Nadelwäldern Skandinaviens sind der Flussbarsch *(Perca fluviatilis)* und die Plötze *(Leuciscus rutilis)*. Die Gewässer werden von Schellenten *(Bucephala clangula)* aufgesucht, deren Nahrungsspektrum sich in Bezug auf aquatische Insekten mit dem dieser Fische überlapt. Nach Beobachtungen von Eriksson (1979) werden Seen, in denen diese Fische nicht vorkommen, im Jahr fast doppelt so häufig besucht als solche mit den Fischen. Die letztgenannten Seen weisen deutlich geringere Abundanzen an Libellenlarven, Eintagsfliegenlarven, Wasserwanzen und anderen Insekten auf als Seen ohne Fischbesatz, wie weitere Untersuchungen ergaben. Offensichtlich verringern die Fische durch Ausbeutung dieser Ressource die Attraktivität entsprechender Seen für Nahrung suchende Schellenten, was auf Konkurrenz zwischen diesen Tiergruppen schließen lässt. Ob sich die dadurch bedingten Nachteile für die Vögel auch auf die individuelle Fitness und damit die längerfristige Entwicklung ihrer Population auswirken, kann anhand dieser Ergebnisse nicht beurteilt werden.

In Wüstenregionen spielen Samen, vor allem von annuellen Arten, eine wichtige Rolle als Nahrungsquelle für eine Vielzahl von Granivoren aus den Gruppen der Säuger, Vögel und Insekten. Brown et al. (1979a) stellten in der Wüste Arizonas fest, dass verschiedene Nagetierarten (v. a. Taschenmäuse der Gattungen *Dipodomys* und *Perognathus*) und Ameisen (überwiegend *Pheidole-* und *Pogonomyrmex*-Arten) weitgehend identische Nahrungsressourcen nutzen, d.h. beide Gruppen fressen Samen derselben Größe und der gleichen

Pflanzenarten, die auch an denselben Stellen gesammelt werden. Brown
et al. werten dieses Ergebnis als ersten Hinweis darauf, dass die beiden Taxa in
Nahrungskonkurrenz stehen. Um zu prüfen, welche Veränderungen in den
Abundanzen von Nagern und Ameisen auftreten, wenn die jeweils andere Tiergruppe fehlt, führten sie auf Versuchsflächen folgende Behandlungen durch:
(a) Ausschluss von Nagern durch Einzäunen der Parzellen und Abfangen der
darin eingeschlossenen Tiere mittels Fallen, (b) Ausschluss von Ameisen durch
Zerstörung ihrer Nester mit Insektizid, und (c) Ausschluss von Nagern und
Ameisen mittels der unter a und b angeführten Methoden. Als Kontrollen dienten für beide Gruppen frei zugängliche Flächen. Im Vergleich zu den Kontrollen erhöhte sich die Zahl der Ameisenkolonien auf Flächen, von denen die
Nager entfernt wurden, in einem Zeitraum von etwa 3 Jahren um durchschnittlich 70 %. Umgekehrt erhöhte sich die Individuendichte der Nager auf ameisenfreien Flächen um etwa 20 %. Diese Reaktionen sind ein weiteres Indiz
dafür, dass zwischen den beiden Taxa Konkurrenz um Nahrung auftritt. Dies
sollte sich auch in Veränderungen der Samendichte im Boden wiederspiegeln.
Es wäre zu erwarten, dass sie in den Kontrollparzellen mit Nagern und Ameisen
am geringsten ist und in der Variante ohne die beiden Granivorengruppen am
höchsten. Zwei Jahre nach Etablierung der Flächen mit unterschiedlichem
Fauneninventar konnte dieser Unterschied nachgewiesen werden: Die Parzellen, von denen Ameisen und Nager entfernt wurden, wiesen eine 2–4fach
höhere Samendichte auf als die Kontrollflächen (Abb. 5.6). Diese Verhältnisse
waren etwa 4 Jahre nach Beginn der Experimente auch bei der Abundanz der
gekeimten Pflanzen sichtbar. Die Dichte der Winterannuellen war gegenüber
den Kontrollen um das 1,5fache höher auf den Parzellen, zu denen entweder
nur Nager oder nur Ameisen Zugang hatten, und übertraf auf Flächen, von
denen beide Granivorengruppen ausgeschlossen waren, die Kontrollen um das
Doppelte. Insgesamt sehen Brown et al. mit diesen Ergebnissen den Beweis
erbracht, dass sich das Nahrungsspektrum der granivoren Nager und Ameisen
überlappt, die beiden Taxa um die begrenzten Ressourcen konkurrieren und
sich bei der Nutzung gegenseitig negativ beeinflussen. Jede der Tiergruppen ist
in der Lage, mehr Samen zu erbeuten und ihre Population zu vergrößern, wenn
die Konkurrenten experimentell entfernt werden.

Die folgenden Beispiele befassen sich mit interspezifischer Konkurrenz
zwischen Pflanzen. In den alpinen Rasengesellschaften des russischen Kauka-
sus sind bis zu 40 Pflanzenarten auf einer Fläche von 100 m² zu finden. *Anemone
speciosa, Antennaria dioica, Festuca ovina, Trifolium polyphyllum* sowie die
Vertreter der Gattung *Carex* stellen jeweils mehr als 5 % der Gesamtbiomasse
der Pflanzengemeinschaft. Askenova et al. (1998) untersuchten in Freilandexperimenten die Beziehungen dieser Arten zueinander und etablierten 5 Parzellen, von denen jeweils die Individuen einer der genannten Arten (bzw. die der
Gattung *Carex*) entfernt wurden. Eine weitere Parzelle diente als unbehandelte
Kontrolle. Während der 13-jährigen Laufzeit des Experiments zeigte sich, dass
die genannten Arten in Konkurrenz untereinander stehen, d. h. die verbliebenen Arten reagierten jeweils mit einer Biomassezunahme auf die Entfernung

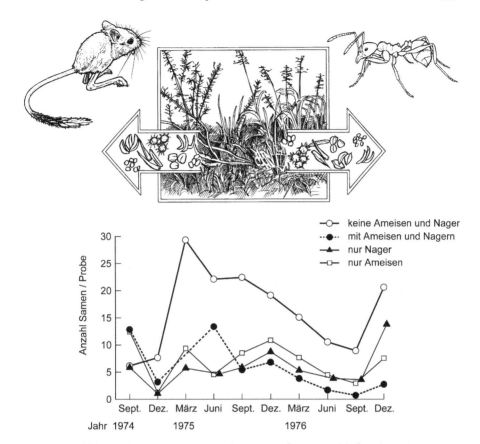

Abb. 5.6. *Bild:* Verschiedene Arten von Taschenmäusen (Heteromyidae) und Ameisen nutzen in der Wüste von Arizona die Samen der gleichen Pflanzenarten als Nahrungsquelle. Die *Grafik* zeigt die Entwicklung der Samendichte im Boden in Parzellen verschiedener Versuchsvarianten über einen Zeitraum von 2 Jahren. Die Erhebungen (24 cm³-Bodenproben) wurden 1 Jahr nach Etablierung des Experiments begonnen. (Grafik nach Brown et al. 1979 a)

einer der anderen oben genannten. Askenova et al. beobachteten außerdem die Entwicklung weiterer 9 Arten auf den jeweiligen Experimentalflächen und stellten fest, dass diese größtenteils nicht positiv, sondern negativ auf die Entfernung einer der dominanten Arten reagierten, also mit einer Verringerung der Biomasse. Somit spielt nicht nur interspezifische Konkurrenz eine bedeutende Rolle als Interaktion zwischen bestimmten Arten dieser Pflanzengemeinschaft, sondern auch Mutualismus. Nach Vermutung von Askenova et al. beruhen die fördernden Beziehungen in erster Linie auf der Beeinflussung der abiotischen Umweltbedingungen. Wind, Verdunstung und niedrige Temperaturen können Faktoren sein, vor denen die Individuen bestimmter Arten bei Anwesenheit anderer besser geschützt sind.

Weniger komplex sind die Verhältnisse in Agrarökosystemen, wo Wildpflanzen häufig für Ertragseinbußen bei Kulturpflanzen verantwortlich sind. Je nach Standort, Kulturart und Anbautechnik sind die Verluste durch Unkräuter als Folge der Konkurrenz um Licht, Wasser oder Nährstoffe unterschiedlich bedeutend. Entscheidend sind außerdem Wachstumseigenschaften und Wuchsform der jeweiligen Pflanzenarten sowie die Pflanzendichte. Langsam auflaufende Kulturpflanzen wie Möhre und Zwiebel stehen unter starkem Konkurrenzdruck durch Wildpflanzen und bringen ohne Unkrautbekämpfung oft keinen Ertrag. Rosetten- und polsterbildende Unkräuter haben in der Regel eine stark verdrängende Wirkung. Kriechende Pflanzen wie die Vogel-Sternmiere *(Stellaria media)* sind ebenfalls starke Konkurrenten, vor allem bei Wintergerste in wintermilden Gebieten. Allgemein sind aber die Getreidearten relativ wenig empfindlich gegenüber den meisten konkurrierenden Wildpflanzen und bringen auch ohne Unkrautbekämpfung mindestens 50 % des möglichen Höchstertrages (Koch u. Hurle 1978). Dies zeigt ein Experiment zur Konkurrenz von Winterweizen mit dem Ackerfuchsschwanz *(Alopecurus myosuroides)* in mehr als 100 Einzelversuchen an verschiedenen Standorten Südwestdeutschlands (Koch u. Hurle 1978; Koch 1994). Mit zunehmender Dichte des Ackerfuchsschwanzes bis zu etwa 400 Pflanzen/m² ist eine kontinuierliche Abnahme des Kornertrags bei Weizen festzustellen, bei weiter ansteigender Verunkrautung findet jedoch keine Veränderung der durchschnittlichen Ertragsminderung mehr statt (Abb. 5.7). Dies ist darauf zurückzuführen, dass die intraspezifische Konkurrenz der Pflanzen zunimmt und bei dem festgestellten Wert insgesamt das Maximum der Biomasseproduktion je Flächeneinheit erreicht ist und die Pflanzen kleiner bleiben. Die günstigste Bestandesdichte für Weizen auf unkrautfreien Flächen liegt ebenfalls im Bereich von 400–600 Pflanzen/m². Die Beziehung zwischen Verunkrautung und Ertrag von Winterweizen wird erheblich von den gegebenen Standortbedingungen und dem Zeitpunkt der Keimung (Herbst oder Frühjahr) beeinflusst. Die in Abbildung 5.7 dargestellten Mittelwerte sind daher nicht für alle Situationen repräsentativ. Der geringste Kornertragsverlust bei den höchsten Ackerfuchsschwanzdichten betrug 16 %, der höchste 50 %.

Die Beobachtung, dass verschiedene Arten dieselben Ressourcen nutzen, kann zwar als erster Hinweis auf das Auftreten von interspezifischer Konkurrenz gewertet werden, sagt aber noch nichts über die Wirkung auf die beteiligten Artenpopulationen aus. Um diese nachzuweisen, sind experimentelle Freilanduntersuchungen von angemessener Dauer notwendig. Genaue Aussagen zur Reaktion von Populationen auf die Entfernung vermuteter Konkurrenzarten lassen sich oft erst nach Jahren treffen.

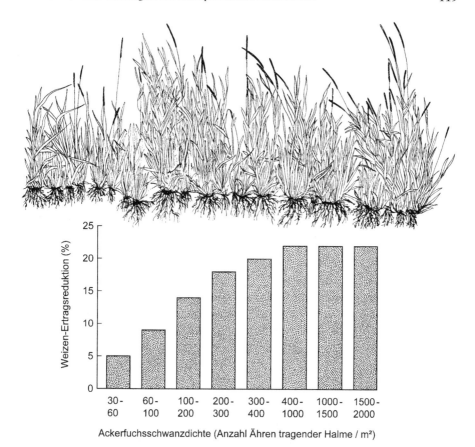

Abb. 5.7. *Bild:* Ein mit dem Ackerfuchsschwanz *(Alopecurus myosuroides)* verunkrautetes Getreidefeld. Die *Grafik* zeigt die Ertragsminderung bei Winterweizen (in Prozent des unter unkrautfreien Bedingungen erzielten Ertrags) in Abhängigkeit von der Ackerfuchsschwanzdichte. (Grafik nach Koch 1994)

5.2.3
Zeitlich verzögerte Konkurrenz

Neuvonen et al. (1988) wiesen nach, dass Blattschädigungen an der Moorbirke *(Betula pubescens)*, die zu Beginn der Vegetationsperiode in Nordskandinavien erfolgten, die Entwicklung der später in der Saison an den Blättern fressenden Larven der Blattwespe *Dineura virididorsata* beeinträchtigten. Die Tiere wuchsen auf unbeschädigten Kontrollbäumen deutlich schneller als auf solchen, deren Blätter im Frühjahr desselben oder des vorangegangenen Jahres künstlich beschädigt wurden.

Die Raupen des Eichenwicklers *(Tortrix viridana)* und des Frostspanners *(Operophtera brumata)* entwickeln sich im Frühjahr auf den Blättern von Eichen *(Quercus robur;* s. auch Abschn. 3.2.2). West (1985) stellte fest, dass die

Fresstätigkeit dieser Arten die Überlebensrate der blattminierenden Raupen des Schmetterlings *Phyllonorycter harrisella* (Gracillariidae), die später im Jahr erscheinen, verringerte. In beiden dieser Fälle wurde vermutet, dass durch Blattschädigung induzierte Veränderungen im Gehalt bestimmter Pflanzeninhaltsstoffe für die gehemmte Entwicklung der danach auftretenden Arten verantwortlich waren. Direkte Nachweise hierfür wurden jedoch nicht erbracht.

Die Zikadenarten *Prokelisia marginata* und *Prokelisia dolus* (Cicadellidae) leben an der nordamerikanischen Atlantikküste auf der Grasart *Spartina alterniflora* und ernähren sich vom Phloemsaft dieser Pflanze. Beide Arten überwintern gemeinsam an *Spartina*-Standorten, die durch ihre relativ hohe Lage an der Küste vor den winterlichen Bedingungen (hohe Wellen, Eisschollen) besser geschützt sind als tiefer an der Küste gelegene. Während über 90 % der Population von *P. dolus* dort während des gesamten Jahres verbleibt, wandert etwa 80 % der Population von *P. marginata* im Frühjahr zu den näher am Meer wachsenden *Spartina*-Beständen ab (Denno et al. 1996). Welche Ursache hat dieses Verhalten? Denno et al. (2000) vermuten, dass zwischen den beiden Arten Nahrungskonkurrenz auftritt und untersuchten dies in verschiedenen Labor- und Feldexperimenten. Eine bestimmte Zahl an Individuen von *P. dolus*, die eine Zeit lang an dem Gras fraßen, verringerten den Stickstoffgehalt der Pflanzen in so hohem Maße, dass eine anschließend dort ausgesetzte Population von *P. marginata* in der nächsten Generation erhebliche Fitnessverluste erlitt. Wenn die Pflanzen zuerst mit *P. marginata* besetzt wurden, zeigten sich bei einer danach darauf ausgebrachten Population von *P. dolus* deutlich geringere Fitnessverluste als im umgekehrten Fall bei *P. marginata*. Denno et al. erklären die Konkurrenzüberlegenheit von *P. dolus* damit, dass die Individuen dieser Art die abnehmende Nahrungsqualität durch eine Erhöhung der Phloemsaftaufnahme kompensieren können, während die von *P. marginata* dazu kaum in der Lage sind. Auf diesen Unterschied führen Denno et al. auch das Abwandern von *P. marginata* von dem mit *P. dolus* gemeinsam genutzten Winterquartier im Frühjahr zurück: Beide Arten fressen zu Beginn der Vegetationsperiode zunächst an denselben Pflanzen. Dies bedingt den Rückgang im Stickstoffgehalt der Wirtspflanzen, der ab einem bestimmten Grad von *P. marginata* nicht mehr toleriert werden kann. Dies zwingt die Art zum Ausweichen auf andere Bestände.

> Zeitlich verzögerte Konkurrenz tritt auf, wenn eine Art die Qualität einer Ressource so weit vermindert, dass dadurch deren Nutzung durch eine andere Art zu einem späteren Zeitpunkt eingeschränkt oder verhindert wird. Diese Form der Konkurrenz ist daher in allen Fällen asymmetrisch.

5.2.4
Bedingungsabhängige Konkurrenz

Die beiden Saiblingarten *Salvelinus malma* und *Salvelinus leucomaenis* (Salmonidae) sind Prädatoren und ernähren sich vorwiegend von Arthropoden. Auf der japanischen Insel Hokkaido leben sie zwar häufig innerhalb desselben Flus-

ses, sind darin aber unterschiedlich verbreitet. *S. malma* kommt in den oberen
Flussabschnitten vor, wo die Sommertemperaturen 5–8 °C betragen. *S. leucomaenis* lebt in den unteren, im Tiefland gelegenen Bereichen bei Temperaturen
von 10–15 °C. Lediglich in den mittleren Flussregionen, bei dazwischen liegenden Temperaturen, sind beide Arten gemeinsam zu finden. Diese Verhältnisse
legen nahe, dass beide Arten unterschiedliche Präferenzen bzw. Anpassungen
hinsichtlich des Faktors Temperatur aufweisen. In Flüssen, in denen eine der
beiden Arten völlig fehlt, kommt die jeweils vorhandene innerhalb eines breiteren Temperaturspektrums vor als bei Anwesenheit der anderen (Fausch et al.
1994). Daher ist zu vermuten, dass die Verteilung der Arten bei gemeinsamem
Vorkommen auch durch interspezifische Konkurrenz beeinflusst wird. Taniguchi u. Nakano (2000) erstellten und prüften folgende Hypothesen: (a) Werden
beide Arten bei relativ hohen Temperaturen zusammengebracht, sollte *S. leucomaenis* beim Nahrungserwerb effizienter sein und eine höhere Wachstumsrate
erzielen als *S. malma*, was letztlich zur Verdrängung von *S. malma* führt (ggf. in
einen anderen Temperaturbereich). (b) Der umgekehrte Fall, d. h. die Konkurrenzüberlegenheit von *S. malma*, sollte bei relativ niedrigen Temperaturen
eintreffen. Wurden die Arten in künstlichen Systemen bei Wassertemperaturen
von 6 °C bzw. 12 °C einzeln aufgezogen, ergaben sich über den Untersuchungszeitraum von 72 Tagen kaum Unterschiede in der spezifischen Wachstumsrate
der Individuen (Abb. 5.8). Bei Anwesenheit von *S. leucomaenis* verringerte sich
das Wachstum von *S. malma* bei 12 °C deutlich (Abb. 5.8). Dies belegt, dass
S. leucomaenis unter diesen Bedingungen die konkurrenzüberlegene Art ist.
Bei 6 °C kehrten sich die Verhältnisse jedoch nicht wie erwartet um. *S. leucomaenis* weist auch hier die höhere Wachstumsrate auf, aber beeinflusst *S. malma*
dadurch nur wenig, d. h. die Wachstumsrate der Individuen dieser Art ist kaum
geringer als bei Abwesenheit von *S. leucomaenis* (Abb. 5.8). Somit ist die Konkurrenz zwischen den beiden Arten asymmetrisch. Weitere Untersuchungen
von Taniguchi u. Nakano zur Überlebensrate der Individuen der Arten in den
verschiedenen Varianten belegten, dass *S. leucomaenis* in der Lage ist, *S. malma*
bei der hohen Temperatur vollständig zu verdrängen. Mit den Ergebnissen dieser Experimente können die Verhältnisse in der Natur aber nur zum Teil interpretiert werden. Das Fehlen von *S. malma* bei hohen Temperaturen lässt sich
mit der Verdrängung durch *S. leucomaenis* erklären. Weshalb jedoch *S. malma*
in Flussabschnitten mit niederen Temperaturen alleine vorkommt und nicht mit
S. leucomaenis zusammen, bleibt offen.

Kareiva (1982) führte verschiedene Feldexperimente durch, um zu prüfen,
ob und unter welchen Bedingungen Konkurrenz zwischen den beiden Blattkäferarten *Phyllotreta cruciferae* und *Phyllotreta striolata* auf Kohlpflanzen (*Brassica oleracea*; Abb. 5.9) in Versuchsparzellen mit 3 unterschiedlichen Pflanzabständen auftritt. Von einem Teil der Pflanzen in jeder Variante wurden durch
manuelles Absammeln alle Individuen von *P. cruciferae*, von einem anderen Teil
diejenigen von *P. striolata* regelmäßig entfernt, um die Entwicklung der Individuenzahlen der Arten bei Abwesenheit der jeweils anderen zu verfolgen. Als
Vergleich dienten Kontrollpflanzen, die von beiden Arten uneingeschränkt

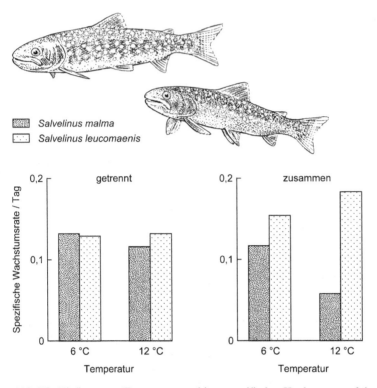

Abb. 5.8. Einflüsse von Temperatur und interspezifischer Konkurrenz auf das Wachstum der Individuen von *Salvelinus malma (Bild links)* und *Salvelinus leucomaenis (Bild rechts)*. (Grafik nach Taniguchi u. Nakano 2000)

besiedelt werden konnten. Die über Zeiträume von mehreren Wochen hinweg durchgeführten Experimente lieferten sehr uneinheitliche Ergebnisse. Unterschiede in den Individuenzahlen der beiden Arten zwischen Kontroll- und Versuchspflanzen, die auf interspezifische Konkurrenz schließen lassen, wurden nur in der Variante mit den geringsten Pflanzabständen gefunden. Ansonsten schien das Besiedelungsverhalten der Arten von anderen Faktoren als der Anwesenheit potenzieller Konkurrenten beeinflusst zu sein. Kareiva zieht aus seinen Ergebnissen den Schluss, dass die räumliche Verteilung der Wirtspflanzen den wichtigsten Faktor für die Rate und das Muster der Besiedelung durch herbivore Insekten darstellt. Nur in bestimmten Situationen nimmt die Anwesenheit bzw. die Zahl potenzieller Konkurrenten darauf Einfluss.

Abiotische und biotische Umweltfaktoren (z. B. Temperatur, Ressourcenverteilung) können die Entwicklung von Artenpopulationen nicht nur direkt beeinflussen, sondern auch indirekt durch Einwirkung auf die interspezifischen Konkurrenzverhältnisse. Unter veränderlichen Bedingungen kann sich die Konkurrenz intensivieren, abschwächen oder überhaupt erst zur Wirkung kommen, mit wiederum unterschiedlichen Folgen für die beteiligten Artenpopulationen.

5.3
Konkurrenzausschluss

Interspezifische Konkurrenz kann so intensiv werden, dass sie mit der Zeit zur vollständigen Verdrängung oder Auslöschung einer Art durch eine andere, überlegene Art führt. Hardin (1960) nannte diese Vorstellung das **Konkurrenzauschlussprinzip**. Es kommt zur Wirkung, wenn folgende Kriterien erfüllt sind (Hardin 1960):

1. Zwei artverschiedene Populationen haben genau die gleichen ökologischen Ansprüche, d. h. sie besetzen exakt dieselbe ökologische Nische.
2. Sie kommen im selben Lebensraum (sympatrisch) vor.
3. Population A vermehrt sich geringfügig schneller als Population B, was letztlich zur vollständigen Verdrängung von Art B führt.

Gibt es Beweise für diesen Vorgang? Hardin argumentiert, dass es sich um ein rein theoretisches Prinzip handelt, das in der Praxis nicht bewiesen oder widerlegt werden kann, denn es muss angenommen werden, dass es keine verschie-

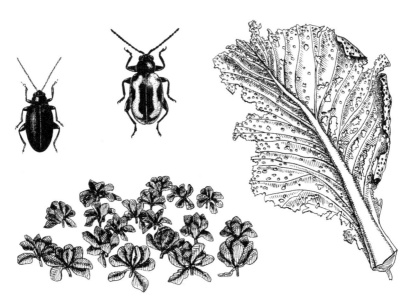

Abb. 5.9. Die beiden Blattkäferarten *Phyllotreta striolata (rechts)* und *Phyllotreta cruciferae (links)* sind auf Kohlgewächse (Brassicaceae) spezialisiert und verursachen einen charakteristischen Lochfraß an den Blättern der Pflanzen.

denen Arten gibt, die identische ökologische Nischen besetzen. Wenn sich die Individuen zweier Populationen morphologisch ausreichend deutlich unterscheiden, um als getrennte Arten angesehen zu werden, unterscheiden sie sich auch zu einem gewissen Grad genetisch, physiologisch und ökologisch. Angenommen, es lassen sich zwei Arten finden, die anscheinend dieselben ökologischen Ansprüche haben: Was passiert, wenn sie in derselben Umwelt zusammengebracht werden? Entweder bringt eine Art die andere zum Aussterben, oder die Arten koexistieren. Der erste Fall kann als Beweis für das genannte Prinzip angesehen werden, der zweite Fall widerlegt dieses aber nicht, da argumentiert werden kann, dass zwischen beiden Arten ökologische Unterschiede bestehen, die das gemeinsame Vorkommen ermöglichen. Somit findet jedes Ergebnis seine Erklärung, und kein Versuch kann eindeutig den Beleg erbringen, dass das Konkurrenzausschlussprinzip falsch ist (Keddy 1989; Miller 1967; Hardin 1960).

Dennoch gibt es Experimente zu der Frage, ob zwei nahe verwandte Arten unter den gleichen Gegebenheiten koexistieren können. Park (1954, 1962) untersuchte die interspezifische Konkurrenz zwischen den beiden Mehlkäferarten *Tribolium confusum* und *Tribolium castaneum* (Tenebrionidae) unter Laborbedingungen. Beide Arten ernähren sich von getrocknetem und gemahlenem Getreide und treten daher auch als Vorratsschädlinge in Erscheinung. Da sie in diesem Milieu ihren gesamten Lebenszyklus durchlaufen (etwa eine Generation pro Monat), erfüllt ein solches Habitat auch im Labor die „natürlichen" Existenzbedingungen der Arten. Die Versuche wurden unter 6 unterschiedlichen abiotischen Bedingungen durchgeführt und umfassten folgende Kombinationen der Faktoren Temperatur und relative Luftfeuchtigkeit:

34 °C und 70 % (warm-feucht),
34 °C und 30 % (warm-trocken),
29 °C und 70 % (gemäßigt-feucht),
29 °C und 30 % (gemäßigt-trocken),
24 °C und 70 % (kühl-feucht),
24 °C und 30 % (kühl-trocken).

Bei jedem Klima wurden Kontrollpopulationen (jeweils *T. confusum* und *T. castaneum* getrennt voneinander) und Experimentalpopulationen (beide Arten zusammen) gehalten. Beobachtungen an den Kontrollpopulationen zeigten, dass (a) beide Arten allein unter allen 6 Bedingungen erfolgreich bestehen können, (b) die Individuenzahl aber von Temperatur und Feuchte beeinflusst wird und (c) *T. confusum* und *T. castaneum* darauf nicht in derselben Weise reagieren. So weist z.B. *T. confusum* die höchste Reproduktionsrate in warmfeuchtem Milieu auf, während dies bei *T. castaneum* in gemäßigt-feuchtem Klima der Fall ist.

Bei den Konkurrenzversuchen stellte Park fest, dass in allen 6 Varianten stets eine Art eliminiert wurde und die andere überlebte. Unter warm-feuchten Bedingungen verdrängte *T. castaneum* immer *T. confusum* (obwohl letztere unter diesen Bedingungen alleine die höchste Vermehrungsrate aufwies). Im kühltrockenen Klima war *T. confusum* überlegen und brachte in allen Fällen *T. cas-*

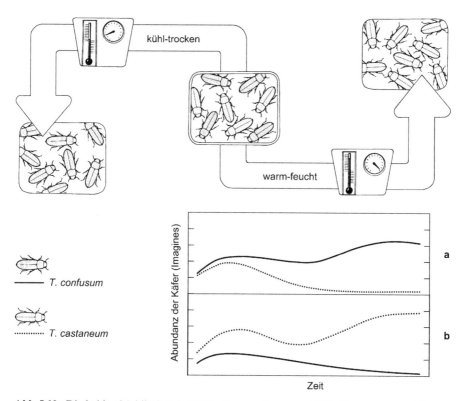

Abb. 5.10. Die beiden Mehlkäferarten *Tribolium confusum* und *Tribolium castaneum* können nicht koexistieren: In Konkurrenzexperimenten bringt stets eine Art die andere zum Aussterben. *Bild:* Im kühl-trockenen Klima ist *T. confusum* immer überlegen, und im warm-feuchten Klima setzt sich stets *T. castaneum* durch. *Grafik:* Nicht in jedem Milieu lassen sich jedoch eindeutige Aussagen treffen. Unter kühl-feuchten Bedingungen wird zwar meist *T. castaneum* von *T. confusum* verdrängt *(a)*, in etwa $\frac{1}{3}$ der Fälle ist es aber umgekehrt *(b)*. (Grafik nach Park 1962)

taneum zum Aussterben (Abb. 5.10). In den 4 übrigen Klimaten gewann gewöhnlich eine der beiden Arten („gewöhnlich" bedeutet in 70–90 % aller Fälle). Das heißt aber gleichzeitig, dass sich mit einer Wahrscheinlichkeit von 10–30 % unter denselben Bedingungen auch die andere Art durchsetzen kann (Abb. 5.10).

Weitere Aspekte zur Frage, ob und unter welchen Bedingungen Konkurrenzausschluss stattfindet, liefert eine Untersuchung von Blossey (1995). Er stellte fest, dass die beiden Blattkäferarten *Galerucella calmariensis* und *Galerucella pusilla* häufig gemeinsam auf ihrer Wirtspflanze, dem Blutweiderich *(Lythrum salicaria)* zu finden sind, und zwar in weiten Teilen Europas und Asiens. Feld- und Laboruntersuchungen ergaben keine Unterschiede zwischen den beiden Arten in Bezug auf die Aufenthaltsorte, die Ressourcennutzung, die jahreszeitliche Aktivität sowie die Mortalitäts- und Reproduktionsrate. Es gilt jedoch als sicher, dass es sich bei beiden tatsächlich um verschiedene Arten handelt. Blossey kommt insgesamt zu dem Ergebnis, dass die beiden Arten identische ökologische Nischen besetzen und konkurrieren. Weshalb sind sie dennoch in der Lage zu koexistieren? Blossey bezieht sich in der Beantwortung dieser Frage auf ein Modell von Begon u. Wall (1987), nach dem Arten, die dieselbe Konkurrenzfähigkeit aufweisen, koexistieren können, wenn die Konkurrenzfähigkeit der Individuen dieser Arten variabel ist. Blossey wies nach, dass die Zahl der abgelegten Eier der Weibchen beider Arten im Frühjahr je nach den Temperaturbedingungen variiert, was die Annahme des Modells erfüllt. Anders als in den Experimenten von Park (1954, 1962; s. o.), bei denen die Umweltbedingungen über die Zeit jeweils konstant gehalten wurden, treten in der Natur witterungsbedingte Schwankungen auf. Die unterschiedlichen Bedingungen sind jeweils für bestimmte Individuen günstiger bzw. ungünstiger als für andere und führen daher vermutlich auch längerfristig nicht zum Ausschluss einer der beiden Arten.

Die von Blossey (1995) dargestellte Situation erinnert an die Verhältnisse, die von Strong (1982; s. Abschn. 5.1) bei den Arten der Hispinae auf *Heliconia* gefunden wurden. Während Strong vermutete, dass ein starker Einfluss von Prädatoren die Koexistenz der Käferarten ermöglicht, zog Blossey diesen Faktor nicht in Betracht. Somit bleibt offen, ob und inwieweit die natürlichen Feinde für die Konkurrenz bzw. Koexistenz der beiden *Galerucella*-Arten Bedeutung hat. Außerdem wurde in keiner der beiden Untersuchungen experimentell geprüft, wie sich die Populationen der einzelnen Arten bei Abwesenheit der anderen entwickelt, sodass die Aussagen zur Wirkung von Konkurrenz in den jeweiligen Fällen nicht belegt sind.

Die extremste Form von interspezifischer Konkurrenz ist die vollständige Verdrängung einer Art durch eine andere von einer gemeinsam genutzten Ressource. Das Konkurrenzausschlussprinzip, nach dem Arten mit identischen ökologischen Ansprüchen nicht koexistieren können, lässt sich experimentell jedoch nicht beweisen bzw. widerlegen. Freilandbeobachtungen bei Arten aus demselben Herkunftsgebiet haben außerdem gezeigt, dass deren Populationen gleichzeitig an gemeinsam genutzten Ressourcen etabliert sein können, obwohl sie sich anscheinend nicht in ihren Existenzansprüchen unterscheiden. Welche Mechanismen hier die Koexistenz ermöglichen, ist noch nicht im Detail geklärt.

5.3.1
Gibt es Beispiele für Konkurrenzausschluss in der Natur?

In vielen Fällen ist zu beobachten, dass sich eingewanderte oder eingeschleppte Tier- oder Pflanzenarten in neuen Lebensräumen etablieren. Ist damit auch eine Verdrängung von einheimischen Arten verbunden?

Ein konkreter Fall betrifft den aus Nordamerika stammenden Schwarzfrüchtigen Zweizahn *(Bidens frondosa)*, der sich seit den 1930er Jahren in Mitteleuropa ausbreitet und dort krautige Uferfluren entlang der Flüsse besiedelt. Verschiedene Beobachtungen legen den Schluss nahe, dass die Etablierung von *B. frondosa* mit einer Verdrängung des in Europa heimischen Dreiteiligen Zweizahns *(Bidens tripartita)* von solchen Standorten verbunden ist. Köck (1988) verglich Vegetationsaufnahmen von Uferbereichen der Saale bei Halle aus den 1940er und 1980er Jahren und wies nach, dass die ehemals häufige Art *B. tripartita* in diesem Zeitraum vollständig durch *B. frondosa* ersetzt wurde. Köck führte auch experimentelle Untersuchungen zur Biologie und Ökologie der beiden Arten durch, deren Ergebnisse ebenfalls darauf hinweisen, dass *B. tripartita* von *B. frondosa* verdrängt wird. Die Überlegenheit des Neophyten erklärt sich zum einen durch seine geringeren Temperaturansprüche für den Keimungsbeginn sowie eine raschere Keimlingsentwicklung, was in der Regel einen mehrtägigen Wachstumsvorsprung bedeutet. *B. frondosa* weist gegenüber *B. tripartita* in der frühen Entwicklungsphase außerdem einen größeren Höhenzuwachs auf (Abb. 5.11), wodurch ein wichtiger Vorteil in der Konkurrenz um Licht gegeben ist. Die bei *B. frondosa* stärker ausgeprägte Apikaldominanz unterdrückt das frühzeitige Austreiben der Blattachselknospen und erlaubt es, die Assimilate in das Längenwachstum des Hauptsprosses zu investieren. Die unter identischen Bedingungen erreichte größere Höhe sowie die längeren Seitensprosse führen zur Übergipfelung und Beschattung von *B. tripartita*. Durch die konkurrenzbedingte Reduktion der Nettoproduktion vermindert sich sowohl bei geringem als auch bei hohem Nährstoffangebot die Reproduktionsrate (die Zahl der gebildeten Früchte) der Individuen und ist stets geringer als bei *B. frondosa*. In einem mehrjährigen Prozess verringert sich dadurch die Populationsgröße des Dreiteiligen Zweizahns, was schließlich zum (lokalen) Aussterben dieser Art führen kann (Köck 1988).

Fälle des Aufeinandertreffens eingewanderter oder eingeschleppter Arten auf nahe verwandte einheimische Arten, deren Populationen daraufhin zurückgehen, sind vielfach dokumentiert (vgl. Abschn. 9.4). Oft, und insbesondere bei Tieren, sind die ursächlichen Zusammenhänge nur schwierig zu erkennen und bewerten, wie z. B. Untersuchungen von Metzger et al. (2009) zeigten:

An den Ufern des Genfer Sees ist die Vipernatter *(Natrix maura)* eine einheimische Schlangenart. In den 1920er Jahren etablierte sich dort die überwiegend in Südosteuropa verbreitete Würfelnatter *(Natrix tessellata)*, was mit einem deutlichen Populationsrückgang der Vipernatter verbunden war. Beide Arten kommen gewöhnlich nicht gemeinsam vor und haben praktisch identische Nahrungspräferenzen. Am Genfer See fressen sie bevorzugt Groppen *(Cottus gobio)* und nutzen Flussbarsche *(Perca fluviatilis)* und Rotaugen *(Rutilus rutilus)* als weitere Beute. Beide Schlangenarten besiedeln überwiegend dieselben Habitate entlang des Seeufers und zeigten keine Unterschiede in den tageszeitlichen Aktivitäten. Welche Faktoren eine mögliche Konkurrenzüberlegenheit der Würfelnatter bedingen und zum Rückgang und eventuell zur Verdrängung der Vipernatter führen, konnte nicht abschließend geklärt werden. Metzger et al. (2009) diskutieren verschiedene Möglichkeiten, darunter eine höhere Vermehrungsrate der Würfelnatter, eine überlegene Konkurrenz ihrer

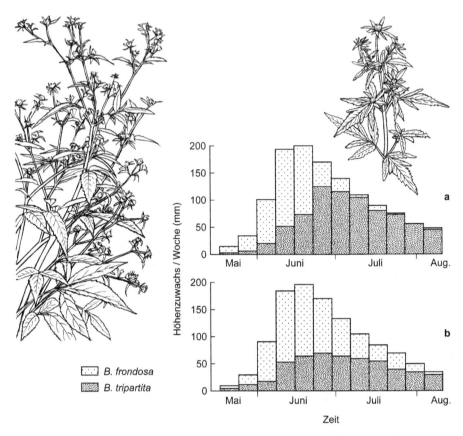

Abb. 5.11. Der aus Nordamerika eingeschleppte Schwarzfrüchtige Zweizahn (*Bidens frondosa, Bild links*) keimt früher als der europäische Dreiteilige Zweizahn *(Bidens tripartita, Bild rechts)*. Der Wachstumsvorsprung ist ein Vorteil bei der Konkurrenz um Licht: Die *Grafiken* zeigen *a* den wöchentlichen Höhenzuwachs von *B. frondosa* und *B. tripartita* jeweils in Monokultur und *b* unter Konkurrenzbedingungen. (Grafiken nach Köck 1988)

Jungtiere beim Erwerb der Beute (die sich bei beiden Arten von den adulten Tieren unterscheidet) sowie die Einschleppung von Krankheiten oder Parasiten durch die Würfelnatter, gegenüber denen die Vipernattern anfälliger sind.

Das folgende Beispiel für Konkurrenzausschluss von Blakley u. Dingle (1978) betrifft die Interaktionen zwischen phytophagen Insekten und ihren Wirtspflanzen auf der karibischen Insel Barbados. Wanzen der Gattung *Oncopeltus* (Lygaeidae) und Monarchfalter *(Danaus plexippus)* sind in der Karibik weit verbreitet und haben jeweils Seidenpflanzengewächse (Asclepiadaceae) als Futterpflanzen. Bei letzteren handelt es sich um die neuweltliche Art *Asclepias curassavica* sowie einen ursprünglich in Afrika beheimateten Vertreter dieser Familie, *Calotropis procera*. Beide Arten wurden im 18. Jahrhundert auf den karibischen Inseln eingeführt. Die Wanzen sind auf reifende Samen

Abb. 5.12. Auf der Insel Barbados sind die Wanzen der Gattung *Oncopeltus (oben links)* ausgestorben, weil ihnen die Raupen des Monarchfalters *(Danaus plexippus, oben rechts)* ihre
einzige Futterpflanzenart *(Asclepias curassavica, unten links)* weggefressen haben. Die Raupen von *D. plexippus* können sich dagegen auch von *Calotropis procera (unten rechts)*
ernähren.

spezialisiert und fressen ausschließlich an *A. curassavica*. Die Samen von *C. procera* sind durch ein schwammiges Endokarp geschützt und deshalb mit den
Mundwerkzeugen nicht erreichbar. Die Schmetterlingsraupen ernähren sich
dagegen von den Blättern beider Pflanzenarten. Auf Barbados haben diese Verhältnisse zum Aussterben der *Oncopeltus*-Wanzen geführt: *A. curassavica* wurde von *Danaus plexippus* auf Grund der Fresstätigkeit der Raupen von der
Insel eliminiert, und damit auch die Nahrungsgrundlage für die Wanzen. Die
Schmetterlingsart konnte dagegen auf *C. procera* als Wirtspflanze überleben
(Abb. 5.12).
   In den beiden genannten Beispielen zum Konkurrenzausschluss sind Situationen geschildert, an denen der Mensch durch die Verschleppung von Pflanzenarten Anteil hatte. Es zeigt sich auch hier, dass die Schaffung „exotischer"
Situationen, ähnlich wie bei den Fällen der klassischen biologischen Bekämpfung, zu möglicherweise extremeren Effekten der Interaktionen führt, als dies
unter „natürlichen" Bedingungen vorkommt. Die Erdgeschichte liefert aber
auch Beispiele für Invasionen von Arten, die ohne Zutun des Menschen statt-
fanden. Vor rund 3 Millionen Jahren, im Pliozän, stießen der süd- und der nordamerikanische Kontinent zusammen, und über die entstandene Landbrücke

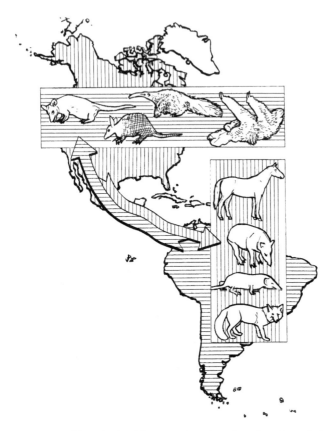

Abb. 5.13. Über die im Pliozän entstandene Landbrücke zwischen Nord- und Südamerika konnten sich viele Arten auf den jeweils anderen Kontinent ausbreiten. Nach Nordamerika wanderten z. B. Vertreter der Didelphidae (Opossums), Dasypodidae (Gürteltiere), Myrmecophagidae (Ameisenbären) und Bradypodidae (Faultiere) ein. Neu nach Südamerika kamen u. a. Vertreter der Equidae (Pferde), Tapiridae (Tapire), Soricidae (Spitzmäuse) und Canidae (z. B. Füchse).

setzten wechselseitige Einwanderungen von Arten ein (Abb 5.13). Savannenbewohnende Säuger und montane Pflanzen breiteten sich vor allem von Nord nach Süd aus, während Gruppen aus den südamerikanischen Regenwäldern (viele Vögel, Säuger und Pflanzen) ihr Verbreitungsareal nach Norden hin erweitern konnten. Insgesamt war dieser Austausch asymmetrisch, da sich wesentlich mehr Taxa aus Nordamerika in Südamerika etablieren konnten als umgekehrt. So sind beispielsweise 50 % der heute in Südamerika lebenden Säugetiergattungen nordamerikanischer Herkunft, während nur 21 % dieser derzeit in Nordamerika heimischen Gruppe aus Südamerika stammt. Die Übersiedlung verschiedenster Taxa auf den jeweils anderen Kontinent hatte in vielen Fällen auch das Aussterben einiger ursprünglich einheimischer Arten zur Folge, was sich wiederum in Südamerika stärker auswirkte als in Nordamerika. In vielen solcher Fälle wird angenommen, dass Konkurrenzausschluss durch überlegene Invasoren stattgefunden hat. In Südamerika wurden prädatorische Beuteltiere vermutlich durch erfolgreichere nordamerikanische Prädatorenarten verdrängt, aber konkrete Beweise für diesen Vorgang existieren nicht. Manche andere Säuger, z. B. bestimmte Huftiere, könnten durch eingewanderte Prädatoren zum Erlöschen gebracht worden sein (Vermeij 1991; Marshall et al. 1982).

Konkurrenzausschluss kann stattfinden, wenn Arten mit denselben ökologischen Ansprüchen aus unterschiedlichen Herkunftsgebieten, in denen sie jeweils getrennt voneinander existieren, aufeinander treffen. Solche Situationen wurden in vielen Fällen durch anthropogene Aktivitäten geschaffen, aber auch durch erdgeschichtliche Ereignisse. Insgesamt ist zu vermuten, dass Konkurrenzausschluss in der Vergangenheit die Zusammensetzung vieler gegenwärtig existierender Biozönosen beeinflusst hat, Beweise dafür sind aber nur selten zu erbringen.

Zusammenfassung von Kapitel 5

Voraussetzung für das Auftreten von interspezifischer Konkurrenz ist die gemeinsame Nutzung einer begrenzt verfügbaren Ressource durch zwei oder mehr Arten. Die Intensität dieser Interaktion wird durch das quantitative Angebot der Ressource bzw. die Größe der Artenpopulationen bestimmt. Der Grad der Ressourcenüberlappung steht damit nicht notwendigerweise in einem Zusammenhang. Interspezifische Konkurrenz kann unterschiedliche Formen annehmen. Während bei der Interferenz in erster Linie Konflikte zwischen den Individuen verschiedener Arten auftreten, hat die Ausbeutungskonkurrenz stets mehr oder weniger große Konsequenzen für die Entwicklung der beteiligten Artenpopulationen. Die Wirkungen sind in den meisten Fällen asymmetrisch, d. h. für eine der beteiligten Artenpopulationen sind die konkurrenzbedingten Nachteile größer als für die andere. Formen und Wirkungen solcher Interaktionen sind außerdem oft nicht in allen Situationen in gleicher Weise ausgeprägt. Entsprechend den gegebenen Bedingungen unterscheiden sich somit auch die Folgen für die jeweiligen Populationen. Das insgesamt extremste mögliche Ergebnis ist die vollständige Inanspruchnahme einer begrenzten Ressource durch eine Art und die Verdrängung oder Auslöschung anderer. Nach dem Konkurrenzausschlussprinzip findet dies theoretisch statt, wenn zwei artverschiedene Populationen genau dieselben ökologischen Ansprüche haben und sich eine Art schneller vermehrt als die andere. Ob und wie häufig dies in der Natur der Fall ist oder war, lässt sich kaum nachprüfen. Manches deutet aber darauf hin, dass das Aufeinandertreffen von Arten mit gleicher Ressourcennutzung, die sich geografisch isoliert voneinander entwickelt haben, zu diesem Phänomen führen kann. Direkte Hinweise auf einen solchen Prozess liefern Situationen, in denen Arten durch den Menschen von einem Kontinent in einen anderen verschleppt wurden und dort heimische Arten aus ihrem Lebensraum eliminieren. Die Überlegenheit solcher Arten ist zumindest zum Teil durch günstigere Entwicklungsbedingungen auf Grund besserer Anpassungen an die abiotische Umwelt gegeben.

6 Mutualismus

Mutualistische Beziehungen sind zwischen den unterschiedlichsten Gruppen von Organismen zu finden. Sie bestehen beispielsweise zwischen Blütenpflanzen und verschiedenen Tieren, die als Bestäuber oder Samenverbreiter dienen und dafür mit Nektar, Pollen oder anderen Produkten „belohnt" werden. Weit verbreitet sind auch Mutualismen zwischen Kleinstlebewesen wie Bakterien, Pilzen oder Algen auf der einen und Tieren oder höheren Pflanzen auf der anderen Seite. Beispiele sind die verschiedenen Mikroorganismen im Verdauungstrakt von Phytophagen, die dort den Zelluloseabbau übernehmen. Andere Formen des Zusammenlebens finden sich zwischen Algen und Tieren, z. B. bei Korallenpolypen. Zahlreiche mutualistische Beziehungen bestehen zwischen Pilzen und Pflanzen. Zu nennen sind die Mykorrhiza (die Verbindung zwischen Pilzen und den Wurzeln bestimmter Arten), oder die Pilze im Gewebe verschiedener Gräser, Sträucher oder Bäume, die Endophyten. Darüber hinaus existieren unzählige weitere, mehr oder weniger enge oder spezifische positive Interaktionen zwischen verschiedenartigen Lebewesen, die meist mit dem Nahrungserwerb, der Fortpflanzung oder dem Schutz vor Feinden in Zusammenhang stehen.

Prinzipiell stellt sich die Frage, ob oder wann es sich bei bestimmten Beziehungen überhaupt um Mutualismus handelt. Dass es nicht immer einfach ist zu erkennen, ob die Partner in einer bestimmten Interaktion Nutzen voneinander (und eventuell Kosten) haben, wurde bereits an Beispielen aus vorangegangenen Kapiteln deutlich. So wurde die Frage, ob die Fresstätigkeit von Phytophagen auch zu einem Fitnessgewinn für die Pflanze führen kann und somit mutualistisch wäre, kontrovers diskutiert (s. Abschn. 2.1.3). Detaillierte Untersuchungen von Maschinski u. Whitham (1989) zeigten schließlich, dass dies tatsächlich der Fall sein kann, allerdings nur unter besonders günstigen Bedingungen, nämlich bei Abwesenheit von Konkurrenten und bei optimaler Nährstoffversorgung. Auch im Zusammenhang mit der Verbreitung von Samen (s. Abschn. 2.2) hat sich gezeigt, dass es nicht immer möglich ist, die Effekte bestimmter Interaktionen zu bewerten. So sind Granivoren zwar primär Konsumenten von Samen, können aber unter Umständen auch einen Beitrag zur

Verbreitung derselben leisten. Dies zeigte die Untersuchung von Levey u. Byrne (1993) zum Schicksal der *Miconia*-Samen im Regenwald von Costa Rica. Ob die Populationen der Pflanzen durch Samen fressende Ameisen insgesamt negativ oder positiv beeinflusst werden, ließ sich dort nicht abschließend klären.

Abgesehen von den engen und oft lebenswichtigen Verbindungen von Arten, bei denen die Partner ständig zusammenleben, sind mutualistische Beziehungen meist nicht sehr spezifisch. So bestehen bei Tier-Pflanze-Interaktionen wie Blütenbestäubung oder Samenverbreitung nur selten enge Abhängigkeiten zwischen bestimmten Arten (Howe 1984). Mutualistische Beziehungen können außerdem zeitlich und räumlich variabel sein. Die Bestäubungsrate der Blüten einer Pflanze, gemessen an der Zahl der gebildeten Früchte, hängt entscheidend von der Zusammensetzung der Gemeinschaft der blütenbesuchenden Tierarten ab. Diese unterscheiden sich oft erheblich in der Effektivität der Pollenübertragung, und ihre relativen Häufigkeiten können von Jahr zu Jahr sowie von Standort zu Standort unterschiedlich sein (Schemske u. Horvitz 1984; Young 1988; Horvitz u. Schemske 1990).

Allgemein unterliegen die Arten, die miteinander in positiven Wechselbeziehungen stehen, vielen Einflüssen und Faktoren, und es kann nicht davon ausgegangen werden, dass die Partner unabhängig von ihrer jeweiligen Abundanz immer in der gleichen Weise voneinander profitieren. Die Interaktion kann aus dem Gleichgewicht geraten und statt wechselseitig fördernd einseitig ausbeutend werden, wenn sich die Populationsdichte der Mutualisten relativ zueinander verändert (Addicott 1986). In den folgenden Abschnitten werden verschiedene grundlegende Formen von Mutualismus anhand von Beispielen vorgestellt.

6.1
Wasserpflanzen, Aufwuchs und Schnecken

In Seen, Teichen und anderen stehenden Süßgewässern finden sich oft dichte Bestände submerser Gefäßpflanzen, an denen sich verschiedene Arten von Schnecken aufhalten. Die Blattoberflächen der Pflanzen sind meist mit so genanntem **Aufwuchs** überzogen, einer Gemeinschaft aus Kleinstorganismen wie Algen, Bakterien und Protozoen. Welche Beziehungen bestehen zwischen diesen Elementen aquatischer Biozönosen? Verschiedene Möglichkeiten, die in Abbildung 6.1 angedeutet sind, werden im Folgenden näher betrachtet.

Die nahe liegende Annahme, dass die Schnecken an den Gefäßpflanzen fressen (Fall 1 in Abb. 6.1), erweist sich bei genauerer Betrachtung meist als unzutreffend. Vielmehr ernähren sich die an den Pflanzen auftretenden Wasserschnecken hauptsächlich von dem Aufwuchs (Fall 2 in Abb. 6.1) sowie von **Detritus** (mehr oder weniger feines Material, das sich aus Resten von abgestorbenen Organismen zusammensetzt), der sich auf den Blattoberflächen ablagert. Darüber hinaus existieren Hypothesen, nach denen in den aquatischen Assozia-

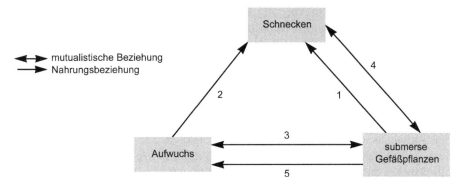

Abb. 6.1. Nachgewiesene und in verschiedenen Hypothesen vermutete Beziehungen zwischen Wasserschnecken, submersen Gefäßpflanzen und Aufwuchs in limnischen Systemen. Die Fälle *1–5* werden *im Text* behandelt.

tionen zwischen Gefäßpflanzen, Schnecken und Aufwuchs auch verschiedene mutualistische Beziehungen bestehen. Hutchinson (1975) und Wetzel (1983) vermuteten eine solche zwischen den Pflanzen und den Aufwuchsorganismen (Fall 3 in Abb. 6.1). Danach hat der Aufwuchs für die Pflanzen den Vorteil, dass ihr Gewebe vor dem Fraß von Schnecken und anderen Konsumenten geschützt wird. Die Aufwuchsorganismen profitieren zum einen durch das Vorhandensein eines Substrats, auf dem sie sich ansiedeln können und werden zum anderen noch durch gelöste Nährstoffe, die von den Pflanzen ins Wasser abgegeben werden, in ihrem Wachstum gefördert. Diese Vorstellung wird unterstützt durch die Beobachtung, dass Wasserpflanzen bis zu 10 % der Fotosyntheseprodukte extrazellulär freisetzen (Saunders 1980) und in geringem Maße auch Phosphor abgeben (Carignan u. Kalff 1980). Carpenter u. Lodge (1986) widersprechen jedoch dieser Vorstellung. Sie argumentieren, dass der Aufwuchs nur eine passive Rolle in der Beziehung zwischen den Pflanzen und Schnecken spielt, und eine „beabsichtigte" Förderung durch die Pflanzen nicht stattfindet. Der Aufwuchs schützt die Pflanzen nicht, da Schnecken und die meisten anderen Konsumenten, die sich dort aufhalten (z. B. die Larven verschiedener Insekten), nicht die geeigneten Mundwerkzeuge besitzen, um das Blattgewebe anzugreifen. Vielmehr handelt es sich bei ihnen um Weidegänger, die auf das Abfressen von Kleinstorganismen spezialisiert sind. Viele Untersuchungen belegen, dass nur wenige aquatische Wirbellose lebendes Gefäßpflanzenmaterial fressen (Dvorák u. Best 1982). Einiges spricht also dafür, dass die Wasserpflanzen eher unfreiwillige Träger der Aufwuchsgemeinschaften sind. Letztere scheinen ebenfalls nicht auf die Pflanzen direkt angewiesen zu sein. Soszka (1975) wies nach, dass Wasserpflanzen durch künstliche Nachbildungen ersetzt werden können und sich der Aufwuchs und seine Konsumenten auch dort etablieren.

Nicht zwischen Pflanzen und Aufwuchs, sondern zwischen Pflanzen und Schnecken vermuten andere Autoren eine mutualistische Beziehung in aquatischen Systemen (Fall 4 in Abb. 6.1). Eine zu große Aufwuchsdichte könnte sich negativ auf die Pflanzen auswirken, da durch Lichtmangel die Fotosyntheserate verringert wird. Brönmark (1985) und Underwood (1991) zeigten, dass Individuen des Gemeinen Hornkrauts *(Ceratophyllum demersum)* eine höhere Wachstumsrate und längere Lebensdauer haben, wenn die Aufwuchsschicht von Schnecken abgeweidet wird. Schnecken können von den Wasserpflanzen direkt angelockt werden. In Experimenten zeigte Brönmark (1985), dass Schnecken *(Radix peregra)* gezielt auf Hornkraut-Pflanzen zukriechen, nicht dagegen auf den Aufwuchs, der von den Blättern abgeschabt wurde. Brönmark vermutet, dass gelöste organische Substanzen, die von den Pflanzen abgegeben werden, attraktiv auf die Schnecken wirken. Darüber hinaus scheint es sogar spezifische Beziehungen zwischen bestimmten Pflanzen- und Schneckenarten zu geben. Pip u. Stewart (1976) fanden in einem nordamerikanischen See, dass dort die Schneckenart *Physa gyrina* vor allem an dem Laichkraut *Potamogeton pectinatus* vorkommt und *Lymnaea stagnalis* hauptsächlich mit *Potamogeton richardsonii* assoziiert ist. Sie stellten außerdem fest, dass die Zeitpunkte der maximalen Häufigkeit der Schneckenarten mit der Phase im Frühjahr zusammenfallen, in der die beiden Pflanzenarten den höchsten Gehalt an löslichen Zuckern im Gewebe aufweisen. Von diesen werden auch geringe Mengen an das umgebende Wasser freigesetzt, und zwar von *P. pectinatus* vor allem Fructose und Glucose, von *P. richardsonii* dagegen auch ein größerer Anteil von Sucrose. Pip u. Stewart vermuten, dass die Schnecken von solchen Zuckern angezogen werden und ihre unterschiedlichen Präferenzen auf den unterschiedlichen Anteilen dieser von den Pflanzen abgegebenen Kohlenhydraten beruhen.

Lodge (1986) identifizierte in einem Teich in England ebenfalls zwei ausgeprägte Pflanzen-Schnecken-Assoziationen, und zwar zwischen der Kanadischen Wasserpest *(Elodea canadensis)* und *Radix peregra* (Abb. 6.2) sowie zwischen dem Wasserschwaden *(Glyceria maxima)* und *Anisus vortex*. Er stellte fest, dass sich die Zusammensetzung des Aufwuchses, insbesondere bezüglich der Anteile von Diatomeen, Fadenalgen und Detritus, zwischen beiden Pflanzenarten deutlich unterschied. Von den Pflanzen abgelöster Aufwuchs wurde den beiden Schneckenarten in einem Auswahlexperiment zum Fraß angeboten. Die jeweils bevorzugte Nahrung entsprach der im natürlichen System, d. h. das von jeder Schneckenart ausgewählte Material stammte von den Pflanzen, mit denen die Schnecken im Teich assoziiert sind. Lodge schließt daraus, dass ihre Nahrungspräferenzen den wichtigsten Faktor darstellen, der ihre Verteilung an den Wasserpflanzen bestimmt. Im Unterschied zum Ergebnis von Pip u. Stewart (1976) werden hier die Schnecken nicht von Exudaten der Pflanzen, sondern von der Nahrungsquelle selbst, dem Aufwuchs, angezogen.

In einer weiteren Variante von vermutetem Mutualismus in den Interaktionen zwischen Pflanzen, Aufwuchs und Schnecken wird zu Grunde gelegt, dass Wasserpflanzen den Aufwuchsorganismen Exudate zuführen, um diese dadurch als Nahrungsquelle für Schnecken attraktiver zu machen (Kombination der Fälle 5, 2 und 4 in Abb. 6.1). Diesem Aspekt wurde im Detail von Jones et al. (1999) nachgegangen. Sie verwendeten zwei Arten von Wasserpflanzen *(Elodea*

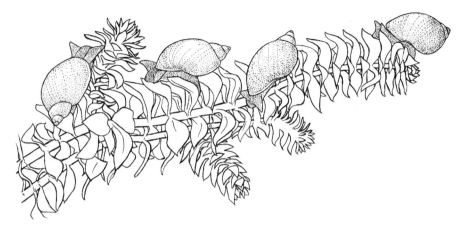

Abb. 6.2. Die Wasserschneckenart *Radix peregra* (Lymnaeidae) sucht bevorzugt Pflanzen der Kanadischen Wasserpest *(Elodea canadensis)* auf, um Aufwuchs von den Blattoberflächen abzuweiden.

nuttallii und *Littorella uniflora*) sowie Imitate von Pflanzen mit ähnlicher Architektur und verglichen zwischen diesen die Effekte der Beweidung durch Schnecken und die Qualität des Aufwuchses. Wie auch in anderen Untersuchungen gezeigt wurde, verbesserte sich das Wachstum beider Arten bei Anwesenheit von Schnecken. Unterschiede in der Beweidungsintensität zwischen echten Pflanzen und ihren Nachbildungen wurden nicht gefunden. Analysen der Kohlenhydrat- und Proteingehalte des Aufwuchses ergaben keine Unterschiede zwischen lebendem und künstlichem Substrat. Demnach gibt es keine Beweise dafür, dass Wasserpflanzen ihre Aufwuchsgemeinschaften durch freigesetzte Stoffe beeinflussen, um sie attraktiver für Schnecken zu machen.

> Bei bestimmten Formen von Mutualismus wie im Fall der Schnecken und Wasserpflanzen, wo letztere durch Abweidung von Aufwuchs ein besseres Wachstum erzielen, haben beide Partner Nutzen, aber keine Kosten. Solche Beziehungen können als passiver Mutualismus bezeichnet werden und funktionieren nach dem Prinzip „der Feind meines Feindes ist mein Freund".

6.2
Pflanzen, Pflanzenläuse und Ameisen

Die zur Insektenordnung der Pflanzenläuse (Sternorrhyncha) zählenden Blattläuse (Aphidina) und Schildläuse (Coccina) ernähren sich vom Phloemsaft ihrer Wirtspflanzen. Die Siebröhren werden mit den Mundwerkzeugen angestochen, worauf der Saft in den Pharynx der Tiere gepresst wird. Die Aufnahme kann vom Insekt durch Ventil- und Pumpmechanismen gesteuert werden.

Phloemsaft ist reich an Zuckern, aber arm an Stickstoff. Blatt- und Schildläuse müssen daher große Mengen dieser Flüssigkeit aufnehmen, um ihren Bedarf an Aminosäuren zu decken. Der überschüssige Saft wird in Form von Tröpfchen, dem so genannten Honigtau, ausgeschieden. Bei starkem Befall kann er als klebriger Sirup die Pflanzen überziehen und abtropfen (Dixon 1973; Raven 1983).

Der Hauptbestandteil des Honigtaus ist das Trisaccharid Melezitose. Dieser Zucker kommt nicht im Phloemsaft vor, sondern wird von den Insekten produziert (Owen 1978; Kiss 1981). Warum synthetisieren die Pflanzenläuse Melezitose? Mit dieser Frage befasste sich Owen (1978). Vielfach wurde vermutet, dass die Exkretion der aufgenommenen Zucker leichter verläuft, wenn ein Teil davon in Melezitose umgewandelt wird. Beweise dafür gibt es jedoch keine. Owen nimmt an, dass der von den Pflanzen abtropfende Honigtau die Aktivität Stickstoff fixierender Bakterien im Boden stimuliert und Melezitose dabei besonders effektiv ist. Da Stickstoff an vielen Standorten einen begrenzenden Faktor für die Produktivität von Pflanzen darstellt, Zucker jedoch in großen Mengen durch die Fotosynthese bereitgestellt werden kann, wäre es denkbar, dass sie sich über diesen Weg selbst „düngen", letztlich mit dem Resultat einer besseren Stickstoffversorgung. Somit bestünde eine mutualistische Beziehung zwischen den Pflanzen und den Honigtau produzierenden Phloemsaugern: Unter günstigen Wachstumsbedingungen kann es sich die Pflanze leisten, große Populationen an Blatt- und Schildläusen zu ernähren, die ihrerseits indirekt zur erhöhten Stickstoffversorgung beitragen. Allerdings wird diese Vorstellung durch verschiedene Untersuchungen widerlegt. Um Owens Hypothese zu prüfen, versetzte Petelle (1980) Böden mit 4 verschiedenen Zuckerverbindungen (Fructose, Glucose, Melezitose, Sucrose), die alle im Honigtau vorkommen, und bestimmte die jeweilige Stickstofffixierungsrate der Bakterien. Das Ergebnis zeigte, dass Fructose die Fixierung am stärksten stimulierte und die Fixierungsrate 9-mal höher war als in der mit Melezitose behandelten Variante.

Auch Freilanduntersuchungen lieferten bisher keine Unterstützung für Owens Hypothese. Foster (1984) untersuchte die Wirkung von Blattläusen *(Staticobium staticis)* auf Strandnelken (*Limonium*-Arten), ihren Wirtspflanzen, im Marschland an der englischen Küste. Die Pflanzen kommen dort in dichten Beständen vor und es hat sich gezeigt, dass in den Marschböden Stickstoff einen begrenzenden Faktor für das Pflanzenwachstum darstellt. Durch entsprechende Düngung konnte bei *Limonium vulgare* das Wachstum und die Reproduktionsrate erhöht werden. Foster stellte jedoch fest, dass die Strandnelken bei hohem Blattlausbefall keine Samen ausbilden und sich nur bei geringer Blattlausdichte reproduzieren können. Somit gibt es weder Unterstützung für die Vorstellung, dass Pflanzen und Honigtau bildende Phloemsauger in mutualistischer Beziehung stehen, noch ergibt sich hieraus ein Lösungsansatz für das Rätsel, weshalb Pflanzenläuse Melezitose herstellen. Möglicherweise muss der Grund hierfür in einer anderen Interaktion als in der mit den Wirtspflanzen gesucht werden: Kiss (1981) vermutet, dass Melezitose eine Funktion bei der Anlockung von Ameisen erfüllt.

Der von den Pflanzenläusen produzierte Honigtau dient oft Ameisen als Nahrung. Ameisen können die Blattläuse durch Berührung des Hinterleibs mit den Antennen dazu veranlassen, einen Honigtautropfen freizusetzen. Es konnte auch gezeigt werden, dass die Aufnahmerate von Phloemsaft und entsprechend die Exkretionsrate von Honigtau durch die Tätigkeit der Ameisen erhöht werden (Banks u. Nixon 1958). Allgemein sind die Beziehungen zwischen Pflanzenläusen und Ameisen hinsichtlich ihrer Spezifität und Verbindlichkeit sehr vielfältig. Beispiele zeigen, dass bestimmte Blatt- oder Schildlausarten anscheinend unfähig sind zu überleben, wenn sie nicht von Ameisen besucht werden. Viele andere dagegen haben keinerlei Verbindung zu Ameisen, sind also nicht myrmecophil. Einige Ameisenarten bevorzugen zwar bestimmte Pflanzenlausarten, aber die vollständige Abhängigkeit von einer einzigen Art wurde bisher nicht beobachtet (Buckley 1987). Der Nutzen, den die Ameisen bei diesen Interaktionen haben, ist offensichtlich: Honigtau ist eine energiereiche Futterquelle, allerdings reicht er wegen seines geringen Stickstoffgehalts als einzige Nahrung zur Versorgung eines Ameisenstaates vermutlich nicht aus (Way 1963). Worin besteht der Vorteil für die Pflanzenläuse? Vielfach wird angenommen, dass sie durch Ameisen vor Feinden geschützt werden. So beobachtete beispielsweise Banks (1962), dass die Wegameise *(Lasius niger)* Prädatoren von kleinen Kolonien der Schwarzen Bohnenblattlaus *(Aphis fabae)* größtenteils fernhalten konnte. Die Ameisen griffen Marienkäfer und ihre Larven sowie Schwebfliegen- und Florfliegenlarven an und zerstörten oder entfernten die Eier dieser Arten. Ungeschützte Blattlauskolonien erlitten dagegen hohe Verluste durch ihre Feinde.

Pluchea indica, ein Vertreter der Asteraceae, wächst auf Hawaii in Küstennähe auf Korallenschutt. Die Pflanzen werden von der Schildlaus *Coccus viridis* befallen, einer polyphagen Art, die auch als Schädling an Kaffee, Citrusgewächsen und anderen Kulturen auftritt. Da die Tiere Honigtau produzieren, werden sie von Ameisen besucht, in diesem Fall von *Pheidole megacephala*. Bach (1991) stellte in Experimenten fest, dass die Schildläuse auf Pflanzen, die für Ameisen zugänglich waren, eine deutlich höhere Populationsdichte und Wachstumsrate aufwiesen und geringere Verluste durch Parasitoide und andere Faktoren erlitten als Kolonien, von denen die Ameisen ferngehalten wurden (Abb. 6.3). Bach beobachtete auch, dass *P. megacephala* Marienkäferlarven angreift, sie tötet und von der Pflanze wegschleppt. Interessant an dieser Gemeinschaft ist, dass keine der beteiligten Arten ursprünglich auf Hawaii heimisch war: *Pluchea indica* stammt aus Südostasien, *Coccus viridis* wurde entweder aus Südamerika oder aus Ostafrika eingeschleppt, und *Pheidole megacephala* ist afrikanischer Herkunft.

Blattläuse setzen ein Alarm-Pheromon frei, wenn sie von Prädatoren angegriffen werden. Dies veranlasst andere Blattläuse in ihrer Nähe dazu, sich fallenzulassen oder wegzulaufen. Myrmecophile Blattlausarten, wie z.B. *Aphis fabae*, reagieren auf dieses Signal nicht so schreckhaft wie andere, die nicht mit Ameisen assoziiert sind. Auch die Ameisen ändern ihr Verhalten, wenn sie die von verletzten Blattläusen abgegebenen Substanzen wahrnehmen. Sie zeigen

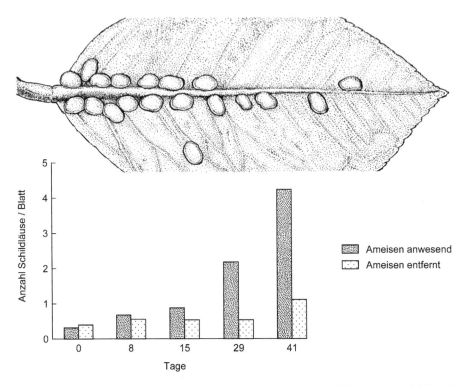

Abb. 6.3. Populationsentwicklung der Honigtau ausscheidenden Schildlaus *Coccus viridis* auf Blättern von *Pluchea indica (Bild)* in Abhängigkeit von der Präsenz der Ameise *Pheidole megacephala.* (Grafik nach Bach 1991)

erhöhte Aggressivität (Aufstellen der Antennen, Öffnen der Mandibeln) und orientieren sich in Richtung der Pheromonquelle (Nault et al. 1976). Im Gegensatz zu solchen Beobachtungen wurde aber auch oft festgestellt, dass Blattlausprädatoren von den Ameisen weitgehend unbehelligt bleiben. Manchmal ignorieren Wegameisen Insekten, die eine Bedrohung für Blattläuse darstellen, vollkommen oder inspizieren sie allenfalls mit ihren Antennen (Wichmann 1955). Somit scheint das Verhalten auch bei ein und derselben Art *(Lasius niger)* nicht immer gleich zu sein. Way (1963) vermutet, dass die Bereitschaft der Ameisen, ihre Honigtaulieferanten zu verteidigen, umso höher ist, je seltener diese sind.

Einen anderen positiven Effekt von Ameisen auf Blattlauspopulationen konnte Banks (1958) nachweisen. Er untersuchte den Einfluss von Wegameisen *(Lasius niger)* auf die Reproduktionsrate der Schwarzen Bohnenblattlaus *(Aphis fabae)* an Pflanzen der Ackerbohne *(Vicia faba)*. Die verschiedenen Arten zeigt Abbildung 6.4. Vergleiche zwischen ameisenfreien und von Ameisen besuchten Blattlauskolonien ergaben, dass letztere nach Zeiträumen von

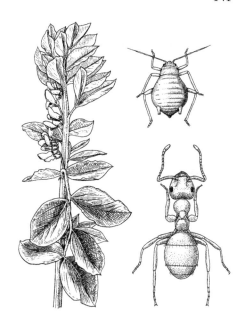

Abb. 6.4. Die Ackerbohne *(Vicia faba)* ist eine der Sommerwirtspflanzen der Schwarzen Bohnenblattlaus *(Aphis fabae)*. Die Wegameise *(Lasius niger)* nutzt den beim Nahrungserwerb der Blattläuse freigesetzten Honigtau.

einer bis mehreren Wochen stets durchschnittlich um $\frac{1}{3}$ höhere Individuenzahlen aufwiesen als Kontrollen ohne Ameisenbesuch. Eine Erklärung dafür liefert das Verhalten der Blattläuse: Sie besiedeln zuerst das apikale, junge Gewebe der Pflanzen. Dort ist die Reproduktionsrate der Weibchen höher als auf älteren Blättern, was vermutlich auf den höheren Nährstoffgehalt des Phloemsaftes junger Blätter zurückzuführen ist. Nach und nach verteilen sich die Tiere auch auf andere Teile der Pflanzen. Bei Anwesenheit der Ameisen wird jedoch die Abwanderung der Blattläuse von den jungen Blättern wesentlich verzögert.

Untersuchungen von Breton u. Addicott (1992) zu den Interaktionen zwischen der Blattlaus *Aphis varians* und der Ameise *Formica cinerea* auf dem Weidenröschen *Epilobium angustifolium* in den nordamerikanischen Rocky Mountains zeigten, dass durch die Anwesenheit von Ameisen die Wachstumsrate kleiner Blattlauskolonien mit weniger als 30 Individuen deutlich ansteigt. Bei höherer Blattlausdichte verschwand dieser Effekt jedoch. Ähnlich den Ergebnissen von Banks (1958) scheint dies aber nicht mit einem besseren Schutz der Blattläuse vor Prädatoren in Verbindung zu stehen, da die Ameisen weder bei kleinen noch bei großen Blattlauskolonien eine Reduktion der Zahl an Prädatoren bewirkten. Breton u. Addicott vermuten, dass die fördernde Wirkung der Ameisen auf die Reproduktion der Blattläuse auf einer Steigerung der Aufnahmerate von Phloemsaft beruht und abhängig ist von der Zahl der Kontakte zwischen Blattlaus und Ameise. Je mehr Blattläuse sich auf einer Pflanze befinden, desto seltener wird ein einzelnes Tier von Ameisen besucht. Dies könnte erklären, warum der Nutzeffekt für die Blattläuse nur bei kleinen Kolonien in Erscheinung tritt.

Mutualistische Beziehungen können sowohl in ihren Wirkungen als auch in ihren Intensitäten sehr variabel sein. Dies wurde am Beispiel der Blattläuse und Ameisen deutlich: Insgesamt hat sich gezeigt, dass sowohl die Effektivität des Schutzes der Blattläuse vor Prädatoren als auch der Grad der positiven Einflüsse der Ameisen auf deren Reproduktionsrate unter anderem von der Blattlausdichte bestimmt wird.

6.3
Röhrenblüten und Schwärmer

Die Blüten vieler Pflanzenarten aus verschiedenen Familien besitzen lange Röhren oder Sporne, an deren Grund Nektar enthalten ist. Diese Einrichtung dient der Anlockung von Schmetterlingen, v. a. Vertretern der Schwärmer (Sphingidae), die beim Besuch als Bestäuber fungieren. Jedoch haben nur bestimmte Schwärmerarten so lange Rüssel, um Nektarquellen in sehr langen Blütenröhren oder -spornen zu nutzen. Daher vermutete bereits Darwin, dass es sich in diesen Fällen um wechselseitige, evolutionäre Anpassungen handelt. Für die madegassische Orchideenart *Angraecum sesquipedale* mit rund 30 cm langen Blütenspornen sagte er voraus, dass es eine Schwärmerart mit entsprechend langem Rüssel geben muss, die allein in der Lage ist, diese Pflanze zu bestäuben. Tatsächlich wurde diese Art *(Xanthopan morganii praedicta)* im Jahr 1903 entdeckt (Wasserthal 1994). Erst 1992 wurde der Bestäubungsvorgang in Flugkäfigen in Madagaskar dokumentiert (Wasserthal 1997). Darwins Hypothese zur Entwicklung dieser Abhängigkeit setzt voraus, dass nur solche Schwärmerarten, die mit ihren Rüsseln den Nektar am Grund der Sporne erreichen, einen Befruchtungserfolg gewährleisten. Das Pollenpaket muss an der Basis des Rüssels haften bleiben, um von dort aus beim nächsten Blütenbesuch übertragen zu werden. Darwin nahm an, dass es in der Entwicklungsgeschichte der Schwärmer auf Grund von günstigen Lebensbedingungen bei einigen Arten zu einer Zunahme der Körpergröße und damit auch ihrer Rüssellänge kam. Dies könnte, entsprechend dem Koevolutionsmodell (s. Abschn. 3.6) ein „Wettrüsten" zwischen Sporn- und Rüssellänge eingeleitet haben: viele relativ zu kurze Blüten konnten von den Schwärmern ausgebeutet werden, ohne dass sie im Gegenzug eine Bestäubung gewährleisteten. Dies löste einen Selektionsdruck in Richtung größerer Spornlänge aus, da nur noch die Pflanzen mit den am tiefsten liegenden Nektarquellen Fortpflanzungserfolge aufwiesen. Waren dann die Sporne den Schwärmern „davongewachsen", gerieten diese ihrerseits in evolutionäre Zwänge, was in einer Entwicklung von langen Rüsseln resultierte. – So weit, so gut.

Untersuchungen von Nilsson (1988) mit europäischen Orchideen- und Schwärmerarten belegen, dass bei Blüten mit experimentell durch Einschnürungen verkürzten Spornen eine deutlich geringere Befruchtungsrate bei den Schwärmerbesuchen erzielt wurde. Seine Schlussfolgerung daraus, dass dies mit dem von Darwin postulierten Prozess der reziproken Entwicklung längerer

Sporne und Rüssel in Einklang steht, trifft jedoch nicht die komplexeren Wechselbeziehungen. Nilssons Untersuchungen deuten zwar darauf hin, dass Darwins Erklärung für die Entstehung der Spornlänge bei Blüten plausibel ist, aber bisher gibt es noch keine überzeugenden Belege für den umgekehrten Prozess, also für die durch verlängerte Sporne eingeleitete Entwicklung längerer Rüssel bei den Schwärmern. Neuere Ergebnisse in Madagaskar und Mittelamerika liefern eine ganz andere Erklärung für die Langrüsseligkeit vieler Schwärmer (Wasserthal 1994, 1997, 2001). Die untersuchten Arten mit extrem langen Rüsseln versorgen sich nämlich nicht ausschließlich an extrem langröhrigen oder langspornigen Blüten, sondern häufig auch an kurzen oder kleinen Blüten, die an keine Bestäubergruppe speziell angepasst sind. Bei ihrem Besuch werden die Rüssel in das Nektarium eingeführt, und die Schwärmer vollziehen dann während der Nahrungsaufnahme eine hektisch erscheinende Bewegung, den so genannten „Pendelschwirrflug" (Wasserthal 1993, Abb. 6.5). Vieles deutet darauf hin, dass dieses Verhalten eine Anpassung gegen Angriffe von Prädatoren darstellt. An den Blüten lauern oft Jagdspinnen auf Beute in der Absicht, herannahende Insekten im Sprung zu fangen. Sie versuchen zwar, Falter im Pendelschwirrflug anzuvisieren, finden jedoch keine Gelegenheit zum Absprung und wenden sich nach kurzer Zeit wieder ab (Wasserthal 2001). Extrem langröhrige Blüten sind für die Falter nun sogar ein Sicherheitsrisiko, denn sie engen ihre Mobilität ein und erhöhen dadurch ihre Angreifbarkeit. Andererseits locken sie in einigen Fällen mit einem großen Nektarangebot, was häufige Blütenbesuche überflüssig macht. Langrüsselige Schwärmerarten gibt es in vielen Teilen der Tropen. In Amerika weisen ganz andere Pflanzentaxa als in Madagaskar langröhrige Blüten mit versenkten Nektarien auf. Es ist wahrscheinlich, dass die mit

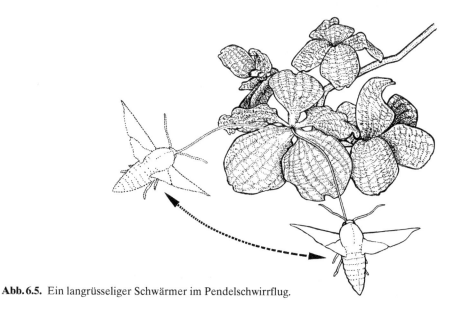

Abb. 6.5. Ein langrüsseliger Schwärmer im Pendelschwirrflug.

ihren langen Rüsseln gegen Feinde angepassten Schwärmer bereits existierten, bevor es extrem langröhrige Blüten gab. Da sie in der Lage waren, den Nektar ohne Gegenleistung auszubeuten, entstand ein Selektionsdruck in Richtung Blütenröhrenverlängerung, bis schließlich nur noch passende Bestäuber mit entsprechend langem Rüssel an den Nektar gelangten (Wasserthal 1997). Somit sind nur die langröhrigen Blüten auf die Schwärmer angewiesen und nicht umgekehrt. Daher konnten die Blüten auch nicht die Entwicklung langer Rüssel verursachen. Dieses Ergebnis zeigt außerdem, dass es, wie bei den anderen Interaktionen zwischen Pflanzen und Phytophagen, auch im Fall der Beziehungen zwischen Pflanzen und Bestäubern keinen sicheren Beweis für das Koevolutionsmodell (s. Abschn. 3.6) gibt. Auch hier muss die Situation bei genauer Betrachtung anders interpretiert werden. Eine Selektion findet nicht reziprok, sondern allenfalls einseitig statt. Einseitige Abhängigkeiten existieren auch bei anderen Blütenpflanzen und Insekten. Viele Orchideenarten benötigen eine bestimmte Bienenart als Pollenüberträger, wobei die entsprechenden Bienen aber auch die Blüten anderer Pflanzenarten besuchen (Nilsson 1992).

> Am Beispiel der Beziehungen zwischen Pflanzen und ihren Bestäubern wird besonders deutlich, dass Mutualismus auch asymmetrisch sein kann, d. h. die Beziehung ist in solchen Fällen für einen Partner ungleich bedeutender als für den anderen. Damit verbunden ist zumindest in bestimmten Situationen die Gefahr, dass daraus für die stärker abhängige Artenpopulation Nachteile entstehen.

6.4
Pflanzen und die Antagonisten ihrer Fressfeinde: indirekte induzierte Abwehr

In Abschnitt 3.5 wurde gezeigt, dass Pflanzen in der Lage sind, auf den Befall von Fressfeinden zu reagieren. Durch Schädigungen des Gewebes werden Abwehrprozesse eingeleitet, die sich gegen die angreifenden Organismen richten. Sie beruhen auf der Synthese bestimmter Verbindungen, die bei Herbivoren Wachstums- und Entwicklungsstörungen verursachen. Seit Mitte der 1980er Jahre ist bekannt, dass durch den Befall von Fressfeinden nicht nur eine direkte induzierte Abwehr ausgelöst wird, sondern auch indirekte Effekte auf die Antagonisten der Herbivoren zu Stande kommen. Diese beruhen auf der Bildung flüchtiger Substanzen, die von den Pflanzen an die Luft abgegeben werden und als Lockstoffe für Parasitoide und Prädatoren wirken können.

Junge Maispflanzen *(Zea mays)*, die durch den Fraß von Raupen der Zuckerrübeneule *(Spodoptera exigua*; Noctuidae*)* beschädigt wurden, setzen relativ große Mengen an verschiedenen flüchtigen Terpenoiden frei, wie Turlings et al. (1990) feststellten. Künstlich verletzte Pflanzen gaben diese Substanzen dagegen nur in vergleichsweise geringer Konzentration ab. Manuell beschädigte Pflanzen, bei denen Oralsekrete der Raupen an die Wundstellen aufgetragen wurden, reagierten in gleicher Weise wie solche, die von Raupen befallen waren. Intakte Pflanzen – mit oder ohne Behandlung mit Raupensekreten – bildeten keine nachweisbaren Mengen an Terpenoiden. Mittels Olfaktometer-Versuchen wiesen Turlings et al. außerdem nach, dass die Weibchen der parasitoiden Schlupfwespe *Cotesia marginiventris*, welche die Raupen von *S. exigua* befallen, von den Terpenoiden angelockt werden. Die Attraktivität geht demnach von den freigesetzten Stoffen der Pflanze aus und nicht von den Raupen selbst oder ihren Ausscheidungen, was auch in Kontrollversuchen belegt werden konnte. Die Ergebnisse einiger Auswahlversuche mit *C. marginiventris* in Bezug auf die Präferenzen für unterschiedlich behandelte Maispflanzen zeigt Abbildung 6.6. Turlings et al. vermuten, dass die Pflanzen die Terpenoide zum Zweck der Abwehr von Herbivoren produzieren, wobei diese ihre Funktion auf indirektem Wege durch Anlockung von Parasitoiden erfüllen.

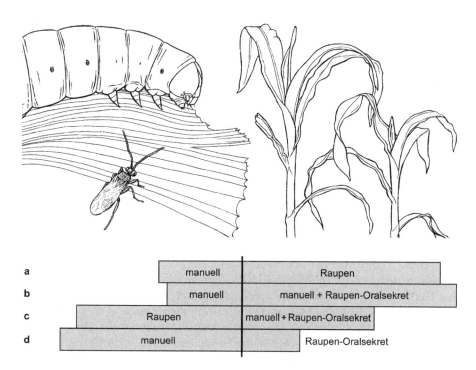

Abb.6.6. Reaktionen von Weibchen der Schlupfwespe *Cotesia marginiventris (Bild unten links)* auf unterschiedlich behandelte Maispflanzen *(Bild rechts)* in Präferenzversuchen unter Verwendung eines Olfaktometers. In jeder der Varianten *(a–d)* wurden 40 Anflugversuche durchgeführt. Die Länge der Balken bei den zur Auswahl stehenden Alternativen entspricht der Häufigkeit der jeweils erfolgten Anflüge (abgebrochene Flüge nicht mitgezählt). Es bedeuten: *manuell* = künstlich beschädigte Pflanzen; *Raupen* = durch Fraß der Raupen von *Spodoptera exigua (Bild oben links)* beschädigte Pflanzen; *Raupen-Oralsekret* = künstlich mit dem Oralsekret der Raupen bestrichene Pflanzen. (Grafik nach Turlings et al. 1990)

Inzwischen gibt es zahlreiche weitere Beispiele für solche Beziehungen zwischen Pflanzen und den Antagonisten ihrer Fressfeinde. Solche fanden sich nicht nur bei Raupen, sondern auch bei verschiedenen anderen Herbivorengruppen (z.B. Milben, Blattläuse). Darüber hinaus kann die Freisetzung flüchtiger Stoffe auch als Reaktion auf die Eiablage von Herbivoren auf der Pflanze erfolgen (Hilker u. Meiners 2006). Die Palette der natürlichen Feinde, die davon angezogen werden, umfasst außer Parasitoiden auch prädatorische Milben, Wanzen und Käfer. Außerdem hat sich gezeigt, dass flüchtige Stoffe auch von befallenen Wurzeln abgegeben werden, die im Boden attraktiv auf Prädatoren von Herbivoren wirken (z.B. von den Larven des Maiswurzelbohrers *Diabrotica virgifera* befallene Maispflanzen auf den entomopathogenen Nematoden *Heterorhabditis megidis*; Rasmann u. Turlings 2007).

Viele Untersuchungen befassten sich genauer mit der Natur der induzierten flüchtigen Substanzen, die allgemein als **HIPVs** *(herbivore-induced plant volatiles)* bezeichnet werden. Im Allgemeinen werden Mischungen zahlreicher Verbindungen gleichzeitig oder zeitlich verzögert freigesetzt, die zusammen aus über 100 Komponenten bestehen können. Sie umfassen nicht nur Terpenoide, sondern u.a. auch viele aromatische Verbindungen (z.B. Indolderivate) sowie die so genannten grünen Blattduftstoffe, die auch den typischen Geruch von geschnittenem Gras bedingen (Alkohole und Aldehyde).

Die qualitative und quantitative Zusammensetzung des jeweils freigesetzten HIPV-Bouquets wird einerseits bestimmt von den befallenden Herbivorenarten (oder sogar von deren Entwicklungsstadium), andererseits aber auch von verschiedenen anderen Faktoren. Dazu zählen genotypische Unterschiede innerhalb einer Pflanzenart (z.B. verschiedene Varietäten bei Kulturpflanzen), Alter und Typ des befallenen Pflanzengewebes sowie verschiedene Umwelteinflüsse (Lichtverhältnisse, Wasserversorgung), woraus sich auch tages- oder jahreszeitliche Unterschiede ergeben können (Arimura et al. 2005; Mumm u. Dicke 2010). In der Regel sind es aber nur wenige oder einzelne der insgesamt abgegebenen HIPV-Verbindungen, die bei der Anlockung der Feinde der Herbivoren eine Rolle spielen und in Auswahlversuchen identifiziert werden können (Dicke 2009). Wie bei der direkten induzierten Abwehr (s. Abschn. 3.5), fungieren auch bei der Bildung der HIPVs bestimmte Oralsekrete der fressenden Herbivoren als Elicitoren. Wie sich gezeigt hat, kann es sich dabei um bestimmte Enzyme handeln. Mattiacci et al. (1995) wiesen nach, dass die Bildung von HIPVs bei Kohlpflanzen *(Brassica oleracea)*, die von den Raupen des Großen Kohlweißlings *(Pieris brassicae)* beschädigt wurden, durch das Enzym β-Glycosidase ausgelöst wird, das im Oralsekret der Raupen vorhanden ist. Verletzte Kohlblätter, die mit diesem Enzym behandelt werden, bilden Terpenoide, die attraktiv sind für die parasitoide Schlupfwespe *Cotesia glomerata*, welche die Raupen von *P. brassicae* befällt. Auch bei der indirekten induzierten Abwehr spielen außerdem Fettsäure-Aminosäure-Komplexe sowie bestimmte Proteine und Peptide eine Rolle als Elicitoren. Während solche vor allem bei den Beziehungen zwischen Pflanzen und verschiedenen blattfressenden Insekten nachgewiesen wurden, ist über die auslösenden Mechanismen durch saugende Insekten (z. B. Blattläuse, Spinnmilben) nur wenig bekannt (Arimura et al. 2009). Die Art der Schädigung spielt jedoch eine Rolle für den weiteren Verlauf des induzierten Abwehrprozesses und damit für die Zusammensetzung der HIPVs. Während blattfressende Herbivoren nur die über Jasmonsäure vermittelte Signalkette auslösen, aktivieren saugende Herbivoren außerdem den Pfad über Salicylsäure (Heil 2008).

Allmann u. Baldwin (2010) liefern einen weiteren Einblick in die Prozesse der indirekten induzierten Abwehr. Ihre Beobachtungen und Experimente deckten folgende Beziehungen zwischen Wilden Tabakpflanzen *(Nicotiana attenuata)*, den daran fressenden Raupen des Amerikanischen Tabakschwärmers *(Manduca sexta)* und dessen natürlichen Feinden (Wanzen der Gattung *Geocoris)* auf: Die aus den abgelegten Eiern geschlüpften Raupen beginnen an den Tabakblättern zu fressen. Zu den daraufhin von den Pflanzen freigesetzten flüchtigen Verbindungen zählt der grüne Blattduftstoff Hexenal, der in den beiden isomeren Formen *(Z)*-3-Hexenal und *(E)*-2-Hexenal vorkommt. Bei frisch beschädigten Blättern überwiegt quantitativ zunächst das *Z*-Isomer. Ein Enzym im Speichelsekret der Raupen bewirkt jedoch eine rasche Umwandlung der *Z*- in die *E*-Form, die daraufhin in höherer Konzentration an die Luft abgegeben wird. Den Wanzen dient das *(E)*-2-Hexenal als Lockstoff, der ihnen die Anwesenheit der Beute signalisiert, worauf sie in kurzer Zeit die jungen Raupen sowie ihre Eier vertilgen (Abb. 6.7). Auf das *(Z)*-3-Hexenal reagieren die Wanzen dagegen kaum, wie Experimente zeigten. In diesem Fall tragen demnach die Raupen selbst in hohem Maße dazu bei, dass die von der Pflanze freigesetzten Substanzen eine effektive Wirkung auf die Feinde der Herbivoren ausüben. Das Enzym, das den Raupen zum Verhängnis wird, hat für sie wahrscheinlich eine andere, unverzichtbare Funktion. Allmann u. Baldwin vermuten, dass damit eventuell bakterielle Infektionen über die aufgenommene Nahrung verhindert werden. Sie stellten außerdem fest, dass die Oralsekrete zweier anderer Raupenarten *(Spodoptera exigua* und *S. littoralis)* wesentlich geringere Effekte als diejenigen von *M. sexta* zeigten.

Unter natürlichen Bedingungen können Pflanzen von verschiedenen Herbivoren befallen sein, darunter auch verwandte Arten. Wie wirkt sich dies auf die Zusammensetzung der flüchtigen Substanzen aus, und können die oft hoch spezialisierten Parasitioide Signale, die auf den Befall eines geeigneten Wirtes hinweisen, erkennen? Mit diesen Fragen befassten sich De Moraes et al. (1998). In einem Feldversuch besetzten sie eine Gruppe von Tabakpflanzen *(Nicotiana tabacum)* mit den Raupen von *Heliothis virescens*, eine andere mit denen von *Helicoverpa zea* und ließen die Tiere an den Blättern fressen. Eine dritte Gruppe von Pflanzen diente als herbivorenfreie Kontrolle. Beide Schmetterlingsarten sind Vertreter der Noctuidae, aber nur die Raupen von *H. virescens* werden von der parasitoiden Schlupfwespe *Cardiochiles nigriceps* als Wirt genutzt. De Moraes et al. beobachteten im Feld die Anzahl der Landungen weiblicher Tiere von *C. nigriceps* auf Pflanzen der unterschiedlichen Gruppen und stellten fest, dass sich rund 83 % der Individuen auf den mit *H. virescens* befallenen Pflanzen niederließen (Abb. 6.8). Derselbe Versuch wurde an Stelle von

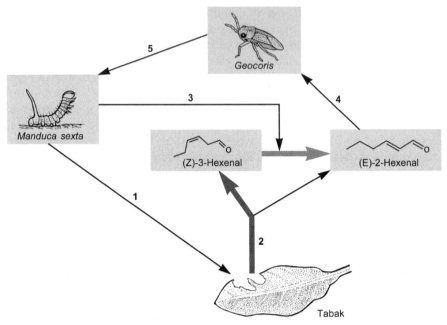

Abb. 6.7. Ein Fressfeind des Wilden Tabaks *(Nicotiana attenuata)* trägt unfreiwillig zur indirekten induzierten Abwehr dieser Pflanze bei: Raupen des Amerikanischen Tabakschwärmers *(Manduca sexta)* induzieren durch Blattfraß *(1)* die Freisetzung des grünen Blattduftstoffes Hexenal, der von der Pflanze überwiegend in Form des *(Z)*-3-Isomers gebildet wird *(2)*. Ein Enzym im Speichelsekret der Raupen bewirkt eine rasche Umwandlung von *(Z)*-3-Hexenal in *(E)*-2-Hexenal *(3)*, das daraufhin in höherer Konzentration an die Luft abgegeben wird. Wanzen der Gattung *Geocoris* dient das *(E)*-2-Hexenal als Lockstoff *(4)*, der ihnen die Anwesenheit der Beute signalisiert, worauf sie in kurzer Zeit die jungen Raupen sowie deren Eier vertilgen *(5)*. (Nach Ergebnissen von Allmann u. Baldwin 2010)

Tabak auch mit Baumwolle *(Gossypium hirsutum)* durchgeführt. Auch hier flog der weitaus größte Teil der Weibchen von *C. nigriceps* die mit dem Wirt besetzten Pflanzen an. Gaschromatografische Analysen zeigten, dass zwar in allen Varianten der Pflanzen-Herbivoren-Kombinationen jeweils dieselben 8 Verbindungen (Terpenoide) gebildet wurden, sich aber in Abhängigkeit davon, ob die Pflanzen von *H. virescens* oder *H. zea* befallen waren, in den jeweiligen Mengen deutlich unterschieden. Somit ist *C. nigriceps* offensichtlich in der Lage, durch Wahrnehmung der von Pflanzen ausgesendeten Signale die Anwesenheit eines geeigneten Wirtes zu erkennen bzw. von anderen Herbivorenarten zu unterscheiden. Diese Eigenschaft beschränkt sich nicht auf eine bestimmte Pflanzenart. Sie ist bei verschiedenen Futterpflanzen des Wirtes zu finden, obwohl diese wiederum unterschiedlich zusammengesetzte Terpenoidmischungen als Reaktion auf ein und dieselbe Herbivorenart freisetzen. Dass die Weibchen von *C. nigriceps* von Signalen angelockt werden, die von den Raupen selbst stammen, konnten De Moraes et al. mittels Experimenten ausschließen. Diese Ergebnisse

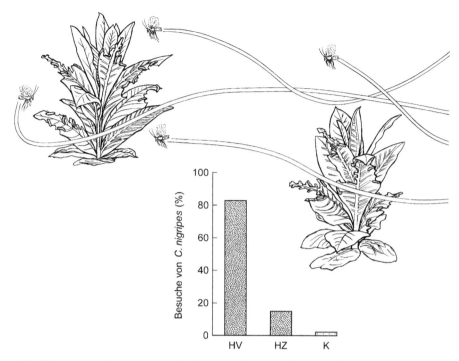

Abb. 6.8. Prozentuale Anteile der Anflüge von Weibchen der Schlupfwespe *Cardiochiles nigriceps* auf verschiedene Tabakpflanzen im Freiland. Zur Auswahl standen Pflanzen mit Befall durch Raupen von *Heliothis virescens (HV, im Bild links)*, *Helicoverpa zea (HZ, im Bild rechts)* sowie unbeschädigte Kontrollpflanzen *(K)*. (Grafik nach De Moraes et al. 1998)

legen nahe, dass Parasitoide in ihrem Verhalten flexibel sind und darüber hinaus lernfähig sein müssen. Sie reagieren daher nicht nur auf festgelegte Reize, wie bisher vielfach angenommen wurde.

De Boer et al. (2008) fanden weitere Zusammenhänge zwischen dem gleichzeitigen Befall einer Pflanze durch zwei Herbivorenarten und den Reaktionen auf prädatorische Antagonisten. Limabohnen *(Phaseolus lunatus)* und Kürbispflanzen *(Cucumis sativus)* die sowohl von Spinnmilben *(Tetranychus urticae)* als auch von Raupen *(Spodoptera exigua)* befallen waren, zeigten eine höhere Attraktivität für die Raubmilbe *Phytoseiulus persimilis* als beim Befall durch eine der beiden Herbivorenarten allein, obwohl die Raubmilben nur die Spinnmilben erbeuten. In einem anderen Fall wurde dagegen festgestellt, dass sich die Attraktivität für die jeweiligen Prädatoren verringert, wenn eine Pflanze gleichzeitig von zwei Herbivorenarten befallen ist (Rasmann u. Turlings 2007). Darüber hinaus hat sich gezeigt, dass HIPVs in manchen Fällen auch auf bestimmte Herbivoren attraktiv wirken können (Horiuchi et al. 2003; Heil 2004).

Pflanzen können nach dem Befall durch Fressfeinde flüchtige Substanzen freisetzen, die attraktiv auf Antagonisten entsprechender Herbivoren wirken und somit eine Form von Mutualismus darstellen. Solche HIPVs spielen zweifellos eine wichtige Rolle bei den Interaktionen der Arten, sind in ihrer Bedeutung für die Fitness und die Entwicklung der Populationen von Pflanzen, Herbivoren und ihren Antagonisten jedoch noch unzureichend bekannt. Dies betrifft auch die Frage nach den physiologischen, biochemischen und ökologischen Faktoren, welche die Reaktionen der jeweiligen Arten beeinflussen. Insgesamt hat sich gezeigt, dass die Wirkungen der HIPVs nicht immer die Erwartungen an eine effektive indirekte induzierte Abwehr erfüllen.

6.5
Kommunikation zwischen Pflanzen

Seit Anfang der 1980er Jahre gibt es immer wieder Berichte darüber, dass durch Herbivoren beschädigte Pflanzen Verbindungen freisetzen, die über den Luftweg bei benachbarten, nicht befallenen Individuen biochemische Mechanismen zur Abwehr von Fressfeinden auslösen. Einen der ersten Hinweise darauf, dass Pflanzen auf diese Weise kommunizieren können, fanden Baldwin u. Schultz (1983) in Experimenten mit Pappeln *(Populus* x *euroamericana)* und Zuckerahorn *(Acer saccharum)*. In einer abgeschlossenen Kammer etablierten sie zunächst zwei Gruppen von Pappel-Ablegern. Von der einen wurden bei jeder Pflanze jeweils 2 Blätter durch Einschnitte beschädigt, die Blätter der anderen blieben intakt. Als Kontrolle diente eine Gruppe von unbeschädigten Pappeln in einer eigenen Kammer. In einem Zeitraum von 52 Stunden hatte sich der Gehalt an Phenolen in den beschädigten Pflanzen um mehr als das Doppelte erhöht. Bei den benachbarten, unbeschädigten Pflanzen stieg der Phenolgehalt im selben Zeitraum relativ zu den Kontrollpflanzen um etwa die Hälfte an, d. h. der Gehalt in letzteren blieb nicht konstant, sondern verringerte sich leicht. Baldwin u. Schultz führten dasselbe Experiment auch mit Zuckerahorn-Sämlingen durch. Nach 32 Stunden waren in den unbeschädigten Pflanzen deutlich erhöhte Konzentrationen an löslichen Tanninen nachzuweisen, während sich diejenigen in den benachbarten, experimentell beschädigten Pflanzen sowie in den Kontrollpflanzen kaum veränderten. Baldwin u. Schultz sehen mit ihren Ergebnissen den Nachweis erbracht, dass flüchtige Substanzen, die von beschädigten Pflanzen freigesetzt werden, in benachbarten Pflanzen biochemische Veränderungen hervorrufen, die das Fressverhalten herbivorer Insekten beeinflussen. Um welche Substanzen es sich dabei handelt, wurde jedoch nicht untersucht.

Fowler u. Lawton (1985) halten die von Baldwin u. Schultz (1983) erzielten Ergebnisse für wenig überzeugend. Sie bezweifeln, dass diese Form der Kommunikation zwischen Pflanzen – sofern sie überhaupt stattfindet – unter natürlichen Bedingungen eine Rolle spielt und prüften dies in Freilandexperimenten mit jungen Birken *(Betula pubescens* und *Betula pendula)* nach. An einem

Heidestandort in England wurden bei verschiedenen Bäumen 5 bzw. 25 % der Blätter beschädigt. Als Kontrollen dienten intakte Birken, die sich in unterschiedlichen Richtungen und Entfernungen von den Versuchsbäumen befanden. Vier Wochen nach Beginn des Experiments analysierten Fowler u. Lawton die natürlicherweise aufgetretenen Blattschäden dieser Pflanzen. Sie fanden jedoch keine signifikanten Unterschiede zwischen den Anteilen an gefressener Blattfläche bei den verschiedenen Varianten und kamen zu dem Schluss, dass es keine Beweise für eine Kommunikation zwischen Bäumen gibt, durch die der Blattfraß an unbeschädigten Pflanzen beeinflusst wird.

Zu anderen Ergebnissen als Fowler u. Lawton (1985) kamen jedoch Dolch u. Tscharntke (2000) in einer ähnlichen Untersuchung. Sie führten Freilandexperimente mit Bäumen durch, um zu prüfen, ob Herbivorenfraß an unbeschädigten Pflanzen durch die Nachbarschaft von beschädigten Pflanzen beeinflusst wird. An 10 Beständen der Schwarzerle *(Alnus glutinosa)* in Deutschland wurde jeweils ein Individuum durch Entfernung von etwa 20 % der Blattfläche künstlich beschädigt. Mit zunehmender Distanz von diesen nahmen die durch den Erlenblattkäfer *(Agelastica alni)* an anderen Bäumen verursachten Blattflächenverluste zu, d. h. sie waren bei Erlen in 1–2 m Abstand zu den beschädigten Individuen am geringsten und in etwa 10 m Entfernung am höchsten. Diese Unterschiede waren bis zu 37 Tage nach der künstlichen Schädigung deutlich zu erkennen. Bei Kontrollen, die bei den untersuchten Bäumen vor Beginn der Experimente durchgeführt wurden, zeigte sich dagegen kein Zusammenhang zwischen der Blattschädigungsrate und der Distanz zwischen den Bäumen.

Weitere Aspekte der Kommunikation zwischen Pflanzen lieferten Karban et al. (2000, 2003) in Freilanduntersuchungen in der nordamerikanischen Great Basin-Halbwüste bei Arten, die dort unter natürlichen Bedingungen gemeinsam vorkommen. Die künstliche Beschädigung von Individuen des Wüsten-Beifußes *(Artemisia tridentata)* durch Entfernung von etwa 1 % der Blattfläche führte zur Freisetzung von Methyl-Jasmonat, was Messungen in der Luft belegten. In Blättern von benachbarten Individuen des Wilden Tabaks *(Nicotiana attenuata)* wurde daraufhin ein Anstieg der Konzentration an Polyphenol-Oxidase festgestellt. Diese Substanz übt eine fraßhemmende Wirkung auf Herbivoren aus, was auch von anderen Arten der Solanaceae bekannt ist. Karban et al. wiesen nach, dass Tabakpflanzen, die in Nachbarschaft von beschädigten *Artemisia*-Pflanzen standen, um bis zur Hälfte geringere Schäden durch Fraß von Heuschrecken und Raupen von Eulenfaltern (Noctuidae) aufwiesen als solche, die in der Nähe von unbeschädigten *Artemisia*-Pflanzen standen. Die ökologische Bedeutung dieses Effekts ist allerdings fragwürdig: Er trat nur auf, wenn die Individuen der beiden Pflanzenarten in höchstens 10 cm Abstand voneinander wuchsen. Obwohl die Tabakpflanzen geringere Fraßschäden aufwiesen, erzielten sie eine geringere Fitness (gemessen an der Zahl der gebildeten Samenkapseln) als Pflanzen in größeren Abständen zu *Artemisia*-Pflanzen. Als Ursache dafür ist die starke interspezifische Konkurrenz zwischen den dicht beieinander stehen Pflanzen anzusehen.

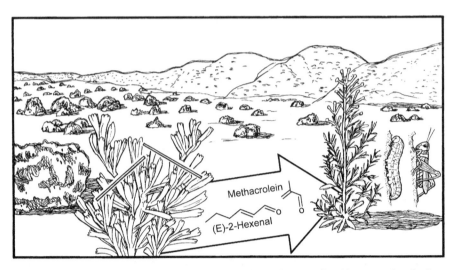

Abb.6.9. In der nordamerikanischen Great Basin-Halbwüste (Utah) setzen beschädigte Pflanzen des Wüsten-Beifußes *(Artemisia tridentata; links)* flüchtige organische Verbindungen frei, darunter *(E)*-2-Hexenal und Methacrolein. Diese beiden Verbindungen liefern in der Nähe wachsenden Individuen des Wilden Tabaks *(Nicotiana attenuata; rechts)* biochemische Informationen, die diese Pflanzen auf einen möglichen Angriff durch Herbivoren vorbereiten: wenn ein solcher stattfindet, reagieren die Tabakpflanzen mit einer signifikant höheren Produktion an Trypsin-Protease-Inhibitoren als bei einem Herbivorenbefall ohne eine vorangegangene Exposition gegenüber beschädigten Pflanzen des Wüsten-Beifußes. (Vgl. Abb. 6.10; nach Ergebnissen von Kessler et al. 2006)

Untersuchungen von Kessler et al. (2006) deckten weitere Details zur biochemischen Kommunikation zwischen diesen beiden Pflanzenarten auf. Sie wiesen zwar ebenfalls nach, dass die Raupen des Amerikanischen Tabakschwärmers *(Manduca sexta)* geringere Fraßschäden verursachten und höhere Mortalitätsraten aufwiesen, wenn die Tabakpflanzen zuvor beschädigten *Artemisia*-Pflanzen ausgesetzt waren. Im Unterschied zu früheren Untersuchungen von Karban et al. (2003) fanden sie in Tabakpflanzen, die unter dem Einfluss flüchtiger Substanzen von *Artemisia*-Pflanzen oder von Methyl-Jasmonat standen, keine erhöhten Konzentrationen an Polyphenol-Oxidase und auch keine unmittelbare Erhöhung der Konzentrationen an Abwehrstoffen (sekundäre Pflanzenstoffe oder Proteine). – Aber wie kommen dann die wirkungsvollen Abwehrprozesse der Tabakpflanzen zustande? Kessler et al. stellten fest, dass die Tabakpflanzen mit einer erhöhten Produktion von Trypsin-Protease-Inhibitoren reagieren, wenn tatsächlich ein Herbivorenbefall stattfindet. Voraussetzung für die verstärkte Reaktion der Tabakpflanzen war eine vorangegangene Exposition gegenüber beschädigten *Artemisia*-Pflanzen (Abb. 6.9, Abb. 6.10). Ausgelöst wird dieser indirekte Effekt auf die Tabakpflanzen durch zwei bestimmte Verbindungen aus dem Gemisch der flüchtigen Substanzen beschädigter *Artemisia*-Pflanzen, und zwar *(E)*-2-Hexenal und Methacrolein. Bei diesem

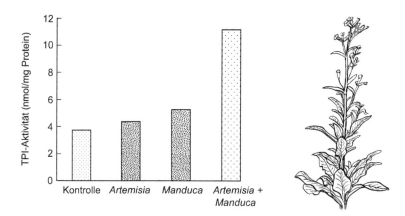

Abb. 6.10. Produktion von Trypsin-Protease-Inhibitor (TPI) in Wilden Tabakpflanzen *(Nicotiana attenuata)*, die in der Natur verschiedenen Bedingungen ausgesetzt wurden. *Kontrolle:* Tabakpflanzen ohne äußere Einwirkungen; *Artemisia:* Tabakpflanzen, die für 24 Stunden den flüchtigen Stoffen mechanisch beschädigter *Artemisia tridentata*-Pflanzen ausgesetzt waren; *Manduca:* Tabakpflanzen, die von den Raupen des Amerikanischen Tabakschwärmers *(Manduca sexta)* befallen wurden; *Artemisia + Manduca:* Tabakpflanzen, die zuerst den flüchtigen Stoffen mechanisch beschädigter *Artemisia tridentata*-Pflanzen ausgesetzt waren und anschließend von *Manduca sexta*-Raupen befallen wurden. (Nach Kessler et al. 2006)

Prozess handelt es sich nach der Interpretation von Kessler et al. um eine durch diese Verbindungen vermittelte „Vorbereitung" der Tabakpflanzen auf einen möglichen Herbivorenbefall. Im Gegensatz zu einer direkten Induktion der Abwehr scheint die Strategie der „Vorbereitung" energetisch günstiger für die Tabakpflanze zu sein, indem die Produktion der Abwehrstoffe erst bei einem tatsächlichen Angriff erfolgt.

Insgesamt sind bei dem Phänomen der Interaktionen von Pflanzen mittels flüchtiger Verbindungen noch viele Punkte offen und betreffen auch eine grundsätzliche Frage: Weshalb sollten Pflanzen andere Pflanzen vor herbivoren Angreifern warnen? Ein ökologischer „Sinn" ist darin nicht zu erkennen, da benachbarte Pflanzen in der Regel untereinander in intra- oder interspezifischer Konkurrenz stehen. Eine gleichzeitig ausgebildete mutualistische Beziehung, durch die eine Pflanze einer anderen auf eigene Kosten einen Vorteil verschafft, ist damit kaum in Einklang zu bringen. Eine mögliche Erklärung für diesen Widerspruch besteht darin, dass freigesetzte flüchtige Substanzen auch Funktionen innerhalb eines pflanzlichen Organismus haben. Nach dieser Hypothese vermitteln sie Signale zwischen verschiedenen Teilen oder Geweben der Pflanze, die nicht direkt über Leitbahnen verbunden sind oder über die eine Vermittlung zu langsam verläuft (Farmer 2001; Orians 2005). Ein solcher Informationsweg könnte auch in Zusammenhang mit der Bildung von Abwehrsubstanzen innerhalb der Pflanze stehen, und Wirkungen auf andere Individuen wären dann eher zufällige Nebeneffekte.

Auf Basis der vorliegenden Untersuchungen gibt es kaum Zweifel daran, dass Pflanzen nach Beschädigung ihres Gewebes flüchtige Substanzen freisetzen, welche bei benachbarten Pflanzen Mechanismen auslösen können, die im Zusammenhang mit der Abwehr von Fressfeinden stehen. Auch wenn einige dieser Beziehungen hinsichtlich ihrer Wirkungen als mutualistisch anzusehen sind, ist die Bedeutung solcher Vorgänge für die Prozesse in Biozönosen noch weitgehend unklar.

6.6
Prokaryoten und Pflanzen

Prokaryoten sind einzellige Organismen, die durch das Fehlen eines echten Zellkerns charakterisiert sind. Zu ihnen zählen Bakterien und Blaualgen (Cyanobakterien), von denen bestimmte Arten enge, mutualistische Verbindungen mit Pflanzen eingehen. Zwei solcher Beziehungen werden in den folgenden Abschnitten dargestellt.

6.6.1
Knöllchenbakterien und Leguminosen

Die Vertreter der Familie Rhizobiaceae sind obligat aerobe Bakterien, die frei im Boden vorkommen und dort ihren Stoffwechsel unter Ausnutzung verschiedener organischer Kohlenstoffverbindungen sowie von Nitrat und Ammonium als Stickstoffquelle betreiben. Bei Anwesenheit von Leguminosen (Fabaceae) sind die Arten der Gattungen *Rhizobium* und *Bradyrhizobium* zu einer erstaunlichen Verwandlung fähig: Sie dringen in die Wurzelzellen der Pflanzen ein und bilden durch Vermehrung und Vergrößerung Wurzelknöllchen (Abb. 6.11). Diese erste Stufe des Kontakts verläuft zunächst zu Gunsten der Bakterien, die ihr Wachstum den Nährstoffen der Pflanzen verdanken. Daher werden die Rhizobien von der Pflanze als Parasiten angesehen, gegen die entsprechende Abwehrreaktionen eingeleitet werden. Nur dadurch wird erreicht, dass die Eindringlinge im Wurzelbereich verbleiben und nicht den gesamten Wirtsorganismus infizieren. In den Wurzelknöllchen bilden sich schließlich aus den Bakterien die so genannten Bakteroide, die nun in der Lage sind, Luftstickstoff (N_2) zu fixieren. Der Stickstoff wird durch die Bakterien zu Ammonium (NH_4^+) reduziert. Dieses gelangt in die Pflanzenzellen und wird über ein Gefäßsystem, das auch das Knöllchengewebe mit Fotosyntheseprodukten versorgt, in Form von Aminosäuren (hauptsächlich Asparagin) abtransportiert. Die N_2-Fixierung erfolgt durch das Enzymsystem Nitrogenase, das sehr sauerstoffempfindlich ist. Für die Erhaltung einer niedrigen O_2-Spannung sorgt das Leghämoglobin – eine besondere Verbindung: Ihr Proteinanteil (Globin) wird von der Pflanze geliefert, der Pigmentanteil (Protohäm) stammt von den Bakteroiden. Dieses Molekül ist auch für die rote Farbe des Knöllchengewebes verantwortlich. Erst in dieser Phase ist also eine echte mutualistische Beziehung zum Nutzen beider

Partner entstanden. Nach dem Absterben der Pflanze gelangen mehr Knöllchenbakterien in den Boden zurück, als bei der Infektion in die Leguminose
eingedrungen waren. Somit findet auf diesem Weg auch eine Vermehrung der
Rhizobien statt. Obwohl bezüglich Kosten und Nutzen der beteiligten Arten
noch kein vollständig klares Bild besteht, handelt es sich zweifellos um eine
enge mutualistische Beziehung von großer Bedeutung auch für den Menschen
(Werner 1987; Schön 1994; Begon et al. 1998). Die Leguminosen bzw. Fabaceae
umfassen mehr als 17 000 Arten in über 700 Gattungen. Über 90 % der Spezies
werden durch Stämme von *Rhizobium* und *Bradyrhizobium* infiziert, wodurch
eine Knöllchenbildung ausgelöst wird (Werner 1987). Zu den zahlreichen wirt-
schaftlich bedeutenden Arten zählen Körnerleguminosen wie Sojabohne *(Glycine max)*, Ackerbohne *(Vicia faba)*, *Phaseolus*-Arten, Erbse *(Pisum sativum)*,
Linse *(Lens esculenta)* und Erdnuss *(Arachis hypogaea)*.

Als Viehfutterpflanzen sind *Trifolium*-, *Lotus*- und *Medicago*-Arten zu nennen. Durch ihren hohen Stickstoffgehalt leisten sie einen wichtigen Beitrag zur
Eiweißversorgung der weidenden Herbivoren. Abgestorbene Leguminosen-
pflanzen erhöhen die Konzentration an Bodenstickstoff auf Grünlandflächen.
Als Folge davon wird das Wachstum von Gräsern begünstigt, und der Stickstoff
verringert sich allmählich wieder auf das Niveau, bei dem Leguminosen einen
Konkurrenzvorteil haben. Daran zeigt sich, dass die mutualistische Beziehung
mit den Rhizobien zwar einen großen Vorteil bei der Besiedelung stickstoff-
armer Standorte bietet, aber gleichzeitig keine dauerhafte Etablierung der Leguminosen ermöglicht. Wenn ihre Präsenz das Niveau des fixierten Stickstoffs
im Boden so weit anhebt, dass ihn andere Arten nutzen können, werden die Leguminosen leicht verdrängt (Begon et al. 1998).

Baumleguminosen spielen in tropischen und subtropischen Gebieten eine
große Rolle. Akazien (Gattung *Acacia*) sind mit über 700 Arten in den Savan-
nen- und Trockengebieten von Afrika, Indien, Australien und Amerika verbreitet. Andere Baumleguminosen wie z.B. *Leucaena leucocephala* (Abb. 6.12)
haben in den Feuchttropen große Bedeutung als Nutzpflanzen erlangt.

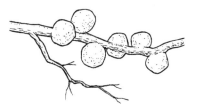

Abb. 6.11. Leguminosenwurzeln mit den
typischen Wurzelknöllchen.

Abb. 6.12. Die tropische Baumleguminose *Leucaena leucocephala.*

6.6.2
Die *Azolla-Anabaena*-Assoziation

Bei der Gattung *Azolla* handelt es sich um Schwimmfarne der Familie Salviniaceae, von denen weltweit 6 Arten vorkommen. Davon sind 4 in Amerika heimisch und 2 in Afrika bzw. in Asien. Sie sind charakterisiert durch kleine, zweizeilig angeordnete Blättchen, die bei den einzelnen Arten unterschiedlich dicht und verzweigt sind (Abb. 6.13). Jedes Blatt ist in zwei Lappen geteilt, von denen der obere assimiliert und der untere Kontakt zum Wasser hat. Die Pflanzen beherbergen in Höhlungen auf der Unterseite des Oberlappens Luftstickstoff bindende Cyanobakterien *(Anabaena azollae)*. Sie haften auf epidermalen Haarzellen und sind in allen Stadien der Farnentwicklung zu finden. In hoch spezialisierten Zellen (Heterocysten) fixieren die Cyanobakterien Luftstickstoff in Form von Ammonium, das dann von dem Farn aufgenommen wird. Aus *Azolla* isolierte Individuen von *Anabaena* mit vegetativen Zellen und Heterocysten haben im Licht keine positive CO_2-Bilanz. Es kann daher angenommen werden, dass der Farn Fotosyntheseprodukte an die assoziierten Cyanobakterien liefert, und zwar in Form von Saccharose. *Anabaena* ist nicht in der Lage, diesen Zucker zu synthetisieren, er ist dennoch neben Glucose und Fructose in den mutualistischen Formen nachzuweisen (Peters et al. 1979; Werner 1987).

Ähnlich wie die Leguminosen, haben auch die Vertreter von *Azolla* auf Grund der Assoziation mit *Anabaena* und ihrer Fähigkeit, Luftstickstoff zu binden das Potenzial, die Bodenfruchtbarkeit auf agrarischen Nutzflächen zu verbessern. Besondere Bedeutung und eine lange Tradition hat die Ausnutzung dieser Eigenschaften von *Azolla* im Reisanbau Südostasiens. Zahlreiche Untersuchungen belegen, dass *Azolla* die Stickstoffversorgung in verschiedenen Anbausystemen verbessert und die Reiserträge erhöht (z. B. Mian u. Stewart 1984). Es ist jedoch kaum möglich, allgemeine Angaben zu den durch *Azolla* freige-

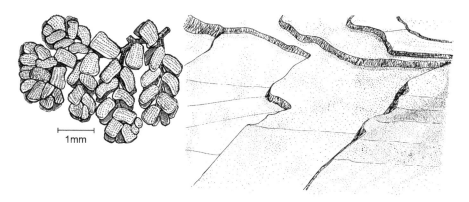

Abb. 6.13. Der Schwimmfarn *Azolla pinnata* ist in Reisfeldern Südostasiens häufig zu finden und kann große Wasserflächen mit einem rötlichen Teppich überziehen.

setzten Stickstoffmengen unter Feldbedingungen zu machen. Sie variieren extrem in Abhängigkeit davon, ob und wie rasch sich *Azolla* unter den gegebenen Verhältnissen vermehrt. Hohe Temperaturen hemmen das Wachstum von *Azolla* (Becking 1979). Im traditionellen Reisanbausystem im Bergland von Nordluzon (Philippinen) vermehrt sich *Azolla pinnata* am stärksten in der kühleren Hälfte des Jahres von Oktober bis März (Martin 1994; Abb. 6.13).

Die engsten mutualistischen Beziehungen sind ausgebildet, wenn bestimmte Arten in ihrer Existenz vollständig voneinander abhängig sind und somit obligatorischer Mutualismus vorliegt. In vielen Fällen finden solche Interaktionen auf molekularer Ebene statt und basieren auf dem Austausch von Verbindungen, die dem jeweiligen Partner nicht in ausreichendem Maße zur Verfügung stehen.

Zusammenfassung von Kapitel 6

Mutualistische Beziehungen decken ein breites Spektrum an möglichen Interaktionen ab, die von vorübergehenden, kleinen Vorteilen für die eine oder die andere der beteiligten Arten bis hin zu lebenswichtigen, wechselseitigen Abhängigkeiten der Partner reichen. Manchmal ist es schwierig, die Existenz und die Bedeutung einer solchen Beziehung überhaupt zu erkennen. Dies beruht u. a. darauf, dass sich die Beziehungen durch verschiedene Faktoren in ihrer Intensität verändern können und somit nicht unter allen Bedingungen existieren. Eine Beziehung kann beispielsweise durch Schwankungen in der Größe der Populationen der jeweiligen Partner beeinflusst werden (z. B. bei Ameisen und Pflanzenläusen). Dies kann so weit führen, dass die Interaktion aus dem Gleichgewicht gerät und nicht mehr mutualistisch ist. Andererseits hat sich bei verschiedenen Assoziationen von Arten gezeigt, dass ihre Beziehungen zueinander keine mutualistische Basis haben, obwohl dies anfangs vermutet wurde. Einen speziellen Fall stellt außerdem die Kommunikation zwischen Pflanzen dar: hier steht eine mutualistische Wirkung, die durch flüchtige Verbindungen zwischen benachbarten Individuen zu Stande kommt, in Widerspruch zur gleichzeitig bestehenden Konkurrenz. Insgesamt sehr komplex sind auch die über flüchtige Substanzen vermittelten Beziehungen zwischen befallenen Pflanzen und den Antagonisten ihrer Fressfeinde, deren Deutung als indirekter, mutualistischer Abwehrprozess in manchen Fällen problematisch ist.

Die meisten Mutualismen sind, sofern es sich nicht um Formen des permanenten Zusammenlebens handelt, wenig spezifisch. Sie finden nicht zwischen bestimmten Arten statt, sondern zwischen Organismengruppen. Diese können entweder nach ihrer Funktion definiert werden (wie beispielsweise Blüten und Bestäuber) und sich aus unterschiedlichen Arten zusammensetzen, oder sie beschränken sich auf bestimmte Taxa (wie Pflanzenläuse und Ameisen), die aber ebenfalls nicht artspezifisch sind. In manchen Fällen besteht allerdings eine einseitige Spezifität, d. h. der eine Partner ist auf eine oder mehrere bestimmte Arten angewiesen, der andere dagegen nicht.

Hinsichtlich der Kosten und Nutzen in den mutualistischen Beziehungen sind verschiedene Möglichkeiten realisiert. Es gibt die rein passive Form, bei der beide Partner Nutzen voneinander haben, aber nichts investieren müssen. Dies ist z. B. so im Fall der Schnecken, die den Aufwuchs von Wasserpflanzen abweiden. Kosten entstehen in erster Linie durch den Energieaufwand für die Synthese von Produkten, die dem Partner zur Verfügung gestellt werden müssen (z. B. Pollen und Fruchtfleisch bei Pflanzen). Bei Formen von obligatorischem Mutualismus lassen sich Kosten und Nutzen für die beteiligten Arten bzw. Individuen meist nicht genau bilanzieren und es bleibt offen, inwieweit solche Beziehungen diesbezüglich symmetrisch sind.

7 Intraspezifische Interaktionen

Die Beziehungen zwischen den Individuen einer Population umfassen ein ähnlich breites Spektrum an Prozessen und Wirkungen wie die zwischen verschiedenen Arten, zumindest bei Tieren. So gibt es auch auf Populationsebene Prädation (Kannibalismus), Konkurrenz sowie mutualistische Beziehungen, die sich in bestimmten Verhaltensweisen äußern. Auch hier ist zu prüfen, in welchem Maße solche Interaktionen für die Entwicklung von Populationen Bedeutung haben.

7.1
Kannibalismus

Das Töten und Auffressen von Artgenossen ist ein im Tierreich weit verbreitetes Phänomen und findet sich bei niederen Tieren (z. B. Protozoen, Schnecken, Insekten) ebenso wie bei allen Wirbeltiergruppen und ist auch nicht auf Prädatoren beschränkt. Unter den nicht-karnivoren Insekten kommt Kannibalismus besonders häufig bei Käfern (Coleoptera) und bei Schmetterlingsraupen (Lepidoptera) vor (Richardson et al. 2010). Die wichtigsten Aspekte dieses Verhaltens sind seine Ursache und die Konsequenzen für die betreffende Population, die im Folgenden dargestellt werden (nach Fox 1975 a).

Die nächst liegende Ursache für Kannibalismus ist akuter Nahrungsmangel. Viele Tiere weichen auf Artgenossen als Futterquelle aus, wenn andere Beuteorganismen selten werden. Dies wird oft begünstigt durch eine hohe Populationsdichte. Es gibt sogar Beispiele dafür, dass der Dichteeffekt auch bei ausreichendem Nahrungsangebot den Auslöser für kannibalistisches Verhalten darstellt (z. B. bei Mäusen und Libellenlarven). Vielfach genügt auch die zufällige Begegnung von gleichartigen Individuen mit einer gewissen Körpergrößendifferenz, um das kleinere Tier zur Beute werden zu lassen, ohne dass andere Faktoren dabei eine Rolle spielen (z. B. bei vielen Wasserwanzenarten).

Die Auswirkungen von Kannibalismus auf die Struktur und Größe einer Population sind, über einen längeren Zeitraum betrachtet, nicht ohne weiteres zu bewerten. Anders als bei interspezifischer Prädation liefert der Anteil erbeuteter Individuen keinen Anhaltspunkt dafür, welche Verluste eine Population im Endeffekt erleidet, da die profitierenden Individuen mit Hilfe der Beute ihre Lebensdauer und Reproduktionsrate erhöhen können. Da oft nur bestimmte Entwicklungsstadien (v. a. Eier und Jungtiere) dem Kannibalismus zum Opfer fallen, ändert sich unter Umständen die Altersstruktur einer Population. Beispiele hierfür liefern der Flussbarsch *(Perca fluviatilis)* und eine Wasserläuferart *(Gerris najas)*.

Dass Kannibalismus ein stabilisierender Faktor in der Populationsdynamik sein kann, zeigte Fox (1975 a, b) bei dem Rückenschwimmer *Notonecta hoffmanni* (Notonectidae; Abb. 7.1). Im Untersuchungsgebiet in Kalifornien beginnt die Eiablage dieser Art im Februar, und geschlüpfte Tiere im ersten Larvenstadium erscheinen zwischen April und August. *N. hoffmanni* ist ein Prädator und ernährt sich sowohl von terrestrischen Arthropoden, die auf das Wasser fallen, als auch von aquatischen Insekten wie Eintagsfliegen- und Steinfliegenlarven (Ephemeroptera und Plecoptera). Ab Juli nimmt die Dichte an Beutetieren für die älteren Individuen der Rückenschwimmerpopulation drastisch ab. Damit verbunden ist gleichzeitig eine deutliche Erhöhung der Kannibalismusrate und ein entsprechend starker Rückgang in der Zahl junger Nymphen. Dies verschiebt die Altersstruktur der Population zu Gunsten älterer Tiere und gibt den im Frühjahr zuerst geschlüpften Individuen die größte Chance, bei geringem Nahrungsangebot bis zum Winter zu überleben und sich zu reproduzieren. Hier zeigt sich ein Vorteil der kannibalistischen Verhaltensweise: Mit der Erbeutung von Artgenossen wird nicht nur der Nahrungsbedarf der begünstigten Individuen gedeckt, sondern auch die Zahl der Konkurrenten

Abb. 7.1. *Notonecta hoffmanni* ernährt sich, wie die anderen Vertreter der Rückenschwimmer (Notonectidae), prädatorisch. Die Beute wird mit den vorderen Beinpaaren festgehalten und mit dem Stechrüssel ausgesaugt.

reduziert, sodass für die Übrigen ein relativ höheres Angebot an anderen Beutearten zur Verfügung steht. Vergleicht man zwei Populationen, von denen die eine bei Ressourcenknappheit durch Verhungern der Tiere reduziert wurde, die andere in gleichem Maße durch Kannibalismus, so haben die Überlebenden der letzteren sicher eine höhere Fitness und können die Verluste rascher ausgleichen.

Kannibalismus kann sich nachteilig auswirken, wenn die Individuen zu aggressiv sind. Dann arbeitet jedoch die Selektion dagegen: Wenn solche Tiere ihre eigenen Nachkommen vernichten (vollständig oder rascher als die ihrer Artgenossen) oder geeignete Paarungspartner eliminieren, haben sie nur geringe Chancen, ihre Gene zu verbreiten. Die Gefahr, dass sich eine Population durch Kannibalismus mit der Zeit selbst auslöschen kann, ist damit gering.

> Kannibalismus ist kein Verhalten, das nur bei extrem hoher Populationsdichte und Stress ausgelöst wird, sondern trägt vielfach dazu bei, vorübergehenden Nahrungsmangel zu überbrücken. Arten, bei denen aus ethologischen oder anatomischen Gründen kein Kannibalismus auftreten kann, benötigen andere Strategien, um mit dieser Situation umzugehen. Infrage kommt z. B. die Suche nach neuen Nahrungsquellen durch Abwanderungen oder das Ausharren vor Ort in verschiedenen Stadien der Überdauerung.

7.2
Intraspezifische Konkurrenz

Aus der in Abschnitt 1.2.3 gegebenen Definition geht hervor, dass zwischen den Mechanismen von inter- und intraspezifischer Konkurrenz kein prinzipieller Unterschied besteht. Die Situation ist aber weniger komplex, wenn sie innerhalb einer Population auftritt. Die Frage nach dem Zusammenhang zwischen Ressourcenüberlappung und den Wirkungen von Konkurrenz stellt sich hier nicht. Zumindest die Individuen im gleichen Entwicklungsstadium haben genau dieselben ökologischen Ansprüche, und je mehr sich ihre Zahl bei gleichbleibendem oder abnehmendem Ressourcenangebot erhöht, desto intensiver wird die intraspezifische Konkurrenz. Mit den Konsequenzen für die davon betroffenen Individuen befassen sich die folgenden Beispiele.

Nährstoffe und Licht sind Faktoren, die limitierend für das Pflanzenwachstum sein können. Weiner (1986) untersuchte die Wirkungen von intraspezifischer Konkurrenz um diese Ressourcen bei dem annuellen Windengewächs *Ipomoea tricolor* (Convolvulaceae) in einem experimentellen Ansatz, der folgende Varianten umfaßte: (a) Pflanzen ohne Konkurrenz (Kontrollen) wuchsen einzeln in Gefäßen mit jeweils einer senkrechten Stange, an der sie sich emporwinden können. (b) Konkurrenz der Sprosse um Licht wurde hervorgerufen, indem 8, jeweils in Einzelgefäßen wachsende Pflanzen kreisförmig um eine zentrale Stange angeordnet wurden, die allen gemeinsam die einzige Möglichkeit bot, sich emporzuwinden. (c) Wurzelkonkurrenz um Nährstoffe entstand dadurch, dass 8 Pflanzen zusammen in einem Gefäß angezogen wurden, aber jeweils eine eigene Kletterstange zur Verfügung hatten. (d) Licht- und Wurzelkonkurrenz wurden hergestellt, indem 8 Pflanzen zusammen in einem Gefäß wuchsen und ihnen insgesamt nur eine zentrale Stange angeboten wurde. Im Ergebnis zeigten sich deutliche Unterschiede in der Größe und in der Trockenmasse der oberirdischen Teile von Pflanzen unter den verschiedenen Konkurrenzbedingungen: Während Pflanzen, die nur der Lichtkonkurrenz ausgesetzt waren, durchschnittlich 25 % weniger Trockenmasse ausbildeten als die Kontrollen, war diese bei Wurzelkonkurrenz um 80 % niedriger als bei einzeln wachsenden Pflanzen. Der intraspezifische Wettbewerb um Nährstoffe hatte also unter den gegebenen Versuchsbedingungen einen wesentlich stärkeren Effekt auf das individuelle Wachstum als der Wettbewerb um Licht. Gleichzeitige Wurzel- und Lichtkonkurrenz führte zu fast keiner zusätzlichen Reduktion im Wachstum. Die Trockenmassen der Pflanzen waren ähnlich denen, die alleiniger Wurzelkonkurrenz ausgesetzt waren. Weiner stellte außerdem fest, dass die Variabilität in der Größe der Pflanzen bei Lichtkonkurrenz wesentlich höher war als bei Wurzelkonkurrenz, wo alle Pflanzen annähernd gleich klein blieben. Dass unter Lichtkonkurrenz sowohl Individuen resultierten, die relativ klein blieben, als auch solche, die so groß wurden wie Kontrollpflanzen, kann auf den Beschattungseffekt zurückgeführt werden: Der durch andere Pflanzen bedeckte Teil der Gesamtblattfläche ist nicht bei allen Individuen gleich, sondern variiert je nach deren Position an der gemeinsamen Stange.

Auch zu Tieren gibt es Untersuchungen, die sich detailliert mit den Wirkungen von innerartlichem Wettbewerb auseinandersetzen. *Ambystoma laterale* (Abb. 7.2) ist ein nordamerikanischer Querzahnmolch, dessen aquatische Larven sich von Zooplankton und benthischen Wirbellosen ernähren. Van Buskirk u. Smith (1991) gingen der Frage nach, inwieweit intraspezifische Konkurrenz bei den Larvenpopulationen eine Rolle spielt und prüften dies experimentell auf Inseln im nordamerikanischen Lake Superior. Die Jungtiere entwickeln sich dort in kleinen Tümpeln an dem felsigen Ufer in der Zeit zwischen Mai und August. Durch Manipulation der Individuendichte in solchen Gewässern mit den Varianten 5, 15, 30 und 70 Larven/m² untersuchten van Buskirk u. Smith die Wirkung dichteabhängiger Interaktionen auf die Überlebensrate und die Körpergröße der Tiere. Das Spektrum der experimentellen Larvendichte entspricht

Abb. 7.2. *Ambystoma laterale* ist ein Vertreter der in Nordamerika verbreiteten Familie der Querzahnmolche (Ambystomatidae).

etwa dem, das auch in natürlichen Populationen anzutreffen ist. Nach 50-tägiger Dauer des Experiments zeigte sich, dass in der Variante mit der höchsten Dichte nur rund 20 % der Individuen überlebt hatte, während sich in den Übrigen zwischen 60 und 80 % des Besatzes weiterentwickeln konnte. Deutliche Unterschiede ergaben sich auch in den Körpergrößen: Bei der Ausgangsdichte von 5 Individuen/m² wurden die Larven durchschnittlich 21 mm lang, bei den übrigen Varianten durchschnittlich nur zwischen 16 und 18 mm. Bei letzteren wiesen aber nicht alle Tiere in gleichem Maße ein geringeres Wachstum auf, sondern eines oder wenige der Tiere erzielten einen wesentlichen Größenzuwachs, während die anderen deutlich kleiner blieben (Abb. 7.3). Alle diese Beobachtungen konnten in Tümpeln mit natürlichem Besatz bestätigt werden. Welche Mechanismen werden bei diesen Dichteeffekten wirksam? Nahe liegend ist die Vermutung, dass bei hoher Individuenzahl die Nahrung rasch zum Mangelfaktor wird und deshalb ein Teil der Population verhungert, während die Übrigen unterernährt bleiben. Trifft dies zu, so müßte eine Beziehung zwischen der Individuendichte und der Beutedichte, hier im Wesentlichen Zooplankton, bestehen. Das ist aber nicht der Fall: In keiner Situation und zu keinem Zeitpunkt ließ sich ein Zusammenhang zwischen der Dichte der Querzahnmolchlarven und der Abundanz der Kleinkrebse nachweisen. Die Populationsgrößen der Beutearten waren zwar Schwankungen unterworfen, für die jedoch nicht Prädation die Ursache ist. Van Buskirk u. Smith stießen auf einen anderen Effekt der intraspezifischen Konkurrenz: Mit zunehmender Larvendichte erhöhte sich auch die Zahl der Tiere, deren Schwänze von Artgenossen beschä-

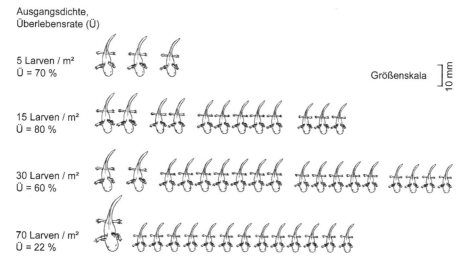

Abb. 7.3. Überlebensrate und Körpergrößenverteilung der überlebenden Larven von *Ambystoma laterale* in Tümpeln mit unterschiedlichen Ausgangsdichten der Tiere. Die Erhebungen erfolgten 50 Tage nach Beginn des Experiments. (Nach Daten von van Buskirk u. Smith 1991)

digt oder abgefressen wurden, also ein Hinweis auf Interferenz. Die verletzten Tiere sind vermutlich anfälliger gegenüber Infektionen und Krankheiten und gehen daran größtenteils zu Grunde, andere sind nicht mehr zu effektivem Beuteerwerb in der Lage. Einige wenige Tiere sind auf Grund von individuellen Größenvorteilen oder höherer Aggressivität weniger gefährdet, durch andere Populationsmitglieder Schaden zu nehmen. Wenn außerdem berücksichtigt wird, dass die überlegenen Tiere auch manchmal kannibalistisches Verhalten zeigen, erklären diese Umstände zumindest ansatzweise die ungleiche Körpergrößenverteilung als Resultat einer hohen Larvendichte. Ob die dichteabhängigen Effekte im Larvenstadium den Faktor darstellen, der auch die Population von *A. laterale* reguliert, konnten van Buskirk u. Smith nicht abschließend beantworten, da über die Einflussfaktoren auf das terrestrische Stadium der adulten Querzahnmolche zu wenig bekannt ist.

Ungleiche Wirkungen von intraspezifischer Konkurrenz auf einzelne Individuen bei hoher Dichte finden sich nicht nur in Bezug auf die Körpergrößenentwicklung wie bei den Querzahnmolchen, sondern können sich in ähnlicher Weise auch bei der Fruchtbarkeitsrate äußern. Wall u. Begon (1985) etablierten in Käfigen juvenile Individuen der Heuschrecke *Chorthippus brunneus* (Acrididae; Abb. 7.4) in Dichten zwischen 14 und 40 Tieren. Jede der Varianten erhielt dieselbe Menge an Grasnahrung. In einem Zeitraum von 25 Tagen entwickelten sich die Tiere und pflanzten sich fort. Wall u. Begon dokumentierten die Zahl der von jedem Weibchen abgelegten Eier und stellten fest, dass diese in den Gruppen mit geringer Dichte insgesamt doppelt so hoch war wie in den Gruppen mit hoher Dichte. Die Verteilung der Gelegegrößen ist bei geringer Individuendichte sehr symmetrisch: 50 % der Weibchen legte zwischen 20 und 40 Eier ab und jeweils 25 % mehr bzw. weniger. Bei hoher Dichte betrug die Zahl der Eier bei 75 % der Tiere zwar weniger als 20, aber immerhin noch 25 % der Weibchen erzielte denselben Reproduktionserfolg wie die Mehrzahl der Weib-

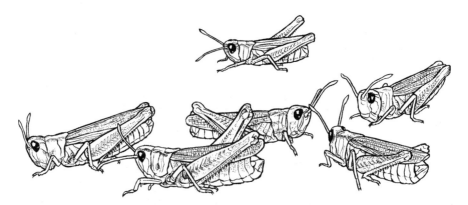

Abb. 7.4. Der Braune Grashüpfer *(Chorthippus brunneus)* ist ein Vertreter der Acrididae (Kurzfühlerschrecken).

chen in Gruppen mit geringer Dichte, nämlich 20–40 Eier pro Gelege. Daraus folgt, dass schwache Konkurrenten allenfalls einen minimalen Beitrag zur nächsten Generation leisten, während starke Konkurrenten darin nicht oder kaum beeinflusst werden.

> Mit ansteigender Populationsdichte erhöht sich die Konkurrenz um das relativ abnehmende Ressourcenangebot bzw. die Interferenz zwischen den Individuen. Die daraus resultierenden Konsequenzen für das Wachstum oder die Fitness sind aber in der Regel nicht für alle Individuen die gleichen: Oft ist zu beobachten, dass bei hoher Dichte zwar der größte Teil der Population negativ beeinflusst wird, andererseits jedoch einzelne, konkurrenzüberlegene Individuen kaum Nachteile erleiden.

7.3
Haben Populationen die Fähigkeit zur Selbstregulation?

Die bisherigen Ausführungen zur intraspezifischen Konkurrenz betrafen Effekte, die bei ansteigender bzw. hoher Populationsdichte zu beobachten sind. Dabei zeigte sich, dass in solchen Situationen für den Großteil der betroffenen Individuen reduziertes Wachstum bzw. Fitnessverluste die Folge sind. Im extremsten Fall, wenn keine anderen Faktoren zur Wirkung kommen, führt das Wachstum einer Population zu dem Punkt, an dem die Nahrungsressourcen aufgebraucht sind und die meisten Individuen zu Grunde gehen. Gibt es intraspezifische Mechanismen, die verhindern, dass dies geschieht?

Wynne-Edwards (1962, 1965, 1986) erstellte eine Hypothese, nach der Populationen in der Lage sind, ihre Dichte selbst zu regulieren. Ihr liegt zu Grunde, dass sich mit zunehmender Dichte die durchschnittliche Konstitution einer Population durch Selektionsvorgänge ändert und daraus eine Verringerung der Dichte resultiert. Wynne-Edwards geht davon aus, dass Nahrung den Faktor darstellt, der letztlich das Fassungsvermögen eines Lebensraums für eine Tierpopulation bestimmt. Da verhindert werden muss, dass sich eine Population ihre eigene Lebensgrundlage entzieht, erwartet Wynne-Edwards einen Regulationsmechanismus, der den Aufbau einer Population schon dann begrenzt, wenn noch eine ausreichende Nahrungsversorgung gewährleistet ist und dadurch die Zerstörung der Ressource verhindert. Für die Realisierung dieser Erfordernisse sorgen nach der Hypothese bestimmte Verhaltensweisen, die in vielen sozialen Tierverbänden ausgebildet sind. Es handelt sich dabei nach der Auffassung von Wynne-Edwards um Konventionen, die im Wesentlichen dazu dienen, das Überschreiten einer kritischen Populationsgröße zu verhindern. Konkret stehen dabei zwei Formen des Verhaltens im Vordergrund:
1. **Territorialität:** Es handelt sich dabei um Konkurrenz zwischen Individuen der gleichen Art um Gebiete, die von ihren Besitzern im Interesse einer angemessenen Nahrungsversorgung verteidigt werden. Wynne-Edwards meint, dass es sich dabei um einen Mechanismus handelt, der verhindert,

dass es zu akutem Nahrungsmangel kommt und ein Teil der Population verhungert. Letzteres würde zwar auch eine Entlastung für die Überlebenden bringen, sie käme jedoch zu spät, da zu diesem Zeitpunkt die Nahrungsressource bereits nachhaltig reduziert wurde. Daher wird die Territorialität als eine andere Form der Konkurrenz vorgeschoben, die bereits in einem früheren Stadium des Populationswachstums zur Wirkung kommt, bevor ein kritischer Punkt erreicht wird.

2. **Hierarchie:** Nicht alle Mitglieder einer Population haben die gleichen Rechte. In Gemeinschaften bestehen oft Rangordnungen, wobei höher gestellte Individuen bestimmte Vorteile gegenüber den niedriger stehenden haben. Sie betreffen gewöhnlich Begünstigungen beim Nahrungserwerb oder bei der Fortpflanzung. Hierarchien entstehen als Folge von Konkurrenz um das abstrakte Ziel eines sozialen Ranges, der aber mit bestimmten Privilegien verbunden ist. Die Funktion dieser Verhaltensweise besteht darin, ab einer bestimmten Rangstufe die „Habenden" von den „Habenichtsen" zu trennen, wenn die Population übermäßig groß wird und nicht mehr Nahrung für alle vorhanden ist. Den benachteiligten Tieren wird Fortpflanzungserfolg und Nahrungserwerb in der Gemeinschaft verwehrt. Die Hierarchie kann damit eine wichtige Grundlage für die Homöostase einer Population werden.

Insgesamt vertritt Wynne-Edwards die Auffassung, dass sich Territorialität und Hierarchie als spezielle Formen der intraspezifischen Konkurrenz zu dem Zweck herausgebildet haben, die Populationsgröße zu regulieren. Er definiert daher einen sozialen Verband als „eine Organisation von Individuen, die in der Lage ist, für konventionelle Konkurrenz zwischen ihren Mitgliedern zu sorgen". In letzter Konsequenz heißt dies, dass dadurch das Überlebens- und Fortpflanzungsinteresse bestimmter Individuen beschnitten werden kann und sich dem Interesse des Fortbestandes der Gemeinschaft unterordnen muss.

Seit der Erstellung der Evolutionstheorie von Darwin gilt das Postulat der **Individualselektion.** Es besagt, dass die Selektion am Individuum ansetzt und dadurch Anpassungen und die Veränderlichkeit der Arten erklärt werden können. Wynne-Edwards nimmt darüber hinaus die Existenz eines weiteren Selektionsmechanismus an, der auf die soziale Anpassung der ganzen Gemeinschaft wirkt: die **Gruppenselektion.** Je effektiver die sozialen Konventionen in einem Verband funktionieren, desto höher ist die Wahrscheinlichkeit seines Fortbestandes. Von einer Population, die zu einem großen Teil aus Individuen besteht, die optimal an die gegebenen Existenzbedingungen angepasst sind, wäre auch eine hohe Reproduktionsrate zu erwarten, die aber nicht immer im Interesse der Gruppe ist. Wenn ein solcher Konflikt auftritt, also der Vorteil der Individuen die Zukunft der Population gefährdet, wird die Gruppenselektion stärker sein als die Individualselektion. Dies äußert sich dann auch in einer den Gegebenheiten angepassten Reproduktionsrate.

So einleuchtend dieses von Wynne-Edwards entworfene Bild auf den ersten Blick auch sein mag, gibt es viele Argumente dagegen, die vor allem von Seiten der Soziobiologie (Box 7.1) angebracht werden. Nach dieser Sichtweise haben

Box 7.1. Soziobiologie. (Nach Wuketits 1997)

Soziobiologie ist das Studium der biologischen Grundlagen aller Formen des sozialen Verhaltens, das innerhalb von Arten ausgeprägt ist.

Als „sozial" werden alle Arten bezeichnet, deren Individuen sich zu Gruppen (Sozietäten) zusammenschließen. Kennzeichnend für eine Sozietät ist ein Mindestmaß an Kommunikation und Kooperation unter den Mitgliedern.

Die Soziobiologie geht von folgenden Voraussetzungen aus:

- Viele Verhaltensweisen sozial lebender Tiere lassen sich nicht im Sinne der Arterhaltung erklären, sondern nur mit der Annahme, dass das individuelle Reproduktionsinteresse die stärkste Triebkraft des Verhaltens ist. Dies steht in Einklang mit dem auf Darwin zurückgehenden Prinzip der Individualselektion.

- In der Soziobiologie werden aber nicht die Individuen selbst, sondern ihre Gene als die Selektionseinheiten angesehen. Das Interesse des Individuums besteht also nicht notwendigerweise in der Sicherung des eigenen Überlebens, sondern in der Sicherung des Überlebens seiner Gene.

- Die verschiedenen Formen des sozialen Verhaltens spielen eine entscheidende Rolle für das genetische Überleben. Von besonderer Bedeutung sind dabei die Beziehungen zwischen verwandten Individuen.

Aus Sicht der Soziobiologie müssen die Vorteile der sozialen Verhaltensweisen, die allen Individuen der Gruppe (und damit der Gruppe als Ganzes) zugute kommen, nicht im Widerspruch zur Individualselektion stehen. Was der Gruppe dient, dient auch dem Individuum, und umgekehrt kann sich individuelles Verhalten als Vorteil für die ganze Gruppe erweisen. Die Schwierigkeit, dabei zwei Selektionstypen auseinander zu halten, ist allerdings nicht unbeträchtlich.

sich (a) soziale Verhaltensweisen wie Territorialität und Hierarchie nicht aus Gründen einer Begrenzung der Populationsgröße entwickelt und ist (b) die Vorstellung der Gruppenselektion nicht in Einklang zu bringen mit dem Evolutionsprinzip der Individualselektion. Im Einzelnen werden folgende wesentliche Argumente gegen die Hypothese angeführt (Trivers 1985):

- Territorialität ist eine Verhaltensweise, die sich auf Grund von Nettogewinnen für die individuellen Konkurrenten entwickelt hat. Das heißt, die Nutzen, die ein Tier aus dem Besitz eines Territoriums zieht, sind größer als die Kosten, die für seine Verteidigung aufgebracht werden müssen. Diese Relation legt auch die Größe des Reviers fest. Die Vorteile kommen allein den entsprechenden Individuen zugute. Tiere, die kein Territorium erobert haben, vermehren sich nicht. Daraus resultiert zwar eine regulierende Wirkung auf die Population, sie ist aber lediglich eine Folge der Territorialität und nicht ihr Zweck (Begon et al. 1998).

- Hierarchien gibt es bei vielen sozial lebenden Arten und existieren permanent, bilden sich also nicht erst bei hoher Populationsdichte aus. Sie stehen

weniger mit dem Nahrungsangebot in Zusammenhang als mit den Vorteilen
beim Reproduktionserfolg. Die Rangordnung sichert den dominanten Individuen ihre Stellung ohne Kämpfe und hohen Energieaufwand. Schwächere
Tiere wären bei Ressourcenmangel sowieso unterlegen und haben dann
nur zwei Alternativen zu überleben: sich unterzuordnen oder abzuwan-
dern, wobei letzteres mit höheren energetischen Kosten und Risiken verbunden ist.

- Eben diese Möglichkeit der Migration wurde von Wynne-Edwards zu wenig
  berücksichtigt und bringt die Logik seiner Hypothese ins Wanken: Sie
  fordert, dass die Populationen isolierte Einheiten darstellen, in denen die Individuen gezwungen sind, bei ungünstigen Bedingungen auszuharren. Nur
  so kann der Mechanismus der Gruppenselektion wirksam werden. Bei
  ständigen Veränderungen der Populationszusammensetzung durch Zu- und
  Abwanderungen ist dies nicht vorstellbar.

Insgesamt dreht sich die Diskussion nicht um die Frage, ob es in Populationen
Prozesse gibt, die dazu führen, dass ihre Dichte verringert wird. Dies ist in zahlreichen Beispielen belegt. Hierher gehören auch Kannibalismus (s. Abschn. 7.1)
sowie das Auftreten von sozialem Stress bei Säugern, wenn bei zunehmender
Populationsdichte physiologische, in erster Linie hormonell bedingte Veränderungen bei den Individuen auftreten. Sie führen dazu, dass die Geburtenrate
verringert und die Mortalitätsrate erhöht wird (Christian 1971). Es stellt sich
vielmehr die Frage, ob solche Mechanismen adaptiv sind, also ob sie sich im
Laufe der Evolution herausgebildet haben zu dem Zweck, ein weiteres An-
wachsen einer Population bei knapp werdenden Ressourcen zu verhindern. Die
gegensätzlichen Standpunkte manifestieren sich in den folgenden Ansichten:
(a) Bestimmte Strukturen haben sich „im Sinne der Arterhaltung" herausgebildet, was einschließt, dass in manchen Situationen die Interessen einzelner
Populationsmitglieder zurückstehen müssen. (b) Dem steht die Auffassung der
Soziobiologen gegenüber: Alle Verhaltensweisen haben nur einen Vorteil für
das Individuum bzw. für das individuelle Erbgut, der Einheit der Selektion. Es
gilt das „Prinzip Eigennutz".

Es besteht kein Zweifel daran, dass die Individualselektion einen entscheidenden Prozess bei der Evolution der Arten darstellt und damit auch mehr
oder weniger rasche Veränderungen in den Interaktionen der Arten zu Stande
kommen können (s. Abschn. 3.6.1). Dies bedeutet jedoch nicht, dass damit notwendigerweise ein Widerspruch zu der Möglichkeit der Gruppenselektion mit
den von Wynne-Edwards postulierten Mechanismen (s. o.) besteht. Die Gruppenselektion steht nicht als Alternative zur Individualselektion zur Diskussion,
sondern als zusätzlicher, auf anderer Ebene wirkender Mechanismus (Eibl-
Eibesfeldt 1999). So gibt es durchaus auch bei Tieren relativ isolierte Gruppen
innerhalb der Art, so z. B. bei Singvögeln, die sich über Dialekte voneinander
abgrenzen. Dadurch sind zumindest die Vorbedingungen für eine Gruppenselektion geschaffen (Wickler 1986; Eibl-Eibesfeldt 1999).

Flux (2001) befasste sich durch Auswertung verschiedener Quellen mit dem
Aspekt der Dichten, die von Populationen verschiedener Vertreter der Hasen-

artigen (Lagomorpha) unter natürlichen Bedingungen erreicht werden. Von den 33 insgesamt berücksichtigten Arten erreichte nur eine Biomassen von mehr als durchschnittlich 10 kg/ha: Kaninchen *(Oryctolagus cuniculus)*, die weltweit auf mehr als 800 Inseln ausgesetzt wurden, erzielten Spitzenwerte von 330 kg/ha. Besonders auffällig sind im direkten Vergleich die Unterschiede zwischen der jeweiligen Populationsdichte von Kaninchen und Feldhasen *(Lepus europaeus)*, die beide dieselben Lebensräume nutzen und deren Nahrungsressourcen zu 78 % identisch sind. Während Kaninchenpopulationen oft mehr als 100 Individuen/ha aufweisen und Werte von 200 Individuen/ha erreichen können, betrug die höchste festgestellte Feldhasendichte auf einer prädatorenfreien Insel mit geeignetem Nahrungsangebot nur 3,4 Individuen/ha. Da Feldhasen nur etwa das doppelte Körpergewicht von Kaninchen aufweisen, bewegt sich ihre Dichte offensichtlich weit unterhalb der Grenze, bei der Nahrungsknappheit zu erwarten ist. Worauf sind die Dichteunterschiede zwischen diesen beiden Arten zurückzuführen? Die in den verschiedenen Regionen der Erde ausgesetzten Kaninchen waren keine „wilden" Tiere, sondern verwilderte Tiere von domestizierten Vorfahren dieser Art. (Echte Wildkaninchen kommen heute nur noch auf der Iberischen Halbinsel vor, wo sie selten sind.) Flux vermutet, dass den Kaninchen durch die Domestikation soziale Verhaltensweisen, die für die Aufrechterhaltung der Selbstregulationsmechanismen einer Population notwendig sind, verloren gingen. So wurde die Selektion durch den Menschen auch mit dem Ziel durchgeführt, die Tiere in großer Dichte auf kleinem Raum halten zu können. Ähnliches könnte auch bei anderen Haustieren wie z. B. Ziegen der Fall sein, deren verwilderte Populationen ebenfalls höhere Biomassen pro Fläche erreichen als solche wilder Huftiere.

Auch wenn Flux keine Beweise für seine Hypothese liefern kann, zeigen die Ergebnisse seiner Studie, dass die Frage, ob verhaltensbedingte, intraspezifische Regulationsmechanismen bei Tierpopulationen auftreten, noch nicht befriedigend beantwortet ist. Interessant in diesem Zusammenhang ist auch ein praktischer Aspekt, auf den Flux hinweist. Auf einigen Inseln haben verschiedene eingeführte Wildhasenarten die Populationen der verwilderten Kaninchen vollständig verdrängt. Kaninchen könnten somit durch Konkurrenz mit Hasen wirkungsvoller bekämpft werden, als dies durch Prädatoren oder Krankheiten gelingt. Die Hasenpopulationen, die dann die Kaninchen ersetzen, hätten auf Grund der zu erwartenden geringen Populationsdichte einen weniger schädigenden Einfluss auf das Ökosystem als die Kaninchen.

Die Frage, ob Tierpopulationen in der Lage sind, ihre Dichte selbst zu regulieren, lässt sich nach den vorliegenden Ergebnissen nicht eindeutig beantworten. Für den dafür notwendigen Prozess, die Gruppenselektion, existiert zwar eine Hypothese, die aber bisher nicht durch konkrete Daten belegt wurde. Dieser Vorstellung gegenüber steht das Prinzip der Individualselektion, nach dem nur Individuen, nicht aber Populationen als Einheiten der Selektion angesehen werden. Auch wenn die Individualselektion als Evolutionsfaktor nicht anzuzweifeln ist, sollte nicht grundsätzlich ausge-

schlossen werden, dass zusätzlich dazu auch Mechanismen auf Gruppen-
ebene zur Wirkung kommen können.

7.4
Kooperation und Altruismus

Analog den mutualistischen Interaktionen zwischen verschiedenen Arten gibt
es auch in Tierpopulationen Formen der gegenseitigen Förderung oder der
Kooperation, die sich dadurch auszeichnen, dass alle beteiligten Individuen
einen Nutzen davon haben. Beispiele hierfür liefern vor allem die Vorteile der
Rudelbildung vieler prädatorischer Säuger. So haben Löwen, Wölfe, Schwert-
wale und andere Arten größere Chancen zum Fang einer Beute, wenn sie in
Gruppen jagen (Bertram 1981).

Ein weiteres intraspezifisches Phänomen im Zusammenhang mit der Frage,
ob es individuelle Verhaltensweisen im Dienste der Arterhaltung gibt, ist
Altruismus. Dieser Begriff ist definiert als uneigennützige Handlung eines Individuums zu Gunsten anderer Mitglieder der Population, bei der auch Risiken
oder Nachteile in Kauf genommen werden. Gibt es ein rein selbstloses Verhalten tatsächlich oder nur scheinbar, da die einzelnen Tiere doch einen weniger
offensichtlichen Nutzen haben, der sie zu ihrem Tun veranlasst? Aufschluss darüber gibt die folgende Untersuchung von Sherman (1977).

Belding-Ziesel *(Spermophilus beldingi)* leben auf Wiesen der Gebirgszüge
im Westen Nordamerikas. Ihr sozialer Verband ist matrilinear, d. h. weibliche
Nachkommen siedeln in der Nähe der mütterlichen Territorien, während die
Männchen abwandern und keine verwandtschaftlichen Beziehungen mehr
aufrecht erhalten. Bei der Nahrungssuche außerhalb ihrer Erdbauten sind die
Ziesel von verschiedenen Feinden (Wiesel, Kojoten, Dachse, Raubvögel) bedroht. Im freien Gelände richten sie sich daher immer wieder auf und halten
nach solchen Tieren Ausschau (Abb. 7.5). Wird ein Feind entdeckt, dann
stoßen sie oft, aber nicht immer, einen Warnruf aus. Es scheint eine altruisti-
sche Verhaltensweise zu sein, die für den Rufer das Risiko beinhaltet, die Aufmerksamkeit des Prädators auf sich zu lenken und auch für rund 10 % dieser
Tiere tödlich endet. Auf den ersten Blick sieht es so aus, als könne dieses Verhalten „im Sinne der Arterhaltung" gedeutet werden. Genauere Untersuchungen von Sherman zeigten jedoch, dass es bei der Bereitschaft zu warnen große
individuelle Unterschiede gibt. Männchen stoßen nur äußerst selten einen
Warnruf aus, und bei Weibchen hängt es davon ab, ob von dem Tier zum entsprechenden Zeitpunkt nähere Verwandte (Töchter, Enkeltöchter, Mutter
oder Schwestern) anwesend sind. Weibchen mit eigenen Nachkommen und
anderen Verwandten geben bei Erscheinen von Feinden häufiger Alarm als
Weibchen, die nur Nachkommen haben, und diese wiederum warnen öfter als
Weibchen ohne jegliche Verwandte. Somit besteht ein klarer Zusammenhang
zwischen dem Grad der Verwandtschaftsbeziehungen und der Bereitwilligkeit
zu warnen.

Abb. 7.5. Ein weibliches Tier des Belding-Ziesels *(Spermophilus beldingi)* warnt die Mitglieder der Kolonie mit einem Alarmruf vor einem Raubvogel.

Altruistisches Verhalten, das der Familie zugute kommt, wird Nepotismus genannt. Dieser führt nach Ansicht von Soziobiologen zu **Verwandtschaftsselektion**, also zur Selektion von Individuen mit gemeinsamer Abstammung. Das Risiko eines Individuums kann demnach im Sinne eines „egoistischen" Vermehrungsinteresses der eigenen Gene verstanden werden (Voland 1993).

Eine weitere Form vermeintlich uneigennützigen Verhaltens lässt sich am Beispiel des Gemeinen Vampirs *(Desmodus rotundus)* aufzeigen, das von Wilkinson (1984) untersucht wurde. Die in Mittel- und Südamerika beheimateten Vampire sind nachtaktive Nahrungsspezialisten, die mit ihren Schneidezähnen die Haut warmblütiger Wirbeltiere anritzen und das ausfließende Blut mit der Zunge auflecken (Abb. 7.6). Bei ihren nächtlichen Beutezügen sind sie nicht immer erfolgreich: Jedem 3. jungen und jedem 14. adulten Tier gelingt es nicht, Blutnahrung aufzunehmen. Diese geraten dann in eine lebensbedrohliche Situation und sind kaum mehr zu einem weiteren Flug in der nächsten Nacht in der Lage. Ihnen wird aber von erfolgreichen Artgenossen, mit denen sie in kleinen Gruppen an den Schlafplätzen zusammentreffen, geholfen: Satte Tiere würgen einen Teil ihrer Nahrung hervor und ermöglichen damit den Hungernden das Überleben. Auch in diesem Fall bestehen Unterschiede in der Bereitschaft der Tiere, „altruistisch" zu handeln. Wie beim Belding-Ziesel gibt es auch bei den Vampiren einen deutlichen Verwandtschaftseffekt: Die Nahrungsübergabe erfolgt umso wahrscheinlicher, je enger Geber und Nehmer

Abb. 7.6. Gemeine Vampire *(Desmodus rotundus)* auf dem Rücken eines Pferdes.

miteinander verwandt sind. Eine weitere Voraussetzung für eine Blutspende ist aber auch, dass entsprechende Paare in mindestens 60 % aller Fälle denselben Schlafplatz aufsuchen. Damit verbunden ist von Seiten eines Spenders die Erwartung, in einer Hungersituation ebenfalls Hilfe zu erhalten, auch von nicht verwandten Artgenossen. Jedes Tier muss damit rechnen, eines Nachts leer auszugehen und braucht daher verlässliche Partner, bei denen es im Bedarfsfall Unterstützung findet.

Diese Beispiele zeigen zwar, dass anscheinend uneigennütziges Verhalten bei näherer Betrachtung auch im Interesse des „Altruisten" liegt und sich entsprechend der soziobiologischen Sichtweise deuten lässt. Dennoch bleibt offen, ob es nicht auch Anpassungen gibt, die nicht ohne weiteres nach dem Prinzip der Verwandtschaftsselektion erklärt werden können. Wie verhält es sich beispielsweise bei den zahlreichen Insektenarten, die eine auffällige Warnfärbung aufweisen, um zu signalisieren, dass sie ungenießbar sind? Ihre Strategie besteht darin, einem möglichen Feind standzuhalten ohne zu fliehen, auch auf das Risiko hin, mit einer gewissen Wahrscheinlichkeit einem noch unerfahrenen Prädator zur Beute zu werden. Dieser hat dann zwar gelernt, entsprechend aussehende Tiere in Zukunft zu meiden, aber wem kommt dieses Opfer zugute? Dass es nur den Nachkommen oder anderen Verwandten des gefressenen Tieres bessere Überlebenschancen bietet, ist kaum anzunehmen. Vielmehr dürften alle Tiere der Population bzw. der Art gleichermaßen einen Nutzen von dem Lerneffekt des Prädators haben. Ein verwandtschaftsselektionistischer Vorteil ist damit ausgeschlossen – also dann doch „zum Wohle der Art"? Ein weiterer Aspekt betrifft die in Abschnitt 6.5 behandelte Kommunikation zwischen Pflanzen. Bei dieser setzen durch Herbivorenfraß beschädigte Individuen flüchtige Stoffe frei, die bei benachbarten Individuen Prozesse in Gang setzen, die zu einer geringeren Schädigung durch Herbivoren führen. In diesem Zusammenhang stellt sich die Frage, welchen biologischen „Sinn" die Aussendung der Signale für die entsprechenden Individuen macht. Ist die Freisetzung der Stoffe nur eine Begleiterscheinung von anderen Prozessen in der betroffenen Pflanze, die sich andere Individuen zu Nutze machen können, oder haben sie tatsächlich eine Warnfunktion, vergleichbar mit den Warnrufen der Belding-Ziesel? Wenn ja, dann profitieren davon auch hier nicht nur Verwandte, sondern sogar mögliche Konkurrenten, die derselben oder einer anderen Art angehören.

Verhaltensweisen von Tieren, die mit Nachteilen oder Risiken für das Individuum verbunden sind, anderen Mitgliedern der Population aber Vorteile bringen, wurden früher oft als Handlungen im Sinne der Arterhaltung interpretiert. Genauere Untersuchungen haben aber gezeigt, dass solches scheinbar altruistisches Verhalten häufig im Interesse der jeweiligen Individuen liegt oder höchstens dessen näherer Verwandtschaft zugute kommt. Nicht alle Phänomene, die negative Folgen für ein Individuum haben können und positiv für andere sind, entsprechen jedoch diesen Beobachtungen.

Zusammenfassung von Kapitel 7

Bestimmte Interaktionen, die zwischen verschiedenen Arten auftreten, können in analoger Weise auch zwischen artgleichen Individuen einer Population stattfinden. So ist Kannibalismus die intraspezifische Form von Prädation. Sie kommt bei vielen Tiergruppen zur Wirkung, wenn vorübergehender Nahrungsmangel herrscht. Bei zunehmender Populationsdichte und abnehmenden Nahrungsressourcen intensiviert sich die intraspezifische Konkurrenz. Auch unabhängig davon werden bei hoher Dichte Faktoren wirksam, die im weitesten Sinne als „Dichtestress" bezeichnet werden können. In beiden Fällen hat dies für einen Teil der Individuen negative Effekte in Bezug auf Wachstum bzw. Fitness, während andere davon kaum betroffen sein müssen. Unter anderem solche Phänomene führten zur Entwicklung des Modells der Gruppenselektion. Danach existieren bei sozialen Tieren Verhaltensweisen, die ab einer bestimmten Individuendichte wirksam werden und verhindern, dass eine Population bei Ressourcenknappheit vollständig zusammenbricht. Die Ausbildung von Territorien und Hierarchien soll gewährleisten, dass ein privilegierter Teil der Population solche Situationen ohne nennenswerte Einschränkung der individuellen Fitness überlebt. Dem gegenüber steht das Postulat der Individualselektion, wonach alle Verhaltensweisen eines Individuums darauf ausgerichtet sind, die eigenen Überlebenschancen und den Reproduktionserfolg zu optimieren. Dies wird unterstützt durch Untersuchungen, die gezeigt haben, dass kooperatives oder vermeintlich selbstloses (altruistisches) Verhalten von Individuen gegenüber Artgenossen entweder einen individuellen Vorteil bringt oder den nächsten Angehörigen zugute kommt. Solche Handlungsweisen dienen also in direkter oder indirekter Weise dazu, die eigenen Gene zu erhalten und mit möglichst großem Erfolg in zukünftige Generationen einzubringen. Demnach existiert kein Verhalten zum Wohle der Population oder der Art, sondern nur das Prinzip Eigennutz. Auch wenn diese Mechanismen aus Sicht der Evolution überzeugend sind, sollte nicht ausgeschlossen werden, dass auch noch Prozesse und Strategien existieren, die sich auf andere Weise interpretieren lassen können.

8 Die Struktur von Biozönosen

In den vorangegangenen Kapiteln wurden die grundlegenden Formen der Interaktionen, die zwischen Arten, Populationen oder Individuen stattfinden können, dargestellt sowie ihre ein- oder wechselseitigen Wirkungen betrachtet. Diese repräsentierten jedoch, sowohl in Bezug auf die beteiligten Organismen als auch hinsichtlich der Effekte dieser Prozesse, lediglich Ausschnitte aus Biozönosen. In den noch folgenden Kapiteln wird gezeigt, in welcher Weise die verschiedenen Interaktionen in komplexere Assoziationen von Arten, nämlich in Biozönosen, integriert sein können. Es soll geprüft werden, ob und mit welchen Parametern sich die Struktur einer Biozönose beschreiben lässt. Die „Struktur" bezieht sich hier auf Merkmale wie die taxonomische oder funktionelle Zusammensetzung, die Zahl der Arten oder ihre Beziehungen zueinander.

In diesem Kapitel werden zwei Aspekte vertieft: Zum einen wird der Frage nachgegangen, welche Beziehungen zwischen der Zahl der vorhandenen Arten und der Größe eines Lebensraumes bestehen und welche Faktoren darauf Einfluss nehmen. Zum anderen wird analysiert, inwieweit die Struktur einer Biozönose anhand eines funktionellen Parameters, und zwar der Verknüpfung der Arten durch Nahrungsnetze und deren Muster, charakterisierbar ist.

8.1
Der räumliche Aspekt: Arten-Areal-Beziehungen

Die Erfassung der Arten liefert die Grundlage für weitere Analysen ihrer Beziehungen in Biozönosen. In der Praxis besteht der erste Schritt gewöhnlich in der Auswahl und Abgrenzung der zu untersuchenden Gemeinschaft, was, wie in Abschnitt 1.1 bereits angedeutet wurde, mit verschiedenen Problemen behaftet ist. Wie soll dabei vorgegangen werden? Balogh (1958) empfiehlt, bei biozönologischen Untersuchungen von phytozönologisch möglichst homogenen Assoziationen auszugehen, da die Vegetation die Biozönosen in ihrem Areal ökologisch, produktionsbiologisch und mikroklimatisch entscheidend beeinflusst. Übergänge zwischen verschiedenen Einheiten sind jedoch immer vorhanden, und eine biozönotische Grenze, die für alle dort in Erscheinung tretenden Arten besteht, gibt es nicht. Eine Abgrenzung kann aber dort vorgenommen werden, wo die meisten Arten einen deutlichen Einschnitt in ihrem Vorkommen zeigen. Auch Begon et al. (1998) halten es für praktikabel, den räumlichen Aspekt in den Vordergrund zu stellen, wobei eine Gemeinschaft in jeder Größe, jedem Maßstab oder auf jeder Ebene innerhalb einer Hierarchie von Lebensräumen definiert werden kann. Die geeignete Untersuchungsebene hängt dabei von der Fragestellung ab. Aber letztlich „…bleibt nichts anderes zu tun, als zunächst provisorisch bestimmte Grenzen anzunehmen; dabei ist man vor allem auf ein zönologisches Fingerspitzengefühl und auf praktische Erfahrungen angewiesen" (Balogh 1958).

Wurde eine solche Wahl getroffen, taucht die nächste Frage auf: Wie groß muss die zu untersuchende Fläche innerhalb des festgelegten Areals sein, um die dort vorkommenden Zielarten möglichst vollständig zu erfassen? Gesucht wird ein so genanntes **Minimumareal**, d. h. die Flächengröße, auf der alle dort vorkommenden Arten (oder die der taxonomischen Zielgruppe) repräsentiert sind und somit einen wirklichkeitsgetreuen Ausschnitt der jeweiligen Artengemeinschaft darstellt.

Das Minimumareal lässt sich durch die Erstellung von **Arten-Areal-Kurven** annähernd bestimmen. Hierfür wird eine Stichprobenfläche festgelegt, deren Größe der zu untersuchenden Zielgruppe angemessen ist und von der die Zahl der entsprechenden Arten erfasst wird. Die Probefläche wird dann schrittweise vergrößert, d. h. verdoppelt, verdreifacht usw. In einem Koordinatensystem kann dann die Abhängigkeit der Artenzahl von der Flächengröße dargestellt werden. Alle auf diese Weise erhaltenen Kurven zeigen einen grundsätzlich ähnlichen Verlauf: Sie steigen zu Anfang bei noch geringer Gesamtfläche steil an, d. h. mit jeder weiteren Stichprobe kommen noch einige neue Arten hinzu. Mit zunehmender Flächengröße nimmt die Zahl der zuvor noch nicht festgestellten Arten ab. Die Kurve verläuft dann allmählich flacher und geht an einem bestimmten Punkt in die Waagerechte über, und zwar dann, wenn alle Arten der entsprechenden Gemeinschaft erfasst sind. Abbildung 8.1 zeigt als Beispiel für eine Arten-Areal-Kurve den Zusammenhang zwischen der Größe von Beständen des Adlerfarns *(Pteridium aquilinum)* und der Zahl der mit den Pflanzen assoziierten Phytophagenarten aus einer Untersuchung von Lawton (1976). Von derartigen Kurven existieren verschiedene mathematische Beschreibungen. Häufig können sie entweder einer Exponential- oder einer Potenzfunktion angenähert werden. Ihre Darstellung erfolgt daher auch oft entsprechend einfach-logarithmisch oder doppelt-logarithmisch, der Graph der Funktion ist dann in beiden Fällen eine Gerade. Empirische Daten zeigen aber, dass es keine „korrekte" Form der Arten-Areal-Kurve gibt (Connor u. McCoy 1979). Mit Hilfe dieser Beziehungen erhält man bei Freilanduntersuchungen einen weitgehend repräsentativen Ausschnitt aus der Artengemeinschaft, wenn eine Flächengröße, ab der die Kurve deutlich abzuflachen beginnt, zu Grunde gelegt wird.

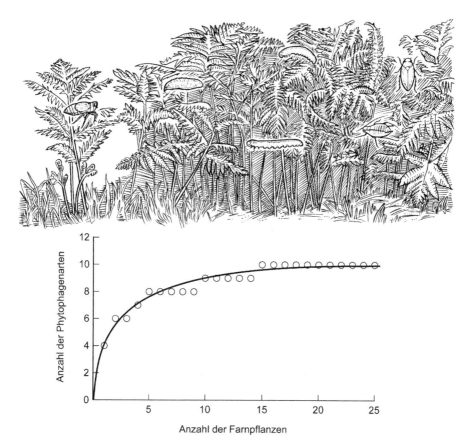

Abb. 8.1. Zusammenhang zwischen der Größe (Anzahl der Pflanzen) eines Bestandes des Adlerfarns *(Pteridium aquilinum, Bild)* in England und der Zahl der vorhandenen phytophagen Arthropodenarten. Nach dieser Arten-Areal-Kurve stellt ein Teilbestand aus 16 Pflanzen das Minimumareal dar, da sich die Zahl der Phytophagenarten mit zunehmender Bestandesgröße nicht weiter erhöht. (Grafik nach Lawton 1976)

In der Regel ist es zwar nicht möglich, Biozönosen anhand von räumlichen Grenzen zu definieren, aber dennoch muss für praktische Untersuchungen eine konkrete Fläche, das so genannte Minimumareal, festgelegt werden. Dies gelingt mit Hilfe der Erstellung einer Arten-Areal-Kurve, aus der der Zusammenhang zwischen Artenzahl und Flächengröße abgelesen werden kann.

8.1.1
Habitat-Heterogenität und Fläche per se

Außer unter dem angewandten Aspekt der Bestimmung eines Minimumareals können die Arten-Areal-Kurven aus einem allgemeineren Blickwinkel betrachtet werden: Die Zahl der Arten steigt mit zunehmender Flächengröße an – warum eigentlich? Eine nahe liegende Annahme ist, dass sich mit der Größe eines Lebensraumes auch andere Faktoren ändern, wie z. B. die Bodeneigenschaften, das Relief und allgemein der Strukturreichtum und das Angebot an verschiedenen Ressourcen. Nach der **Habitat-Heterogenität-Hypothese** führt die Zunahme der Vielfalt an Standortbedingungen auch zu einer Erhöhung der Artenzahlen, weil damit die Existenz weiterer, z. T. stärker spezialisierter Arten möglich wird.

Unterstützung für diese Hypothese liefert eine Untersuchung von Rigby u. Lawton (1981) zur Arthropodenfauna unterschiedlich großer Bestände des Adlerfarns *(Pteridium aquilinum)* in einer englischen Heide. Sie stellten fest, dass in großen Beständen mehr an Farn fressende Phytophagenarten vorkommen als in kleinen. Außer der Arealgröße bestimmten Rigby u. Lawton auch noch andere Parameter der Bestände, und zwar ihre Abstände zueinander, Größe, Gewicht und Dichte der Farnwedel sowie die Menge an Streu pro Flächeneinheit. Dabei fanden sie eine enge positive Beziehung zwischen der Fläche und der Farnwedelgröße: In größeren Beständen sind größere Farnblätter ausgebildet als in kleinen, und daraus resultierend auch höhere Streuauflagen in den größerflächigen Beständen. Zur Klärung der Frage, welche dieser Variablen die Zahl der Phytophagenarten am meisten beeinflusst, führten Rigby u. Lawton Regressionsanalysen durch. Es zeigte sich, dass die Artenzahl die engste Beziehung zu den auf die Farnwedel bezogenen Faktoren aufweist, d. h. zur Zahl, Größe und Biomasse der Blätter pro Flächeneinheit. Somit ist die Flächengröße selbst nur in unbedeutendem Maße dafür verantwortlich, dass große Farnbestände mehr Phytophagenarten beherbergen als kleine. Die Ursache für das Zustandekommen der beobachteten Arten-Areal-Beziehung ist vielmehr in den Unterschieden bei der Farnwedelgröße verschieden großer Bestände zu suchen. Wie lässt sich dies erklären? Rigby u. Lawton vermuten zum einen, dass Unterschiede in der Nahrungspräferenz der Phytophagenarten zwischen kleinen und großen Farnblättern bestehen. So scheinen minierende Arten bevorzugt dicke Stängel und großflächige Blätter zu befallen, vermutlich weil diese eine sicherere Ressource für den Abschluss der Larvalentwicklung darstellen als solche mit geringer Biomasse. Zum anderen könnte der Faktor Streu von Bedeutung sein: Von den 20 bei der Untersuchung auf *Pteridium aquilinum* nachgewiesenen Arthropodenarten überwintern 19 in bestimmten Stadien im Blattabfall. Da dessen Menge pro Flächeneinheit mit der Bestandesgröße zunimmt, kann angenommen werden, dass die dann auch tieferen Streuschichten für mehr Arten im Winter Schutz bieten. Mit zunehmender Größe der Farnbestände verändern sich somit nicht nur die Fläche, sondern auch bestimmte Habitatstrukturen, welche die assoziierte Fauna direkt beeinflussen.

In einer ähnlichen Untersuchung erfassten Ward u. Lakhani (1977) die assoziierte Phytophagenfauna des Wacholders *(Juniperus communis)* in Südengland,
wo sehr unterschiedlich große Bestände dieser Art existieren. Insgesamt wurden dort 19 Insektenarten nachgewiesen, die an dieser Pflanze fressen. Ward u.
Lakhani führten an 25 Standorten, die zwischen 1 und 3300 Büsche umfassten,
Erhebungen der spezifischen Phytophagenfauna durch und stellten fest, dass
diese entsprechend der Größe des Bestandes zwischen 0 und 13 Arten variierte
(Abb. 8.2). Multiple Regressionsanalysen sollten zeigen, welche Faktoren diese
Unterschiede zwischen den Beständen bedingen. Berücksichtigt wurden u. a.
die Bestandesgröße nach Zahl der Büsche, Alter der ältesten Pflanze und die
Entfernung zu den nächsten Wacholderkolonien verschiedener Größe. Anders
als in der Untersuchung von Rigby u. Lawton (1981) wurde hier festgestellt,
dass die Bestandesgröße zu etwa 80 % für die Variation bei den Insektenarten-
zahlen verantwortlich ist und andere Faktoren somit kaum eine Rolle spielen:

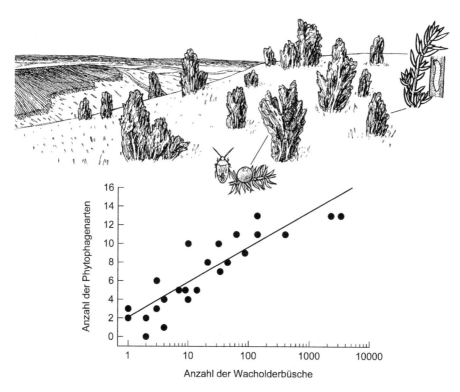

Abb. 8.2. *Bild:* Die Wanze *Cyphostethus tristriatus (unten mitte)* und Vertreter der Miniermot-
ten (Gattung *Argyresthia, rechts)* gehören zu den insgesamt 19 phytophagen Insektenarten,
die sich in Südengland von Wacholder *(Juniperus communis, Bild)* ernähren. *Grafik:* Zusammenhang zwischen der Größe (Anzahl der Büsche; logarithmischer Maßstab) von Wacholderbeständen und der Zahl der vorhandenen phytophagen Insektenarten. (Grafik nach
Ward u. Lakhani 1977)

Je größer die Wacholderkolonie, desto mehr spezifische Phytophagenarten können dort existieren, und je kleiner der Bestand, desto mehr Arten gehen verloren. In diesem Fall scheint also nicht eine mit der Flächengröße zunehmende
Heterogenität des Lebensraumes entscheidend für die Zunahme der Artenzahl
zu sein, sondern die Flächengröße selbst, also die **Fläche per se**. Nach Beobachtung von Ward u. Lakhani verschwinden bei abnehmender Zahl an Pflanzen
immer zuerst die Früchte fressenden Arten, vermutlich deshalb, weil Früchte im
Vergleich zu grünen und holzigen Pflanzenteilen eine quantitativ weniger um-
fangreiche Ressource darstellen, zumal manche Pflanzen auch nicht jedes Jahr
einen Reproduktionserfolg erzielen.

Abgesehen von dieser Erklärung für das eingeschränkte Auftreten der frugi-
voren Arten fällt es schwer, einen Grund für die enge Beziehung zwischen
Wacholder-Arealgröße und der Zahl der an den Pflanzen fressenden Tierarten
zu finden. Jeder Busch für sich bietet theoretisch die Nahrungsressourcen für
praktisch alle diese Arten, sodass zumindest in einem „Minimumareal" von
einigen Büschen eine relativ hohe Zahl an Phytophagenarten zu erwarten wäre.
Die Untersuchung von Ward u. Lakhani hat aber gezeigt, dass die Zahl der
Wacholderbüsche sehr hoch sein muss (in der Größenordnung von über 1000),
um allein die 15 häufigsten Phytophagenarten zu beherbergen. Der Faktor Isolation, der möglicherweise verhindert, dass einzelne Arten abgelegenere Bestände besiedeln können, ist auch nur eine unzureichende Erklärung dafür, dass
unterhalb einer Bestandesgröße von rund 500 Pflanzen mit einem deutlichen
Rückgang der spezifischen Insektenarten gerechnet werden muss.

Untersuchungen, die jeweils die Verteilung phytophager Arthropodenarten
auf verschieden großen Pflanzenbeständen zum Gegenstand hatten, lieferten zwei unterschiedliche Erklärungen für das Phänomen der positiven
Arten-Areal-Beziehung: Im einen Fall konnte gezeigt werden, dass Unterschiede in der Beschaffenheit der Lebensräume für die höheren Artenzahlen in ausgedehnteren Vegetationseinheiten verantwortlich sein können, im
anderen Fall wird angedeutet, dass die Flächengröße selbst den wichtigsten
Faktor hierfür darstellt.

8.1.2
Die Gleichgewichts-Theorie und weitere Insel-Modelle

Den „Fläche per se"-Effekt versuchen MacArthur u. Wilson (1963) mit der so
genannten **Gleichgewichts-Theorie** zu erklären. Sie gehen davon aus, dass die
Zahl der Arten auf einer Insel durch ein dynamisches Gleichgewicht zwischen
der Zuwanderung neuer Arten und dem Aussterben bereits anwesender Arten
bestimmt wird. Eine grafische Darstellung des Modells zeigt Abbildung 8.3 a.
Die abnehmende Kurve stellt die Zuwanderungsrate neuer Arten auf eine Insel
dar. Die Abnahme erfolgt entsprechend der Zahl der Arten, die bereits auf der
Insel vorhanden sind. Die ansteigende Kurve repräsentiert die Extinktionsrate
von Arten auf der Insel. MacArthur u. Wilson erklären diese wie folgt: Wenn

für alle Arten dieselbe Wahrscheinlichkeit besteht, auf der Insel wieder auszusterben und diese unabhängig ist von der Zahl der übrigen anwesenden Arten,
dann ist die Extinktionsrate in einer bestimmten Zeiteinheit proportional zur
Zahl der präsenten Arten. Die Extinktionsrate würde dann linear mit der
Artenzahl ansteigen. Realistischer – so die Ansicht von MacArthur u. Wilson –
ist jedoch die Annahme, dass eine Zunahme der Gesamtartenzahl eine Verringerung der Individuenzahlen jeder einzelnen Art bedeutet und damit für jede
einzelne Art eine höhere Wahrscheinlichkeit besteht, auszusterben. Die durchschnittlich vorhandene Artenzahl zeigt der Schnittpunkt der Immigrations- und
Extinktionskurve. In Abbildung 8.3b sind die Aussagen des Modells zur Inselgröße dargestellt: Bei gleicher Entfernung zur Einwanderungsquelle und bei
gleicher Immigrationsrate beherbergen große Inseln stets mehr Arten als
kleine, da mit abnehmender Inselgröße die Extinktionsrate ansteigt. Es besteht
also eine positive Korrelation zwischen Artenzahl und Inselgröße. Ein weiterer
Aspekt betrifft den Faktor Distanz: Mit zunehmender Entfernung einer Insel
zur Einwanderungsquelle nimmt die Artenzahl ab, da die Immigrationsrate
geringer wird. Weit entfernte Inseln haben also stets weniger Arten als nahe an
der Einwanderungsquelle gelegene, gleich große Inseln (Abb. 8.3c).

Rey (1981) prüfte die Gleichgewichts-Theorie experimentell anhand der
Arthropodenfauna von Inseln, die vor der nordamerikanischen Atlantikküste
von der Grasart *Spartina alterniflora* gebildet werden. Auf 6 solcher Inseln vor
Florida mit Größen zwischen etwa 50 und 1000 m² und unterschiedlichen Entfernungen zum Festland (30–1750 m) wurde durch Begasung die gesamte
Fauna abgetötet. Rey beobachtete die Wiederbesiedelung der verschiedenen
Inseln über den Zeitraum eines Jahres. Seine Ergebnisse lieferten in einigen
Punkten Unterstützung für die Gleichgewichts-Theorie: Etwa 20 Wochen nach
der Auslöschung aller Arthropoden war die ursprüngliche Artenzahl der Inseln
wieder erreicht, wie ein Vergleich mit den Verhältnissen vor der Begasungsak-
tion ergab. Die Zuwanderungsrate während der ersten 20 Wochen war positiv
korreliert mit der Inselgröße. Rey stellte außerdem fest, dass Artenzahl und
Inselgröße positiv korreliert waren. Dies war sowohl vor der Abtötung der
Arthropoden der Fall als auch 20 Wochen danach (Abb. 8.4). Ab diesem Zeitpunkt fanden nur noch geringe Veränderungen durch Zuwanderungen und Ex-
tinktionen statt. Keine Unterstützung für die Theorie von MacArthur u. Wilson
(1963) fand Rey bezüglich der Variablen Isolation: Er konnte keine signifikante
Beziehung zwischen der Entfernung einer Insel zur Einwanderungsquelle und
der Immigrationsrate sowie des Artenreichtums feststellen. Eine solche konnte
jedoch Davis (1975) in einer anderen Studie nachweisen: Er untersuchte die
Kolonisierungsrate isolierter Brennnesselbestände *(Urtica dioica)* durch Insekten und fand, dass gleich große, experimentell angelegte Flächen, die 800 m
Abstand von einer natürlichen Einwanderungsquelle hatten, im selben Zeitraum von 3 Jahren durch nur halb so viele Arten besiedelt wurden wie solche,
die 25–75 m davon entfernt waren.

Die Gleichgewichts-Theorie bezog sich ursprünglich auf „echte" Inseln im
Meer. In verallgemeinerter Form wurde der Begriff „Insel" dann auch auf iso-

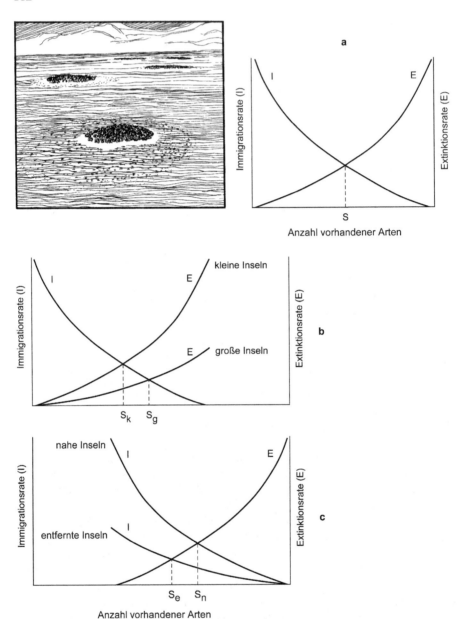

Abb. 8.3. Grafische Darstellung der Gleichgewichts-Theorie von MacArthur u. Wilson. *a* Die auf einer Insel durchschnittlich vorhandene Zahl an Arten *(S)* wird durch ein dynamisches Gleichgewicht zwischen Immigrationsrate *(I)* und Extinktionsrate *(E)* bestimmt. *b* Bei gleicher Entfernung zur Einwanderungsquelle und gleicher Immigrationsrate ist die Artenzahl auf großen Inseln *(S$_g$)* höher als die Artenzahl auf kleinen Inseln *(S$_k$)*. *c* Die Artenzahl auf Inseln, die weit von einer Einwanderungsquelle entfernt sind *(S$_e$)* ist geringer als die Artenzahl auf gleich großen, nahe an der Einwanderungsquelle gelegenen Inseln *(S$_n$)*. (Grafiken nach MacArthur u. Wilson 1963)

lierte Lebensräume inmitten einer anders strukturierten Umgebung bezogen, also beispielsweise auf bestimmte Vegetationseinheiten, Felskuppen oder Seen. Die Übertragbarkeit der Theorie auf solche Habitat-Inseln wird von manchen Autoren jedoch kritisch gesehen. MacArthur u. Wilson (1967) selbst weisen auf eine von ihnen vermutete Besonderheit von Habitat-Inseln hin: „Bereits auf den Habitat-Inseln ansässige Arten stehen unter einem ständigen Druck durch starke Einwanderung weniger gut angepasster Arten aus den umliegenden Habitaten. Gleichzeitig sollte den Arten, die eine Habitat-Insel zu besiedeln versuchen, die Kolonisation schwerer fallen, weil ihnen in jedem gegebenen Augenblick eine größere Vielfalt von Konkurrenten entgegentritt." Auch Ward u. Lakhani (1977) sehen in ihren Wacholderbeständen Unterschiede zu echten Inseln: Keine der Flächen entspricht einem „Festland", also dem primären Herkunftsgebiet der Arten, die ozeanische Inseln besiedeln. Außerdem sind die Grenzen zwischen den Wacholderbeständen nicht so scharf wie eine klar erkennbare Küstenlinie, und es existieren vielfach „Trittsteine" in Form von Zierarten der Cupressaceae, die für bestimmte Phytophagenarten von Bedeutung sind. Darüber hinaus kann sich die Größe einzelner Wacholderbestände in relativ kurzen Zeiträumen verändern, was bei Meeresinseln in der Weise nicht zutrifft. Auch die Anwendung der Gleichgewichts-Theorie auf Agrarökosysteme, (konkret auf die Arthropodenpopulationen im Hinblick auf Maßnahmen zur Verringerung der Zuwanderungsrate von Schädlingen oder der Förderung von Gegenspielern,) ist daher auf Grund solcher Aspekte problematisch. So kommt Price (1976) in einer Untersuchung zu den Besiedelungs- und Extinktionsraten von Arthropoden in Sojabohnenfeldern zu dem Schluss, dass landwirtschaftliche Kultur„inseln" diesbezüglich nicht mit ozeanischen Inseln vergleichbar sind, da sich u. a. die ökologischen Bedingungen im Pflanzenbestand im Verlauf der Saison kontinuierlich verändern. Auch das Alter der Kultur kann einen großen Einfluss auf die Schadarthropodenzahl haben, wie Banerjee (1981) in Teeplantagen zeigte. In einer Analyse von 14 Standorten mit Nutzungszeiten zwischen 28 und 153 Jahren in Asien und Afrika stellte er fest, dass die ältesten Pflanzungen meist deutlich mehr Schädlingsarten beherbergen als jüngere. Eine detaillierte Untersuchung von Teesträuchern *(Camellia sinensis)* unterschiedlicher Altersklassen in Assam ergab, dass das Maximum der Zahl phytophager Arthropodenarten bei etwa 35-jährigen Büschen erreicht ist und etwa 220 beträgt (Abb. 8.5). Danach war keine weitere Zunahme mit dem Alter mehr festzustellen. Die Flächengröße der Teekulturen hat dabei zwar einen zusätzlichen Effekt, dieser ist aber gegenüber dem Alter des Bestandes von untergeordneter Bedeutung.

Neben der Gleichgewichts-Theorie existieren auch noch andere Insel-Modelle, die auf der Fläche per se basieren. Ihnen liegt die Vorstellung zu Grunde, dass die Unterschiede in den Artenzahlen zwischen kleinen und großen Flächen bzw. Inseln allein auf bestimmten Wahrscheinlichkeiten beruhen.

Connor u. McCoy (1979) sprechen von einem „Effekt der passiven Ansammlung" und vermuten, dass die positive Korrelation zwischen Artenzahl und Inselgröße auf einem Sammeleffekt beruht, d. h. auf größeren Flächen sammeln

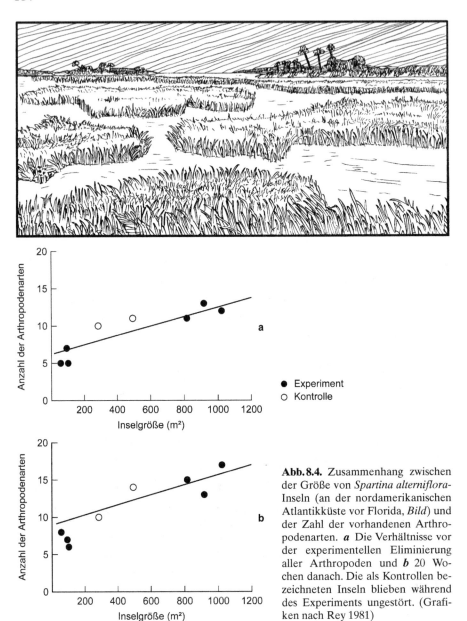

Abb. 8.4. Zusammenhang zwischen der Größe von *Spartina alterniflora*-Inseln (an der nordamerikanischen Atlantikküste vor Florida, *Bild*) und der Zahl der vorhandenen Arthropodenarten. *a* Die Verhältnisse vor der experimentellen Eliminierung aller Arthropoden und *b* 20 Wochen danach. Die als Kontrollen bezeichneten Inseln blieben während des Experiments ungestört. (Grafiken nach Rey 1981)

sich mehr Arten aus dem umgebenden Artenpool an als auf kleinen. Im Unterschied zur Gleichgewichts-Theorie wird hier kein dynamisches Gleichgewicht zwischen Immigration und Extinktion vorausgesetzt.

Coleman (1981) erstellte das „Modell der Zufallsverteilung": Wenn die Individuen der Arten, die in einer Region (z. B. einer Gruppe von Inseln) vorkom-

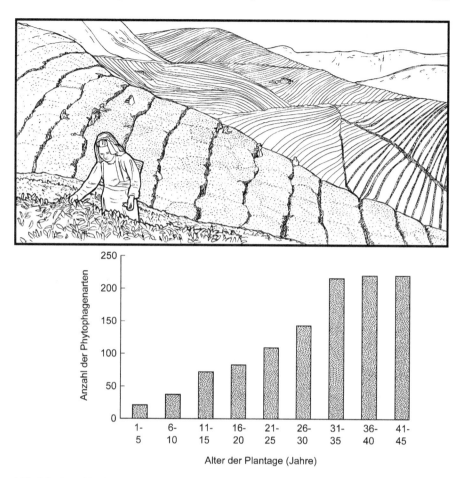

Abb. 8.5. Anzahl phytophager Arthropodenarten auf Teesträuchern *(Camellia sinensis)* in Plantagen *(Bild)* von unterschiedlichem Alter in Assam. (Grafik nach Daten von Banerjee 1981)

men, zufallsverteilt sind, dann ist die Wahrscheinlichkeit, dass ein Individuum in einer Subregion (z. B. auf einer bestimmten Insel) vorkommt, proportional zu deren Größe. Coleman et al. (1982) führten Erhebungen von Brutvogelpopulationen auf unterschiedlich großen, bewaldeten Inseln in einem nordamerikanischen Stausee durch. Sie fanden, dass die Anzahl der Vogelarten mit der Inselgröße in der Weise in Beziehung stand, wie man sie bei einer zufälligen Verteilung der Vögel erwarten würde. Die Wahrscheinlichkeit, dass ein Brutpaar auf einer Insel vorkommt, ist somit proportional zu deren Fläche und unabhängig von der Anwesenheit anderer Brutpaare. Auch Haila (1983) prüfte das Modell der Zufallsverteilung anhand der Brutvogelfauna auf 44 finnischen Inseln. Diese wurden entsprechend ihren Landschafts- und Habitatstrukturen in 7

Gruppen unterteilt. Haila fand die Hypothese von Coleman (1981) nur teilweise bestätigt: Weitgehende Übereinstimmung mit ihren Aussagen wurde zwar jeweils innerhalb der einzelnen Kategorien von Inseln mit ähnlichen ökologischen Bedingungen festgestellt, aber nicht für den Archipel der 44 Inseln als Ganzes. Bestimmte Inseln beherbergen wesentlich mehr bzw. weniger Brutvogelarten als nach dem Modell zu erwarten wäre, was in den einzelnen Fällen in deutlichem Zusammenhang mit der Habitat-Heterogenität des Eilandes stand. Haila schließt daraus, dass die Lebensraumstruktur einen wesentlichen Faktor für die Zahl der Brutkolonisten darstellt und die alleinige Beziehung zwischen Flächengröße und Artenzahl wenig ökologische Aussagekraft hat.

Die Gleichgewichts-Theorie von MacArthur u. Wilson trifft Voraussagen über die Besiedelung von Inseln durch Arten und deren Zahl, die dort zu einem bestimmten Zeitpunkt auf einer gegebenen Fläche zu finden ist. Sie legt zu Grunde, dass nicht alle Arten, die als potenzielle Besiedler zur Verfügung stehen, gleichzeitig auf einer Insel existieren können. Mit ansteigender Zahl an Arten sollte ein bestimmter Anteil der bisher ansässigen wieder von der Insel verschwinden. Die einzelnen Arten werden dabei als austauschbar angesehen. Interaktionen der Arten sowie die Individuendichten als Faktoren, welche die Extinktionsrate beeinflussen könnten, werden kaum berücksichtigt. Experimentelle Prüfungen lieferten allenfalls in bestimmten Punkten Unterstützung für diese Vorstellung und bezogen sich außerdem nur auf ausgewählte Artengruppen. Dasselbe trifft auch für andere Modelle zu, die sich in ihrer Erklärung der Artenvielfalt von Inseln auf bestimmte Wahrscheinlichkeiten beziehen.

8.1.3
Die Rolle von ökologischen Prozessen bei Arten-Areal-Beziehungen

Neben den bisher gelieferten Erklärungen ist zu vermuten, dass noch weitere Faktoren auf die Arten-Areal-Beziehungen Einfluss nehmen. Die oben wiedergegebenen Vorstellungen haben gemeinsam, dass alle Arten bzw. Populationen mehr oder weniger denselben Stellenwert haben, also austauschbar sind. Ihnen liegt damit im Wesentlichen die Sichtweise von Gleason (1926) zu Grunde (s. Abschn. 1.1). Ökologische Faktoren wie die Habitatansprüche und die Ausbreitungsmöglichkeiten der Arten sowie deren Interaktionen (Nahrungsbeziehungen, Konkurrenz, Mutualismus) und die damit verbundenen dynamischen Prozesse ihrer Populationen blieben weitgehend unberücksichtigt.

Ergebnisse zu solchen Aspekten liefern Gascon u. Lovejoy (1998) aus Wäldern, Waldfragmenten und gerodeten Flächen im Amazonasbecken bei Manaus. Sie stammen aus verschiedenen Arbeiten eines Forschungsprojekts, das in einem zur Kultivierung freigegebenen Primärwaldgebiet durchgeführt wurde. Da das brasilianische Gesetz vorschreibt, 50 % der Waldfläche solcher Erschließungsbereiche stehen zu lassen, konnten gezielt zu erhaltende Waldfragmente unterschiedlicher Größen (1–100 ha) und Entfernungen zum geschlossenen Wald ausgewählt werden. Darüber hinaus bestand die Möglichkeit, diese Waldflächen vor und nach der Fragmentierung auf ihr Arteninventar hin zu untersuchen. Wesentliche Ergebnisse waren folgende: (a) Große Waldfragmente enthielten mehr Arten als kleine, was in Einklang mit der Gleichgewichts-Theorie von MacArthur u. Wilson (1963) steht. (b) Viele Tiergruppen wiesen zwar, wie nach der Gleichgewichts-Theorie zu erwarten, in den isolierten Waldflächen geringere Artenzahlen auf als zuvor auf denselben Flächen innerhalb des geschlossenen Waldes. Bei bestimmten Taxa (z. B. Säuger, Amphibien und Schmetterlinge) erhöhte sich jedoch die Zahl der Arten in den Waldinseln.

Insgesamt reagierten die Tier- und Pflanzenarten auf unterschiedliche Weise auf die Fragmentierung ihres Lebensraumes. Als Ursache hierfür wurden ökologische Prozesse identifiziert, von denen in der gegebenen Situation besonders zwei von Bedeutung waren. Zum einen schafft die Waldfragmentierung eine Habitatstruktur, die vorher nicht vorhanden war, und zwar einen deutlich abgegrenzten Waldrand. An diesem herrschen andere ökologische Bedingungen als im Waldinnern, die sich von letzteren v. a. durch eine höhere Lichtintensität, höhere Temperaturen und geringere Luftfeuchte unterscheiden. Dadurch können sich in dem Randbereich Arten ansiedeln, die ansonsten nur in natürlichen Baumlücken (z. B. Pionierbaumarten) oder an Flussufern (z. B. bestimmte Schmetterlingsarten) zu finden sind. Zum anderen hat sich gezeigt, dass die Waldfragmente auch durch die zwischen ihnen vorhandenen Landschaftselemente beeinflusst werden. Sie stellen nicht, wie vielfach angenommen, ausschließlich Barrieren dar, sondern sind eher als Filter anzusehen, durch die bestimmte Arten zu den isolierten Waldstandorten gelangen. Außerdem können auch Arten, die ansonsten in der kultivierten Landschaft leben, in die Waldfragmente eindringen.

Die Besiedelung einer „Insel" durch eine Art kann auch durch Faktoren bestimmt werden, die in der dort etablierten Biozönose begründet sind. So diskutierten auch schon MacArthur u. Wilson (1967) die Frage, wodurch eine Art an der erfolgreichen Besiedelung einer Insel gehindert wird. Sie kamen in ihren theoretischen Ausführungen zu dem Resultat, dass eine bestimmte Art aus der Biozönose einer Insel ausgeschlossen bleiben kann, wenn bereits erfolgreiche Konkurrenten anwesend sind oder die Populationsdichte der entsprechenden Art durch bestimmte Umstände (z. B. durch Prädatoren) ständig so niedrig gehalten wird, dass die Wahrscheinlichkeit der Auslöschung besonders hoch ist.

Experimente, deren Ergebnisse solche Überlegungen untermauern, wurden von Schoener u. Spiller (1995) durchgeführt. Sie prüften die Effekte von Inselgröße und Prädation auf den Besiedelungserfolg einer Spinnenart *(Metepeira datona)* auf den Bahamas. Die Spinnen (je 9 weibliche und 6 männliche Tiere) wurden auf 3 Varianten von Inseln ausgesetzt: (a) auf großen Inseln mit deutlich mehr als 100 m^2 Vegetationsfläche und mit Leguanen *(Anolis sagrei)* als Prädatoren, (b) auf großen Inseln ohne Leguane sowie (c) auf kleinen Inseln mit weniger als 50 m^2 Vegetationsfläche ohne Leguane. Die Entwicklung der Spinnenpopulationen wurde über einen Zeitraum von mehreren Jahren verfolgt. Auf den kleinen Inseln ohne Prädatoren nahm die Spinnendichte anfangs deutlich zu, am Ende des Beobachtungszeitraumes waren jedoch fast alle Populationen erloschen (Abb. 8.6 a, b). Auf den großen Inseln ohne Prädatoren konnten sich dagegen mehrheitlich große Populationen dauerhaft etablieren (Abb. 8.6 a, b). Andererseits war auf den großen Inseln mit Prädatoren zu keinem Zeitpunkt der Beobachtung ein Zuwachs über die Zahl der ausgesetzten Individuen an Spinnen zu verzeichnen, und nach 4 Jahren waren die Populationen überall verschwunden (Abb. 8.6 a, b). Diese Untersuchung zeigt, dass nicht nur die Flächengröße, sondern auch die Anwesenheit von Prädatoren den Besiedelungserfolg entscheidend beeinflussen kann.

Umgekehrt muss auch die Frage nach den Voraussetzungen gestellt werden, die gegeben sein müssen, damit sich eine bestimmte Art in der Biozönose einer Insel etablieren kann. Es gibt viele Fälle, die zeigen, dass die Lebenstätigkeit

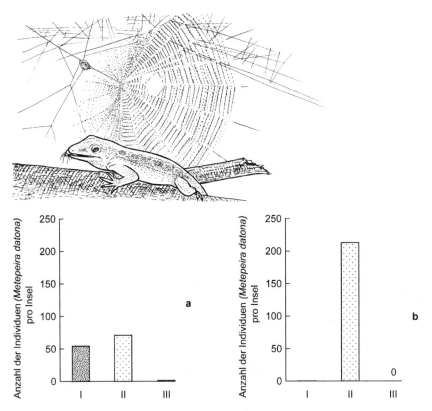

Abb. 8.6. Entwicklung der Populationen der Spinne *Metepeira datona* auf Inseln der Bahamas in Abhängigkeit von deren Größe und der Präsenz von Leguanen *(Anolis sagrei, Bild)*. *I* = kleine Inseln ohne Leguane, *II* = große Inseln ohne Leguane, *III* = große Inseln mit Leguanen. Auf jeder der Insel-Varianten wurden 9 weibliche und 6 männliche Tiere ausgesetzt. *a* Durchschnittliche Individuenzahlen auf den Inseln der verschiedenen Varianten nach 4 Monaten, *b* nach 4 Jahren. (Grafiken nach Daten von Schoener u. Spiller 1995)

oder Anwesenheit einer Art die Grundlage für die Existenz anderer Arten schafft. So liegt es auf der Hand, dass Parasiten nur dann vorhanden sein können, wenn ihre Wirte anwesend sind. Ein anderes Beispiel dafür, wie eine Art zum Wegbereiter für eine ganze Reihe anderer werden kann, stammt von Thienemann (1950). Auf Java kommt eine Eichhörnchenart *(Callosciurus notatus)* vor, die sich von Kokosnüssen ernährt. Das Tier klettert auf die Palmen, nagt von unten ein Loch in die Früchte, damit das Kokoswasser ausfließt und frisst anschließend die Nuss aus. Durch das Loch verlagert sich der Schwerpunkt der Nuss auf die der Öffnung entgegengesetzten Seite, sodass nach dem Herabfallen der Schale das Loch meistens an der Oberseite liegt (Abb. 8.7). Die Nuss füllt sich mit Regenwasser und bietet einen Lebensraum für eine Vielzahl von Tieren (z. B. Milben, Collembolen und Insektenlarven).

Dass sich solche Abhängigkeiten in manchen Fällen kaskadenartig fortführen, zeigen prinzipiell die folgenden Ergebnisse von Tscharntke (1990): In späten Sukzessionsstadien von Schilfbeständen *(Phragmites australis)* kommt es alle 3–5 Jahre zu Massenvermehrungen des Schmetterlings *Archanara geminipuncta* (Noctuidae), dessen Raupen in den Halmen minieren und dadurch ihre apikale Hälfte zerstören. Die Schilfpflanze reagiert darauf mit der Bildung von Seitenästen an den unterhalb der Schädigung gelegenen Nodien. Von diesen Seitenästen ist die Gallmücke *Lasioptera arundinis* (Cecidomyiidae) abhängig, da sie nur dort ihre Gallen induzieren kann. Die Anwesenheit von *L. arundinis* ermöglicht dann die Existenz von 2 Parasitoidenarten, *Platygaster phragmitis* (Platygasteridae) und *Torymus arundinis* (Torymidae). Auch eine

Abb. 8.7. Das in Südostasien vorkommende Eichhörnchen *Callosciurus notatus* öffnet Kokosnüsse *(Cocos nucifera)* in charakteristischer Weise. Aus diesen entstehen nach einem Regenguss aquatische Lebensräume, die von vielen Arthropoden genutzt werden.

weitere Gallmückenart *(Giraudiella inclusa)* kann diese Seitenäste nutzen, und einer ihrer Gegenspieler, die Erzwespe *Aprostocetus gratus*, erzielt an den Gallen der Seitenäste eine höhere Parasitierungsrate als an anderen Bereichen der Halme. Schließlich liefern die Gallen eine Nahrungsressource für eine weitere Tierart: Blaumeisen *(Parus caeruleus)* picken im Winter die Gallen auf und beeinflussen durch diese Tätigkeit wiederum die Parasitoiden-Populationen.

> Insgesamt sind die Beziehungen zwischen der Zahl der Arten einerseits und der Größe sowie dem Grad der Isolation eines bestimmten Lebensraumes andererseits wesentlich komplexer, als die auf der Habitat-Heterogenität oder auf der Fläche per se basierenden Modelle erwarten lassen. Die Zusammenhänge lassen sich nur aufdecken, wenn auch ökologische Faktoren berücksichtigt werden. Letztere betreffen im Wesentlichen die Habitatansprüche und die Interaktionen der Arten.

8.2
Funktionale Verbindungen: Trophische Ebenen und Nahrungsnetze

Wie mit dem Beispiel von Tscharntke (1990; s. o.) bereits angedeutet wurde, ergibt sich ein weiterer Aspekt der Struktur von Biozönosen aus dem funktionalen „Zusammenhalt" verschiedener Arten durch die zwischen ihnen bestehenden Nahrungsbeziehungen. Entsprechend ihrer Position innerhalb der trophischen Abhängigkeitsfolge können die Organismen einer Biozönose in 3 Hauptgruppen eingeteilt werden:

- **Produzenten** sind alle autotrophen Lebewesen, die aus anorganischen Stoffen organische Substanzen aufbauen. Hierzu zählen vor allem die zur Fotosynthese befähigten (fotoautotrophen) Pflanzen und bestimmte Bakterien (z. B. Cyanobakterien, früher auch Blaualgen genannt). Es gibt aber auch chemoautotrophe Organismen, die ihre Energie für den Aufbau der Kohlenstoffverbindungen nicht aus Licht beziehen, sondern aus der Oxidation anorganischer Verbindungen (Chemosynthese). Zu ihnen zählen z. B. Nitrat-, Schwefel-, Methan- und Eisenbakterien.
- **Konsumenten** sind heterotrophe Lebewesen und lassen sich weiter in zwei Gruppen unterteilen: Konsumenten 1. Ordnung beziehen ihre Nahrung bzw. Nährstoffe von autotrophen Organismen. Es handelt sich im Wesentlichen um Phytophagen, Phytopathogene (Pilze, Bakterien und Viren) sowie um parasitische Pflanzen. Konsumenten 2. Ordnung ernähren sich von heterotrophen Organismen und sind repräsentiert durch Prädatoren, Parasitoide und Parasiten.
- **Destruenten** (Zersetzer) sind ebenfalls heterotrophe Lebewesen, fressen aber im Unterschied zu den Konsumenten totes organisches Material (Detritus). Bei den Destruenten muss zwischen zwei funktionellen Gruppen unterschieden werden: (a) **Detritivoren** (Detritusfresser) nutzen die aufgenom-

mene organische Substanz in ihrem Stoffwechsel in derselben Weise wie die Konsumenten und sind in Ökosystemen am Abbau des toten Materials beteiligt. (b) **Reduzenten** oder Mineralisierer bauen organische Substanzen unter Energiegewinnung zu anorganischen Endprodukten ab. Die Mineralisierung wird im Wesentlichen von Mikroorganismen (v. a. von Pilzen und Bakterien) durchgeführt.

Es muss betont werden, dass diese durchgeführte Einteilung stark schematisiert ist und verschiedene Prozesse oder Sonderfälle im Stoffkreislauf nicht berücksichtigt sind: Autotrophe Bakterien, die anorganische Substanzen in andere anorganische Verbindungen überführen, lassen sich keiner der 3 Gruppen zuordnen. Konsumenten sind gleichzeitig auch Reduzenten, da sie mit ihren Exkreten anorganische Substanzen ausscheiden. Detritivoren nehmen beim Fressen auch mit dem Detritus assoziierte Mikro- und andere Organismen auf, die eine wichtige Rolle bei der Ernährung spielen können. Detritivoren treten daher auch teilweise als Konsumenten in Erscheinung.

Die genannten Organismengruppen stellen verschiedene Ernährungsstufen, so genannte **trophische Ebenen** einer Biozönose dar. In dieser vereinfachten Form sind sie gleichzeitig die wesentlichen Glieder von **Nahrungsketten**, von denen zwei Haupttypen unterschieden werden können:

Die **Weidekette** beginnt mit den grünen Pflanzen und führt über die phytophagen zu den prädatorischen Konsumenten (Abb. 8.8, links). Die **Detrituskette** basiert auf totem organischem Material. Dieses wird von Detritusfressern konsumiert, diese wiederum von ihren Prädatoren (Abb. 8.8, rechts).

Biozönosen, deren Nahrungsketten sich überwiegend auf Detritus aufbauen, kommen in verschiedenen Lebensräumen vor. In vielen Fließgewässern bilden Blätter und Zweige von Bäumen der Umgebung die primäre Energiequelle (Cummins et al. 1995), auf deren Bedeutung für die aquatische Biozönose in Abschnitt 10.2.3 noch genauer eingegangen wird. In der Namib-Wüste sammelt sich an den Sanddünen vom Wind angewehter Pflanzendetritus an, der eine bedeutende Basis für den Aufbau der verschiedenen trophischen Ebenen der Konsumenten liefert (Seely u. Louw 1980).

Bei der Untersuchung realer Biozönosen müssen die trophischen Ebenen noch weiter unterteilt werden, um die Nahrungsverbindungen der einzelnen Arten darzustellen. Man erhält dann ein komplexeres Geflecht an Beziehungen, ein **Nahrungsnetz**. Trophische Beziehungen zwischen Organismen werden in erster Linie durch Beobachtungen erkannt. In manchen Fällen geben auch Analysen der Inhalte des Verdauungstraktes Aufschluss über die Nahrung einzelner Arten. Hinweise auf die Ernährungsgewohnheiten können auch Fütterungsversuche liefern. Deren Ergebnisse sind jedoch nicht unbedingt auf die Verhältnisse im natürlichen Lebensraum übertragbar.

Die wesentlichen Probleme, die sich bei der Untersuchung von trophischen Beziehungen und der Erstellung von Nahrungsnetzen ergeben, sind in Box 8.1 aufgeführt.

Nahrungsnetze lassen sich grafisch darstellen. Als Beispiel zeigt Abbildung 8.9 die trophischen Beziehungen in den aquatischen Gemeinschaften von Be-

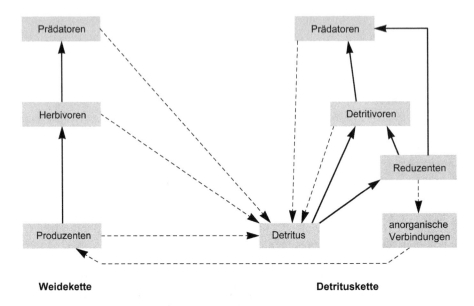

Abb. 8.8. Schematische Darstellung der Nahrungsbeziehungen *(nicht unterbrochene Pfeile)* in einer Weidekette *(links)* und einer Detrituskette *(rechts)*. Die Pfeile zeigen von den Nahrungsressourcen auf die Konsumenten. Die *unterbrochenen Pfeile* stellen die Wege unbelebter Substanzen dar.

ständen der Unterwasserpflanze *Najas graminea* (Najadaceae) der Reisfelder des traditionellen Terrassenanbausystems in Nordluzon auf den Philippinen (Martin 1994). Es handelt sich um die stark vereinfachte, kumulative Version von insgesamt 17 genauer untersuchten Stichproben, die über den Zeitraum von etwa einem Jahr aus verschiedenen Feldern entnommen wurden. In der hier gezeigten Wiedergabe wurden einzelne Arten weggelassen, die nur in wenigen der Proben enthalten waren. Aber auch bei dem Versuch, die Nahrungsnetze detaillierter darzustellen, ließen sich viele der bestehenden Schwierigkeiten (s. Box 8.1) nicht beseitigen. Manche Arten wurden zusammengefasst, da sie nicht einzeln bestimmt werden konnten (z. B. viele der Chironomidae). Bei anderen Taxa war zwar eine Unterscheidung nach Arten möglich, nicht jedoch nach der Ernährungsweise (z. B. bei den Schnecken). Aus diesem Grund wurden sie ebenfalls unter einem übergeordneten Taxon (Ordnung Gastropoda) zusammengefasst. Solche Aggregate von verwandten Arten, die sich im Nahrungsspektrum sehr ähnlich sind, werden gemeinhin als **trophische Elemente** von Nahrungsnetzen bezeichnet. Darüber hinaus gelang es auch nicht, die Zusammensetzung der Ressourcen an der Basis der Trophieabfolge weiter aufzuschlüsseln, sodass diese nur 2 trophische Elemente umfassen, und zwar den Aufwuchs-Detritus-Komplex sowie *Najas graminea*, die einzige Gefäßpflanzenart.

> **Box 8.1.** Probleme bei der Erstellung von Nahrungsnetzen.
>
> - Die räumliche Abgrenzung einer Gemeinschaft von Arten, die untereinander Nahrungsbeziehungen aufweisen, kann gewöhnlich nicht eindeutig vorgenommen werden.
>
> - Saisonal bedingte Unterschiede im Vorkommen von Arten werfen die Frage nach dem für die Erfassung notwendigen Zeitrahmen auf.
>
> - Viele, v. a. sehr kleine Arten (z. B. Vertreter der Mikroorganismen) sind schwierig zu erkennen und zu erfassen.
>
> - Es gelingt oft nicht, das vollständige Nahrungsspektrum einzelner Arten (z. B. polyphager Prädatoren) festzustellen oder die genaue Zusammensetzung der Nahrung zu bestimmen (z. B. bei Detritivoren).
>
> - Arten, die größen-, alters- oder entwicklungsstadienspezifische Unterschiede im Nahrungsspektrum aufweisen (z. B. Larven und Imagines vieler Insekten) sind schwierig in ein Nahrungsnetz einzuordnen.
>
> - Oft bestehen Schwierigkeiten bei der Identifizierung von Arten. Wenn mehrere verwandte, nicht bestimmbare Arten gemeinsam vorkommen, werden sie in der Praxis häufig auf höherer systematischer Ebene (z. B. als Gattung oder Familie) zusammengefasst und, sofern von einer identischen oder ähnlichen Ernährungsweise ausgegangen wird, wie eine einzige Art behandelt. Nahrungsnetze stellen dann häufig nicht die trophischen Beziehungen zwischen einzelnen Arten dar, sondern zwischen taxonomisch und funktionell verwandten Artengruppen.

Nahrungsnetze können auch als Matrix dargestellt werden, aus der sich ebenfalls die trophischen Beziehungen zwischen den Elementen einer Gemeinschaft ablesen lassen. Abbildung 8.10 zeigt das in dieser Form wiedergegebene Nahrungsnetz aus Abbildung 8.9. Als Matrix lassen sich auch komplexe Nahrungsnetze besser abbilden und als Grundlage für die Berechnung bestimmter Parameter heranziehen, auf die in Abschnitt 8.3 eingegangen wird.

> Nahrungsnetze sind auf Grund von methodischen Schwierigkeiten bei der Erhebung der Daten (Nachweis der Arten und ihren trophischen Beziehungen) in der Regel keine exakten Wiedergaben der natürlichen Verhältnisse. Es sind fast immer mehr oder weniger stark vereinfachte Darstellungen, für deren Erarbeitung keine verbindlichen Richtlinien existieren.

8.3
Nahrungsnetzmuster

Seit Ende der 1970er Jahre erschien eine Vielzahl von Arbeiten, in denen ein Hauptziel verfolgt wurde: Die Untersuchung von Nahrungsnetzen vor dem Hintergrund der Frage, ob es Muster und Regelmäßigkeiten gibt, die unabhän-

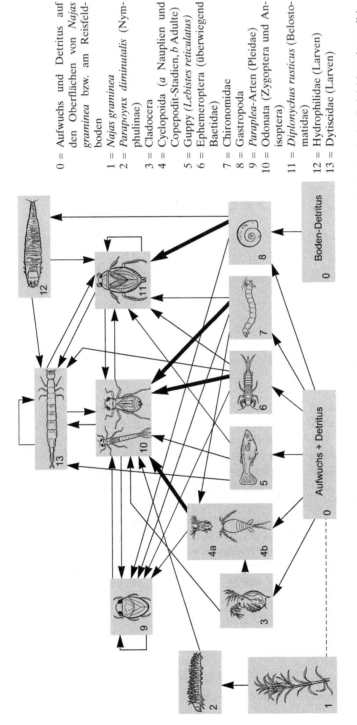

0 = Aufwuchs und Detritus auf den Oberflächen von *Najas graminea* bzw. am Reisfeldboden
1 = *Najas graminea*
2 = *Parapoynx diminutalis* (Nymphulinae)
3 = Cladocera
4 = Cyclopoida (*a* Nauplien und Copepodit-Stadien, *b* Adulte)
5 = Guppy (*Lebistes reticulatus*)
6 = Ephemeroptera (überwiegend Bactidae)
7 = Chironomidae
8 = Gastropoda
9 = *Paraplea*-Arten (Pleidae)
10 = Odonata (Zygoptera und Anisoptera)
11 = *Diplonychus rusticus* (Belostomatidae)
12 = Hydrophilidae (Larven)
13 = Dytiscidae (Larven)

Abb. 8.9. Stark vereinfachtes, kumulatives Nahrungsnetz der aquatischen Gemeinschaft von *Najas graminea*-Beständen in den Reisfeldern des traditionellen Terrassenanbausystems in Nordluzon (Philippinen). Die *Pfeile* stellen die Nahrungsbeziehungen dar und zeigen von den Ressourcen auf die Konsumenten. Sind beide identisch, handelt es sich um Kannibalismus. Reziproke Nahrungsbeziehungen sind körpergrößenabhängig. Die dicken Pfeile repräsentieren die Nahrungsbeziehungen zwischen den quantitativ dominanten Gruppen. (Nach Daten von Martin 1994)

gig vom Lebensraum einer Gemeinschaft und unabhängig von der Artenzahl eines Nahrungsnetzes auftreten. Einige Ergebnisse solcher Untersuchungen werden in den nachfolgenden Abschnitten vorgestellt und diskutiert.

8.3.1
Prädator/Beute-Verhältnisse

Einer der Parameter, der häufig zur Charakterisierung von Nahrungsnetzen herangezogen wird, ist das **Prädator/Beute-Verhältnis**. Es bezieht sich auf die Zahl der Prädatorenarten und die Zahl der Beutearten in der erfassten Gemeinschaft. Cohen (1977) und Briand u. Cohen (1984), die dieses Verhältnis als erste bestimmten, definierten diese beiden Kategorien von Arten wie folgt: „Prädatoren" sind alle diejenigen, die sich von mindestens einer anderen Art bzw. einem trophischen Element der Gemeinschaft ernähren, d. h. Herbivoren und Detritivoren sind dabei mit eingeschlossen. Bei deren „Beute" handelt es sich demnach um Pflanzen und Detritus. Bestimmte Organismen können sowohl Prädatoren als auch Beute sein und werden dann bei der Berechnung des Prädator/Beute-Verhältnisses 2-mal gezählt (einmal zu den Prädatoren und einmal zur Beute). Somit erhält man 3 Kategorien: (a) Nahrungsketten-End-

Beute \ Prädatoren	2	3	4	5	6	7	8	9	10	11	12	13
0	0	1	1	1	1	1	1	0	0	0	0	0
1	1	0	0	0	0	0	0	0	0	0	0	0
2	0	0	0	0	0	0	0	0	1	0	0	0
3	0	0	1	0	0	0	0	0	1	0	0	0
4	0	0	0	0	0	0	0	1	1	0	0	0
5	0	0	0	0	0	0	0	0	1	1	0	1
6	0	0	0	0	0	0	0	1	1	1	0	1
7	0	0	1	0	0	0	0	1	1	1	0	0
8	0	0	0	0	0	0	0	1	0	1	1	0
9	0	0	0	0	0	0	0	1	1	0	0	0
10	0	0	0	0	0	0	0	1	0	1	0	1
11	0	0	0	0	0	0	0	0	1	1	0	1
12	0	0	0	0	0	0	0	0	0	1	0	1
13	0	0	0	0	0	0	0	0	1	1	0	1

Abb. 8.10. Die Matrix des in Abbildung 8.9 dargestellten Nahrungsnetzes. Die Ziffern 2–13 *(waagerecht, oben)* stehen für die Prädatoren bzw. Konsumenten und die Ziffern 0–13 *(senkrecht, links)* für die Beute bzw. Ressourcen. Sie sind jeweils mit den in Abbildung 8.9 dargestellten trophischen Elementen identisch. Das Symbol „1" in der Matrix zeigt eine Nahrungsbeziehung zwischen den entsprechenden trophischen Elementen an, bei einer „0" besteht keine solche Interaktion.

glieder, d. h. Spitzenprädatoren, die selbst von keinen anderen Arten erbeutet werden, (b) intermediäre Arten, die sowohl Prädatoren als auch Beute sind, sowie (c) basale Beute und organische Ressourcen, also autotrophe Arten und Detritus. Das Prädator/Beute (P/B)-Verhältnis berechnet sich dann wie folgt:

$$P/B = a + b/b + c$$

Briand u. Cohen (1984) bestimmten die Prädator/Beute-Verhältnisse anhand von 62 Nahrungsnetzen aus der Literatur. Da sich diese in ihrer Genauigkeit der Darstellung z. T. erheblich unterschieden, führten Briand u. Cohen zunächst Vereinheitlichungen durch. Dabei wurden in entsprechenden Nahrungsnetzen alle Arten und Artengruppen, welche die gleiche Nahrung und die gleichen Fressfeinde hatten, zu einem trophischen Element zusammengefasst. Dies ermöglichte bessere Vergleiche mit den anderen, weniger detaillierten Wiedergaben. Das Ergebnis zeigt, dass zwischen der Zahl der trophischen Elemente von Prädatoren und Beute ein relativ konstantes Verhältnis besteht, das unabhängig ist von der Gesamtzahl der trophischen Elemente eines Nahrungsnetzes und rund 1/1 beträgt (Abb. 8.11).

Wie kommt das annähernd konstante Prädator/Beute-Verhältnis nach dieser Berechnung zu Stande? Briand u. Cohen (1984) geben die im Prinzip einfache Erklärung: Der Anteil der jeweiligen, oben genannten Kategorien von trophischen Elementen ist in allen Nahrungsnetzen ähnlich. Das Verhältnis von $a:b:c$ beträgt etwa 3:5:2. Das heißt, die meisten Arten sind sowohl Prädatoren als auch Beute, während die Spitzenprädatoren und die basalen Beuteressourcen jeweils mit geringeren Anteilen vertreten sind. Die Verhältnisse der einzelnen Kategorien zueinander sind relativ konstant, unabhängig von der Zahl der Arten oder der trophischen Elemente eines Nahrungsnetzes.

Um die ökologische Relevanz eines solchen Musters zu bewerten, muss geprüft werden, ob die Datenbasis ausreichend und die Methodik genau genug ist, um aussagekräftige Ergebnisse zu liefern. Closs et al. (1993) üben Kritik an der von Briand u. Cohen angewendeten Berechnungsmethode des Prädator/Beute-

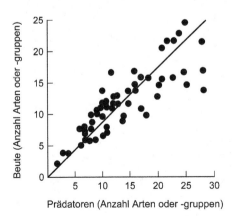

Abb. 8.11. Zusammenhang zwischen der Zahl der Beutearten bzw. -artengruppen und der Zahl der Prädatorenarten bzw. -artengruppen in 62 Nahrungsnetzen. (Nach Briand u. Cohen 1984)

Verhältnisses. Dadurch dass Arten, die sowohl Prädatoren als auch Beute sind, doppelt gezählt werden, und diese in den Nahrungsnetzen den größten Anteil ausmachen, ist es nicht anders zu erwarten, dass aus dem Prädator/Beute-Verhältnis meist Werte um 1 resultieren. Nach Ansicht von Closs et al. handelt es sich dabei lediglich um ein rechnerisches Artefakt, d. h. nach anderen Kriterien der Einteilung oder anderen Definitionen von Prädatoren und Beute sind möglicherweise andere Zahlenverhältnisse zwischen den beiden Gruppen zu erwarten.

Auch das Zustandekommen der Anteile der basalen Elemente und der Spitzenprädatoren kann zu einem gewissen Grad auf Ungenauigkeiten bei der Erstellung von Nahrungsnetzen beruhen. Hall u. Raffaelli (1993) sowie Closs et al. (1993) weisen darauf hin, dass Detritus als basale Ressource in den meisten der erstellten Nahrungsnetze nur ein einziges trophisches Element repräsentiert. Würden jedoch die zahlreichen Arten an Mikroorganismen, Nematoden und anderen Kleinlebewesen, die darin enthalten sein können, einzeln berücksichtigt oder zumindest noch in mehrere trophische Elemente unterteilt, dann hätten sie einen wesentlichen Einfluss auf das Prädator/Beute-Verhältnis, und in den meisten Fällen wären andere Werte zu erwarten. Demnach spiegelt sich in den Daten von Briand u. Cohen (1984) das Problem wieder, das bei der Erstellung von Nahrungsnetzen häufig ist: Je kleiner die Organismen, desto schwieriger sind sie zu erfassen, und desto größer ist die Tendenz, sie zu diffusen trophischen Elementen zusammenzufassen. Spitzenprädatoren sind dagegen in der Regel relativ groß und können meistens als Arten im Nahrungsnetz berücksichtigt werden. Genaue Untersuchungen haben jedoch auch gezeigt, dass es in vielen Gemeinschaften wesentlich weniger Spitzenprädatoren gibt als die Daten von Briand u. Cohen (1984) unterstellen. So betragen die Anteile in manchen aquatischen Nahrungsnetzen nur 1 % (Martinez 1991) bzw. 6 % (Havens 1992). In dem von Polis (1991) erstellten Nahrungsnetz der Coachella-Wüste in Kalifornien fehlen Spitzenprädatoren sogar ganz, da genaue Beobachtungen ergaben, dass alle Prädatoren mindestens einem anderen zur Beute werden können, vor allem als Jungtiere. In solchen Fällen resultieren dann Prädator/Beute-Verhältnisse, deren Werte <1 betragen.

In der folgenden Analyse werden bestimmte Aspekte der Prädator/Beute-Verhältnisse vertieft, und zwar vor dem Hintergrund der Frage nach der ökologischen Aussagekraft solcher Zahlenwerte. Hierfür werden Nahrungsnetze aus aquatischen Reisfeldgemeinschaften herangezogen, von denen eine stark vereinfachte Version in Abbildung 8.9 gezeigt wurde. Wie bereits erwähnt, liegt aus dem untersuchten System eine Reihe von genaueren Einzeldarstellungen vor (Martin 1994). Aus diesen wurden 6 ausgewählt, die alle aus einem Feld stammen und über einen Zeitraum von 4 Monaten erfasst wurden. Sie repräsentieren den Verlauf der Neuentwicklung einer Gemeinschaft nach ihrer vollständigen Zerstörung infolge der Reisernte. Die erste der 6 Probenahmen erfolgte in einem frühen Stadium der Regeneration des *Najas graminea*-Bestandes zu Beginn der Brachezeit. Bis zur letzten Erhebung hatte sich bereits wieder ein flächenhafter, dichter Bestand dieser Art entwickelt.

Da diese Nahrungsnetze eine möglichst genaue Wiedergabe der bestehenden Prädator-Beute-Beziehungen liefern sollten, wurde bei ihrer Erstellung im Einzelnen geprüft, ob die trophischen Interaktionen auf Grund der Körpergröße der jeweils vorhandenen Individuen überhaupt realisiert sein können. Dabei wurde wie folgt vorgegangen: Die erfassten Individuen jeder Probe wurden zunächst einzelnen Taxa zugeordnet, wobei sich das Niveau der Einteilung nach der Unterscheidbarkeit der Organismen richtete. Für die Einteilung in die „trophischen Elemente" und die Darstellung der Nahrungsbeziehungen wurde berücksichtigt, dass z. T. große Unterschiede in der Körpergröße der Individuen innerhalb einer Art oder Artengruppe in Abhängigkeit vom Entwicklungsstadium bestehen. Bei einzelnen Prädatorengruppen ergeben sich daraus oft deutliche größenabhängige Abweichungen in der Zusammensetzung der Beuteorganismen, denen die erstellten Nahrungsnetze möglichst weitgehend gerecht werden sollten. Deshalb wurden, basierend auf Beobachtungen, bestimmte Arten oder Artengruppen in Größenklassen mit jeweils unterschiedlichem Beutespektrum eingeteilt. Hierzu ein Beispiel: Die Larven der Großlibellen (Anisoptera) sind je nach Entwicklungsstadium etwa zwischen 3 und 40 mm lang. Dementsprechend unterscheidet sich das Beutespektrum der Individuen. Die kleineren Stadien bis etwa 15 mm fangen neben Zuckmücken- und Eintagsfliegenlarven entsprechender Größe vor allem Zooplankton (Kleinstkrebse, meist Copepoden). Größere Individuen fressen kein Zooplankton mehr, dafür erweitert sich ihr Nahrungsspektrum mit zunehmenden Wachstum um bestimmte Stadien anderer aquatischer Insekten wie Larven der Kleinlibellen (Zygoptera) und Raupen der Wasserzünsler (Nymphulinae). Nur die größten Stadien der Großlibellenlarven (ab etwa 30 mm) sind in der Lage, z. B. Guppys und kleine Schnecken zu erbeuten (Abb. 8.12). Im Prinzip trifft bei diesen Prädator-Beute-Beziehungen das „Kaskadenmodell" von Cohen u. Newman (1985) zu, nach dem die Prädatoren einer Gemeinschaft nur solche Individuen zur Beute haben, die kleiner sind als sie selbst. Andererseits verändert sich mit zunehmender Körpergröße auch das Spektrum der für die Individuen infrage kommenden Prädatoren. So sind kleine Stadien der Großlibellenlarven oft die Beute prädatorischer Wasserwanzen und Käferlarven, denen sie erst mit zunehmender Körpergröße „entkommen". Sie können diese dann ihrerseits erbeuten, d. h. die Prädator-Beute-Beziehungen kehren sich durch die Proportionsveränderungen um.

Auf Basis der so erstellten Serie von 6 Nahrungsnetzen sollten verschiedene Fragen bezüglich der Prädator/Beute-Verhältnisse geklärt werden, denen im Folgenden nachgegangen wird. Aus methodischen Gründen (Biomassebestimmungen für Frage 3) werden bei diesem Aspekt jeweils nur die Arthropoden-Teilgemeinschaften der Nahrungsnetze berücksichtigt, die jedoch rund 90 % der unterschiedlichen trophischen Faunenelemente umfassen.

1. Ergeben sich auch hier konstante Prädator/Beute-Verhältnisse von etwa 1/1, wenn die Berechnungsmethode von Briand u. Cohen (1984) angewendet wird, und bestehen Unterschiede in den zu verschiedenen Zeitpunkten erfassten Gemeinschaften?

Das Ergebnis der Berechnungen ist in Abbildung 8.13 a dargestellt. Es zeigt sich im Wesentlichen das vorausgesagte Muster, nämlich ein fast konstantes Prädator/Beute-Verhältnis von 1/1, und zwar unabhängig davon, welcher Zeitpunkt der Gemeinschaftsentwicklung repräsentiert ist.

2. Bleiben die Prädator/Beute-Verhältnisse auch konstant, wenn ein anderes Berechnungsverfahren als das von Briand u. Cohen (1984) angewendet wird?

Um dies zu prüfen, wurden Prädatoren und Beute anders definiert als bei Briand u. Cohen. Als „Prädatoren" werden hier, entsprechend der üblichen Definition (s. Abschn. 1.2.2), alle zoophagen trophischen Elemente bezeichnet. „Beute" sind Herbivoren und Detritivoren, aber nur solche, die in der entsprechenden Gemeinschaft auch für mindestens einen Prädator, unter Berücksichtigung der Körpergrößenverhältnisse, als Nahrung infrage kommen. Im Unterschied zur Vorgehensweise von Briand u. Cohen werden hier die basalen trophischen Elemente nicht in die Berechnung mit einbezogen, und ihre Konsumenten zählen nicht zu den Prädatoren, sondern zur Beute. Außerdem werden Prädatoren, die zur Beute von anderen Prädatoren werden können, nicht doppelt gezählt.

Abbildung 8.13 b zeigt, dass auch die aus diesem Verfahren resultierenden Prädator/Beute-Verhältnisse nur relativ geringe Unterschiede zwischen den

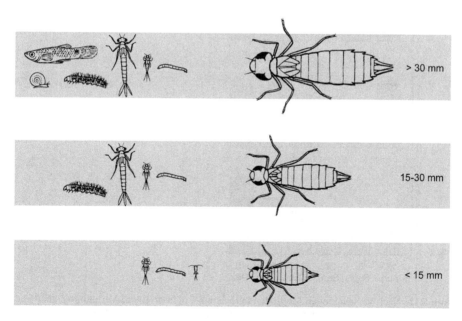

Abb. 8.12. Beute *(links)* von Großlibellenlarven (Anisoptera, *rechts*) in Abhängigkeit von deren Körpergröße. Die Darstellung basiert auf den in philippinischen Reisfeldern beobachteten Verhältnissen. (Nach Daten von Martin 1994)

verschiedenen Gemeinschaften aufweisen, d. h. es sind keine deutlichen Veränderungen im zeitlichen Verlauf festzustellen.
3. Bleiben die Prädator/Beute-Verhältnisse auch dann konstant, wenn nicht
    nur die Anzahl der jeweiligen trophischen Elemente, sondern auch deren
    Biomassen für die Berechnung herangezogen werden?
Bei den bisher angewendeten Methoden zur Bestimmung der Prädator/Beute-
Verhältnisse wurden die trophischen Elemente nur qualitativ berücksichtigt,
also unabhängig von den Abundanzen ihrer Individuen in einer Gemeinschaft.
Um ein quantitatives Maß in den Beziehungen zu erhalten, erfolgte hier die Berechnung der Prädator/Beute-Verhältnisse auch auf Basis der jeweiligen Biomassen. Prädatoren und Beute wurden wie in Methode 2 definiert, wobei aber
die trophischen Elemente nicht nur auf Grund ihrer Präsenz in einer Gemeinschaft, sondern auch mit ihrer jeweiligen Biomasse in die Berechnung der Prä-
dator/Beute-Verhältnisse eingehen. Im Ergebnis zeigen sich deutliche Veränderungen der Prädator/Beute-Verhältnisse im zeitlichen Verlauf (Abb. 8.13c).
Während zu Beginn der Untersuchungsreihe ein Prädator/Beute-Biomasse-
verhältnis von rund 0,8 besteht, erreicht es bei der letzten Erfassung, 4 Monate

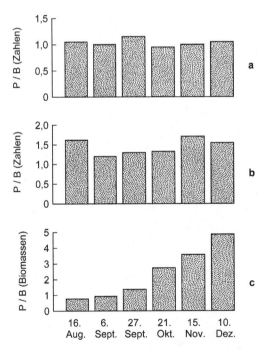

Abb. 8.13. Nach verschiedenen Methoden berechnete Prädator/Beute-Verhältnisse *(P/B)* in
den aquatischen Arthropodengemeinschaften eines Reisfeldes auf den Philippinen zu verschiedenen Zeitpunkten im Verlauf der Brachezeit. *a* Zahlenverhältnisse nach der Methode
von Briand u. Cohen (1984), *b* Zahlenverhältnisse nach der Methode von Martin (1994),
c Biomasseverhältnisse nach der Methode von Martin (1994). (Nach Daten von Martin 1994)

später, einen Wert von etwa 4,9. Die Biomasse der Prädatoren nimmt im Verlauf der Gemeinschaftsentwicklung somit deutlich zu und beträgt schließlich ein Mehrfaches der Beutebiomasse. Diese Veränderung bleibt bei der bloßen Betrachtung der Zahlenverhältnisse zwischen den trophischen Elementen völlig verborgen. Die relative und absolute Zunahme der Prädatorenbiomasse erklärt sich zum einen durch die Größenzunahme von Individuen mit relativ langen aquatischen Entwicklungsphasen (u. a. Großlibellenlarven), und zum anderen durch das Hinzukommen von weiteren Individuen der Prädatoren. Die Beutebiomasse veränderte sich im Untersuchungszeitraum dagegen nur wenig.

Der Umstand, dass die Biomasse der Prädatoren zu einem bestimmten Zeitpunkt höher sein kann als die vorhandene Biomasse der Beute, ist in der Literatur als **Allens Paradox** bekannt. Allen (1951) stellte fest, dass die Fische in einem neuseeländischen Fluss etwa 100-mal mehr Beutebiomasse pro Jahr benötigen, als zu einem einzelnen Zeitpunkt vorhanden war. Auch andere Autoren fanden bei ähnlichen Untersuchungen höhere Prädator- als Beutebiomassen (Kajak u. Kajak 1975; Benke 1976). Dies ist in erster Linie auf die unterschiedliche Entwicklungsdauer bzw. die unterschiedliche Umsatz- oder „turnover"-Rate von Prädatoren und Beute zurückzuführen. Allgemein haben die Beutearten meist eine deutlich höhere Umsatzrate als ihre größeren Prädatoren. So kann z. B. bei Kleinlibellenlarven in tropischen Regionen von einer Larvalentwicklungszeit von etwa 2 Monaten ausgegangen werden (Corbet 1980). Copepoden, die einen wesentlichen Teil ihrer Beute darstellen, haben dagegen oft nur Generationszeiten von weniger als 3 Wochen (Nauwerck et al. 1980; Saunders u. Lewis 1988). Die Kleinlibellenlarven können also mehrere Copepoden-Generationen zum Aufbau ihrer eigenen Biomasse heranziehen.

> Selbst wenn von den methodischen Schwierigkeiten bei der Erstellung von Nahrungsnetzen abgesehen wird, ist fraglich, ob das auf den jeweiligen Artenzahlen basierende Prädator/Beute-Verhältnis einen geeigneten Parameter zur Charakterisierung von Biozönosen darstellt. Es liefert lediglich qualitative Aussagen, während erst durch die Bestimmung der jeweiligen Biomassen wesentliche ökologische Zusammenhänge (auch in Bezug auf zeitlich-dynamische Prozesse) erkannt werden können.

8.3.2
Verknüpfungsgrad

Ein weiterer Parameter, der sich aus einer Nahrungsnetzmatrix bestimmen lässt, ist der **Verknüpfungsgrad** (engl. *connectance*, abgekürzt mit C) einer Gemeinschaft. Er gibt den Anteil der Artenpaare (bzw. der trophischen Elemente) wieder, die in einem Nahrungsnetz in direkter trophischer Beziehung zueinander stehen. Der Verknüpfungsgrad berechnet sich nach der Formel

$$C = L / [S(S-1)]$$

wenn es in dem Nahrungsnetz keinen Kannibalismus gibt und nach der Formel

$$C = L/S^2$$

wenn das Auftreten von Kannibalismus berücksichtigt werden soll (z. B. Warren 1989; Martinez 1991). L ist die Zahl der trophischen Glieder, d. h. der direkten Nahrungsbeziehungen zwischen 2 Arten bzw. trophischen Elementen und S ist die Zahl der Arten bzw. trophischen Elemente in der Nahrungsnetz-Matrix. C kann Werte zwischen 0 und 1 annehmen. Je näher der Wert an 1 liegt, desto größer ist der Verknüpfungsgrad. Für das in Abbildung 8.10 dargestellte Beispiel ist $L = 39$ und $S = 14$. Da in dieser Gemeinschaft bei bestimmten Arten Kannibalismus vorkommt, wird für die Berechnung des Verknüpfungsgrades die letztgenannte Formel verwendet und man erhält $C = 0,2$.

Erste Analysen von Nahrungsnetzen ergaben, dass zwischen dem Verknüpfungsgrad und der Zahl der Arten eine charakteristische Beziehung besteht. Reymánek u. Starý (1979) erstellten die Nahrungsnetze von 31 Pflanzen-Blattlaus-Parasitoiden-Gemeinschaften aus unterschiedlichen Lebensräumen Mitteleuropas. Nach diesen Daten nimmt der Verknüpfungsgrad C hyperbolisch ab, wenn die Zahl der Arten S größer wird. Weitere Analysen von Nahrungsnetzen aus der Literatur bestätigten zunächst die hyperbolische Beziehung zwischen diesen beiden Parametern (Yodzis 1980; Pimm 1982; Schoenly et al. 1991; Abb. 8.14). Sie bedeutet, dass in jeder Gemeinschaft das Produkt CS relativ konstant ist.

Verschiedene Autoren versuchten eine Erklärung für dieses Muster zu geben. May (1972) sagte bereits vor den ersten Berechnungen an Nahrungsnetzen eine Beziehung zwischen der Stabilität und Komplexität von Biozönosen voraus. Seine Ergebnisse aus mathematischen Modellsystemen legen nahe, dass ein trophisches Beziehungsgefüge instabil wird, wenn seine Komplexität einen kritischen Wert überschreitet. Danach ist ein Nahrungsnetz stabil, wenn die Beziehung

$$i\,(SC)^{1/2} < 1$$

gegeben ist und zerfällt in kleinere Gefüge, wenn dies nicht der Fall ist. (Der Term i bezeichnet die Interaktionsstärke. Als unbekannte Größe gibt sie die Intensität einer trophischen Beziehung an, d. h. den Effekt einer Art auf die Abundanz einer anderen und die Konsequenzen, die sich daraus für die Gemeinschaft ergeben.) Bezogen auf reale Nahrungsnetze würde dies bedeuten, dass ein zu starker Verknüpfungsgrad, eine zu hohe Artenzahl oder eine zu große Interaktionsstärke zu einem Auseinanderfallen in kleinere Gefüge führt. Somit muss bei einer für alle trophischen Beziehungen angenommenen, gleichen Interaktionsstärke i der Verknüpfungsgrad C abnehmen, wenn die Artenzahl S zunimmt, damit das System stabil bleibt. Dies könnte das Zustandekommen der in realen Nahrungsnetzen gefundenen Beziehung erklären (s. Abb. 8.14).

Pimm (1980, 1982) konnte zeigen, dass die hyperbolische C-S-Beziehung auch dann zu Stande kommt, wenn alle Arten in Nahrungsnetzen eine be-

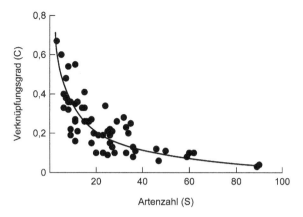

Abb. 8.14. Zusammenhang zwischen dem Verknüpfungsgrad *(C)* und der Artenzahl *(S)* in 61 Insekten-dominierten Nahrungsnetzen. (Nach Daten aus Schoenly et al. 1991)

grenzte Anzahl an Interaktionen mit anderen Arten haben. Wenn jede Art (S) nur eine bestimmte Anzahl (k) anderer Arten bzw. Ressourcen frisst, dann trägt jede Art zu einer festgelegten, maximalen Zahl an trophischen Gliedern (kS) im Nahrungsnetz bei. Damit ist die Beziehung zwischen der Zahl der Arten und der Zahl der trophischen Glieder (L) linear $(L=kS)$. Somit erhält man $C=kS/S^2$ bzw. $SC=k$, d.h. bei konstantem k eine hyperbolische Beziehung zwischen S und C.

Ähnlich wie andere Autoren im Zusammenhang mit dem Prädator/Beute-Verhältnis, kritisiert Paine (1988) die Vorgehensweise bei der Erstellung von Nahrungsnetzen, die in den meisten Fällen zu stark vereinfachten Darstellungen der wirklichen Verhältnisse führt. Er deutet das Zustandekommen der hyperbolischen *C-S*-Beziehung folgendermaßen: Die Erstellung von Nahrungsnetzen erfordert den Nachweis der Arten und ihrer trophischen Beziehungen, was in der Regel sehr arbeits- und zeitaufwändig ist. Je mehr Arten die zu dokumentierende Gemeinschaft umfasst, desto schwieriger wird es, ihre Nahrungsbeziehungen aufzudecken, und die Zahl der nicht erkannten Interaktionen nimmt damit zu. Aus diesem Grund werden artenarme Nahrungsnetze mit größerer Genauigkeit wiedergegeben als artenreiche. Mit ansteigender Artenzahl verringern sich dadurch die Werte von C, und bei einer grafischen Darstellung von Nahrungsnetzen mit verschiedener Artenzahl resultiert eine hyperbolische Beziehung zwischen C und S.

Warren (1989, 1990) greift die Vermutung Paines (1988) auf, nach der die vielfach beobachtete *C-S*-Beziehung ein Artefakt darstellt. Sollte dies tatsächlich zutreffen, so dürfte sich bei genauen Analysen von Nahrungsnetzen mit unterschiedlicher Artenzahl keine Abnahme von C mit zunehmendem S zeigen. Warren prüfte diese Hypothese anhand der aquatischen Gemeinschaften eines Teiches in England, deren Nahrungsnetze auf Artniveau erstellt wurden und

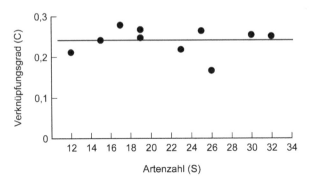

Abb. 8.15. Zusammenhang zwischen dem Verknüpfungsgrad *(C)* und der Artenzahl *(S)* in aquatischen Gemeinschaften eines Teiches in England. (Nach Warren 1990)

somit die genaueste Form der Wiedergabe repräsentieren. Lediglich „Detritus" wurde als trophisches Element behandelt. Die Erhebungen erfolgten zwischen März und Oktober, und die Nahrungsnetze umfassten, jahreszeitlich bedingt, zwischen 12 und 32 Arten. Es zeigte sich, dass *C* mit zunehmendem *S* annähernd gleich blieb (Abb. 8.15). Warren (1990) sieht die Auffassung Paines (1988) mit seinen eigenen Daten zwar im Wesentlichen bestätigt, schließt aber daraus nicht, dass das von ihm gefundene Ergebnis allgemeine Gültigkeit hat. So sieht Warren durchaus Unterschiede zwischen Gemeinschaften, die sich überwiegend aus Generalisten zusammensetzen und solchen, die überwiegend aus Spezialisten bestehen. Bei einem hohen Anteil von Generalisten mit breitem Nahrungsspektrum ist der Verknüpfungsgrad weitgehend unabhängig von der Artenzahl. Dagegen ist ein hyperbolisches *C-S*-Muster bei Nahrungsnetzen mit überwiegend spezialisierten Arten zu erwarten, wie es z. B. bei den von Rejmánek u. Starý (1979) analysierten Pflanzen-Blattlaus-Parasitoiden-Gemeinschaften gefunden wurde.

Weitere Untersuchungen belegen darüber hinaus, dass auch noch andere Zusammenhänge zwischen dem Verknüpfungsgrad *C* und der Artenzahl *S* existieren. Die verschiedenen, bisher aufgedeckten Beziehungen zwischen diesen Nahrungsnetz-Parametern sind in Box 8.2 dargestellt.

Verschiedene Untersuchungen haben gezeigt, dass zwischen dem Verknüpfungsgrad *C* und der Artenzahl *S* in Nahrungsnetzen sehr unterschiedliche Beziehungen existieren. Demnach liefert das Produkt *CS* keinen konstanten Wert, wie auf Grund früherer Ergebnisse (hyperbolischer *C-S*-Verlauf) angenommen wurde. Dieser Zusammenhang stellt lediglich eine von mehreren Möglichkeiten dar, die realisiert sein können.

Box 8.2. Muster der Beziehungen zwischen dem Verknüpfungsgrad (C) und der Artenzahl (S) in Nahrungsnetzen.

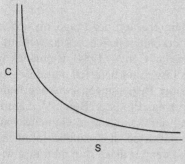

a In verschiedenen Untersuchungen (z. B. Yodzis 1980; Pimm 1982; Schoenly et al. 1991) wurde eine hyperbolische Beziehung zwischen C und S gefunden.

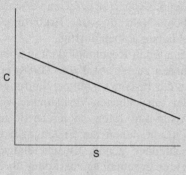

b In philippinischen Reisfeldgemeinschaften nahmen die Werte von C mit ansteigendem S zwar deutlich ab, jedoch nicht hyperbolisch, sondern linear (Martin 1994).

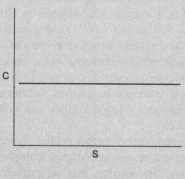

c Bei Nahrungsnetzen eines Teiches in England, die zu verschiedenen Jahreszeiten erstellt wurden, nahm C mit ansteigendem S nicht ab, sondern blieb annähernd gleich (Warren 1990).

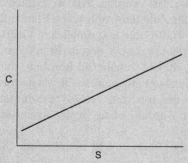

d Winemiller (1989) fand bei Nahrungsnetzanalysen verschiedener tropischer Süßgewässer Venezuelas eine Zunahme von C mit ansteigendem S.

8.3.3
Diskussion: Welche ökologische Relevanz haben Nahrungsnetz-Parameter?

Die Analyse von Nahrungsnetzen vor dem Hintergrund der Frage, ob sich in diesen bestimmte gemeinsame Grundmuster erkennen lassen, erfuhr wesentliche Impulse durch Untersuchungen von Briand u. Cohen (1984), Rejmánek u. Starý (1979), Yodzis (1980) und Pimm (1982). Insgesamt lieferten deren Ergebnisse deutliche Hinweise darauf, dass bestimmte Beziehungen zwischen Nahrungsnetz-Parametern konstant sind, und zwar das Prädator/Beute-Verhältnis sowie das Produkt aus Verknüpfungsgrad und der Artenzahl in Gemeinschaften. Das heißt, aus allen Nahrungsnetzen resultierten diesbezüglich ähnliche Werte, unabhängig davon, aus welchen Ökosystemen diese stammen und wie groß die jeweilige Zahl an Arten ist. Die Datenbasis hierfür lieferten verschiedene, bis Anfang der 1980er Jahre veröffentlichte Nahrungsnetze. Erklärungen zur ökologischen Bedeutung solcher Muster blieben jedoch dürftig.

Fundamentale Zweifel daran, dass die gefundenen Regelmäßigkeiten überhaupt eine ökologische Relevanz haben, wurden zuerst von Paine (1988) geäußert. Seiner Ansicht nach sind die meisten der bislang erstellten Nahrungsnetze extrem vereinfachte Darstellungen der tatsächlichen Verhältnisse, vor allem auf Grund der Schwierigkeiten, alle Arten und deren trophische Beziehungen identifizieren zu können. Die Daten, auf denen die Erstellung von Nahrungsnetzen beruht, sind daher unterschiedlich genau. Entscheidungen darüber, welche Arten zu trophischen Elementen zusammengefasst oder überhaupt zu einer Gemeinschaft gezählt werden, basieren auf subjektiven Einschätzungen der Bearbeiter. Regeln für die Erstellung von Nahrungsnetzen existieren nicht, und daher ist nicht zu erwarten, dass Vergleiche von derart uneinheitlichen Wiedergaben aussagekräftige Ergebnisse liefern.

Diese Kritik wurde von den meisten Bearbeitern akzeptiert, worauf in einer nächsten Phase versucht wurde zu klären, wie stark die Arten von Nahrungsnetzen zu trophischen Elementen zusammengefasst werden können, um noch eine ausreichende Basis für Vergleiche zu haben.

Sugihara et al. (1989) analysierten 60 Nahrungsnetze um zu prüfen, in welchem Maße sich bestimmte Parameter verändern, wenn ernährungsökologisch ähnliche Gruppen noch weiter zusammengefasst werden. Als wesentliches Resultat ergab sich, dass eine Verringerung der Zahl der trophischen Elemente durch Aggregationen bis zu annähernd der Hälfte der ursprünglichen Größe des Nahrungsnetzes zu relativ geringen Veränderungen der meisten Werte führen. So blieben die Prädator/Beute-Verhältnisse annähernd konstant, und die Verknüpfungsgrade nahmen geringfügig ab. Sugihara et al. schließen daraus, dass Vergleiche zwischen Nahrungsnetzen, die innerhalb eines bestimmten Rahmens unterschiedlich genau dargestellt wurden, ohne wesentliche Einschränkungen möglich sind.

Von derselben Fragestellung ging Martinez (1991) aus. Er erstellte ein 182 „echte" Arten umfassendes Nahrungsnetz eines nordamerikanischen Sees.

Durch sukzessive Aggregation auf letztlich 9 trophische Elemente konnten die Veränderungen der Werte verschiedener Nahrungsnetzmuster nachvollzogen werden. Dabei erwiesen sich das Prädator/Beute-Verhältnis und der Verknüpfungsgrad als relativ unempfindlich, d. h. ihre Werte veränderten sich vergleichsweise geringfügig bei unterschiedlich stark zusammengefassten Daten. Das Produkt aus dem Verknüpfungsgrad und der Artenzahl veränderte sich allerdings deutlich mit zunehmender Aggregation. Martinez stellte fest, dass die Parameterwerte vieler bisher veröffentlichter Nahrungsnetze den Werten stark aggregierter, etwa 9–40 Elemente umfassender Nahrungsnetze der untersuchten Gemeinschaft des Sees sehr ähnlich sind.

Insgesamt sollte also eine möglichst detaillierte Darstellung von Nahrungsnetzen angestrebt werden, um bei Vergleichen eventuell vorhandene Unterschiede besser erkennen zu können. Bei Mustern wie dem Prädator/Beute-Verhältnis, das unabhängig vom Grad der Zusammenfassung von Arten weitgehend konstant bleibt, stellt sich zum anderen aber die Frage, ob nicht gerade dadurch sein Wert als beschreibendes Merkmal in Zweifel gezogen werden muss (Hall u. Raffaelli 1993).

Wie Martinez (1991) versuchten auch andere Bearbeiter, die Datenlage von Nahrungsnetzen durch umfassende und möglichst genaue Analysen ausgewählter Gemeinschaften zu verbessern und auf dieser Grundlage Berechnungen verschiedener Parameter durchzuführen. Beispiele von Studien, die sich mit dem Prädator/Beute-Verhältnis und den Beziehungen zwischen dem Verknüpfungsgrad und der Artenzahl befassten, wurden in den vorangegangenen Abschnitten vorgestellt. Es hat sich gezeigt, dass bei diesen Parametern eine breite Palette an Mustern in Nahrungsnetzen existiert, die nicht nur uneinheitlich sind, sondern größtenteils auch die Resultate der anfänglich durchgeführten Studien widerlegen. Somit scheint sich die Kritik von Paine (1988) und anderen an der Methodik bei der Erstellung von Nahrungsnetzen bestätigt zu haben. Aber nicht nur die bis zu den 1980er Jahren verfügbaren Darstellungen waren viel zu ungenau. Auch bei eigens für präzisere Berechnungen erstellten Nahrungsnetzen blieben die Hauptprobleme bestehen: Kaum eine Gemeinschaft wird sich jemals so detailliert analysieren lassen, dass die tatsächlich existierenden Verhältnisse exakt wiedergegeben werden können.

Grenzen werden nicht nur bei der Erfassung der Arten und dem Erkennen ihrer trophischen Beziehungen erreicht, sondern auch bei Berücksichtigung des zeitlichen Aspekts. Feste Regeln für die Dauer der Untersuchung einer Gemeinschaft kann und wird es nicht geben. Polis (1991), der die bislang intensivsten Nahrungsnetz-Studien in der kalifornischen Coachella-Wüste betrieb, zeigte am Beispiel einer Skorpionart, dass die Analyse von trophischen Beziehungen eine Funktion der Zeit ist. Die Zahl der identifizierten Beutearten dieses Prädators erhöhte sich kontinuierlich mit der Beobachtungsdauer. In der 181sten Beobachtungsnacht wurde die 100ste Beuteart festgestellt, aber selbst nach 2000 Stunden im Feld über einen Zeitraum von 5 Jahren deutete nichts darauf hin, dass damit das Beutespektrum des Skorpions auch nur annähernd vollständig erfasst wurde.

Ein anderes Problem, auf das in kaum einer Nahrungsnetz-Untersuchung eingegangen wird, ist die Berücksichtigung von Parasiten wie Zecken, Milben, Flöhen, Bandwürmern und unzähligen Einzellern, die auf oder in ihren Wirten leben. Es kann davon ausgegangen werden, dass praktisch alle frei lebenden Tiere von verschiedenen Schmarotzern befallen werden. Die Einbeziehung solcher Arten in Nahrungsnetze erfordert jedoch auch ein anderes Vorgehen bei der Definition und Berechnung von Nahrungsnetz-Parametern (Marcogliese u. Cone 1997). In der bisher gängigen Praxis wurden Spitzenprädatoren, die selbst keiner anderen Art zur Beute werden, als Nahrungsketten-Endglieder angesehen. In vielen Fällen stehen aber nicht diese Prädatoren, sondern ihre Parasiten am Ende der Trophieabfolge. Ein bisher ungelöstes Problem ergibt sich daraus für die Bestimmung des Prädator/Beute-Verhältnisses: Wie sollen die Parasiten eingeordnet werden, die zwar ein Glied in der Nahrungskette darstellen, aber ihren Wirt nicht töten?

Ermutigt von anfänglichen Ergebnissen, welche die Hoffnung weckten, mit der Analyse von Nahrungsnetzen fundamentale Erkenntnisse über Struktur und Funktion von Biozönosen zu gewinnen, scheint die Nahrungsnetzforschung in eine Sackgasse geraten zu sein. Angesichts der kaum überwindbaren Probleme ist der Aufwand für Versuche, auch nur annähernd vollständige Nahrungsnetze zu erstellen, kaum noch gerechtfertigt, auch nicht im Hinblick auf die zu erwartenden Ergebnisse. Ob sich nun ein weiteres Mal bestätigt, dass das (schon in seiner Berechnungsweise fragwürdige) Prädator/Beute-Verhältnis etwa 1/1 beträgt oder davon abweicht, oder ob sich herausstellt, dass Nahrungsnetze noch komplexer sind, als selbst die detailliertesten Studien bisher gezeigt haben – zum Verständnis der Struktur und Funktion von Biozönosen dürfte dies kaum beitragen.

Zusammenfassung von Kapitel 8

Die Frage nach den Merkmalen und Eigenschaften von Biozönosen, mit denen sich ihre Struktur beschreiben lässt, betrifft räumliche und funktionale Aspekte. Empirische Daten zeigen, dass mit zunehmender Größe eines Areals bzw. eines Lebensraumes die Zahl der dort vorhandenen Arten ansteigt, und zwar zunächst meist steil, dann zunehmend flacher. Das Zustandekommen solcher Arten-Areal-Kurven lässt sich nicht mit einem Faktor allein erklären. Die für Inseln entwickelte, aber auch auf inselartige Lebensräume bezogene Gleichgewichts-Theorie von MacArthur u. Wilson sowie andere Modelle, welche die Ökologie und die Interaktionen der Arten kaum berücksichtigen, entsprechen allenfalls in Ausnahmefällen den realen Gegebenheiten. Viele Untersuchungen belegen, dass die Arten-Areal-Beziehungen in hohem Maße von den spezifischen Ansprüchen, den Ausbreitungsmöglichkeiten und den Interaktionen der Arten bestimmt werden. Solche Ergebnisse machen deutlich, dass sowohl für die Charakterisierung von Biozönosen als auch für das Verständnis der Prozesse, welche zur Entstehung derselben führen, weitere biotische Parameter betrachtet werden müssen. Die trophischen Beziehungen zwischen den Arten bieten grundsätzlich die Möglichkeit, Gemeinschaften als Nahrungsnetze darzustellen, bei denen nicht der räumliche, sondern der funktionale Aspekt im Vordergrund steht. Derartige Grafiken oder Matrices sind jedoch auf Grund von methodischen Schwierigkeiten bei der Erfassung der Arten und der Analyse ihrer Nahrungsbeziehungen stets mehr oder weniger ungenaue und unvollständige Wiedergaben der natürlichen Verhältnisse. Deshalb sind auch die auf der Basis von Nahrungsnetzen bestimmten Parameter wie das Prädator/Beute-Verhältnis, der Verknüpfungsgrad sowie weitere aus der Zahl der trophischen Beziehungen abgeleitete Größen zur Charakterisierung von Biozönosen nur bedingt geeignet. Oft lässt sich nicht entscheiden, ob ein gefundenes Muster ein Merkmal der entsprechenden Biozönose darstellt oder auf Grund der Methode seiner Bestimmung bzw. des Grades der Genauigkeit der Wiedergabe zu Stande kam. Die ökologische Bedeutung des Prädator/Beute-Verhältnisses ist daher genauso schwierig zu bewerten wie die unterschiedlichen Beziehungen, die in Biozönosen zwischen dem Verknüpfungsgrad und der Artenzahl gefunden wurden. Insgesamt ist zu bezweifeln, dass die Analyse von Nahrungsnetzen mit dem Ziel, grundlegende Muster in Biozönosen aufzudecken, einen zukunftsweisenden Ansatz darstellt.

9 Interaktionen in Biozönosen

Wie im vorangegangenen Kapitel deutlich wurde, ist die Aufzeichnung von Nahrungsnetzen in erster Linie ein deskriptives Verfahren, das nur ein bestimmtes Merkmal von Biozönosen, nämlich die trophischen Beziehungen zwischen den Organismen, offenlegt. Die Wechselwirkungen zwischen den Mitgliedern einer Gemeinschaft sind jedoch komplexer als in dieser Form der Wiedergabe erkannt werden kann. Über andere Prozesse, die das Vorkommen und die Häufigkeit von Arten auf Grund ihrer Beziehungen zueinander bestimmen, liefern Nahrungsnetze keine Informationen.

Die trophischen Beziehungen zwischen den Arten eines Nahrungsnetzes sind in Bezug auf ihre Effekte sicher nicht alle gleich bedeutend. Ihre Intensität hängt u. a. von den Nahrungspräferenzen der Arten sowie von deren jeweiligen Abundanzen ab. So frisst z. B. eine Prädatorenart, die sich von mehreren Beutearten ernährt, diese vermutlich nicht zu jeweils gleichen, sondern zu unterschiedlich großen Anteilen. Die daraus resultierenden quantitativen Veränderungen von Individuendichte oder Biomasse der Populationen kommen in Nahrungsnetzen nicht zum Ausdruck.

Darüber hinaus bestehen zwischen den Mitgliedern einer Biozönose in aller Regel nicht nur Nahrungsbeziehungen. Bestimmte Arten stehen in Konkurrenz miteinander oder haben mutualistische Verbindungen, deren Wirkungen wiederum durch Unterschiede in den Intensitäten der trophischen Beziehungen beeinflusst werden können. Durch derartige „Interaktionen der Interaktionen" ist es möglich, dass bestimmte Arten auch auf indirekte Weise auf die Existenz und die Häufigkeit bzw. den Reproduktionserfolg weiterer Arten der Biozönose Einfluss nehmen oder die Form der Beziehung zwischen Arten verändern. Umgekehrt können die Lebensbedingungen von Arten entsprechend der Summe der direkten und indirekten Wirkungen ihrer Fressfeinde und Konkurrenten in unterschiedlichem Maße beeinflusst werden. Wie beispielsweise Prädation, Phytophagie und Mutualismus in Zusammenhang stehen können, wird in der folgenden Situation deutlich.

Die amerikanische Grüne Luchsspinne (*Peucetia viridans*; Abb. 9.1) lebt und jagt auf Pflanzen. Sie erbeutet dort Insekten, und zwar sowohl phytophage

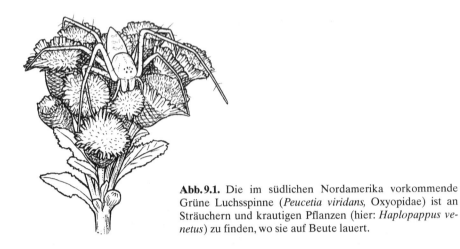

Abb. 9.1. Die im südlichen Nordamerika vorkommende Grüne Luchsspinne (*Peucetia viridans,* Oxyopidae) ist an Sträuchern und krautigen Pflanzen (hier: *Haplopappus venetus*) zu finden, wo sie auf Beute lauert.

Arten als auch potenzielle Bestäuber. Wie beeinflussen die Spinnen die Samenproduktion der Pflanzen, auf denen sie sich aufhalten? Louda (1982) untersuchte dies bei *Haplopappus venetus* (Asteraceae) in Kalifornien. Blüten und Samen dieser Art werden im Herbst gebildet, wenn auch *P. viridans* die höchsten Abundanzen aufweist. Bei Anwesenheit von Spinnen wurden ⅓ weniger Blüten bestäubt als bei Abwesenheit der Prädatoren, da viele Pollenträger bei ihrem Besuch gefangen oder gestört wurden. Es zeigte sich jedoch, dass ein höherer Prozentsatz der befruchteten Samenanlagen bei der Präsenz von Spinnen zur Reife gelangte, als dies auf spinnenfreien Pflanzen der Fall war, da viele Insekten, die an den sich entwickelnden Samen fressen oder darin ihre Eier ablegen, ebenfalls den Spinnen zum Opfer fielen. Insgesamt ergab sich eine positive Bilanz der Samenproduktion gegenüber Pflanzen ohne Luchsspinnen, d. h. die Pflanzen profitieren von der Anwesenheit dieser Prädatoren und stehen mit ihnen in einer mutualistischen Beziehung.

Die folgenden Abschnitte befassen sich mit weiteren Aspekten multipler Interaktionen.

9.1
Prädator-Beute-Beziehungen im Nahrungsnetz

Im Folgenden wird zunächst der Frage nachgegangen, wie sich die Population einer Beuteart verändert, wenn auf diese nicht nur eine Prädatorenart, sondern mehrere gleichzeitig einwirken. Anschließend wird geprüft, auf welche Weise polyphage Prädatoren die Struktur ihrer Beuteartengemeinschaft sowie weiterer Populationen der Biozönose beeinflussen können.

9.1.1
Effekte mehrerer Prädatorenarten auf die gemeinsame Beutepopulation

In den meisten Biozönosen existieren mehrere Prädatorenarten gleichzeitig und ernähren sich in vielen Fällen von denselben Beutearten. Darüber hinaus können zwischen den Prädatorenarten vielfältige direkte Interaktionen bestehen, aus denen sich wiederum unterschiedliche Effekte auf die Populationen der gemeinsamen Beutearten ergeben.

Grundsätzlich können bei solchen Konstellationen 4 unterschiedliche Situationen auftreten, die schematisch in Abbildung 9.2 dargestellt sind. Fallbeispiele zeigen, wie diese Möglichkeiten verwirklicht sein können und wie sie sich auf die Abundanz ihrer gemeinsamen Beute auswirken.

Situation 1 in Abbildung 9.2 betrifft Prädatoren, die eine Beuteart gemeinsam haben und damit untereinander in Konkurrenz stehen können, ansonsten aber keine direkten Beziehungen zueinander aufweisen.

Losey u. Denno (1998) untersuchten die Effekte zweier Prädatorenarten auf die Dichte der Erbsenblattlaus *(Acyrthosiphon pisum)* auf Luzerne *(Medicago sativa)*. Bei den Prädatoren handelte es sich um den Marienkäfer *Coccinella septempunctata*, der sich auf den Pflanzen aufhält, und um den Laufkäfer *Harpalus pennsylvanicus*, der seine Beute am Boden erwirbt. In einem Experiment wurden die Wirkungen dieser beiden Arten auf die Blattläuse zunächst einzeln betrachtet, und zwar in geschlossenen Systemen mit je einer jungen Pflanze, 30 darauf ausgesetzten Blattläusen und jeweils einem Individuum eines der beiden Prädatoren. Nach 24-stündiger Versuchsdauer in mehreren Wiederholungen zeigte sich, dass der Laufkäfer allein keinen nennenswerten Effekt auf die Dichte der Blattläuse hatte (Abb. 9.3 a). Der Marienkäfer erbeutete rund ⅓ der vorhandenen Individuen (Abb. 9.3 b). Welche Wirkung erzielen diese beiden Arten gemeinsam auf die Blattläuse? Rein rechnerisch wäre zu erwarten, dass sich die Zahlen der erbeuteten Tiere addieren, wie in Abbildung 9.3 c angedeu-

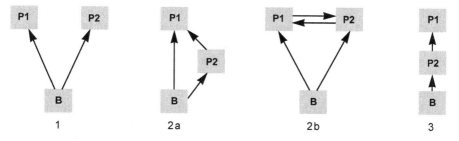

Abb. 9.2. Mögliche Beziehungen zwischen 2 Arten von Prädatoren bzw. Parasitoiden *(P1* und *P2)* und einer phytophagen Beuteart *(B)*. Situation **1**: *P1* und *P2* stehen ausschließlich in Konkurrenz um eine gemeinsame Beuteart *B*. Situation **2**: *P1* und *P2* weisen außerdem Nahrungsbeziehungen auf: *a P1* frisst auch *P2*, oder *b P1* und *P2* fressen sich gegenseitig. Situation **3**: *P1* frisst *P2*, aber nicht dessen Beuteart.

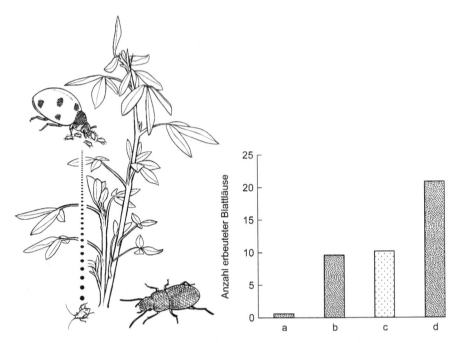

Abb. 9.3. *Bild:* Blattläuse, die auf ihrer Wirtspflanze von Marienkäfern bedroht werden, lassen sich auf den Boden fallen und sind dort eine leichte Beute für Laufkäfer. *Grafik:* Anzahl der innerhalb von 24 Stunden durch Prädatoren erbeuteten Individuen der Erbsenblattlaus *(Acyrthosiphon pisum)* auf Luzernepflanzen *(Medicago sativa)* in verschiedenen experimentellen Varianten. *a* mit dem Laufkäfer *Harpalus pennsylvanicus*, *b* mit dem Marienkäfer *Coccinella septempunctata*, *c* aus *a* und *b* errechnete, additive Wirkung, *d* beobachtete Anzahl erbeuteter Blattläuse bei Anwesenheit beider Prädatorenarten. (Grafik nach Daten von Losey u. Denno 1998)

tet ist. Tatsächlich zeigten sich aber bei der Kombination beider Prädatoren deutlich höhere Konsumierungsraten, als theoretisch angenommen werden kann (Abb. 9.3 d). Somit existiert hier ein synergistischer Effekt der beiden Prädatorenarten, der sich nicht aus den Ergebnissen der Einzelversuche ableiten lässt. Die Erklärung hierfür liefert das Verhalten der Blattläuse: Sie lassen sich bei Bedrohung durch die auf den Pflanzen nach Beute suchenden Marienkäfern einfach fallen. Einige können nicht wieder auf die Pflanze zurückkehren, sondern werden von Laufkäfern gefressen. Auch bei höherer Beutedichte (im Experiment bis zu 80 Blattläusen pro Pflanze) war der beobachtete, gemeinsame Effekt der beiden Prädatoren stets höher als der rechnerisch erwartete. In Feldversuchen konnten Losey u. Denno diesen Effekt ebenfalls nachweisen.

Eine ähnliche Fragestellung wie Losey u. Denno (1998) verfolgte Chang (1996). Er wollte klären, wie sich die gleichzeitige Präsenz von Marienkäfern

(Coccinella septempunctata) und Florfliegenlarven *(Chrysoperla plorabunda)* auf Kolonien der Schwarzen Bohnenblattlaus *(Aphis fabae)* auswirkt. Die Experimente wurden auf jungen Ackerbohnenpflanzen *(Vicia faba)* durchgeführt. Hier zeigte sich eine additive Wirkung der beiden Prädatorenarten, d. h. beide zusammen fraßen etwa so viele Blattläuse, wie nach der Summe aus der Konsumierungsrate der beiden Arten alleine zu erwarten wäre. In diesem Fall erklärt sich dieser Umstand damit, dass die Marienkäfer ihre Beute vorwiegend am Stängel und an den Blatträndern suchen, die Florfliegenlarven dagegen hauptsächlich an den Blattachseln und den Blattoberflächen.

Aus Gründen, die z. B. durch das Verhalten der Beutetiere oder durch Interaktionen zwischen den Prädatoren gegeben sein können, resultieren oft andere Effekte als in den bisher dargestellten Situationen. Im Brackwasser der Flussmündungen im Osten Nordamerikas ist *Leiostomus xanthurus*, ein Vertreter der Umberfische (Sciaenidae), eine häufige Art. Neben Fischen wie der Flunder *Paralichthys lethostigma* haben sie auch eine Reihe von Vögeln als Feinde, von denen der Silberreiher *(Casmerodius albus)* die größte Rolle spielt. Dieser Prädator ist allerdings nur in Bereichen mit weniger als 20 cm Wassertiefe eine Bedrohung für *L. xanthurus*. Oft halten sich aber Jungfische dieser Art im flachen Wasser auf, um schwimmenden Prädatoren auszuweichen. Crowder et al. (1997) vermuteten, dass die Umberfische damit ein höheres Risiko eingehen, von terrestrischen Prädatoren erbeutet zu werden. Um dies zu prüfen, etablierten sie Teiche, die in der Mitte 40 cm und an den Rändern maximal 20 cm Wassertiefe aufwiesen. Sie wurden mit Individuen von *L. xanthurus* in etwa der natürlichen Dichte besetzt. Durch die Unterteilung in 4 Bereiche, die jeweils das Spektrum der vorhandenen Wassertiefen umfassten, richteten Crowder et al. in jedem Teich folgende Versuchsvarianten ein: Zwei Bereiche mit Flundern in etwa der natürlichen Dichte, wobei der eine für Vögel zugänglich war und der andere mit einem Netz geschützt wurde. Die beiden anderen Bereiche blieben ohne Flundern, wobei wiederum je eine Variante mit und ohne Einfluss von Vögeln geschaffen wurde. Somit konnten die Wirkungen der verschiedenen Prädator-Varianten auf die Dichte von *L. xanthurus* bestimmt und mit der Kontrolle ohne Prädatoren verglichen werden. Bei den 395 pro Versuchsvariante eingesetzten Umberfischen war eine prädationsunabhängige Mortalitätsrate von durchschnittlich 48 Tieren im Versuchszeitraum von 15 Tagen zu verzeichnen. Diese jeweils abgezogen, ergeben die Zahlen der durch die entsprechenden Prädatoren getöteten Tiere. Die Flundern allein erbeuteten 159 Umberfische (Abb. 9.4 a), die Vögel allein nur 38 (Abb. 9.4 b). Der gemeinsame Effekt von Flundern und Vögeln war nicht additiv: Die von beiden zusammen erbeutete Zahl an Individuen von *L. xanthurus* war um rund $\frac{1}{3}$ geringer als die Summe beider Prädatorengruppen (Abb. 9.4 c, d). Wie lässt sich dieses Ergebnis erklären? Eine Möglichkeit ist, dass Vögel die Flundern beim Beuteerwerb behindern, z. B. dadurch, dass Flundern ihre Aktivität beim Erscheinen von Vögeln einschränken. Die Vögel betreten jedoch nur die flachen Wasserzonen, wo sich Flundern gewöhnlich nicht aufhalten. Zum anderen veränderten sich weder die Zahl der Flundern im Verlauf der Experimente noch ihre individu-

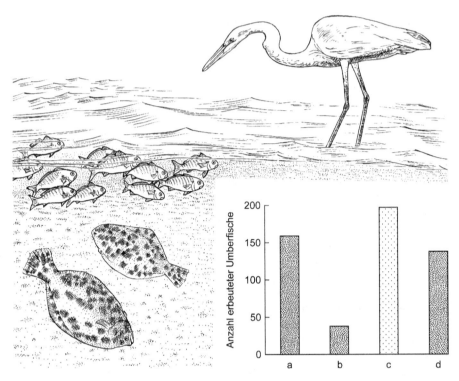

Abb. 9.4. Anzahl der innerhalb von 15 Tagen durch Prädatoren erbeuteten Individuen des Umberfisches *Leiostomus xanthurus (Bild mitte)* in verschiedenen experimentellen Varianten. *a* mit Flundern *(Paralichthys lethostigma, Bild unten)*, *b* mit Vögeln, z.B. dem Silberreiher *(Casmerodius albus, Bild oben)*, *c* aus *a* und *b* errechnete, additive Wirkung, *d* beobachtete Zahl erbeuteter Umberfische bei Anwesenheit beider Prädatorengruppen. (Grafik nach Daten von Crowder et al. 1997)

elle Wachstumsrate, sodass Crowder et al. eine Interferenz zwischen Flundern und Vögeln für unwahrscheinlich halten. Sie vermuten vielmehr eine andere, im Verhalten der Umberfische begründete Ursache. Videoaufzeichnungen belegten, dass sich die Umberfische bei Anwesenheit von Flundern ungefähr 4-mal häufiger am flachen Ufer aufhielten und damit eine erwartete Reaktion zeigten. Bei gleichzeitiger Bedrohung durch Vögel neigen die Umberfische außerdem zur Schwarmbildung und reagieren auf Störungen am Ufer mit raschen, zickzackartigen Fluchtbewegungen. Dieses Verhalten, so vermuten Crowder et al., reduziert die Wahrscheinlichkeit, von Vögeln erbeutet zu werden und verringert das Prädationsrisiko durch Flundern noch zusätzlich, was im Ergebnis zu der festgestellten Überlebensrate bei Anwesenheit beider Prädatorengruppen geführt haben könnte.

Situation 2a in Abbildung 9.2 bezieht sich auf zwei Prädatoren mit einer gemeinsamen Beuteart, wobei eine dieser Prädatorenarten außerdem die andere

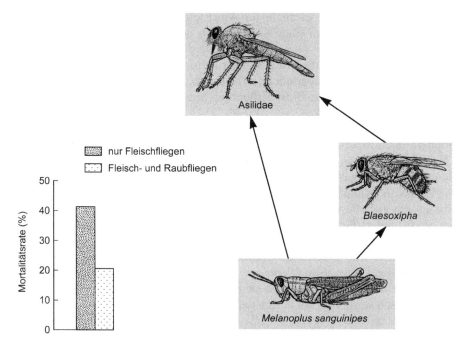

Abb. 9.5. *Bild:* Raubfliegen der Familie Asilidae erbeuten nicht nur Heuschrecken (hier: *Melanoplus sanguinipes*), sondern auch Fleischfliegen der Gattung *Blaesoxipha*, die als Parasitoide der Heuschrecken in Erscheinung treten. *Grafik:* Mortalitätsrate der Heuschrecken in Käfigen mit Fleischfliegen bei An- und Abwesenheit von Raubfliegen nach 13-tägiger Versuchsdauer. (Grafik nach Daten von Rees u. Onsager 1982)

zu ihrem Beutespektrum zählt. Daraus können sich unterschiedliche Effekte auf die gemeinsame Beutepopulation ergeben, wie die folgenden Beispiele zeigen.

Die Heuschreckenarten in den nordamerikanischen Grasländern haben v. a. Spinnen und Vögel als Feinde, aber auch bestimmte Insekten. Dabei handelt es sich zum einen um Parasitoide, im Wesentlichen 3 Arten von Fleischfliegen (Sarcophagidae) der Gattung *Blaesoxipha*. Zum anderen gehören sowohl Heuschrecken als auch Fleischfliegen zum Beutespektrum von Raubfliegen (Asilidae; Abb. 9.5). Um die Frage zu klären, inwieweit Raubfliegen die Parasitierungs- und Mortalitätsrate der Heuschreckenart *Melanoplus sanguinipes* (Acrididae) beeinflussen, führten Rees u. Onsager (1982) Experimente in Käfigen durch. Nicht parasitierte Heuschrecken wurden (a) nur mit Parasitoiden und (b) mit Parasitoiden und Raubfliegen zusammengebracht (den Einfluss der Raubfliegen allein untersuchten Rees u. Onsager nicht). Die Individuendichte der Arten orientierte sich an den Verhältnissen in der Natur. Nach 13-tägiger Versuchsdauer betrug die Mortalitätsrate der Heuschrecken in der Variante ohne Raubfliegen, d. h. bei alleiniger Anwesenheit von Parasitoiden, durchschnittlich rund 40 %. Am Ende des Versuchs noch lebende, aber parasitierte Individuen sind dabei mit eingeschlossen. Die durch Parasitoide und Prädatoren gemeinsam verursachte Reduktion der Heuschrecken betrug nur etwa 20 % (Abb. 9.5). Die Zahl der überlebenden Heuschrecken erhöht sich also durch die Raubfliegen, da diese durch die Erbeutung von Fleischfliegen eine geringere Parasitierungsrate bewirken.

Wenn Prädatoren und Parasitoide gleichzeitig auf eine gemeinsame Beutepopulation einwirken, addieren sich, wie im letzten Beispiel gezeigt, die jeweils einzeln verursachten Verluste auf Grund von Interferenzen zwischen den beiden Gruppen in der Regel nicht. In den meisten Fällen kommt eine negative Wirkung von Prädatoren auf die Parasitoide zu Stande, und zwar dadurch, dass Prädatoren auch bereits von Parasitoiden befallene Tiere erbeuten. Einen Beleg hierfür liefert Tscharntke (1992). Er stellte fest, dass am Ufer der Elbe rund die Hälfte der Gallen von *Giraudiella inclusa*, einer Gallmückenart an Schilf *(Phragmites australis)*, von Parasitoiden befallen war. 70 % der Gallen wurden außerdem von Blaumeisen *(Parus caeruleus)* aufgepickt. Da die Gallmückenlarven aber unabhängig davon, ob sie parasitiert sind oder nicht, von den Vögeln gefressen werden, erhöhte sich dadurch die Mortalitätsrate von *G. inclusa* lediglich um 30 %.

Ferguson u. Stiling (1996) untersuchten die Wirkungen des Marienkäfers *Cycloneda sanguinea* (Coccinellidae) und der parasitoiden Schlupfwespe *Aphidius floridanensis* (Braconidae) auf die Dichte einer Blattlaus der Gattung *Dactynotus*, die auf *Iva frutescens* (Asteraceae) an den Küsten Floridas vorkommt. Sie zeigten in verschiedenen Versuchen im Freiland, bei denen Zweige an den Pflanzen mit feinmaschigen Käfigen umschlossen wurden, dass die Parasitoide die Zahl der Blattläuse stärker verringerten als die Marienkäfer. In Käfigen, die beide Gegenspieler der Blattläuse enthielten, reduzierte sich die Effektivität der Parasitoide. Hierfür waren zwei Gründe verantwortlich: Zum einen fraßen die Marienkäfer auch parasitierte Blattläuse, sodass sich die Wirkungen der beiden Arten auf die Blattläuse insgesamt nicht addieren. Zum anderen erzielten die Schlupfwespen eine geringere Parasitierungsrate, da sie durch die Anwesenheit von Marienkäfern bei der Eiablage gestört wurden.

Situation 2b in Abbildung 9.2 beschreibt Verhältnisse, in denen sich Prädatoren mit gemeinsamer Beute auch gegenseitig fressen. Wie sich dies im konkreten Fall auf eine Beutepopulation auswirken kann, zeigt das folgende Beispiel.

In Kalifornien sind die Larven von Florfliegen (Chrysopidae) wichtige Konsumenten von Schädlingen an Baumwolle, hauptsächlich der Blattlausart *Aphis gossypii*. In den Baumwollfeldern kommen auch verschiedene Wanzenarten vor, die sowohl Blattläuse als auch Florfliegenlarven erbeuten und teilweise außerdem Pflanzensäfte oder Pollen der Baumwolle als Nahrung nutzen. Umgekehrt zählen bestimmte Entwicklungsstadien dieser Wanzen zur Beute der Florfliegenlarven. Insgesamt ergeben sich daraus sehr komplexe Nahrungsbeziehungen zwischen den Arten (Abb. 9.6). In vergleichenden Experimenten hat sich gezeigt, dass Florfliegenlarven die Zahl der Blattläuse bei Abwesenheit

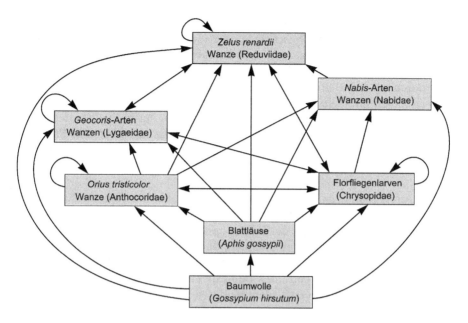

Abb. 9.6. Fressbeziehungen zwischen den verschiedenen Prädatorenarten von Blattläusen in kalifornischen Baumwollfeldern. (Nach Rosenheim et al. 1999)

anderer Prädatorenarten deutlich verringern können. Die gesamte Gemeinschaft der Prädatoren hatte dagegen nur einen geringen Einfluss auf die Blattlausdichte. Ursache dafür war die Verringerung der Zahl an Florfliegenlarven durch die Wanzen. Bei mittlerer Blattlausdichte wurden rund 94 % der Florfliegenlarven von den Wanzen erbeutet, bei hoher Blattlausdichte waren es 60 % (Rosenheim et al. 1999; Rosenheim 2001). Es ist jedoch kaum überraschend, dass in vergleichbaren Situationen auch andere Wirkungen auf die Schädlingspopulationen gefunden wurden, wie eine Auswertung verschiedener Untersuchungen durch Janssen et al. (2006) ergab. Oft hatte die Anwesenheit eines Prädators des Schädlings, der sich auch von anderen Prädatoren mit derselben Beuteart ernährt, keinen Effekt auf die entsprechende Schädlingsart oder führte sogar zu einem Rückgang ihrer Dichte. Die Ursachen solcher Unterschiede können vielfältiger Natur sein. Insbesondere in Agrarökosystemen zählen hierzu Unterschiede in der Habitatstruktur (Janssen et al. 2007) sowie in der Stickstoffversorgung der Wirtspflanze des Schädlings (Hosseini et al. 2010). Allgemein spielen, wie sich am Beispiel der Verhältnisse in Baumwollfeldern gezeigt hat, auch die Größen der jeweils beteiligten Artenpopulationen eine Rolle.

Solche Aspekte betreffen auch die in Abschnitt 4.3.1 diskutierte Frage, ob bei einem Projekt der klassischen biologischen Schädlingsbekämpfung potenzielle Antagonistenarten nur einzeln eingeführt werden sollen oder mehrere

Kandidaten gleichzeitig. Anhand der aufgezeigten Ergebnisse lässt sich jedoch nicht generell beurteilen, ob sich zwei oder mehr Prädatorenarten beim Beuteerwerb ergänzen oder sich durch ihre Interaktionen gegenseitig behindern.

Situation 3 in Abbildung 9.2 stellt eine Beziehung dar, die die Wirkungen von Prädatoren auf ihre Beute sicherlich in den meisten Fällen beeinflusst: Die Prädatoren haben ihrerseits natürliche Feinde, die somit als Spitzenprädatoren in Erscheinung treten. So wurde z. B. festgestellt, dass $\frac{1}{3}$ der Individuen des Marienkäfers *Coccinella septempunctata* an den Überwinterungsplätzen im Frühjahr von der parasitoiden Schlupfwespenart *Dinocampus coccinellae* befallen sein können (Triltsch 1996).

Mehrere Prädatorenarten beeinflussen die Population einer gemeinsamen Beuteart auf unterschiedliche Weise. Faktoren, die sich bei solchen Beziehungen auf die Abundanz der Beutepopulation auswirken können, sind (a) die Reaktionen der Beuteindividuen, durch die sich das Prädationsrisiko insgesamt erhöhen oder verringern kann, (b) die Interaktionen der Prädatoren, die sich entsprechend ihres Beutespektrums sowie der Art und Weise des Beuteerwerbs unterscheiden, wodurch sich die Prädatoren ein- oder wechselseitig fördern oder beeinträchtigen und (c) verschiedene weitere Bedingungen, die durch die relativen Abundanzen der beteiligten Populationen, der Präsenz weiterer Arten, der Habitatstruktur und anderen Umweltwirkungen gegeben sein können. Welche der vielen möglichen Situationen in einer Biozönose realisiert sind und dadurch die Abundanz der Beutepopulation bestimmen, lässt sich kaum vorhersagen und muss experimentell geprüft werden.

Box 9.1 zeigt die möglichen Effekte zweier Prädatorenarten auf die Mortalitätsrate einer gemeinsamen Beutepopulation in einer Übersicht.

9.1.2
Effekte von Prädatoren auf die Biozönosestruktur

Die folgende Auswahl an Beispielen liefert einen Einblick in verschiedene Situationen, die in einer Biozönose durch Prädatoren verursacht werden können. In manchen Fällen beeinflussen diese nicht nur die Populationen ihrer Beute, sondern lösen darüber hinaus Prozesse aus, die weitere Veränderungen in der Zahl der Individuen oder Arten der Biozönose zur Folge haben.

Die im tropischen und subtropischen Amerika verbreiteten Leguane der Gattung *Anolis* sind Prädatoren, die sich überwiegend von Arthropoden ernähren. Schoener u. Spiller (1996) untersuchten die Frage nach dem Effekt dieser Tiere auf die Artendiversität der Spinnengemeinschaften auf kleinen Inseln der Bahamas mit Vegetationsflächen von $40-179 \text{ m}^2$ Größe. Ein Teil von diesen beherbergte natürlicherweise Leguane, auf anderen kamen diese nicht vor. Schoener u. Spiller bestimmten zunächst auf allen Inseln die Arten- und Individuenzahlen der Spinnen und setzten dann auf verschiedenen zuvor leguan-

Box 9.1. Mögliche Effekte zweier Prädatorenarten auf die Mortalitätsrate einer gemeinsamen Beutepopulation (nach Ferguson u. Stiling 1996). Die Literaturzitate beziehen sich auf Beispiele im Text.

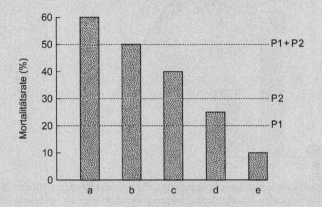

In der Darstellung wird als Beispiel angenommen, dass die eine Art *(P1)* allein eine 20 %ige, und die andere *(P2)* allein eine 30 %ige Reduktion der Beutepopulation verursacht. Für die gemeinsamen Wirkungen gibt es dann prinzipiell folgende Möglichkeiten:

a einen synergistischen Effekt, d. h. die gemeinsam erzielte Mortalitätsrate liegt über der Summe aus *P1 + P2*, hier also über 50 %. Ein Beispiel für einen solchen Fall lieferten Losey u. Denno (1998).

b einen additiven Effekt, d. h. die gemeinsam erzielte Mortalitätsrate entspricht der Summe aus *P1 + P2* (hier 50 %). Diese Möglichkeit wurde in der Untersuchung von Chang (1996) belegt.

c einen nicht-additiven Effekt, bei dem die Mortalitätsrate zwar höher ist als die durch die effizientere Art *(P2)* allein verursachte, aber geringer ist als die Summe aus *P1 + P2* (hier >30 %, aber <50 %). Dies entspricht den Ergebnissen von Ferguson u. Stiling (1996).

d einen nicht-additiven Effekt, bei dem die Mortalitätsrate geringer ist als die durch *P2* verursachte, aber höher als die von *P1* allein (hier >20 %, aber <30 %). Diese Situation wurde von Crowder et al. (1997) gefunden.

e einen nicht-additiven Effekt, bei dem die Mortalitätsrate geringer ist als die durch *P1* allein bedingte und hier demnach weniger als 20 % beträgt.

freien Inseln einige Individuen von *Anolis sagrei* aus. Ihre Zahl orientierte sich an der natürlichen Dichte auf den Inseln ihres Vorkommens. Nach 2 Jahren ergab sich hinsichtlich der Anzahl der Spinnenarten auf den 3 Insel-Varianten folgendes Bild: Zusammengenommen beherbergten die Inseln, auf denen Le-

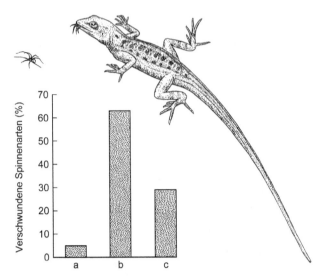

Abb. 9.7. Prozentuale Anteile der Spinnenarten, die von verschiedenen kleinen Inseln der Bahamas innerhalb eines Zeitraumes von 2 Jahren verschwunden sind. *a* Inseln ohne Leguane, *b* Inseln, auf denen einige Individuen von *Anolis sagrei (Bild)* ausgesetzt wurden und *c* Inseln mit natürlicherweise vorhandenen Populationen von *A. sagrei.* (Grafik nach Schoener u. Spiller 1996)

guane ausgesetzt wurden, vor deren Einführung insgesamt 14 Spinnenarten, danach nur noch 5. Auf den leguanfreien Inseln verschwand nur eine der anfangs insgesamt 11 Arten, und auf Inseln mit natürlicherweise vorhandenen Leguanpopulationen reduzierte sich ihre Zahl von 11 auf 8. Die durchschnittlichen Extinktionsraten auf den Inseln der verschiedenen Kategorien zeigt Abbildung 9.7. Auch nach 5 weiteren Beobachtungsjahren veränderten sich diese Zustände auf den Inseln nicht, d. h. die jeweiligen Spinnenarten blieben dauerhaft erloschen. Auffallend war, dass fast alle Spinnenarten, die nach der Einführung von Leguanen auf den entsprechenden Inseln verschwanden, vor Ankunft der Prädatoren selten waren, d. h. nach den Kriterien von Schoener u. Spiller mit weniger als 9 Individuen pro Insel vorkamen.

Viele kleine Nagerarten nehmen nicht nur pflanzliche Nahrung zu sich, sondern erbeuten außerdem Insekten. Dies kann erhebliche Auswirkungen auf die Populationen verschiedener Beutearten haben, wie Parmenter u. McMahon (1988) am Beispiel der Gemeinschaft von Laufkäfern (Carabidae) in einer nordamerikanischen *Artemisia*-Halbwüste zeigen konnten. Von den 7 dort vorkommenden Nagetierarten (überwiegend Mäuse) fressen 4 auch Laufkäfer, von denen im untersuchten Gebiet 8 Arten vorkommen. Eingezäunte Bereiche dienten in dieser Studie dem Ausschluss der Kleinsäuger, ohne die Laufkäfer in ihrer Mobilität einzuschränken. Entsprechende Parzellen, zu denen auch die Nager Zugang hatten, wurden zum Vergleich herangezogen. Nach 2-jähriger Versuchsdauer stellten Parmenter u. McMahon fest, dass die eingezäunten

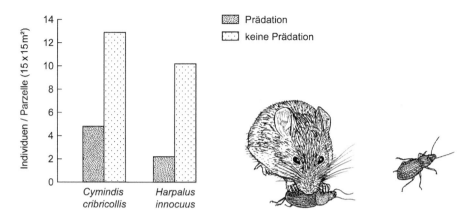

Abb. 9.8. Individuendichten zweier Laufkäferarten (*Cymindis cribricollis* und *Harpalus inno-cuus*) in einer nordamerikanischen *Artemisia*-Halbwüste auf Parzellen, von denen prädatorische Kleinsäuger (z. B. Mäuse der Gattung *Peromyscus, Bild*) ausgeschlossen wurden und auf offenen Kontrollparzellen. Die Erfassung erfolgte 2 Jahre nach Beginn des Experiments. (Grafik nach Daten von Parmenter u. McMahon 1988)

Bereiche eine durchschnittlich mehr als doppelt so hohe Laufkäferdichte aufwiesen als die Kontrollen. Bei 5 Arten erhöhte sich die Populationsdichte deutlich (Beispiele zeigt Abb. 9.8). Zwei seltene Arten wurden ausschließlich in den Einzäunungen nachgewiesen, und lediglich eine Art reagierte mit einer Abnahme ihrer Individuenzahl bei Abwesenheit von Nagern, vermutlich auf Grund von Konkurrenz mit anderen Laufkäferarten. Dieses Ergebnis zeigt damit unter anderem, dass die Nager, ähnlich wie die Leguane in der Studie von Schoener u. Spiller (1996; s. o.), Beutearten mit geringer Populationsdichte lokal zum Erlöschen bringen können.

Belovsky u. Slade (1993) befassten sich mit der Frage nach den Effekten verschiedener Prädatoren auf die Heuschreckengemeinschaft in der Prärie Montanas. Die Prädatoren der 15 dort nachgewiesenen Heuschreckenarten sind überwiegend Spinnen und Vögel, letztere v. a. repräsentiert durch den Westlichen Lerchenstärling (*Sturnella neglecta*; Abb. 9.9). Freilandexperimente mit Spinnen und Heuschrecken in unterschiedlicher Dichte ergaben, dass Spinnen insgesamt nur geringe Auswirkungen auf die Zahl der Heuschrecken haben. Sie erbeuten in erster Linie kleine Nymphen, deren Verluste in den Populationen jedoch durch eine höhere Überlebensrate älterer Nymphen kompensiert wurde, weil diese entsprechend weniger Nahrungskonkurrenten hatten.

Die Wirkungen von Prädation durch Vögel wurden verglichen zwischen Parzellen, die mit Feldkäfigen vor Vögeln geschützt waren, und offenen, für Vögel zugängliche Kontrollflächen. In allen 6 Untersuchungsjahren wurden zumindest am Ende der Vegetationsperiode mehr Heuschrecken auf den für Vögel erreichbaren Kontrollflächen festgestellt als in den geschlossenen Feldkäfigen.

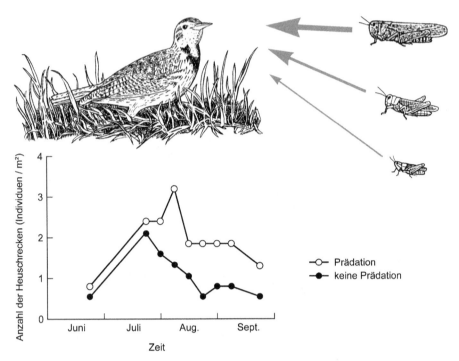

Abb. 9.9. *Bild:* Der Lerchenstärling *(Sturnella neglecta)* zählt zu den wichtigsten Prädatoren von Heuschrecken in der Prärie Montanas und erbeutet bevorzugt große Arten. *Grafik:* Individuendichten von Heuschrecken in der Prärie Montanas auf Flächen, die vor Prädation durch Vögel geschützt waren sowie auf offenen Kontrollparzellen im Verlauf einer Untersuchungsperiode von etwa 3 Monaten. (Grafik nach Belovsky u. Slade 1993)

Die Ergebnisse eines Jahres zeigt beispielhaft Abbildung 9.9. Für eine genauere Analyse dieses zunächst überraschenden Ergebnisses unterteilten Belovsky u. Slade die Heuschreckenarten nach ihrer Größe in 3 Kategorien (klein, mittel und groß). Dabei zeigte sich, dass in jedem Jahr die Dichte der großen, von Vögeln als Beute bevorzugten Heuschreckenarten auf den Kontrollflächen viel geringer war als in den Käfigen und ebenso die Individuenzahl der kleinen Arten. Die höhere Heuschreckendichte auf den für Vögel erreichbaren Flächen war also stets durch die mittelgroßen Heuschreckenarten bedingt. Der Rückgang der Individuen großer Arten lässt sich als direkter Prädationseffekt interpretieren. Die Abnahme der Individuenzahl der kleinen Arten, die von Vögeln kaum gefressen werden, muss ebenso wie die Zunahme der Individuenzahl bei den mittelgroßen Arten als indirekte Wirkung der Vögel gewertet werden. Belovsky u. Slade vermuten, dass diese durch Veränderungen in den interspezifischen Konkurrenzverhältnissen um Nahrung zu Stande kommt: Wenn die Individuenzahl der konkurrenzstärkeren, großen Arten durch Prädation abnimmt, erhöht sich die Individuenzahl der mittelgroßen Arten. Diese Zunahme

wiederum verringert die Abundanz der kleinen Arten, die ihrerseits den mittelgroßen in der Konkurrenz um Nahrung unterlegen sind. Diese Erklärung wird
unterstützt durch weitere Beobachtungen von Belovsky u. Slade, nach denen
die relative Größe einer Heuschreckenart deren Konkurrenzkraft entscheidend
beeinflusst. Größere Arten sind in der Regel überlegen und verringern jeweils
die Populationsgröße der kleineren Art.

Das folgende Beispiel aus einem aquatischen Lebensraum zeigt, wie ein Prädator durch indirekte Effekte die Zusammensetzung einer ganzen Biozönose
bestimmen kann. Um der Brandung standhalten zu können, sind die meisten
Organismen, die an marinen Felsküsten leben, fest mit der Gesteinsoberfläche
assoziiert. In einer derartigen Biozönose an der nordamerikanischen Pazifikküste handelt es sich um Algen als Produzenten, insgesamt 15 Arten an Konsumenten (Rankenfüßer, Mollusken und eine Seeanemonenart) sowie um einen
Spitzenprädator, den Seestern *Pisaster ochraceus*, der sich von verschiedenen
der Primärkonsumenten ernährt (Abb. 9.10). Paine (1966) entfernte dort von
einem natürlichen, abgegrenzten Versuchsareal sämtliche Seesterne. Daraufhin
veränderte sich die Struktur der Biozönose: Nach 3 Monaten wurde bis zu 80 %
der verfügbaren Fläche von der Seepocke *Balanus glandula* eingenommen.
Nach einem Jahr war diese durch die Miesmuschel *Mytilus californianus* und

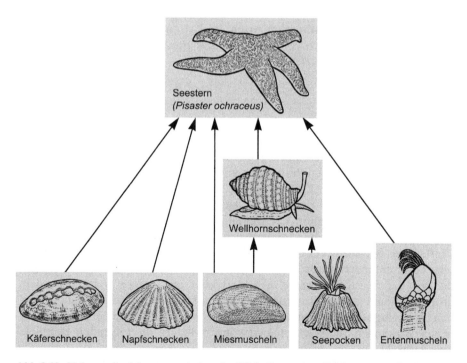

Abb. 9.10. Nahrungsbeziehungen zwischen den Wirbellosen einer Felsküstengemeinschaft am
nordamerikanischen Pazifik. (Grafik nach Daten von Paine 1966)

eine Entenmuschel (*Mitella polymerus*) verdrängt worden. Die Algen sowie einige der Mollusken (Käferschnecken, Napfschnecken) waren mangels Lebensraum und geeigneter Nahrung verschwunden. Insgesamt resultierte die Wegnahme des Seesterns in einer Abnahme der Diversität: Die Zahl der Primärkonsumentenarten reduzierte sich um rund die Hälfte von 15 auf 8, und zwar unabhängig davon, ob sie von *Pisaster* gefressen werden oder nicht.

Auch hier verursachte eine Veränderung der Konkurrenzverhältnisse den beobachteten Effekt. Der begrenzende Faktor in dieser Biozönose ist Raum, also die vorhandene Felsoberfläche, auf der die Organismen etabliert sind. Die Arten unterscheiden sich in ihrer Konkurrenzkraft, d. h. in ihrer Fähigkeit, sich auf dem Substrat räumlich auszudehnen und andere Arten zu verdrängen. Durch den Prädationsdruck bewirkt der Seestern, dass die Populationsdichte seiner Beutearten stets so niedrig gehalten wird, dass Konkurrenz zwischen ihnen nicht oder kaum zur Wirkung kommt. Erst wenn Konkurrenz allein das Wachstum und die Ausbreitungsmöglichkeiten der Populationen bestimmt, zeigt sich, dass einzelne Arten anderen überlegen sind.

Die direkte Wirkung von Prädatoren in Biozönosen ist die Verringerung der Populationsdichten der entsprechenden Beutearten, was sogar zur Eliminierung einzelner Arten führen kann. Als indirekte Folgen von Prädation treten in bestimmten Fällen auch Abundanzveränderungen bei anderen als den Beutepopulationen auf. Sie sind das Resultat veränderter Konkurrenzverhältnisse zwischen bestimmten Arten. Im Extremfall werden dadurch konkurrenzschwache Arten vollständig verdrängt, wodurch sich die Diversität der Biozönose verringert.

9.2
Ökologische Schlüsselarten

Die vorangegangenen Abschnitte gaben nicht nur Einblicke in die vielschichtigen Beziehungen zwischen Prädatoren und Beute, sondern haben auch gezeigt, dass manche Arten mehr Einfluss auf die Struktur einer Biozönose nehmen als andere. Im Beispiel von Belovsky u. Slade (1993) veränderten Vögel die Zusammensetzung der Heuschreckengemeinschaft, Spinnen dagegen nicht. Noch deutlicher erkennbar ist in der Untersuchung von Paine (1966) der dominante Einfluss des Seesterns auf die Diversität der Felsküsten-Biozönose. Die Existenz bestimmter Arten wird durch seine Anwesenheit erst ermöglicht. Arten, die wie der Seestern *Pisaster ochraceus* oder auf andere Weise besonders großen Einfluss auf die Struktur oder die Funktion eines Systems haben, werden als **ökologische Schlüsselarten** bezeichnet. Aus der Palette der unterschiedlichen Wirkungen, die solche haben können, liefern die folgenden Beispiele eine Auswahl.

Das ursprüngliche Verbreitungsgebiet des Seeotters *(Enhydra lutris)* erstreckte sich im Nordpazifik von der japanischen Insel Hokkaido über die

Kurilen, Kamtschatka, die Aleuten und Alaska entlang der amerikanischen Westküste bis zur kalifornischen Halbinsel. Nachdem die Art Anfang des 20. Jahrhunderts durch Pelztierjäger fast ausgerottet worden war und nur noch an wenigen Stellen vorkam, nimmt der Seeotter heute fast wieder sein ursprüngliches Verbreitungsgebiet ein, von Hokkaido und größeren Lücken an der nordamerikanischen Küste abgesehen (Riedman u. Estes 1988). Seeotter ernähren sich überwiegend von benthischen marinen Wirbellosen (Seeigel, Mollusken, Krabben), aber auch von Fischen.

Estes u. Palmisano (1974) und Simenstad et al. (1978) verglichen die Küstengemeinschaften vor verschiedenen Inseln der Aleuten, die zum Zeitpunkt der Untersuchung verschieden große Populationen des Seeotters beherbergten. Ihre Ergebnisse zeigten deutliche Unterschiede im Aufbau der marinen Gemeinschaften in Abhängigkeit von der Präsenz des Seeotters bzw. der Größe seiner Populationen: Das Küstenökosystem vor der Insel Amchitka, wo eine große Seeotterkolonie angesiedelt ist, weist dichte und diverse Seetangbestände auf, wogegen solche vor Inseln ohne Seeotter fehlen. Umgekehrt sind vor Amchitka marine Wirbellose selten, während vor den seeotterfreien Inseln v. a. Seeigel *(Strongylocentrotus polyacanthus)* hohe Abundanzen aufweisen. Es existieren also zwei unterschiedliche Formen mariner Gemeinschaften vor den Inseln: Eine, die von Seetang dominiert wird und nur von wenigen Seeigeln bewohnt ist, und eine ohne Seetangwälder, aber mit einer hohen Seeigeldichte (Abb. 9.11).

Seeotter haben offensichtlich entscheidenden Einfluss auf die Struktur der Küstenökosysteme, und zwar auf folgende Weise: Seeotter fressen bevorzugt Seeigel, deren Populationsdichte bei starkem Prädationsdruck deutlich verringert wird. Seeigel ernähren sich von Seetang, dessen Bestände bei starker Beweidung klein gehalten werden oder verschwinden. Wenn die Seeigeldichte reduziert wird, entwickeln sich wieder ausgedehnte Seetangwälder (Estes u. Harrold 1988). Dies konnte Duggins (1980) auch experimentell an der Küste von Torch Bay (Alaska) nachweisen. Die Ausgangssituation war der von seeotterfreien Gemeinschaften vor den Aleuteninseln ähnlich. Das Felssubstrat war dicht mit Seeigeln *(Strongylocentrotus*-Arten) besetzt, und verschiedene Seetangarten wuchsen nur dort, wo sie vor Seeigelfraß geschützt waren. Duggins fand ein Jahr nach der Entfernung der Seeigel von den Experimentalflächen eine Seetanggemeinschaft von hoher Biomasse und Diversität vor. Im zweiten Jahr wurde jedoch eine *Laminaria*-Art dominant, die gegenüber den anderen offensichtlich konkurrenzstärker ist.

Estes u. Duggins (1995) beobachteten die direkten Folgen der Wiederbesiedelung verschiedener Küstenabschnitte durch Seeotter. In solchen Bereichen veränderten sich die Abundanzen von Seetang und Seeigeln in der erwarteten Weise: Die Biomasse der Seeigel reduzierte sich um rund 50 % an Standorten vor den Aleuten und um annähernd 100 % vor Alaska. Entsprechend bildeten sich vor Alaska kurze Zeit nach der Einwanderung des Seeotters wieder dichte Seetangwälder, während ihre Entwicklung vor den Aleuten weniger ausgeprägt war. Die geringeren Effekte vor den Aleuten lassen sich darauf zurückführen,

Abb. 9.11. *Links:* Küstengemeinschaft mit Seetangwäldern (verschiedene Arten von Braunalgen), wie sie im nördlichen Pazifik bei Anwesenheit des Seeotters *(Enhydra lutris)* ausgebildet ist. *Rechts:* In nordpazifischen Küstengebieten ohne Seeotter fehlen Seetangwälder; auf dem Felsboden dominieren Seeigel *(Strongylocentrotus*-Arten).

dass dort die Seeigel im Durchschnitt deutlich kleiner sind als entlang der Küste Alaskas. Da Seeotter aber besonders große Seeigel als Beute bevorzugen und entsprechend weniger solcher Individuen vor den Aleuten zu finden sind, ist dort auch der Prädationseffekt, und damit die Seetangentwicklung, geringer.

Noch weitere Arten können in ihrer Lebensweise indirekt durch Seeotter beeinflusst werden: Trapp (1979) untersuchte auf einigen Aleuteninseln die Ernährungsweise der Bering-Möwe *(Larus glaucescens),* die wie andere Möwenarten ein breit gefächertes Nahrungsspektrum hat. Trapp fand, dass Seeigel auf Inseln mit kleinen Seeotterpopulationen über 80 % der Nahrung dieser Art ausmachen. Auf Inseln mit großen Seeotterpopulationen fressen Bering-Möwen dagegen fast ausschließlich Fische und Vögel.

Vermutlich war auch Stellers Seekuh *(Hydrodamalis gigas),* die sich von Seetang ernährte, von der Anwesenheit der Seeotter als „Garanten" für das Vorhandensein der Tangbestände abhängig (Paine 1980). Stellers Seekuh kam vor den Inseln der Commander-Gruppe westlich der Aleuten vor und wurde 1768 von Pelztierjägern, die ihr Fleisch als Schiffsproviant nutzten, 27 Jahre nach ihrer Entdeckung ausgerottet (Haley 1978). Es kann spekuliert werden, ob Stellers Seekuh auch ohne direkte Bejagung verschwunden wäre, hätte man statt ihr den Seeotter vor diesen Inseln ausgerottet.

Phytophagen können ebenfalls als Schlüsselarten in Erscheinung treten, wenn sie die Struktur ganzer Pflanzengemeinschaften verändern. Werden die 3 Arten von Känguruhratten (Gattung *Dipodomys*) in der Chihuahua-Wüste von Arizona aus der Biozönose entfernt, etablieren sich im Zeitraum von 12 Jahren in der lichten Strauchvegetation Bestände verschiedener Gräser. Dies führt u. a. zum selteneren Erscheinen granivorer Vögel, die in der dichteren Vegetation weniger effektiv Nahrung erwerben können, sowie zu einer Zuwanderung von Grassamen fressenden Nagern. Diese Veränderungen erklären sich durch die fehlenden Tätigkeiten der Känguruhratten, die im Wesentlichen auf dem Verzehr bestimmter Samenarten und dem Umgraben des Bodens beruhen (Brown u. Heske 1990).

Zeevalking u. Fresco (1977) untersuchten den Einfluss der Beweidung durch Kaninchen *(Oryctolagus cuniculus)* auf die Artendiversität der Dünenvegetation einer friesischen Insel. Sie stellten fest, dass die höchste Zahl an Pflanzenarten bei mittlerer Beweidungsintensität vorhanden ist. Sowohl bei geringem oder fehlendem Einfluss der Kaninchen als auch bei sehr hohem Beweidungsgrad ist die Artendiversität geringer (Abb. 9.12).

Cox et al. (1991) weisen auf die bedeutende Rolle von Flughunden (*Pteropus*-Arten; s. Abb. 1.3) als Bestäuber und Samenverbreiter zahlreicher Pflanzenarten auf den südpazifischen Inseln hin. Im Gegensatz zu den meisten tropischen Ökosystemen auf dem Festland haben isolierte ozeanische Inseln dieser Breiten nur eine kleine Zahl an blütenbestäubenden Tierarten. Viele Pflanzen, die auf den Kontinenten eine breite Palette an Blütenbesuchern aufweisen, sind auf Inseln wie Guam oder Samoa weitgehend von Flughunden abhängig. Dies gilt außerdem für ihre Funktion als Samenverbreiter. Daher ist zu vermuten, dass sich ein Rückgang der Flughundpopulationen auf die Struktur der dortigen Pflanzengemeinschaften und die darauf aufbauenden Konsumenten auswirkt. Auf Guam wurde eine der beiden Flughundarten bereits ausgerottet, die andere kommt nur noch in wenigen Exemplaren vor. Cox et al. fanden Hinweise darauf, dass dadurch verschiedene Pflanzenarten eine verringerte Fruchtbildung aufweisen und eine Verbreitung ihrer Samen kaum noch stattfindet.

Auch Pflanzen können Schlüsselarten sein. Als Beispiel hierfür lässt sich *Najas graminea* als submerse Pflanze in der bereits in Abschnitt 8.2 dargestellten aquatischen Reisfeld-Biozönose anführen (Martin 1994; Martin u. Sauerborn 2000). Im Gegensatz zu den meisten terrestrischen Biozönosen dient dort nicht die Biomasse der Gefäßpflanzen als Basis für den Aufbau des Konsumenten-Nahrungsnetzes (s. Abb. 8.9). Als die einzigen Herbivoren ernähren sich die Raupen des Wasserzünslers *Parapoynx diminutalis* direkt von den Pflanzen. Dennoch ist nahezu die gesamte aquatische Fauna von der Präsenz von *Najas graminea* abhängig: Die Oberfläche ihrer Blätter bildet die Haftfläche für Aufwuchs. Zusammen mit dem dort aufliegenden Detritus stellt diese Ressource die Nahrungsquelle für die Primärkonsumenten der Gemeinschaft dar. Von diesen ernähren sich die Prädatoren, die sich meist ebenfalls auf den Pflanzen aufhalten. Werden die *Najas graminea*-Bestände zerstört, verschwindet auch die mit diesen assoziierte aquatische Gemeinschaft.

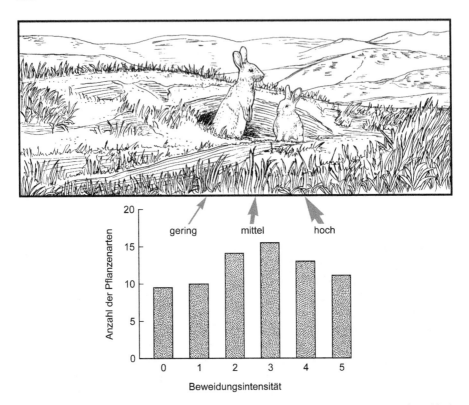

Abb. 9.12. Zusammenhang zwischen der Zahl der Pflanzenarten auf den Dünen einer friesischen Insel und dem Grad der Beweidung der Vegetation durch Kaninchen *(Oryctolagus cuniculus, Bild)*. *0* = keine Beweidung, *5* = höchste Beweidungsintensität. (Grafik nach Daten von Zeevalking u. Fresco 1977)

Schlüsselarten können nicht nur entscheidenden Einfluss auf die Existenz anderer Arten einer Gemeinschaft haben, sondern darüber hinaus auch weitere Veränderungen im Ökosystem auslösen. So schaffen die Brutkolonien der Kleinen Schneegans *(Anser caerulescens caerulescens)* in der Küstenebene der westlichen Hudson Bay (Kanada) durch das Herausrupfen von Pflanzen (Seggen, Gräser) stellenweise vegetationsfreie Flächen, die der Erosion ausgesetzt sind. Durch den Bodenabtrag wird glazialer Schotter freigelegt, auf dem sich die ursprüngliche Vegetation nicht mehr etablieren kann (Kerbes et al. 1990).

Von einer ungewöhnlichen Wirkungsweise von Schlüsselarten auf das Ökosystem berichten Shachak et al. (1987). In der israelischen Negev-Wüste existieren 2 Schneckenarten der Gattung *Euchondrus*. Sie ernähren sich von endolithischen (in Steinen lebenden) Flechten an Kalksteinen (Abb. 9.13). Um die 1–3 mm tief im Stein gelegene Futterquelle nutzen zu können, bleibt den Schnecken nichts anderes übrig, als mit ihrer Radula die Steinoberfläche abzuraspeln, was offensichtlich ohne chemische Unterstützung gelingt. Aus dem

Abb. 9.13. Schnecken der Gattung *Euchondrus (E. albulus, links* und *E. desertorum, rechts)* ernähren sich in der Negev-Wüste von endolithischen Flechten der Kalksteine. Diese Nahrungsquelle können sich die Tiere nur erschließen, indem sie mit ihrer Radula die Steinoberfläche abschaben.

aufgenommenen Material wird die Biomasse verdaut, der Kalk wird wieder ausgeschieden. Durch ihre Tätigkeit tragen die Schnecken wesentlich zur Verwitterung der Kalksteine bei: Shachak et al. errechneten, dass auf diese Weise bis zu einem Kubikmeter an Feinmaterial pro Hektar und Jahr entsteht. Diese biologische Verwitterung leistet einen Anteil am Prozess der Bodenbildung, der mengenmäßig etwa dem entspricht, was an Staub pro Hektar und Jahr durch Wind in die Negev-Wüste eingetragen wird. In diesem Beispiel bezieht sich der Begriff „Schlüsselart" allein auf die Bedeutung der Spezies für einen Ökosystemprozess, und nicht wie in den anderen Fällen auch auf die Zusammensetzung der Biozönose.

Angesichts der Erkenntnis, dass die Artendiversität einer Gemeinschaft entscheidend von der Präsenz bestimmter Arten abhängen kann, ist es nahe liegend, das Schlüsselarten-Konzept in praktische Ansätze zum Schutz der Biodiversität miteinzubeziehen. Dahinter steht die Überlegung, dass durch gezielte Bemühungen zum Erhalt entsprechender Schlüsselarten automatisch das Vorkommen einer weiteren Anzahl von Arten in einer Biozönose gesichert ist. Der Umsetzung im Artenschutz-Management steht jedoch eine Reihe von Schwierigkeiten im Wege, auf die u. a. Mills et al. (1993) hinweisen: Zunächst ist der Begriff „Schlüsselart" zu weit gefasst, um einheitliche Kriterien für eine Auswahl entsprechender Arten zu entwickeln. Dann muss berücksichtigt werden, dass „Schlüsselart" keine artspezifische Eigenschaft darstellt, sondern vielmehr die Rolle einer Art in einer bestimmten Situation beschreibt, die abhängig sein kann von dem jeweiligen Lebensraum und den anderen Arten der Gemeinschaft. So kann vermutlich nicht der Schluss gezogen werden, dass Kaninchen immer und überall Schlüsselarten sind, nur weil gezeigt werden konnte, dass sie die Dünenvegetation einer friesischen Insel beeinflussen (s. o.). Zumindest müsste dies auch in einem anderen Lebensraum und bei Anwesenheit von Feinden und Konkurrenten bewiesen werden. Damit ist ein weiteres Problem angesprochen: Das Erkennen einer Schlüsselart erfordert oft detaillierte und langwierige Untersuchungen, Experimente und Vergleiche, wie z. B. der Fall des Seeotters deutlich gemacht hat. Solche können in praxisorientierten Ansätzen kaum durchgeführt werden. Außerdem steht keineswegs fest, dass in allen Gemeinschaften überhaupt Schlüsselarten zu finden sind. Letztlich hängt der Erfolg beim Schutz der Biodiversität immer noch von der einzigen globalen Schlüsselart ab, dem Mensch.

> Bestimmte Arten, so genannte ökologische Schlüsselarten, beeinflussen die Zusammensetzung von Biozönosen, die interspezifischen Beziehungen oder auch Ökosystemprozesse in wesentlich höherem Maße als andere. Sie können sich hinsichtlich ihrer Funktion und dem Grad ihres Einflusses jedoch erheblich unterscheiden und auf verschiedenen trophischen Ebenen in Erscheinung treten. Der Begriff „Schlüsselart" bezeichnet keine artspezifische Eigenschaft, sondern bezieht sich auf die Bedeutung einer Art innerhalb eines bestimmten Systems.

9.3
Die Rolle von Parasiten in Biozönosen

Es kann davon ausgegangen werden, dass Parasiten in praktisch jeder Biozönose vorhanden sind. Parasitismus ist eine der erfolgreichsten Lebensstrategien überhaupt, denn mehr als 50 % aller Arten leben parasitär von einem anderen Lebewesen (Price 1980; Toft 1986). Je größer und differenzierter ein Organismus ist, desto wahrscheinlicher stellt er auch einen attraktiven Lebensraum für Parasiten dar. Nur wenige Nahrungsnetzanalysen berücksichtigen bislang Parasiten (vgl. Kap. 8.3.3). Welche Auswirkungen hat ihre Anwesenheit auf die Größe und Dynamik der betroffenen Populationen, die Interaktionen der Arten oder die Struktur und Artenvielfalt von Biozönosen?

Einerseits deuten Untersuchungen darauf hin, dass die Biomasse von Parasiten aufgrund ihrer oft mikroskopischen Kleinheit in Nahrungsnetzen drastisch unterschätzt wird. In einer Untersuchung von Küstengemeinschaften freilebender und parasitärer Arten in kalifornischen Salzwiesen fanden Kuris et al. (2008), dass die Biomasse der Parasiten an diejenige anderer Gruppen, wie Vögel, Fische oder Krabben heranreicht. Bezogen auf die Trophieebenen übersteigt ihre Biomasse die der Spitzen-Prädatoren deutlich, in manchen Fällen sogar um den Faktor 20. Weitere Hinweise auf die Bedeutung von Parasiten ergeben sich, wenn die Interaktionen parasitärer Arten mit anderen Arten betrachtet werden. Viele Parasitenarten durchlaufen Wirtswechsel und befallen Wirte verschiedener Trophieebenen. Lafferty et al. (2006) verglichen Daten von 4 relativ

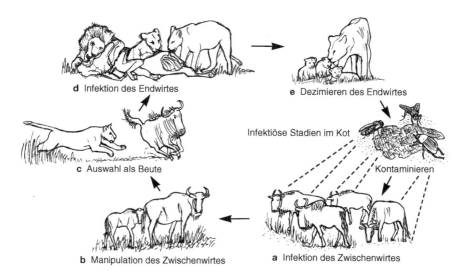

Abb. 9.14. Einzellige, parasitäre Sporentierchen (Sarkocystidae) beeinflussen die Populationen von Löwen und Gnus in der afrikanischen Savanne. (Nach Wenk u. Renz 2003, verändert)

artenreichen Nahrungsnetzen, die auch Parasiten enthielten. Es zeigte sich, dass die Nahrungsnetze im Durchschnitt mehr Verknüpfungen zwischen Parasiten und ihren Wirten als zwischen Prädatoren und ihrer Beute umfassten. Dies kann auch zur Stabilität einer Biozönose beitragen (Hudson et al. 2006).

Die Anwesenheit eines Parasiten kann für ein einzelnes Wirtstier einen Kampf auf Leben und Tod bedeuten. Berücksichtigt man die Effekte jedoch auf Populationsebene, wie Wenk u. Renz (2003) am Beispiel von Löwen *(Panthera leo)* als Prädatoren und Gnus *(Connochaetes taurinus)* als Beute in der afrikanischen Savanne, können sich weitere Aspekte ergeben. Der Löwenkot enthält meist parasitische Einzeller (Familie Sarkocystidae), die zur Klasse der Sporentierchen (Sporozoa) zählen. Durch kotbesuchende Insekten (Transportwirt) werden die infektiösen Stadien des Parasiten verbreitet und von Gnus (Zwischenwirt) mit der pflanzlichen Nahrung aufgenommen (Abb. 9.14a). Trotz eines großen Durchseuchungsgrades der Gnu-Population richtet er keinen unmittelbaren Schaden bei den Gnus an, sondern bildet langlebige, inaktive Zysten in deren Gewebe. Gleichzeitig manipuliert er ihr Verhalten, wodurch sich die Wahrscheinlichkeit seiner Übertragung auf Löwen (Endwirt) erhöht (Abb. 9.14b). Infizierte Gnus werden unvorsichtiger gegenüber Prädatoren und damit zu einer leichteren Beute von Löwen (Abb. 9.14c). Mit dem Fraß des Fleisches infizieren sich die Löwen mit dem Erreger (Abb. 9.14d). Dieser schwächt die erwachsenen Löwen (z. B. durch Diarrhö), ihre Jungen infizieren sich bereits in der Plazenta oder über die Milch und gehen daraufhin zugrunde bzw. sie werden von den Eltern verstoßen (Abb. 9.14e). Der Parasit lässt also den Reproduktionserfolg der Löwen stark sinken, während er die Gnupopulation weniger schwächt. Eine mögliche Interpretation dieses Vorgangs liefern Wenk u. Renz, indem sie die Strategie des Parasiten auf Populationsebene betrachten. Demnach liegt es im Interesse des Parasiten, starken Populationsschwankungen des Endwirtes vorzubeugen, die gleichzeitig seine eigene Existenz gefährden könnten. Dies geschieht, indem er das Prädator/Beute-Verhältnis auf Kosten der Löwen zugunsten der Gnus ausbalanciert und somit die Amplituden der Räuber-Beute-Zyklen klein ausfallen.

Nach Seilacher et al. (2007) kann man bei parasitären Organismen grundsätzlich zwischen pathogenen Mikroorganismen (mikrobielle oder virale Seuchen) und Eukaryoten (Proto- oder Metazoen, die Parasitosen hervorrufen) unterscheiden. Diese Organismengruppen besitzen jeweils eine unterschiedliche Überlebensstrategie, was sich unmittelbar auf ihre ökologische Bedeutung auswirkt. Mikrobielle Parasiten versuchen sich mit Hilfe ihres Vermehrungspotenzials zu behaupten. Die Regulation der Wirte und damit auch des Parasiten erfolgt durch wiederholte Epidemien, ein befallener Wirt stirbt entweder oder wird immun und überlebt („Alternativstrategie"). Die Folge sind weite Amplituden der Wirtspopulation und ein drohendes Aussterben des Parasiten, falls dieser nicht vor dem Immunwerden einen neuen Wirt erreicht hat. Eukaryotische Parasiten dagegen reagieren mit Selbstkontrolle ihrer Vermehrung, noch bevor sie ihren Wirt überbevölkert haben. Dies hat den Vorteil, dass Nahrungs- und Raumangebot stets ausreichend sind. Die Pathogenität des Erregers ist hier nicht relevant, es erfolgt eine Reduktion der Fitness des Wirtes. Statt einer periodischen Epidemie herrscht hier eine konstante Endemie. Diese „Balancestrategie" findet man bei Parasiten mit ein- und mehrwirtigen Zyklen. Der Umstand, dass eukaryotische Parasiten ihre Wirte meist nicht töten, sondern durch sublethale Effekte manipulieren, erschwert die Analyse der Rolle von Parasiten in Biozönosen erheblich (Lafferty et al. 2008).

Dass Parasiten das Verhalten ihrer Wirte umsteuern, um die Wahrscheinlichkeit des Weitertransports durch Prädation von einem Wirt zum nächsten zu erhöhen, ist vielfach bekannt. In der Literatur wird dies als *„Parasite-increased susceptibility to predation"* (PISP) bezeichnet (Kuris 1997; Thomas et al. 1998).

Wenn der Pazifische Killifisch *(Fundulus parvipennis)* von Larven einer bestimmten Saugwurmart infiziert ist, beginnt er, mit wilden Körperverdrehungen an der Meeresoberfläche auf sich aufmerksam zu machen. Damit erhöht er die Chance, von Raubvögeln gefressen zu werden und damit den Parasiten zu übertragen, um das 30fache (Lafferty u. Morris 1996). In dieser Hinsicht besonders gut untersucht ist der Einzeller *Toxoplasma gondii*, der im Darm von Vertretern der Katzen (Felidae) Fortpflanzungsstadien bildet, die dann nach der Zersetzung und Verteilung des Katzenkots in einen Kleinsäuger, z. B. eine Ratte, gelangen. Als Folge schwindet die angeborene Furcht der Nager vor Katzenduft und schlägt sogar in eine Vorliebe für diesen Duft um, was sie zu leichter Beute macht (Berdoy et al. 2000).

Das Entfernen eines Parasiten kann zumindest theoretisch erhebliche Folgen auf die Biozönosestruktur haben, wenn beispielsweise die Abundanz einer Schlüsselart verändert wird. Besonders folgenreiche Effekte ergeben sich, wenn

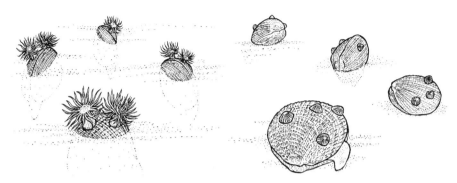

Abb. 9.15. *Links:* An der neuseeländischen Küste leben Herzmuscheln *(Austrovenus stutch-buryi)* eingegraben im Schlick. Ihre herausragenden Schalenteile sind fast ausschließlich mit Seeanemonen *(Anthopleura aureoradiata)* besetzt. *Rechts:* Sind die Herzmuscheln von Saugwürmern befallen, verlieren sie die Fähigkeit, sich einzugraben. Sie liegen dann an der Bodenoberfläche und sind möglicherweise aufgrund abiotischer Faktoren, z.B. durch das Trockenfallen bei Niedrigwasser, meist frei von Seeanemonen. Sie bieten dann Napfschnecken *(Notoacmea helmsi),* die sonst von der Seeanemone verdrängt werden, sowie weiteren wirbellosen Tierarten, einen Lebensraum. (Thomas et al. 1998; Levèvre et al. 2008)

diese eine hohe Trophieebene einnimmt, aber auch, wenn es sich um eine abundante Art an der Basis des Nahrungsnetzes handelt (Dobson et al. 2005). Manche Parasiten haben sogar das Potenzial, durch Manipulation des Wirtsverhaltens die Konkurrenzverhältnisse in der Biozönose zu beeinflussen und dadurch indirekt die Artenvielfalt zu erhöhen. Ein Beispiel dafür zeigt Abb. 9.15.

Obwohl mehr als die Hälfte aller Arten parasitär leben und einen bedeutenden Anteil an der Biomasse von Lebensgemeinschaften bilden, ist die ökologische Rolle von Parasiten insgesamt noch wenig bekannt. Es gibt jedoch zunehmend Hinweise darauf, dass die Wirkungen von Parasiten auf die Beziehungen zwischen den Arten und damit auf die Struktur und Stabilität von Biozönosen erheblich sind. Durch Veränderungen der Dichte und Dynamik ihrer Wirtspopulationen, die bei Wirtswechsel auch mehrere Arten betreffen können, nehmen sie Einfluss auf Prädator-Beute-Beziehungen und Konkurrenzverhältnisse und können damit auch einen wesentlichen Faktor für die Artenvielfalt von Gemeinschaften darstellen.

9.4
Invasive Arten

Seit Beginn der Landwirtschaft führten nicht mehr nur natürliche Prozesse, sondern zunehmend auch anthropogene Aktivitäten in den verschiedenen Regionen der Erde zur Ausbreitung von Pflanzen und Tieren. Arten, die dadurch in Gebiete gelangten, in denen sie zuvor nicht heimisch waren, werden in ihrem neuen Lebensraum als **Exoten** bezeichnet. Im weitesten Sinne fallen darunter sämtliche Kultur- und Zierpflanzenarten sowie Nutztiere, die aus jeweils anderen Regionen stammen und gezielt etabliert wurden (in Europa z. B. die Getreidearten aus Vorderasien sowie Kartoffel und Mais aus Amerika). Außerdem zählen dazu Arten, die unbeabsichtigt verbreitet wurden oder als so genannte Kulturfolger durch verschiedene Ausbreitungsprozesse neue Gebiete erreichten. Beispiele dafür sind die Ackerunkräuter und Grünlandpflanzen Mitteleuropas, die sich auf den neu geschaffenen Agrarflächen ansiedeln konnten sowie zahlreiche Tierarten, die auf solche offenen Landschaften angewiesen sind. Während diese Formen der Ausbreitung überwiegend in Zusammenhang mit landwirtschaftlichen Aktivitäten stehen und teilweise Jahrtausende zurückreichen, zeigte sich bei dieser Entwicklung innerhalb der letzten Einhundert Jahre eine neue Dimension. Vor allem bedingt durch die Ausweitung und Intensivierung des globalen Handels, gelangten immer mehr Arten aus anderen Kontinenten in neue Regionen. Betroffen von diesem Austausch waren nun nicht mehr überwiegend anthropogen gestaltete Lebensräume, sondern auch die verschiedensten terrestrischen, limnischen und marinen Ökosysteme (Abb. 9.16).

Eine besondere Kategorie der Exoten betrifft Arten, die nicht nur mit Hilfe des Menschen in neue Regionen gelangten und sich dort natürlicherweise fortpflanzen, sondern darüber hinaus auch in der Lage sind, sich in weitere Lebensräume auszubreiten und dort negative Effekte auf einheimische Arten, Biozönosen oder Ökosystemprozesse ausüben. In solchen Fällen handelt es sich um **invasive Arten.** Neben dieser hier verwendeten ökologischen Definition existiert auch eine weiter gefasste Begriffsbestimmung, die auch die ökonomischen, sozialen und gesundheitlichen Wirkungen invasiver Arten mit einbezieht

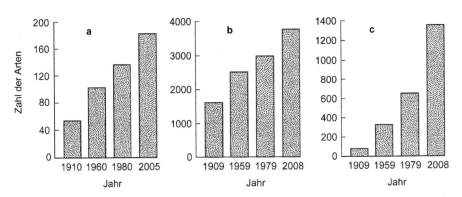

Abb. 9.16. Beispiele für die Zunahme exotischer Tier- und Pflanzenarten in verschiedenen Regionen und Ökosystemen innerhalb des letzten Jahrhunderts. *a* Great Lakes in Nordamerika (Grafik nach Daten des *Great Lakes Environmental Research Laboratory*, GLERL 2010); *b* terrestrische Ökosysteme in 11 europäischen Ländern und *c* marine Ökosysteme an den Küsten der europäischen Meere. (Grafiken *b*, *c* nach Daten der *European Environment Agency*, EEA 2010)

und im politischen Kontext verwendet wird (z. B. im *National Invasive Species Management Plan* der USA, NISMP 2008).

Unter den 100 weltweit bedeutendsten invasiven Arten (ISSG 2011) finden sich z. B. die Wasserhyazinthe *(Eichhornia crassipes)*, der Blutweiderich *(Lythrum salicaria)*, das Englische Schlickgras *(Spartina anglica)* eine Mimose *(Mimosa pigra)* die Schwarzholz-Akazie *(Acacia mearnsii)*, das Europäische Wildkaninchen *(Oryctolagus cuniculus)*, die Hausratte *(Rattus rattus)*, die Aga-Kröte *(Bufo marinus)* die Rote Feuerameise *(Solenopsis invicta)* und die Zebramuschel *(Dreissena polymorpha)*. Insgesamt erweist sich jedoch nur ein sehr geringer Anteil der eingeschleppten Arten einer Region als invasiv. So zeigen nur 2 % aller exotischen Pflanzenarten Nordamerikas die entsprechenden Eigenschaften, wobei der Gesamtanteil an Exoten in der nordamerikanischen Flora 21 % beträgt (Doorduin u. Vrieling 2010). Als allgemeine Faustregel für die Anteile an Exoten und invasiven Arten gilt das 10:10-Verhältnis, d. h. nur rund 10 % aller eingeschleppten Pflanzenarten können sich in einem neuen Gebiet durch eigene Vermehrung dauerhaft als Exoten etablieren, und wiederum nur 10 % davon entwickeln sich zu invasiven Arten (Williamson 1996). Erfolgreiche invasive Arten haben somit verschiedene „Filter" durchlaufen, die gleichzeitig die verschiedenen Stadien des Invasionsprozesses darstellen. Sie umfassen (a) die Möglichkeit des Transports in ein neues Gebiet, aus der sich eine erste Auswahl der Arten ergibt, (b) den Weg der Freisetzung im neuen Gebiet, wobei oft die Zahl der ankommenden Individuen und die Häufigkeit wiederholter Einschleppungen von entscheidender Bedeutung sind, (c) die erfolgreiche Etablierung durch Vermehrung, der oft durch ungünstige Standortbedingungen Grenzen gesetzt sind und (d) die oft rasche und großflächige Ausbreitung in neue Lebensräume bzw. deren Invasion (Williamson 1996).

Welche Besonderheiten bestimmen den Erfolg invasiver Arten? Auf diese Frage gibt es keine einfache Antwort: nicht weniger als 29 einzelne Mechanismen oder Prozesse wurden bislang hierzu diskutiert (Catford et al. 2009). Einerseits liegt die Vermutung nahe, dass invasive Arten besondere Eigenschaften aufweisen, die ihre Ausbreitungsfähigkeit und Überlegenheit gegenüber anderen Arten erklären können. Aus anderer Perspektive stellt sich die Frage, ob auch bestimmte Merkmale von Ökosystemen oder Biozönosen existieren, die die Anfälligkeit gegenüber invasiven Arten beeinflussen. Wichtige Aspekte zu diesen Themen sowie zu den Auswirkungen invasiver Arten auf die Struktur und Funktion ökologischer Gemeinschaften werden in den folgenden Abschnitten behandelt.

9.4.1
Welche besonderen Merkmale besitzen invasive Arten?

Zahlreiche Untersuchungen gingen der Frage nach, ob und durch welche Merkmale sich invasive Arten von anderen Exoten unterscheiden und welche weite-

ren Faktoren deren Erfolg erklären können. Auf Grund biologischer Besonderheiten werden dabei invasive Pflanzen und Tiere getrennt betrachtet.

Invasive Pflanzen

Zu den spezifischen Merkmalen von Pflanzen, aus denen sich Vorteile in der
Konkurrenz mit anderen Arten ergeben können, zählen hohe Reproduktions-
raten, hohe individuelle Wachstumsraten, langlebige Samen, hohe phänotypi-
sche Plastizität sowie die Anpassungsfähigkeit an variable Umweltbedingungen
(z. B. Lichtverhältnisse, Nährstoffangebot). Auch ein großer Teil der invasiven
Pflanzenarten weist solche Eigenschaften auf, die jedoch in vielen Fällen keine
hinreichende Erklärung für eine erfolgreiche Invasion liefern können (Alpert
2006; Shi u. Ma 2006; Holzmueller u. Jose 2009; van Kleunen et al. 2010).
Ein weiterer bedeutender Faktor, der eine rasche Vermehrung und Ausbreitung bedingen oder begünstigen kann, ist eine erhöhte Fitness bzw. Reproduktionsrate auf Grund einer geringen Schädigung der Pflanzen durch Phytophagen. Darauf könnte auch ein besonderer Vorteil invasiver Pflanzen beruhen: oft
hat sich gezeigt, dass solche Arten in ihrem neuen Lebensraum von ihren
phytophagen und phytopathogenen Spezialisten befreit sind, da diese dort nicht
vorkommen. Damit lassen sich auch einzelne Erfolge in der klassischen biologischen Unkrautbekämpfung erklären, wie z. B. im Fall des Tüpfeljohanniskrauts
in Kalifornien durch nachgeführte herbivore Spezialisten (s. Abschn. 2.1.1).
Andererseits ist jedoch ein einfacher Zusammenhang zwischen der Abwesenheit dieser Feinde und der Invasivität einer Pflanzenart oft nicht gegeben
(Colautti et al. 2004). Es gibt auch Fälle, in denen einheimische Phytophagen
eine invasive Art gegenüber ihren ursprünglichen Futterpflanzen bevorzugen
und dadurch möglicherweise das Ausmaß der Invasion begrenzen (Cogni 2010).
Eine weitere Erklärung des Erfolgs vieler invasiver Pflanzen beruht auf der
Hypothese, dass solche Arten qualitativ und quantitativ wirksamere Abwehr-
substanzen als andere Pflanzen produzieren, wodurch sie einen effektiveren
Schutz vor den phytophagen Generalisten in der neuen Umgebung erreichen.
Cappuccino u. Arnason (2006) konnten zeigen, dass über 40 % der invasiven
Pflanzenarten Nordamerikas sekundäre Pflanzenstoffe besitzen, die unter den
einheimischen Arten nicht oder nur selten vorkommen. Dadurch bedingen sich
auch oft geringere Fraßschäden bei invasiven als bei nicht-invasiven exotischen
Pflanzen, wie verschiedene Studien aus Nordamerika belegen (Cappuccino u.
Carpenter 2005; Jogesh et al. 2008). So wurde beispielsweise die Fähigkeit der
invasiven Strauchart *Clidemia hirta* (Melastomataceae), in Mittelamerika von
Offenlandstandorten in den Waldunterwuchs vorzudringen, auf einen hohen
Schutz der Pflanzen vor Herbivorenbefall zurückgeführt (DeWalt et al. 2004).
Allerdings gibt es auch Fälle, bei denen der Einfluss von Herbivoren keine Erklärung für einen Invasionserfolg liefert. Liu et al. (2007) verglichen die Schädi-
gungsraten durch Herbivoren bei zwei Arten von Sträuchern der Gattung *Eu-
genia* (Myrtaceae) in Florida. Beide sind dort Exoten, aber nur eine der Arten
ist invasiv. Liu et al. konnten jedoch keine signifikanten Unterschiede in den

Wirkungen der Fressfeinde zwischen diesen Arten feststellen und schließen daraus, dass Herbivoren in diesem Fall nicht für die Invasivität der Art verantwortlich sind.

Ein weiterer biochemischer Mechanismus, der bestimmten Pflanzenarten einen Konkurrenzvorteil gegenüber anderen verleiht, ist die Produktion von Substanzen, die andere Pflanzenarten schädigen oder deren Wachstum negativ beeinflussen. Solche phytotoxischen Verbindungen (Allelochemikalien) sind von vielen Pflanzenarten bekannt. Es handelt sich dabei um sekundäre Pflanzenstoffe, die meistens von den Wurzeln abgegeben werden. Eine auf solche Weise erzielte Hemmung von Konkurrenzarten trägt zumindest bei einigen invasiven Arten zum Ausbreitungserfolg bei (Kim u. Lee 2010). Die aus Europa stammende und in Nordamerika invasive Gefleckte Flockenblume *(Centaurea maculosa)* produziert als Wurzelexudat ein Catechin, das die Keimung verschiedener nordamerikanischer Grasarten wirksam unterdrückt. Auf die Keimungsraten einiger europäischer Gräser hat diese Substanz dagegen eine deutlich geringere Wirkung (Bais et al. 2003). In manchen Fällen hat sich auch gezeigt, dass bestimmte Wurzelexudate invasiver Pflanzenarten chemische Veränderungen im Boden hervorrufen, wodurch sich die Verfügbarkeit von Nährstoffen zu Gunsten der invasiven Art verändern kann (Collins u. Jose 2008; Chen et al. 2009). Auch evolutionäre Veränderungen in den Populationen invasiver Pflanzenarten, die zu verbesserten Anpassungen an die Umweltbedingungen neuer Siedlungsgebiete führten, wurden nachgewiesen (Maron et al. 2004).

Invasive Tiere

Auch bei Tieren zählt die Überlegenheit gegenüber Konkurrenten durch hohe Vermehrungsraten, hohe Anpassungsfähigkeit, effektivere Ressourcennutzung sowie die Fähigkeit der Abwehr natürlicher Feinde in vielen Fällen zu den Kennzeichen invasiver Arten. Auf Grund der großen biologischen Unterschiede zwischen den Tiergruppen haben solche Eigenschaften im Einzelfall aber oft sehr unterschiedliche Bedeutung. Außerdem gibt es weitere Faktoren, die bei Pflanzen keine Rolle spielen (z. B. Lernfähigkeit). Auch die Ausbreitungsmechanismen spielen auf Grund der aktiven Mobilität von Tieren eine andere Rolle als bei Pflanzen. Eine Analyse von Hayes u. Barry (2008) zu verschiedenen Tiergruppen (Vögel, Fische, Insekten, Säuger, Amphibien, Reptilien) zeigte, dass außer der Anpassung an die abiotischen Bedingungen des neuen Lebensraumes keine weiteren Faktoren existieren, die bei allen Gruppen eine generelle Voraussetzung für eine Invasivität darstellen. In noch höherem Maße als bei Pflanzen scheint jedoch die Größe der Gründerpopulation und die Wiederholungshäufigkeit von Einführungen die Wahrscheinlichkeit einer erfolgreichen Invasion zu beeinflussen (Jeschke u. Strayer 2006).

Auch innerhalb einzelner Tiergruppen ist es selten möglich, gemeinsame Merkmale invasiver Arten zu identifizieren. Bei Vögeln hat sich gezeigt, dass Arten mit großem Körpergewicht vielfach erfolgreichere Invasoren sind als kleine Arten, während die Gelegegrößen oft keine bedeutende Rolle spielen

(Blackburn et al. 2009). Vogelarten, die sich erfolgreich in einer neuen Region etablieren konnten, weisen oft auch ein großes Gehirnvolumen in Relation zur Körpergröße auf. Dieses Merkmal weist auf eine hohe kognitive Leistungsfähigkeit solcher Arten hin, was einen Vorteil bei der Anpassung an eine neue Umwelt darstellt (Sol et al. 2005, Vall-Llosera u. Sol 2009).

Beispiele für den Invasionserfolg durch Lernfähigkeit bzw. Verhaltensanpassungen gibt es aus verschiedenen Tiergruppen. Zu den erfolgreichsten invasiven Tierarten weltweit zählen die Haus- und die Wanderratte (*Rattus rattus* und *R. norvegicus*), die alle Kontinente außer der Antarktis und rund 80 % aller Inseln besiedelt haben. Dies erklärt sich vor allem durch die Flexibilität in der Nutzung verschiedenster Nahrungsressourcen. Auf einem kleinen Atoll Neukaledoniens fressen Hausratten die Eier und Jungtiere von Seevögeln und Meeresschildkröten (Caut et al. 2008), während sie in Israel in Plantagen der Aleppo-Kiefer *(Pinus halepensis)* eine spezielle Technik zur Öffnung der Zapfen entwickelt haben. Diese erlernen die Jungtiere von den Müttern (Terkel 1995).

Die an der europäischen Atlantikküste heimische Gemeine Strandkrabbe *(Carcinus maenas)* ist heute weltweit an vielen Küstenabschnitten zu finden. An der Ostküste Nordamerikas nutzt sie dieselben Ressourcen wie die dort heimische Blaukrabbe *(Callinectes sapidus)*. Der Konkurrenzvorteil der invasiven gegenüber der einheimischen Art könnte sich teilweise durch Unterschiede in der Lernfähigkeit erklären. In Laborexperimenten erwies sich *C. maenas* deutlich erfolgreicher im Aufspüren versteckter Nahrung und in der Merkfähigkeit als *C. sapidus* (Roudez et al. 2008; Ramey et al. 2009). Auch bei verschiedenen invasiven Insektenarten (Wespen, Ameisen) wurden spezielle flexible Verhaltensanpassungen nachgewiesen (D`Adamo u. Lozada 2009; Sagata u. Lester 2009; Van Wilgenburg et al. 2010).

> Nur ein sehr geringer Anteil der Pflanzen- und Tierarten, die durch anthropogene Aktivitäten in eine Region außerhalb ihres ursprünglichen Verbreitungsgebiets gelangten, werden invasiv. Viele solcher Arten besitzen Eigenschaften, die ihnen Konkurrenzvorteile verleihen und damit die Ausbreitungsfähigkeit begünstigen. Es ist jedoch weder bei Pflanzen noch bei Tieren möglich, gemeinsame Merkmale zu benennen, die eine Voraussetzung oder eine allgemeine Erklärung für einen Invasionserfolg darstellen. In vielen Fällen zeichnen sich invasive Arten durch spezifische Eigenschaften aus, die in Kombination mit anderen eine Überlegenheit gegenüber einheimischen Arten des neuen Lebensraums bedingen.

9.4.2
Welche Faktoren beeinflussen die Invasibilität von Ökosystemen und Biozönosen?

Ebenso wie bei den invasiven Arten, stellt sich für Ökosysteme und Biozönosen die Frage nach möglichen Eigenschaften und Bedingungen, die das Eindringen

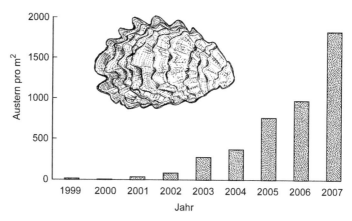

Abb. 9.17. Entwicklung der Siedlungsdichte der Pazifischen Auster *(Crassostrea gigas)* auf Miesmuschelbänken in der Nordsee bei Sylt. (Grafik nach Reise 2008)

gebietsfremder Arten beeinflussen. Ein Faktor, der für alle exotischen und invasiven Arten grundlegende Bedeutung hat, ist das Klima des neuen Lebensraumes. In vielen Fällen stellen diese Gegebenheiten die entscheidende Barriere für die Ansiedelung dar oder bestimmen die für eine Ausbreitung geeigneten Habitate.

Die Argentinische Ameise *(Linepithema humile)* wurde von Südamerika aus in viele Regionen der Erde verbreitet (u. a. nach Europa). Besonders erfolgreich ist die Art in Gebieten mit mediterranem Klima. Grenzen der Ausbreitung bedingen sich durch kalte Winter mit längeren Frostperioden. Auf lokaler Ebene besiedeln die Ameisen vor allem feuchte Standorte und meiden trockene Habitate, wie Menke et al. (2007) in Kalifornien feststellten. Andererseits können Klimaveränderungen die Ausbreitung invasiver Arten begünstigen.

Höhere Wassertemperaturen in der Nordsee sind zu einem wesentlichen Teil verantwortlich für die starke Vermehrung vieler exotischer Arten wie der Pazifischen Auster *(Crassostrea gigas;* Abb. 9.17). Seit der Jahrtausendwende vermehren sich diese Muscheln auch außerhalb der Zuchtanlagen, in denen sie seit den 1980er Jahren kultiviert werden (vgl. Abschn. 1.1). Die Tiere benötigen eine Laichtemperatur von 18 °C, die in der Nordsee immer regelmäßiger und länger auftritt (Buschbaum u. Reise 2010).

Ein weiterer Faktor, mit denen exotische Arten in ihrer neuen Umwelt konfrontiert werden, sind die Biozönosen des Lebensraums. Dazu können Arten zählen, die als effektive natürliche Feinde oder als überlegene Konkurrenten der potenziellen Eindringlinge agieren und dadurch einer Invasion entgegenwirken. Levine et al. (2004) ermittelten die Bedeutung dieser „biotischen Resistenz" von Gemeinschaften gegenüber exotischen Pflanzen durch Auswertung von Literaturdaten. Sie kamen zu dem Schluss, dass Konkurrenz und Herbivo-

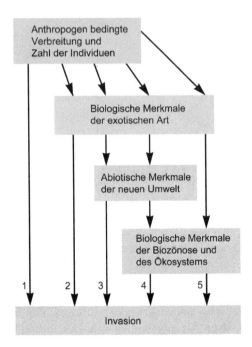

Abb. 9.18. Mögliche Wege der Invasion von Arten *(1–5)*. Diese werden durch vier Hauptfaktoren beeinflusst, die in unterschiedlichen Konstellationen den Erfolg der Arten bestimmen können. (Grafik nach Catford et al. 2009)

rie das Eindringen solcher Arten in der Regel nicht völlig verhindern können. Allerdings tragen solche Interaktionen oft dazu bei, die Populationen invasiver Arten niedrig zu halten, nachdem sie sich etabliert haben. Des Weiteren wurde vielfach vermutet, dass eine mögliche Kontrolle exotischer Arten umso wahrscheinlicher wird, je artenreicher die einheimische Biozönose ist. Es gibt jedoch sowohl Beispiele für positive als auch negative Beziehungen zwischen der Vielfalt an einheimischen Arten und der Zahl an exotischen oder invasiven Arten in einer Gemeinschaft (Herben et al. 2004).

Unterschiede in den ökologischen Bedingungen von Lebensräumen und Lebensgemeinschaften und damit in der Invasibilität der Systeme können sich auch durch den Grad der anthropogenen Beeinflussung ergeben. Vielfach erwiesen sich stark degradierte Flächen als besonders anfällig für die Besiedelung durch invasive Arten. Aufgegebene Agrarflächen in ursprünglichen Waldgebieten in Puerto Rico werden größtenteils von exotischen Baumarten eingenommen, die überlegene Konkurrenten gegenüber den einheimischen Pionierbaumarten darstellen. Nach 30–40 Jahren können sich im Unterwuchs dieser Bestände aber wieder einheimische Baum- und andere Pflanzenarten ansiedeln, deren Samen von Tieren verbreitet wurden. Nach 60–80 Jahren sind Mischwälder aus einheimischen und exotischen Arten etabliert (Lugo 2004). Weitere anthropogene Veränderungen von Lebensräumen betreffen den Wasserhaushalt, wobei sowohl eine höhere als auch eine geringere Wasserverfügbarkeit eine Invasion exotischer Arten fördern kann (Alpert et al. 2000). Erhöhte Stickstoffeinträge durch Landwirtschaft und Industrie begünstigen in vielen Fällen die Etablierung exotischer und invasiver Pflanzen (Perry et al. 2010).

Abb. 9.18 zeigt die wesentlichen Stufen und Faktoren, die zur Invasion einer exotischen Art führen können, in einer Übersicht.

Nicht nur artspezifische Eigenschaften, sondern auch verschiedene abiotische und biotische Umweltbedingungen haben bedeutenden Einfluss darauf, ob eine exotische Art in der Lage ist, sich in einem neuen Lebensraum auszubreiten. Zu den wichtigsten Faktoren zählen dabei die klimatischen Verhältnisse, anthropogene Veränderungen der Struktur von Ökosystemen sowie das Potenzial der entsprechenden Artengemeinschaften, die Populationen der Exoten durch biotische Prozesse zu begrenzen.

9.4.3
Folgen und Auswirkungen von Arten-Invasionen

Die Ausbreitung invasiver Tier- und Pflanzenarten wird neben der direkten anthropogenen Zerstörung natürlicher Lebensräume als größte Bedrohung der globalen Artenvielfalt angesehen. Die wesentlichen Prozesse, die zur Reduktion oder dem Verschwinden einheimischer Artenpopulationen durch invasive Arten führen, sind Konkurrenz oder Fressbeziehungen sowie in manchen Fällen auch Modifikationen von Ökosystemprozessen (Dogra et al. 2010).

Einflüsse und Auswirkungen der zahllosen invasiven Arten unterscheiden sich jedoch nach den Eigenschaften der entsprechenden Art und der Region ihres Erscheinens. Bei den einheimischen Arten sind die Größe der Populationen und des Verbreitungsgebiets für den Grad ihrer Gefährdung mitbestimmend. Besondere Bedeutung haben diese Faktoren auf ozeanischen Inseln, die oft sowohl einen hohen Anteil endemischer Arten als auch eine begrenzte und häufig sehr geringe Fläche aufweisen. Die bereits erwähnte Besiedelung von Inseln durch Haus- und Wanderratten sowie durch die Pazifische Ratte (*Rattus exulans*) führte bisher zum vollständigen Aussterben von mindestens 11 Säugetierarten sowie von ungezählten Arten an Reptilien, Amphibien, Pflanzen und Wirbellosen (Harris 2009). Die auf die Pazifikinsel Guam eingeschleppte Braune Nachtbaumnatter (*Boiga irregularis*) verursachte das Verschwinden fast aller dort heimischen Vogelarten der Wälder und die drastische Dezimierung der Populationen weiterer Tierarten, die den Schlangen als Beute dienen (Wiles et al. 2003). Auch aus aquatischen Systemen gibt es Beispiele für derartige Wirkungen auf die lokale Artenvielfalt. Das Aussetzen des prädatorischen Nilbarsches (*Lates niloticus*) und anderer exotischer Fischarten in den Viktoriasee (Ostafrika) führte zum Aussterben von mindestens der Hälfte (rund 200) der dort heimischen Fischarten, darunter zahlreiche Endemiten (Goldschmidt et al. 1993).

Neben der Eliminierung oder Dezimierung einheimischer Arten durch direkte Interaktionen mit invasiven Arten können sich vielfältige weitere Konsequenzen für Ökosysteme und Biozönosen ergeben, die auf unterschiedlichen Folgeeffekten beruhen. Dies zeigen die folgenden Beispiele.

Die bereits erwähnte Ansiedelung der Pazifischen Auster in der Nordsee hat auch Auswirkungen auf weitere Arten. Auf dem weichen Sediment des Wattbodens eignen sich nur die Schalen der dort lebenden Miesmuschel *(Mytilus edulis)* als Substrat für die Ansiedelung der Austernlarven. In der Folge dominieren die Austern über die Miesmuscheln, die dadurch zurückgedrängt und in ihrem Wachstum gehemmt werden. Verschiedenen Arten an Krebsen, Seesternen und Vögeln, denen Miesmuscheln als wichtige Nahrungsgrundlage dienen, bieten die Austern auf Grund ihrer härteren und scharfkantigen Schalen keine geeignete Alternative. Durch ihre Größe und Struktur liefern die Austernschalen jedoch wiederum einen geeigneten Untergrund für die Etablierung einer exotischen Algenart, dem Japanischen Beerentang *(Sargassum muticum)*. Die entstandenen dichten Algenwälder stellen einen Lebensraum für weitere Arten dar, zu denen einerseits weitere Exoten wie der Asiatische Gespensterkrebs *(Caprella mutica)* zählen, aber auch bislang seltene einheimische Arten wie die den Seepferdchen nahe stehende Schlangennadel *(Entelurus aequoreus)*. Insgesamt ergaben sich durch das Erscheinen der Pazifischen Auster weitreichende Folgen für die Biozönose des Wattenmeers, deren weitere Entwicklungen nicht abzuschätzen sind (Buschbaum u. Reise 2010).

In einem anderen Ökosystem, dem Regenwald der Weihnachtsinsel im Indischen Ozean, zeigten sich durch die aus Afrika eingeschleppte Gelben Spinnenameise *(Anoplolepis gracilipes)* noch dramatischere Folgen. In den Siedlungsgebieten der Ameisenkolonien verschwand die endemische Weihnachtsinsel-Rotkrabbe *(Gecarcoidea natalis)*, wobei vor allem die Ameisensäure-Attacken den Tod der Tiere verursachten. Dies führte zu einer Anreicherung von Falllaub und anderem organischen Material am Waldboden, das ursprünglich von den Krabben abgebaut wurde. Dadurch verbesserten sich die Bedingungen für die Ansiedelung von Baumkeimlingen, die einen dichten Unterwuchs ausbildeten, der zuvor nicht vorhanden war. In den Baumkronen entstand eine mutualistische Beziehung zwischen den Ameisen und der ebenfalls eingeschleppten Schildlausart *Coccus celatus*. Die Ameisen nutzen den Honigtau dieser Tiere und sorgen dabei für den Schutz ihrer Populationen (vgl. Abschn. 6.2). Die Folge waren Massenvermehrungen der unspezialisierten Schildläuse, was wiederum zu deutlichen Schädigungen an vielen Bäumen führte (O'Dowd et al. 2003). Weitere Konsequenzen ergaben sich auch für die endemischen Vogelarten, die mit unterschiedlichem Erfolg auf die Veränderungen ihres Lebensraumes reagieren und dadurch weitere Ökosystemprozesse beeinflussen (Davis et al. 2008, 2010).

Fälle, in denen einzelne invasive Arten als Schlüsselarten in Erscheinung treten und die Interaktionen auf allen trophischen Ebenen verändern, stellen Extreme dar. Häufiger sind jedoch Situationen, in denen zwischen verschiedenen invasiven Arten neue Beziehungen entstehen, wodurch sich die jeweiligen Erfolge bzw. Auswirkungen ein- oder wechselseitig verstärken.

Die aus Südafrika stammenden sukkulenten Sträucher der Gattung *Carpobrotus* (Aizoaceae, Mittagsblumengewächse) wurden in die Küstengebiete des Mittelmeers eingeschleppt. Die Beerenfrüchte der Pflanzen dienen Ratten *(Rattus rattus)* und Kaninchen *(Oryctolagus cuniculus)* als Nahrung. Vor allem auf Inseln tragen diese Tiere dadurch maßgeblich zur Verbreitung der Samen und damit zur Invasivität dieser Pflanzen bei (Bourgeois et al. 2005). Auch zahlreiche Fälle, in denen einheimische Tierarten die Ausbreitung exotischer Pflanzenarten durch Zoochorie begünstigen, sind bekannt (Richardson et al. 2000).

Auf anthropogen gestörten Flächen in den Waldgebieten Patagoniens etablierten sich zahlreiche exotische Pflanzenarten, die überwiegend aus Europa stammen. Ebenfalls in diese Region eingeführt oder eingeschleppt wurden die Honigbiene *(Apis mellifera)*, die Feldhummel *(Bombus ruderatus)* sowie die Deutsche Wespe *(Vespula germanica)*, die als die hauptsächlichen Blütenbesucher dieser Pflanzen in Erscheinung treten. Diese mutualistischen Beziehungen können sowohl die weitere Ausbreitung der exotischen Pflanzen- als auch ihrer exotischen Bestäuberarten fördern (Morales u. Aizen 2002).

Invasive Pflanzen- und Tierarten können vielfältige Wirkungen auf die einheimischen Gemeinschaften in den Gebieten ihrer Ausbreitung haben. Zu den primären Effekten zählen die Verdrängung von Arten durch überlegene Konkurrenz sowie die Reduktion von Artenpopulationen durch Prädation bzw. Herbivorie, was im Extremfall zu deren Verschwinden führt. Weitere mögliche Folgen bestehen in der direkten oder indirekten Förderung anderer invasiver Arten, in Veränderungen der Interaktionen und der Nahrungsnetzstruktur bei den einheimischen Arten und im Extremfall im Umbruch der Struktur und Funktion des ursprünglichen Ökosystems.

Zusammenfassung von Kapitel 9

Die Interaktionen zwischen Prädatoren und Beute finden in den meisten Fällen nicht nur zwischen zwei, sondern unter Beteiligung mehrerer Arten statt. Mehrere Prädatorenarten beeinflussen die Population einer gemeinsamen Beuteart auf unterschiedliche Weise. Faktoren, die sich bei solchen Beziehungen auf die Abundanz der Beutepopulation auswirken können, sind vor allem durch die Reaktionen der Beutetiere auf die Anwesenheit von Fressfeinden bedingt (was insgesamt zu einer Erhöhung oder zu einer Verringerung des Prädationsrisikos führt) sowie durch das Verhalten der Prädatoren selbst (die sich z. B. beim Beuteerwerb ein- oder wechselseitig fördern oder behindern).

Prädatoren, die ihrerseits mehrere Arten als Beute haben, beeinflussen deren Populationen in der Regel nicht mit der jeweils gleichen Intensität. Die entsprechenden Effekte werden durch die Präferenzen der Prädatoren sowie durch die Individuendichte der einzelnen Beutearten bestimmt. Im Extremfall können Artenpopulationen durch Prädation sogar zum Aussterben gebracht werden. Über diese direkten Wirkungen hinaus finden als Folge von Prädation vielfach auch indirekte Veränderungen in der Biozönose statt. Ein wesentlicher Mechanismus hierfür ist die Veränderung der Konkurrenzverhältnisse, von denen nicht nur die Beutearten, sondern auch andere Mitglieder der Gemeinschaft betroffen sein können. Prädatoren können durch ihren Einfluss die Konkurrenz zwischen anderen Arten verringern oder erhöhen. Im ersten Fall wird dadurch unter Umständen eine höhere Artenvielfalt aufrecht erhalten, im zweiten Fall kann dies dazu führen, dass Arten aus der Gemeinschaft verdrängt werden.

Nicht nur Prädatoren, sondern auch Arten weiterer trophischer Ebenen können die Struktur von Populationen, die Zusammensetzung einer Biozönose oder sogar Ökosystemprozesse in höherem Maße beeinflussen als andere. Zu den Arten oder funktionellen Gruppen, die diesbezüglich eine besondere Stellung einnehmen, zählen vor allem (a) ökologische Schlüsselarten, deren An- oder Abwesenheit wesentliche Merkmale einer Gemeinschaft oder des gesamten Ökosystems verändern, (b) Parasiten, die durch ihre Wirkungen auf die Populationen verschiedener Arten entscheidenden Einfluss auf die Interaktionen in Biozönosen nehmen können sowie (c) invasive Arten, die vielfältige Wirkungen auf die Gemeinschaften in den Gebieten ihrer Ausbreitung haben und durch überlegene Konkurrenz, durch Prädation oder durch Herbivorie eine Reduktion oder das Verschwinden von Populationen einheimischer Arten und im Extremfall den Umbruch der Struktur und Funktion des ursprünglichen Ökosystems verursachen.

10 Kontrolle der trophischen Ebenen: Modelle und die Wirklichkeit

Bisher wurden die Interaktionen vor allem unter dem Aspekt ihrer Effekte auf die Populationsdichte und die Präsenz bestimmter Arten oder Artengruppen betrachtet. Dieses Kapitel befasst sich mit Ansätzen, die darüber hinaus Aussagen über die Wirkungen solcher Prozesse auf die gesamte Biozönose machen wollen. Bei diesen wird aber nicht versucht, ein möglichst genaues Abbild ihrer Zusammensetzung zu bekommen, wie dies beim Nahrungsnetz-Ansatz angestrebt wurde. Vielmehr wird dabei von einer stärker abstrahierten Betrachtungsweise ausgegangen, der die verschiedenen trophischen Ebenen zu Grunde liegen. Sie werden repräsentiert durch Produzenten, Phytophagen, Prädatoren 1. und ggf. 2. Ordnung sowie den Destruenten (s. Abschn. 8.2). Konkret geht es um die Frage, wodurch Individuendichte bzw. Biomasse der einzelnen trophischen Ebenen begrenzt, d. h. kontrolliert werden. Von den Klima- und Witterungsbedingungen abgesehen, kommen hierfür grundsätzlich zwei Faktoren in Betracht: zum einen das Ressourcenangebot und zum anderen die Konsumenten, die sich von den entsprechenden trophischen Ebenen ernähren. Für die Kontrolle durch die Ressourcen, also „von unten nach oben", wurde in der englischsprachigen Literatur der Begriff **„bottom-up"** geprägt. Die Kontrolle durch die Konsumenten („von oben nach unten"), wird entsprechend als **„top-down"** bezeichnet. Da sich diese Begriffe auch in der deutschsprachigen Literatur etabliert haben, werden sie im Folgenden so übernommen. Um die relative Bedeutung dieser beiden Wirkungen auf die einzelnen trophischen Ebenen erkennen und bewerten zu können, müssen die wechselseitigen Einflüsse und Abhängigkeiten über alle Ernährungsstufen der Biozönose hinweg verfolgt werden. Basierend auf diesem Ansatz wurden verschiedene Modelle zur Erklärung der Bedeutung von top-down- und bottom-up-Wirkungen in Biozönosen entwickelt. Solche werden in den folgenden Abschnitten vorgestellt, anhand von Untersuchungsbeispielen geprüft und diskutiert.

10.1
Bottom-up-Kontrolle: Das Modell von White

White (1978, 1993, 2008) entwickelte eine Vorstellung zur Kontrolle von Biozönosen, in der zu Grunde gelegt wird, dass die Dichte der Herbivoren allgemein durch Nahrungsressourcen begrenzt ist und die der Prädatoren durch die Verfügbarkeit ihrer Beute. Demnach sind alle Konsumenten nahrungslimitiert und sämtliche trophische Ebenen werden bottom-up kontrolliert (Abb. 10.1). White bezieht sich in erster Linie auf die Primärkonsumenten und argumentiert, dass nicht die Menge an pflanzlicher Nahrung, sondern ihre Qualität entscheidend ist für die Entwicklung der Herbivorenpopulationen. Vor allem proteinreiche Nahrung ist für Herbivoren ein Mangelfaktor, der sich insbesondere auf das Überleben und die Entwicklung von Jungtieren auswirkt. Herbivoren müssen in der Regel große Mengen an Pflanzenmaterial fressen und verbringen einen Großteil ihrer Zeit mit der Nahrungsaufnahme, um ihren Stickstoffbedarf zu decken. Außerdem sind nicht alle Stadien oder jedes Gewebe von Pflanzen als Nahrung geeignet, da sie entweder zu wenig essenzielle Nährstoffe enthalten, um den Bedarf der Konsumenten zu decken, oder Abwehrstoffe, die vor Fraß schützen. Dies erklärt nach Meinung von White auch die hohe Mortalitätsrate juveniler Stadien von Herbivorenpopulationen. Die meisten Jungtiere sterben an „relativem Nahrungsmangel", da die Qualität des Futters oft nicht ausreicht, um ihre Entwicklung zu sichern. Prädatoren haben nach dem bottom-up-Modell wenig Einfluss auf ihre herbivore Beute. Ihre Aktivitäten sind weder aus-

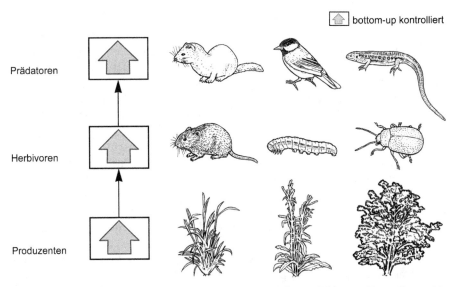

Abb. 10.1. Schematische Darstellung des bottom-up-Modells von White zur Kontrolle trophischer Ebenen in terrestrischen Biozönosen.

reichend noch notwendig, um die Begrenzung der Herbivorendichte zu erklären. Anders als pflanzliches Gewebe, bietet die Nahrung der Prädatoren zwar eine hoch konzentrierte Stickstoffquelle, aber wie bei den Herbivoren besteht ein relativer Mangel an Nahrung, der die Abundanz der Prädatoren stark beeinflusst. Ihre Beute ist selten, schwer zu fangen oder besitzt Anpassungen, die sie schützen.

Insgesamt kommt White zu dem Schluss, dass die inter- und intraspezifischen Beziehungen (Prädation und Konkurrenz) zwischen den Arten und Individuen zwar die Dynamik der Populationen beeinflussen, aber nicht den ultimativen Faktor für ihre erreichbare Größe darstellen. Folglich existiert keine dichteabhängige Regulation. Von großer Bedeutung sind dagegen dichteunabhängige Faktoren, die vor allem durch die Variabilität der Witterungsbedingungen Einfluss auf die Ressourcenversorgung und damit die Populationsdichten der Arten auf den verschiedenen trophischen Ebenen nehmen.

10.1.1
Herbivoren im bottom-up-Modell

Grundsätzlich sind die Ausführungen Whites bezüglich der Ernährung von Herbivoren zutreffend. Tiere haben einen wesentlich höheren Eiweißbedarf als Pflanzen, da sie Proteine zum Aufbau des Körpergewebes nutzen, während Pflanzen hierfür hauptsächlich Kohlenstoffverbindungen heranziehen. Pflanzliche Biotrockenmasse enthält zwischen 0,03 und 7 % Stickstoff (N). Die höchsten Konzentrationen (>3 %) finden sich in jungem, wachsendem Gewebe sowie in Samen. Nach Abschluss der Wachstumsphase von Sprossachsen und Blättern sinkt die N-Konzentration deutlich ab und beträgt dann gewöhnlich weniger als 1,5 %. Auch die N-Gehalte der Phloem- und Xylemsäfte weisen große zeitliche Schwankungen auf. Es bestehen diesbezüglich außerdem Unterschiede zwischen verschiedenen Pflanzen, wobei rasch wachsende, annuelle Arten allgemein mehr Stickstoff enthalten als perennierende Arten. Bei verschiedenen Herbivoren wurde festgestellt, dass der Mindeststickstoffgehalt der pflanzlichen Nahrung zwischen 1 und 3 % betragen muss, um eine normale Entwicklung der Tiere zu gewährleisten. Liegt er unter diesen Werten, kann der N-Bedarf selbst bei sehr effektiver Nahrungsaufnahme nicht mehr gedeckt werden (Mattson 1980).

Verschiedene Beispiele liefern Unterstützung für das bottom-up-Modell in Bezug auf die Herbivoren. Dass als Nahrung geeignetes Pflanzenmaterial eine zeitlich begrenzte Ressource darstellen kann, wurde bereits in Abschnitt 3.2.2 gezeigt: Die Raupen des Frostspanners können nur an sehr jungen Eichenblättern fressen, da diese zum einen nur geringe Konzentrationen an Tanninen enthalten und zum anderen den höchsten Proteingehalt in der Saison aufweisen. Die Entwicklung der Frostspannerpopulation ist daher auf einen sehr kurzen Zeitraum im Frühjahr beschränkt (Feeny 1970).

Ganzhorn (1992) ging der Frage nach, welche Faktoren die Individuendichte herbivorer Lemuren in den Wäldern Madagaskars bestimmen. Er stellte fest, dass 10 von 12 der beobachteten Arten Blattnahrung mit geringem Faser- und hohem Proteinanteil wählen. Darüber hinaus besteht eine positive Korrelation zwischen der Biomasse herbivorer Lemuren und dem durchschnittlichen Verhältnis zwischen Faser- und Proteinanteil der von den Tieren gefressenen Blätter an den 6 Untersuchungsstandorten. Der Tanningehalt der Nahrung scheint keinen Einfluss auf die Lemurendichte zu haben. Dieses Ergebnis legt den Schluss nahe, dass die Tragfähigkeit der Wälder, bezogen auf die Individuendichte herbivorer Lemuren, im Wesentlichen durch die Nahrungsqualität bestimmt wird.

Im Indian River, einem Fluss in Florida, existieren kleine Inseln, die mit Mangroven *(Rhizophora mangle)* bewachsen sind. Einige von ihnen beherbergen Brutkolonien von Pelikanen *(Pelecanus occidentalis;* Abb. 10.2) und verschiedenen Reiherarten, deren Kot einen wesentlichen Eintrag von Nährstoffen in das System darstellt. Onuf et al. (1977) verglichen eine solche Vogelinsel mit einer anderen ohne Brutkolonien im Hinblick auf die Stickstoffversorgung der Pflanzen sowie ihrer Herbivoren. Die natürliche Düngung führte zu einem 33 % höheren Stickstoffgehalt in den Blättern der Bäume gegenüber denen auf der Insel ohne Vogelkolonien. Dadurch bedingt ergaben sich auch deutliche Unterschiede in der Häufigkeit von Herbivoren: Die Raupen verschiedener Schmetterlingsarten, die an den Blättern von *R. mangle* fressen, waren deutlich häufiger oder sogar ausschließlich auf den gedüngten Bäumen zu finden (Abb.

Abb. 10.2. Vom Nährstoffeintrag durch Kolonien des Braunpelikans *(Pelecanus occidentalis)* profitieren in den Küstenregionen Floridas nicht nur die besiedelten Bäume der Roten Mangrove *(Rhizophora mangle, Bild),* sondern auch die an den Blättern fressenden Herbivoren. Die *Grafik* zeigt die durchschnittlichen Individuenzahlen der Raupen der beiden häufigsten Schmetterlingsarten auf stickstoffreichen und stickstoffarmen Blättern von *R. mangle* an Zweigen mit 1 cm Durchmesser. (Grafik nach Daten von Onuf et al. 1977)

10.2). Dies hatte zur Folge, dass der Biomassezuwachs der Blätter der gedüngten Bäume in der Saison nur um 15 % höher lag als bei den ungedüngten. Ohne
diese Insekten hätte der Zugewinn an Biomasse 37 % betragen.

Paropsis atomaria ist ein australischer Vertreter der Blattkäfer (Chrysomelidae), der sich von Blättern verschiedener Eukalyptusarten ernährt. Ohmart et
al. (1985) untersuchten die Entwicklung der Larven dieser Art in Abhängigkeit
vom N-Gehalt der Blätter einer ihrer Wirtspflanzen, *Eucalyptus blakelyi*. Hierfür bildeten sie 5 Gruppen von Sämlingen, die unterschiedlich gedüngt wurden
und erhielten dadurch Pflanzen mit N-Konzentrationen zwischen 0,8 und 3 %
im Gewebe. Auf solchen wurden die Tiere vom Eistadium an aufgezogen. Es
ließen sich keine Unterschiede in der Entwicklungsdauer und im Gewicht bei
denjenigen Larvenstadien, die an Blättern mit N-Gehalten von 1,7–3,0 %
fraßen, feststellen. Eine verzögerte Entwicklung sowie eine deutliche Reduktion im Puppengewicht zeigte sich aber bei den Individuen, die Blattgewebe mit
geringeren N-Konzentrationen als Nahrung hatten. Larven mit nur 0,8 % Stickstoff im Futter starben vor Erreichen des 3. Larvenstadiums. Anscheinend existiert eine Schwelle bei etwa 1,7 % Anteil N im Blattgewebe, oberhalb der im
untersuchten Bereich eine optimale Entwicklung der Tiere unabhängig von
einer weiteren N-Zunahme gewährleistet ist. Die Larven sind in der Lage,
durch eine höhere Konsumierungsrate sowie durch eine effektivere Nutzung
des Stickstoffs die Unterschiede im Gehalt zwischen 1,7 und 3 % auszugleichen.
Bei Anteilen von weniger als 1,7 % gelingt dies nicht mehr. Es resultieren dann
Wachstumsverzögerungen, die proportional sind zur Abnahme des N-Gehaltes
in der Nahrung. Nach den vorhandenen Daten variieren die N-Gehalte in *Eucalyptus*-Blättern natürlicherweise im Bereich zwischen 1 und 2 %. Den Larven
von *P. atomaria* steht daher Nahrung zur Verfügung, die ober- und unterhalb
des Schwellenwertes für eine optimale N-Versorgung liegt. Daher ist zu vermuten, dass die Entwicklung der *P. atomaria*-Populationen vom N-Gehalt der
Nahrung wesentlich mitbestimmt wird.

Insgesamt zeigen die Untersuchungen zu den Beziehungen zwischen dem
N-Gehalt in Pflanzen und den Abundanzen oder der Entwicklung von Herbivoren, dass Stickstoff einen wesentlichen Faktor in der Ernährung von Pflanzenfressern darstellt. Allerdings haben sie aber auch verschiedene Formen der
Anpassung an die veränderlichen Konzentrationen dieses Nährstoffs in der
Pflanze entwickelt. Wie bereits das vorangegangene Beispiel gezeigt hat, können durch höhere Konsumierungsraten und durch effektivere Nahrungsnut-
zung Schwankungen oder Unterschiede im N-Gehalt von Pflanzen innerhalb
eines bestimmten Rahmens toleriert werden. Damit übereinstimmend fanden
Slansky u. Feeny (1977), dass sich die Wachstumsraten von Raupen des Kleinen
Kohlweißlings *(Pieris rapae)* auf Wirtspflanzen (Abb. 10.3), die zwischen 1,5
und 4,8 % Stickstoff in der Trockenmasse aufweisen, nicht unterscheiden. Auch
an den Umstand, dass junges pflanzliches Gewebe in der Regel mehr Stickstoff
enthält als älteres, haben sich viele Herbivoren in ihren Entwicklungszyklen
angepasst. Vor allem Insekten, die sich in den gemäßigten Breiten von Blättern
der Gehölzpflanzen ernähren, durchlaufen ihre Larvalentwicklung im Frühjahr

Abb. 10.3. Die Raupe des Kleinen Kohlweißlings *(Pieris rapae)* und eine ihrer Wirtspflanzen *(Brassica oleracea)* mit den typischen Fraßschäden.

(Schweitzer 1979). Auch evolutionäre Anpassungen wie die mutualistischen Beziehungen zu Mikroorganismen im Darmtrakt unterstützen bei verschiedenen Herbivoren die effektivere Nutzung des pflanzlichen Stickstoffs oder stellen diesen zusätzlich zur Verfügung (Boucher et al. 1982).

Die Überlegung, dass Pflanzen einen geringen N-Gehalt im Gewebe als Abwehrmechanismus gegen Herbivoren einsetzen könnten, ist wenig plausibel. Zum einen benötigen die Pflanzen selbst bestimmte Mindestmengen an Stickstoff, um auch nach Beendigung der Wachstumsphase ihre physiologischen Funktionen zu erhalten. Zum anderen reagieren die Herbivoren, wie in Beispielen gezeigt, auf eine N-Reduktion mit einer Erhöhung der Fresstätigkeit, was in einer stärkeren Schädigung der Pflanze resultiert.

Loader u. Damman (1991) konnten zeigen, dass Raupen des Kleinen Kohlweißlings *(Pieris rapae)* mit höherer Wahrscheinlichkeit bestimmten Prädatoren zum Opfer fallen, wenn sie auf N-armen Wirtspflanzen fressen. Dies erklärt sich damit, dass die Tiere eine längere Entwicklungsdauer haben, eine höhere Fresstätigkeit aufweisen und dadurch eher von Prädatoren entdeckt werden. Als Strategie der Pflanze zur Herbivorenabwehr lässt sich dieser Umstand jedoch nur schwerlich interpretieren.

Allgemein ist Stickstoff eine variable Ressource im Ökosystem. Sein Gehalt in der Pflanze hängt von abiotischen Faktoren wie den Bodeneigenschaften und der Wasserversorgung ab sowie von verschiedenen metabolischen Prozessen, die alters-, saison- oder gewebespezifisch sein können. Außerdem gibt es Arten mit hohem Stickstoffbedarf und -gehalt und solche mit geringem, was wiederum als Anpassung an die Gegebenheiten des Standortes gesehen werden muss. Es gibt auch keinen Anlass zu der Annahme, dass erstere prinzipiell stärker von Herbivoren geschädigt werden als andere, was nach der Hypothese von White zu vermuten wäre. Auf Grund dieser verschiedenen Aspekte ist es unwahrscheinlich, dass Stickstoff den alleinigen Faktor darstellt, von dem die Entwicklung der Herbivorenpopulationen abhängt.

Inwieweit noch andere Prozesse die Vorstellung der bottom-up-Hypothese unterstützen, wird von verschiedenen Autoren (z. B. Ohgushi 1992; Schultz 1992) diskutiert. Dabei geht es im Wesentlichen um die Mechanismen der pflanzlichen Abwehr, die in Kapitel 3 vorgestellt wurden. Sekundäre Pflanzenstoffe haben lediglich auf einige Generalisten eine abschreckende oder toxische Wirkung. Spezialisten dagegen, die weitaus größere Gruppe der phytophagen Insekten (s. Abschn. 3.4), haben sich an die Inhaltsstoffe ihrer Wirtspflanzen angepasst, sodass sie dadurch kaum Einschränkungen in der Nahrungsqualität zu erwarten haben.

Zusammengenommen liefern die bisher bekannten Möglichkeiten der Pflanzen, sich vor Herbivorenfraß zu schützen, nur bedingte Unterstützung für die Vorstellung, dass sie dadurch in der Lage sind, eine bottom-up-Kontrolle auf ihre Fressfeinde auszuüben. Situationen, in denen die Qualität des pflanzlichen Gewebes einen begrenzenden Faktor für Herbivorenpopulationen darstellt, können zwar unter bestimmten Bedingungen (u. a. in Kombination mit abiotischen Einflüssen) auftreten, sind aber eher die Ausnahme als die Regel. Im Allgemeinen haben sich die Pflanzenfresser durch verschiedene Mechanismen und Strategien so weit an die Pflanzen angepasst, dass eine normale Entwicklung ihrer Populationen gewährleistet ist.

10.1.2
Prädatoren im bottom-up-Modell

Nach White (1978, 1993, 2008) werden Prädatoren – wie die Herbivoren – durch die Verfügbarkeit ihrer Ressourcen kontrolliert, in diesem Fall von den Beutetieren. Zum Nachweis einer bottom-up-Kontrolle von Prädatoren müsste gezeigt werden, dass sie nicht in der Lage sind, die Abundanz ihrer Beute wesentlich zu verringern. Außerdem sollten Prädatoren auf eine Erhöhung des Nahrungsangebotes mit einer deutlichen Zunahme der Populationsgröße und mit einer höheren Reproduktionsrate reagieren.

White argumentiert, dass Prädatoren wie die Herbivoren einem relativen Nahrungsmangel ausgesetzt sind. Die Beute ist aus verschiedenen Gründen schwierig zu erwerben (z. B. weil die entsprechenden Arten weitflächig im Lebensraum verteilt vorkommen oder Schutzmechanismen besitzen). Prädatoren sind daher sehr ineffektiv und generell nicht fähig, ihre Beute zu kontrollieren. Darüber hinaus kann das reproduktive Potenzial der Tiere nicht ausgenutzt werden, d. h. die maximal mögliche Zahl an Nachkommen wird nicht erreicht. Die folgenden Beispiele unterstützen verschiedene Aspekte dieser Sichtweise.

Stander (1992) beobachtete das Jagdverhalten von Löwen *(Panthera leo)* im Etosha-Nationalpark (Namibia) und stellte fest, dass nur 15 % der Angriffe auf die verschiedenen Beutearten zum Erfolg führte. Bevorzugt werden Springbock *(Antidorcas marsupialis)*, Gnu *(Connochaetes taurinus)* und Zebras *(Equus burchelli* und *E. zebra)*, die zusammen über 80 % der erbeuteten Tiere ausmachen. Die Dichten der Beutepopulationen weisen saisonale Unterschiede auf. In der Trockenzeit sind sie relativ gering. Um ihren Nahrungsbedarf decken zu können, sind die Löwinnen in dieser Zeit auf die aussichtsreichere Jagd in Gruppen angewiesen. Sie erreichen dann mit 8,7 kg Futter pro Tag die notwendige tägliche Mindestmenge von 5–8,5 kg. In der Regenzeit kommen die Löwen auf etwa 14 kg pro Tag. Diese Verhältnisse veranschaulichen Whites Sicht des „relativen Nahrungsmangels" durch schwer zu erwerbende Beute. Gleichzeitig hält Stander es für unwahrscheinlich, dass die Löwen einen nennenswerten Einfluss auf die Populationsdichte der meisten ihrer Beutearten ausüben. Lediglich zum Rückgang der Gnus im Etosha-Park in den 1970er Jahren könnten die Löwen beigetragen haben. In den 1980er Jahren war dafür eine Zunahme der Springböcke zu verzeichnen, gleichzeitig ein Rückgang der Löwenpopulation. Zwischen diesen Entwicklungen vermutet Stander einen ursächlichen Zusammenhang: Springböcke machen 62 % der Löwenbeute aus, sind jedoch schwer zu fangen und liefern auf Grund ihrer relativ geringen Größe nur wenig Nahrung. Dies zwingt die Löwen zu hoher Mobilität und führt letztlich zu höheren Verlusten bei den Jungtieren.

Korpimäki u. Wiehn (1998) beobachteten über einen Zeitraum von 11 Jahren die Gelegegrößen von Turmfalken *(Falco tinnunculus)* in Westfinnland. Die Hauptnahrung der Vögel sind 3 Arten von Mäusen, deren Populationen weitgehend synchron in 3-jährigen Zyklen fluktuieren. In Jahren mit der geringsten Mäusedichte waren die Gelege der Turmfalken kleiner (Mittelwerte zwischen 4,4 und 5,3 Eier pro Gelege) als in Jahren mit zu- oder abnehmenden Mäusepopulationen (5,4 bis 5,9 Eier). In einem Versuch wurden mehrere Vogelpaare vor und während der Nistphase mit zusätzlicher Nahrung (Hühnerküken) versorgt. Unabhängig vom jeweiligen Mäuseangebot erzielten diese größere Gelege (durchschnittlich mehr als 6 Eier) als sämtliche Brutpaare unter natürlichen Bedingungen. Korpimäki u. Wiehn schließen aus ihren Ergebnissen, dass die Reproduktionsrate der Turmfalken im untersuchten Gebiet vom Beuteangebot bestimmt wird. Das Resultat der Fütterungsversuche belegt außerdem, dass die Population nicht nur in mäusearmen, sondern auch in mäusereichen Jahren nahrungslimitiert ist.

In ähnlicher Weise werden auch die Fuchspopulationen *(Vulpes vulpes)* in Nordskandinavien vom Nahrungsangebot beeinflusst. In der in Abschnitt 4.1.3 zitierten Studie von Lindström et al. (1994) konnte gezeigt werden, dass die zyklische Populationsdynamik der Mäuse durch die Prädation der Füchse unbeeinflusst bleibt, umgekehrt aber die Füchse in mäusearmen Jahren auf alternative Beutearten (Schneehasen, Rauhfußhühner) ausweichen müssen. Deren Populationen gehen durch die Einwirkung der Füchse zurück. Vom Prädationsdruck entlastet, nehmen sie wieder zu. Somit werden die Füchse von den Mäusen bottom-up kontrolliert, und die Füchse ihrerseits kontrollieren ihre alternativen Beutearten top-down. Dieser Fall deutet bereits an, dass eine alleinige bottom-up-Kontrolle der Prädatoren durch ihre Beute nicht die einzige Form der Interaktion zwischen den beiden trophischen Ebenen darstellt. Vielmehr können Prädatoren durchaus in der Lage sein, die Abundanz ihrer Beute in erheblichem Maße zu reduzieren, wie bereits verschiedene andere, in Kapitel 4 dargestellte Beispiele gezeigt haben.

Verschiedene Untersuchungen belegen, dass die im bottom-up-Modell getroffenen Aussagen zur Kontrolle der Prädatoren realisiert sein können: Ein geringes Beuteangebot begrenzt die Zahl der Prädatoren, die somit keine ausreichend hohe Abundanz erreichen, um Einfluss auf die Entwicklung der Beutepopulationen zu nehmen. Andererseits hat sich aber in vielen Situationen gezeigt, dass Prädatoren auch in der Lage sind, eine top-down-Kontrolle auf ihre Beute auszuüben und somit eine wesentlich höhere Dichte entwickelt haben, als nach dem bottom-up-Modell erwartet werden konnte.

10.2
Alternierende bottom-up- und top-down-Kontrolle

Während in der bottom-up-Hypothese von White (1978, 1993) davon ausgegangen wird, dass alle trophischen Ebenen letztlich von ihren Ressourcen kontrolliert werden, existieren auch Modelle, die hierzu Alternativen vorschlagen. Ihnen liegt zu Grunde, dass es zwischen den verschiedenen trophischen Ebenen Unterschiede in Bezug auf die wirksamen Kontrollmechanismen gibt. Demnach unterliegen bestimmte trophische Ebenen der bottom-up-Kontrolle, andere dagegen der top-down-Kontrolle. Die jeweiligen Mechanismen wechseln sich dabei in der Abfolge der trophischen Ebenen ab, d. h. sie alternieren. Die folgenden Abschnitte befassen sich mit solchen Vorstellungen.

10.2.1
Die HSS-Hypothese für terrestrische Systeme

Ein grundlegendes Modell der alternierenden top-down- und bottom-up-Kontrolle lieferte eine Publikation von Hairston, Smith u. Slobodkin (1960). Die dort vertretene Sichtweise ging als „HSS-Hypothese" in die Literatur ein. Sie ist die Schlussfolgerung aus einer simplen Beobachtung: In aller Regel ist die Vegetation der verschiedenen terrestrischen Ökosysteme grün, d. h. die Pflanzen sind weitgehend intakt, wachsen und reproduzieren sich. Pflanzen erleiden meist nur geringe Schäden durch Herbivorie. Nach Pimentel (1988) verlieren sie im Durchschnitt lediglich 7 % der individuellen Biomasse an ihre Fressfeinde. Warum werden Pflanzen normalerweise nicht stärker beschädigt oder gar kahl gefressen? Die nahe liegende Antwort ist, dass die Herbivoren meist nicht individuenreich genug sind, um derartige Effekte zu verursachen. Die Produzenten werden also nicht durch Herbivoren begrenzt, sondern durch Ressourcen wie Wasser, Nährstoffe und Licht. Dies steht so weit in Übereinstimmung mit dem bottom-up-Modell, aber anders als White (1978, 1993) nehmen Hairston et al. an, dass Prädatoren die Dichte von Herbivorenpopulationen so niedrig halten, dass starke Schädigungen der Pflanzen vermieden werden. Es wird somit das Vorhandensein einer entsprechend hohen Prädatorendichte vorausgesetzt. Fälle, in denen Herbivoren Pflanzen kahl fressen oder dezimieren,

sehen Hairston et al. als Ausnahmen an, die vor allem in anthropogen stark be-
einflussten Systemen wie z. B. agrarischen oder forstlichen Monokulturen auftreten.

Die Kernaussagen der HSS-Hypothese sind in Abbildung 10.4 grafisch dargestellt und lassen sich wie folgt zusammenfassen:

- Die trophischen Ebenen der Produzenten und der Prädatoren werden durch
  ihre jeweiligen Ressourcen limitiert (bottom-up).
- Die trophische Ebene der Herbivoren ist selten durch Nahrung limitiert, sondern in erster Linie durch Prädatoren (top-down).

Entsprechend des begrenzenden Faktors müsste interspezifische Konkurrenz
unter den Pflanzen sowie unter den Prädatoren ausgeprägt und häufig sein,
zwischen Herbivoren dagegen selten. In einer weiteren Publikation stellen die
Autoren (Slobodkin, Smith u. Hairston 1967) klar, dass die verschiedenen Aussagen der HSS-Hypothese zu den Produzenten, Herbivoren und Prädatoren die
jeweiligen trophischen Ebenen als Ganzes betreffen und nicht zwangsläufig auf
einzelne Populationen übertragbar sind. Außerdem machen sie deutlich, dass
Herbivoren im Sinne der in Abschnitt 1.2.1 gegebenen Definition gesehen werden, d. h. Samen- und Früchtefresser sind nicht damit gemeint. Letztere werden
in der HSS-Hypothese als Prädatoren angesehen, sie sollten demnach ressourcenlimitiert sein und konkurrieren.

Hairston et al. (1960) gelang es allerdings nicht, tatsächlich Beweise für die
Richtigkeit ihrer Vorstellungen zu erbringen. Sie waren außer Stande, auch nur
ein Beispiel anzuführen, das die HSS-Hypothese in der Natur untermauert. Erst

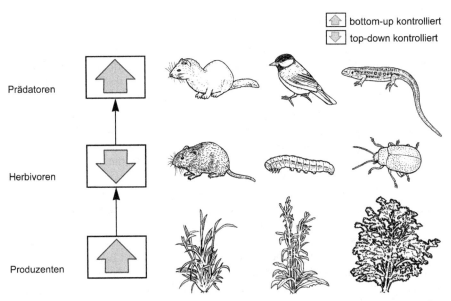

Abb. 10.4. Schematische Darstellung der HSS-Hypothese zur Kontrolle der trophischen Ebenen in terrestrischen Biozönosen.

in den 1980er Jahren wurde versucht, bestimmte Punkte der HSS-Hypothese zu prüfen. Dies geschah aber zunächst nicht experimentell, sondern durch Auswertung verschiedener Studien aus der Literatur. Schoener (1983) und Connell (1983) befassten sich dabei unter anderem mit der Frage nach der Häufigkeit von interspezifischer Konkurrenz bei verschiedenen trophischen Ebenen. Nach Auffassung Schoeners unterstützen die Ergebnisse entsprechender Untersuchungen mehrheitlich die Ansicht, dass in terrestrischen Systemen Prädatoren und Produzenten häufiger um Ressourcen konkurrieren als Herbivoren. Während Schoener trotz zahlreicher Ausnahmen daraus eine tendenzielle Unterstützung für die HSS-Hypothese ableitet, ist Connell der Meinung, dass die von ihm berücksichtigten Daten speziell zur Konkurrenz zwischen Herbivoren diesen Schluss nicht zulassen. Auch in diesen Studien spiegelt sich somit die am Anfang von Kapitel 5 angesprochene Diskussion über die Bedeutung von Konkurrenz in Biozönosen sowie die Probleme bei ihrem Nachweis wieder. Einig sind sich Schoener und Connell jedoch darin, dass in marinen Gemeinschaften kaum Unterstützung für die HSS-Hypothese zu finden ist.

Eine weitere Aussage der HSS-Hypothese betrifft den Einfluss von Prädation auf die Herbivoren. Welche Beweise gibt es dafür, dass Prädatoren die Herbivorendichte kontrollieren? Auch hierzu existiert eine Literaturstudie. Sih et al. (1985) analysierten eine Reihe von Untersuchungen, in denen die Dichten von Prädatoren- oder Herbivorenpopulationen manipuliert wurden, um die Effekte auf die jeweiligen Ressourcen festzustellen. Das Ergebnis dieser Recherche liefert jedoch wenig Unterstützung für die HSS-Hypothese und legt nahe, dass allgemein Herbivoren stärkere Effekte auf ihre entsprechende Ressource haben als Prädatoren.

Es stellt sich allerdings die Frage, ob diese Auswertungen von Freilanduntersuchungen geeignet sind, die HSS-Hypothese zu unterstützen oder zu widerlegen. Der Versuch, eine Gesamtaussage aus einer Vielzahl von Einzelstudien abzuleiten, ist hier kritisch zu sehen, da die meisten Experimente nicht durchgeführt wurden, um daraus Aussagen zur HSS-Hypothese abzuleiten, sondern andere Zielsetzungen hatten.

10.2.2
Die Hypothese von Wiegert u. Owen für pelagische Systeme

Wiegert u. Owen (1971) halten die Aussagen der HSS-Hypothese zu den Kontrollmechanismen in terrestrischen Biozönosen grundsätzlich für plausibel, stellen aber die Frage, welche Verhältnisse in aquatischen Systemen vorliegen, speziell im **Pelagial**, dem offenen Wasser von Seen und Ozeanen. Sie verglichen anhand von Angaben aus der Literatur zunächst verschiedene Ökosysteme bezüglich des Anteils der pflanzlichen Produktion, der von Herbivoren konsumiert wird. In Laubwäldern sind dies 1,5–2,5 %. Verschieden ausgeprägte Grasländer und Feldbrachen zeigten zwischen 5 und 60 % Ausnutzung durch Herbivoren, mit dem höchsten Wert in afrikanischen Savannen. Im Pelagial der Ozeane wird 60–99 % der produzierten Phytoplanktonbiomasse gefressen.

Wiegert u. Owen schließen aus diesen Daten, konkret aus der wesentlich höheren Nutzungsrate des Phytoplanktons im Meer als der grünen Pflanzenmasse
an Land, dass die HSS-Hypothese für pelagische Biozönosen nicht zutrifft. Ihr
Modell für solche Systeme ist folgendes: Die Phytoplankton-Algen werden
nicht durch Nährstoffe oder Licht, sondern vom herbivoren Zooplankton kontrolliert (top-down). Die Herbivoren stehen hier demnach unter bottom-up-
Kontrolle. Die 3. trophische Ebene wird von zooplanktivoren Fischen gebildet,
die unter top-down-Kontrolle durch die 4. trophische Ebene, den piscivoren
Fischen, stehen.

Dieses Modell (Abb. 10.5) unterscheidet sich grundlegend von der HSS-
Hypothese: Zum einen wird hier die Existenz einer 4. trophischen Ebene berücksichtigt, zum anderen werden für die kontrollierenden Mechanismen in der
Abfolge der trophischen Ebenen genau umgekehrte Verhältnisse wie in dem
von Hairston et al. (1960) postulierten Szenario angenommen. Wiegert u. Owen
begründen diese Unterschiede mit der jeweiligen morphologischen Beschaffenheit der Produzenten. In terrestrischen Systemen sind die Pflanzen vergleichs-

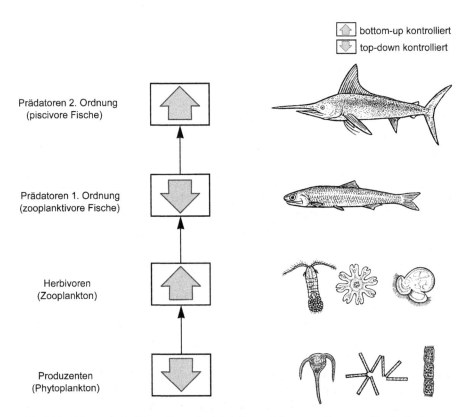

Abb. 10.5. Schematische Darstellung des Modells von Wiegert u. Owen zur Kontrolle der trophischen Ebenen in Biozönosen des marinen Pelagials.

weise groß und strukturell komplex, die meisten Herbivoren sind kleiner und haben höhere Umsatzraten als Pflanzen. Umgekehrt sind die Produzenten im freien Wasser klein, einfach gebaut und haben höhere Umsatzraten als die größeren Herbivoren. Das Modell von Wiegert u. Owen beschränkt seine Aussagen auf pelagische Biozönosen. Es steht damit nicht im Widerspruch zur HSS-Hypothese, sondern schränkt diese lediglich auf terrestrische Biozönosen ein. Es muss allerdings deutlich gemacht werden, dass „pelagisch" nicht mit „aquatisch" gleichgesetzt werden darf. Es gibt Situationen, in denen die Voraussagen der HSS-Hypothese im aquatischen Milieu zutreffen, wie die Interaktionen zwischen Seeotter, Seeigeln und Seetang in bestimmten Küstengemeinschaften gezeigt haben (s. Abschn. 9.2). Der Unterschied zum Pelagial ist dort wiederum die Lebensform der Produzenten. Der Seetang schwebt nicht frei im Wasser, sondern ist mit einem Substrat assoziiert und außerdem den Landpflanzen strukturell ähnlicher als dem Phytoplankton.

10.2.3
Das Fretwell-Oksanen-Modell

Fretwell (1977) und Oksanen et al. (1981) bringen in der Diskussion um die HSS-Hypothese einen neuen Aspekt mit ins Spiel. Sie sind der Meinung, dass die von Hairston et al. dargestellten Kontrollmechanismen nicht in allen terrestrischen Biozönosen ausgeprägt sind. Vielmehr müssten diese weiter differenziert werden, und zwar nach der Produktivität des Systems. Dabei wird außerdem zu Grunde gelegt, dass in einer Reihe von Ökosystemen, die entlang eines Gradienten von geringer zu hoher Produktivität angeordnet sind, auch eine Zunahme der Nahrungskettenlänge, d.h. der Zahl an trophischen Ebenen, erfolgt. Dementsprechend soll es auch Unterschiede bei der Kontrolle verschiedener trophischer Ebenen geben. Konkret nimmt die Produktivität etwa in der Abfolge Wüsten – Grasländer – Wälder zu. Um die zahlreichen Übergänge zwischen diesen Systemen mitzuberücksichtigen und damit der Vorstellung einer Kontinuität gerecht zu werden, schlug Fretwell (1977) vor, auch nicht-ganzzahlige trophische Ebenen zu definieren, und zwar nach folgender Überlegung: In Nahrungsnetzen gibt es verschiedene Wege des Energieflusses. So ist es vorstellbar, dass in einer hypothetischen Biozönose 30 % der Primärenergie in eine 3-gliedrige Nahrungskette eingeht und 70 % in eine aus 4 Nahrungskettengliedern. Unter diesem Aspekt könnte man in diesem Fall von einem 3,7-kettigen System sprechen. Nach Fretwell ist eine derartige Verzweigung im Energiefluss auch abhängig von der Effektivität der Spitzenprädatoren in den Biozönosen, wobei die „Effektivität" ein Maß dafür ist, bis zu welchem Grad ein Prädator die Beutepopulation kontrollieren kann. Nach dieser Hypothese stehen in Nahrungsketten mit ganzzahligen Gliedern sehr effektive Prädatoren an der Spitze, bei nicht-ganzzahligen Nahrungskettenlängen befinden sich relativ ineffektive Prädatoren am obersten Ende der Nahrungskette bzw. Prädatoren, die durch die Produktivität des Systems in ihrer Individuendichte begrenzt sind. Wenn die Effektivität der Prädatoren und/oder die Produktivität der Beu-

te zunimmt, nimmt auch die Länge der Nahrungskette zu. Somit kann dargestellt werden, dass es neben den bisher beschriebenen Systemen mit ganzzahligen Nahrungskettenlängen auch Zwischenstufen oder Übergänge gibt, die z.B.
Nahrungskettenlängen von 1,5 oder 2,8 haben können, und es ist möglich, eine
theoretische Aussage darüber zu treffen, welche kontrollierenden Mechanismen dann jeweils wirksam sind.

Fretwell (1987) versuchte eine Synthese aus der HSS-Hypothese, dem Konzept für pelagische Lebensräume von Wiegert u. Owen (1971), seinen eigenen
Vorstellungen (Fretwell 1977) sowie den Ausführungen von Oksanen et al.
(1981) und entwarf das in Box 10.1 dargestellte Szenario.

Box 10.1. Aussagen des Fretwell-Oksanen-Modells. (Nach Fretwell 1977, 1987; Oksanen et al. 1981)

Im Fretwell-Oksanen-Modell werden folgende Kategorien der Nahrungskettenlänge mit den jeweils angenommenen Kontrollmechanismen in den Gemeinschaften unterschieden:

Nahrungskettenlänge 1 ($<30\,g$ Trockenmasseproduktion/m^2/Jahr)
Nahrungskettenlänge 1 repräsentiert terrestrische Pflanzengemeinschaften mit geringer Produktivität und Biomasse. Herbivoren sind zwar vorhanden, aber nicht in der Lage, die Produktion zu kontrollieren. Die Pflanzen sind durch Ressourcen, um die sie konkurrieren, limitiert. Herbivorenfraß kann allenfalls bestimmte Arten stärker betreffen als andere und dadurch die Konkurrenzverhältnisse zwischen den Pflanzen beeinflussen. Einzelne Prädatoren können als Besucher vorübergehend anwesend sein, haben aber keinen Einfluss auf die Zusammensetzung der Biozönose. Solche Verhältnisse werden z.B. in extrem trockenen Wüsten, Polarregionen und Hochgebirgen erwartet.

Nahrungskettenlänge 2 ($30-700\,g$ Trockenmasseproduktion/m^2/Jahr)
Nahrungskettenlänge 2 ist erreicht, wenn Herbivoren eine so hohe Abundanz bzw. Biomasse aufweisen, dass sie einen kontrollierenden Einfluss auf die Vegetation ausüben. Prädatoren sind in solchen Gemeinschaften ständig vertreten, kontrollieren aber auf Grund ihrer geringen Dichte die Herbivoren nicht. Systeme mit Nahrungskettenlänge 2 sollten z.B. durch Tundren und Prärien repräsentiert sein.

Nahrungskettenlänge 3 ($>700\,g$ Trockenmasseproduktion/m^2/Jahr)
Bei Nahrungskettenlänge 3 sind die Prädatoren in der Lage, die trophische Ebene der Herbivoren zu kontrollieren. In diesen Biozönosen kommen also die in der HSS-Hypothese vorausgesagten Mechanismen zur Wirkung. Beispiele hierfür wären Wälder und bestimmte Grünlandgemeinschaften oder Grasländer (z.B. Feuchtsavannen).

Nahrungskettenlänge 4
Diese Kategorie bezieht sich auf die pelagischen Gemeinschaften der Meere und Seen, die sich aus Phytoplankton, Zooplankton, Prädatoren 1. Ordnung und Prädatoren 2. Ordnung zusammensetzen. Letztere kontrollieren hier, im Unterschied zu den terrestrischen Gemeinschaften mit Nahrungskettenlänge 3, die Prädatoren 1. Ordnung. Insgesamt entsprechen die hier angenommenen kontrollierenden Mechanismen den Voraussagen des Modells von Wiegert u. Owen.

In diesem Modell wechseln bei den jeweils aufeinander folgenden ganzzahligen Nahrungskettenlängen die steuernden Einflüsse auf die trophischen Ebenen zwischen Ressourcen- und Prädatorenkontrolle: In den extrem unproduktiven Lebensräumen mit nur einer trophischen Ebene, den Pflanzen, wird die Produktion durch die verfügbaren Ressourcen bestimmt. Erhöht sich die Produktivität, kann eine zusätzliche trophische Ebene, die der Herbivoren, versorgt werden. Die pflanzliche Biomasse steigt jedoch nicht in dem Maße an, wie es nach den vorhandenen Ressourcen möglich wäre, da sie von den Herbivoren kontrolliert wird. Nimmt die Produktivität weiter zu, werden die Prädatoren als 3. trophische Ebene zu einer einflussreichen Komponente und kontrollieren nun die Herbivoren. Dadurch werden die Pflanzen von dem Einfluss der Herbivoren entlastet, und ihre Biomasse steigt so weit an, wie es die Ressourcenversorgung erlaubt. In pelagischen Systemen kann noch eine 4. trophische Ebene Bedeutung haben, die der Prädatoren 2. Ordnung. Diese erlangen dort die Kontrolle über die Prädatoren 1. Ordnung, wodurch die Herbivoren vom Prädationsdruck entlastet und wieder bottom-up kontrolliert werden. Die Pflanzen stehen somit wieder unter Kontrolle der Herbivoren. Der Wechsel zwischen bottom-up- und top-down-Kontrolle in Abhängigkeit von der Zahl der trophischen Ebenen ist in Abbildung 10.6 schematisch dargestellt.

Insgesamt ist mit zunehmender Nahrungskettenlänge ein Anstieg in der Produktivität zu verzeichnen. Dies schließt jedoch nicht aus, dass innerhalb eines Systems vorübergehende oder fortlaufende Änderungen in der Produktivität und damit in der Nahrungskettenlänge der Biozönose auftreten können. Solche betreffen vor allem jahreszeitlich bedingte Schwankungen in der Biomasseproduktion der Pflanzen sowie Veränderungen im Verlauf einer Sukzession. Kurzfristige Schwankungen können auch bei der Intensität von Herbivorie oder Prädation auftreten, die z.B. durch wandernde Herden, Insekten- oder Zugvogelschwärme oder durch die Witterung bedingt sein können.

In dieses Modell für die kontrollierenden Mechanismen in verschiedenartigen Biozönosen wurde die HSS-Hypothese integriert, die nun lediglich Bedeutung in solchen mit Nahrungskettenlängen von 3 bis <4 und damit in relativ produktiven Systemen haben soll.

Diese Einschränkung könnte verschiedene Unstimmigkeiten in den von Hairston et al. (1960) getroffenen Aussagen, die in den in Abschnitt 10.2.1 vorgestellten Literaturanalysen von Schoener (1983) und Connell (1983) gefunden wurden, erklären. Auch die Schlussfolgerung von Sih et al. (1985) müsste dann differenziert gesehen werden: Die Tatsache, dass Prädatoren in bestimmten Systemen vorhanden sein können, ohne einen kontrollierenden Einfluss auf die Beute auszuüben, wird im Fretwell-Oksanen-Modell berücksichtigt, nicht jedoch von Sih et al. Auch die Hypothese von Wiegert u. Owen zur Kontrolle von pelagischen Biozönosen mit 4 trophischen Ebenen ist Bestandteil des neuen Konzepts.

Verschiedene Modelle zu den kontrollierenden Mechanismen in Biozönosen legen zu Grunde, dass einzelne trophische Ebenen entweder durch Ressourcen (bottom-up) oder durch Konsumenten (top-down) begrenzt

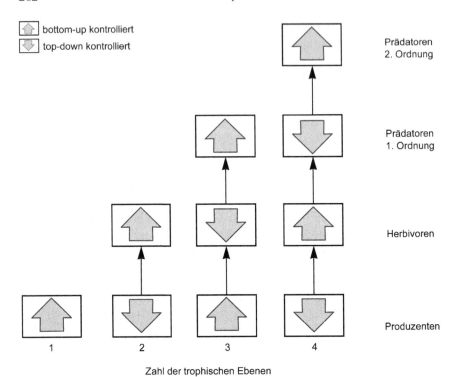

Abb. 10.6. Schematische Darstellung des Fretwell-Oksanen-Modells zur Kontrolle von Biozönosen mit unterschiedlicher Zahl an trophischen Ebenen. Solche mit 4 trophischen Ebenen beziehen sich ausschließlich auf pelagische Biozönosen.

werden. Die Aussagen zu den wirksamen Mechanismen in terrestrischen (HSS-Hypothese) und pelagischen Biozönosen (Modell von Wiegert und Owen) sind Bestandteile des Fretwell-Oksanen-Modells, nach dem die Produktivität eines Systems einen entscheidenden Einfluss auf die Kontrolle der einzelnen trophischen Ebenen ausübt. Das Fretwell-Oksanen-Modell trifft Aussagen zu Systemen mit 1–4 effektiv bedeutsamen trophischen Ebenen und postuliert, dass (a) die Zahl solcher trophischen Ebenen vom Ressourcenangebot bestimmt wird, (b) die jeweils höchste trophische Ebene eine top-down-Kontrolle auf die darunter liegende ausübt und (c) bottom-up- und top-down-Kontrolle sich zwischen den trophischen Ebenen stets abwechseln.

Im Folgenden wird der Frage nachgegangen, ob die Aussagen des Fretwell-Oksanen-Modells mit Ergebnissen aus realen Gemeinschaften in Einklang stehen. Es werden auch aquatische Systeme betrachtet, die im Fretwell-Oksanen-

Modell nicht explizit mit einbezogen werden, und zwar pelagische Biozönosen mit weniger als 4 trophischen Ebenen sowie das Benthos und Fließgewässer-Biozönosen. Außerdem werden terrestrische Gemeinschaften mit mehr als 3 trophischen Ebenen berücksichtigt.

Terrestrische Gemeinschaften

Oksanen (1988) geht auf den Aspekt der Häufigkeit von Konkurrenz zwischen Pflanzen ein und greift dafür die von Schoener (1983) zitierte Literatur auf. Oksanen legt zu Grunde, dass die Aussage von Hairston et al. (1960), dass „die Welt grün" sei, differenziert gesehen werden muss und unterteilt die Untersuchungen zur Konkurrenz zwischen Pflanzen neu nach den Lebensräumen, in denen die Experimente durchgeführt wurden. Er unterscheidet 3 Kategorien, die nach den Definitionen für verschiedene Nahrungskettenlängen des Fretwell-Oksanen-Modells (s. Box 10.1) eingeteilt wurden: „wirklich grüne" Habitate (hauptsächlich Wälder und Wiesen; Nahrungskettenlänge 3), „etwas grüne" (Trockensavannen, Heiden, arides Buschland und Ähnliches; Nahrungskettenlänge 2) sowie „nicht grüne" Habitate (vorwiegend Wüsten; Nahrungskettenlänge 1). Wenn nun verglichen wird, wie oft in jeder dieser Gruppen Konkurrenz zwischen den Pflanzen gefunden wurde, ergibt sich eine aufschlussreiche Verteilung (Abb. 10.7): Die Mehrheit der Fälle, in denen keine Konkurrenz nachgewiesen wurde oder das Resultat zweifelhaft war, stammt aus der Gruppe der „etwas grünen" Habitate. Dagegen konnte in den meisten Fällen der „wirklich grünen" Lebensräume eindeutig gezeigt werden, dass die Pflanzen dort um ihre Ressourcen konkurrieren. Dieselbe Tendenz zeigt sich in Wüsten, obwohl aus solchen wenig Daten vorliegen. Insgesamt lässt sich dieses Ergebnis gut mit dem Fretwell-Oksanen-Modell der alternierenden Kontrollmechanismen vereinbaren. Ressourcenlimitiert sind Pflanzen demnach in Systemen mit den Nahrungskettenlängen 1 und 3, die durch die „nicht grünen" und die „wirklich grünen" Lebensräume repräsentiert sind. In Systemen mit der Nahrungskettenlänge 2, hier die „etwas grünen" Habitate, sind die Produzenten limitiert durch Herbivoren, durch deren Fraß die Konkurrenz zwischen den Pflanzen weitgehend vermieden wird.

Nachfolgend wird geprüft, ob die Ergebnisse von Untersuchungen aus verschiedenen terrestrischen Lebensräumen mit den im Fretwell-Oksanen-Modell getroffenen Aussagen zu den einzelnen Nahrungskettenlängen in Einklang stehen.

Nahrungskettenlänge 1. In Wüsten ist Wasser ein begrenzender Produktivitätsfaktor. Somit liegt die Vermutung nahe, dass Pflanzen entsprechend den Aussagen des Fretwell-Oksanen-Modells für die Nahrungskettenlänge 1 um diese Ressource konkurrieren. Eine der Untersuchungen, in denen dies gezeigt wurde, führten Fonteyn u. Mahall (1978, 1981) in der kalifornischen Mojave-Wüste durch. Dort sind *Larrea tridentata* (Zygophyllaceae) und *Ambrosia dumosa* (Asteraceae) die dominanten perennierenden Pflanzenarten. *L. tridentata*

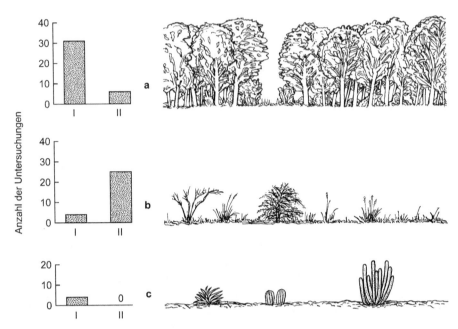

Abb. 10.7. Häufigkeit des Nachweises von interspezifischer Konkurrenz bei Pflanzen in verschiedenen Lebensräumen, die entsprechend dem Fretwell-Oksanen-Modell in drei Kategorien eingeteilt sind: *a* Nahrungskettenlänge 3 (z. B. Wälder, *Bild*), *b* Nahrungskettenlänge 2 (z. B. Dornsavannen, *Bild*), *c* Nahrungskettenlänge 1 (z. B. Wüsten, *Bild*). *I* = Anzahl der Untersuchungen, in denen Konkurrenz zwischen Pflanzen nachgewiesen wurde, *II* = Anzahl der Untersuchungen, in denen keine Konkurrenz zwischen Pflanzen nachgewiesen wurde oder ungeklärte Verhältnisse herrschten. (Grafik nach Daten von Oksanen 1988)

ist von hohem Wuchs und immergrün, *A. dumosa* ist ein niederwüchsiger Strauch, der in Trockenzeiten das Laub abwirft. Während die Individuen von *L. tridentata* gleichmäßig verteilt in der Landschaft auftreten, kommt *A. dumosa* überwiegend in Gruppen vor. Fonteyn u. Mahall wiesen experimentell nach, dass beide Arten in Konkurrenz um Wasser stehen und dies auch ihre unterschiedliche räumliche Verteilung erklärt. Die Individuen von *L. tridentata* stehen auch in intraspezifischer Konkurrenz, weshalb die Pflanzen nur in relativ großen Abständen zueinander vorkommen. Dagegen scheint bei *A. dumosa* auch bei dichterem Auftreten keine intraspezifische Konkurrenz um Wasser stattzufinden. Eine mögliche Erklärung hierfür ist, dass bei Pflanzen dieser Art Laubbildung und Wachstum nur zu Zeiten erfolgen, in denen Wasser keine begrenzende Ressource darstellt. Die immergrüne Art *L. tridentata* hat dagegen auch in Trockenphasen einen relativ höheren Wasserbedarf. Ähnlich wie im hier beschriebenen Fall hat sich auch bei vielen weiteren Pflanzenarten gezeigt, dass Konkurrenz um Wasser in Wüsten eine wichtige Rolle spielt (Fowler 1986). Welche Bedeutung haben Pflanzenfresser in solchen Lebensräumen? Nach den für die Nahrungskettenlänge 1 dargestellten Verhältnissen dürfte von diesen kein Einfluss auf die pflanzliche Produktion zu erwarten sein.

Capsodes infuscatus (Miridae) ist eine phytophage Wanzenart, die sich durch Anstechen und Aussaugen der Blütenanlagen und den jungen Früchten des Geophyten *Asphodelus ramosus* (Liliaceae) ernährt. Ayal (1994) untersuchte die Beziehungen zwischen diesen beiden Arten in der israelischen Negev-Wüste über einen Zeitraum von 5 Jahren. Er stellte fest, dass die Zahl der von *A. ramosus* gebildeten Früchte von Jahr zu Jahr stark variiert, und zwar unabhängig von der jeweils gefallenen Regenmenge (zwischen 75 und 169 mm/Jahr im Untersuchungszeitraum). In Jahren, in denen die Pflanzen eine große Zahl an Blüten produzierten, waren die Wanzen nicht nahrungslimitiert und erreichten im darauf folgenden Jahr eine hohe Populationsdichte. Einem Jahr mit hohem Blüten- und Fruchtansatz folgt gewöhnlich mindestens ein Jahr, in dem nur wenige Infloreszenzen gebildet werden, da die Pflanzen erst wieder Energiereserven in den unterirdischen Speicherorganen für eine erneute Reproduktion ansammeln müssen. Dann steht eine große Zahl an Wanzen einer geringen Menge an Nahrungsressourcen gegenüber. Die Folge ist dann zwar die annähernd vollständige Zerstörung der von den Pflanzen entwickelten Blüten und Samen, was sich aber in einem solchen Jahr nur wenig auf die Reproduktionsrate von *A. ramosus* auswirkt. Umgekehrt erfolgt dadurch aber ein Zusammenbruch der *Capsodes*-Population, da diese dann nahrungslimitiert ist (Abb. 10.8). Wenn in einem der folgenden Jahre von den Pflanzen wieder viele Blütenstände gebildet werden, sind die Wanzen nicht sehr häufig, und der an den Pflanzen verursachte Schaden bleibt relativ gering. Durch die starken jährlichen Schwankungen in der Bildung von Infloreszenzen bei *A. ramosus*

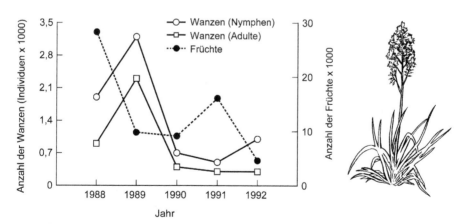

Abb. 10.8. Veränderungen in der Zahl der von dem Geophyten *Asphodelus ramosus (Bild)* produzierten Früchte sowie in der Zahl der Nymphen und Adulten der Wanze *Capsodes infuscatus*, welche die Samenanlagen dieser Pflanze befallen, in einem Zeitraum von 5 Jahren an einem Standort in der Negev-Wüste. (Grafik nach Ayal 1994)

und die um ein Jahr verzögerte Reaktion der *Capsodes*-Population auf das Ressourcenangebot ergibt sich eine Situation, in der die Wanzen durch die Zahl der vorhandenen Blüten und Früchte begrenzt werden, ihrerseits aber einen vernachlässigbaren Effekt auf die Pflanzenpopulation ausüben. Da die Wanzen offensichtlich nicht von Feinden beeinflusst werden (Ayal konnte keine Prädatoren oder Parasitoide nachweisen), entspricht das Ergebnis dieser Studie anscheinend dem Fretwell-Oksanen-Modell für die Nahrungskettenlänge 1, wonach die Pflanzenfresser in sehr wenig produktiven Lebensräumen ressourcenlimitiert sind. Dies ist hier jedoch nur ein zeitliches Phänomen, und der zu Grunde liegende Prozess ist ein anderer als im Fretwell-Oksanen-Modell angenommen wird. Nicht das geringe Nahrungsangebot per se begrenzt die Phytophagen. Es ist vielmehr die zeitlich verzögerte Reaktion in der Entwicklung der Wanzenpopulation, die verhindert, dass eine reichlich vorhandene Ressource optimal genutzt werden kann.

Zahlreiche weitere Untersuchungen belegen, dass die Samen von Wüstenannuellen eine bedeutende Ressource für viele granivore Konsumenten wie Insekten, Nager und Vögel darstellen. Anders als in der Untersuchung von Ayal (1994) konnte in solchen auch nachgewiesen werden, dass Samenfraß einen wesentlichen Faktor für die Strukturierung von Pflanzengemeinschaften in Wüsten darstellen kann (Brown et al. 1979 b). Dies zeigte auch die in Abschnitt 5.2.2 zitierte Studie von Brown et al. (1979 a): Auf Experimentalparzellen in der Wüste Arizonas, von denen Samen fressende Nager und Ameisen ausgeschlossen wurden, etablierten sich innerhalb von 4 Jahren doppelt so viele Winterannuelle wie in Vergleichsparzellen, zu denen die Granivoren Zugang hatten.

> Die geringe und unregelmäßige Verfügbarkeit von Wasser beeinflusst in hohem Maße die pflanzliche Produktion in ariden Lebensräumen. Ob deshalb jedoch die Herbivoren keinen Einfluss auf die pflanzliche Biomasse ausüben, wie im Fretwell-Oksanen-Modell vorausgesagt wird, ist fraglich. Anders als dort angenommen, können zumindest Granivoren die Pflanzendichte durch den Konsum von Samen reduzieren. In Wüsten nehmen somit kombinierte Effekte von Ressourcenangebot und Granivorie großen Einfluss auf die Biomasseproduktion der Pflanzen.

Nahrungskettenlänge 2. Beweise für die Aussagen zur Nahrungskettenlänge 2 im Fretwell-Oksanen-Modell müssten z. B. Untersuchungen zu den kontrollierenden Mechanismen der Pflanzen und Herbivoren in Prärien und arktischen Tundren liefern können. Dort sollte sich zeigen lassen, dass (a) Prädatoren nur geringe Effekte auf die Herbivorenpopulationen haben, (b) die Herbivoren durch ihre Nahrung begrenzt werden, deshalb um diese Ressource konkurrieren und folglich (c) die Vegetation durch Herbivoren kontrolliert wird.

Zahlreiche Untersuchungen befassen sich mit der Frage nach den begrenzenden Faktoren für die Heuschreckengemeinschaften in den Prärien Nordamerikas und betrachten einen oder mehrere der genannten Aspekte. Die Ergebnisse einer Studie von Belovsky u. Slade (1993) wurden bereits in Abschnitt

9.1.2 dargestellt. Sie belegen zum einen, dass Spinnen nur wenig Einfluss auf die Zahl der Heuschrecken haben und zum anderen, dass die Prädation von Vögeln sogar zu einer Erhöhung der Heuschreckendichte führt. Dies erklärt sich damit, dass die Vögel vor allem größere Heuschrecken als Beute bevorzugen und diese Verluste durch die kleineren Arten numerisch kompensiert werden. Somit wird die Heuschreckengemeinschaft insgesamt nicht von Prädatoren kontrolliert, sondern durch die zur Verfügung stehende Nahrung, um die die Arten konkurrieren.

Schmitz (1993) führte ebenfalls Freilandexperimente in der Prärie Montanas durch, in denen auch die Vegetation durch Düngung manipuliert wurde. Dabei zeigte sich unter anderem, dass Spinnen auf ungedüngten Parzellen keinen signifikanten Einfluss auf die Zahl der Heuschrecken hatten. Auf den höher produktiven, mit Nährstoffen versorgten Flächen dagegen konnten diese Prädatoren die Heuschreckendichte etwas verringern. Auch dieses Ergebnis steht nicht im Widerspruch zum Fretwell-Oksanen-Modell.

Joern (1992) untersuchte den Einfluss von Vogelprädation auf die Heuschreckengemeinschaften einer Dünenlandschaft in Nebraska, die gekennzeichnet ist durch ein Mosaik aus Prärievegetation und offenen Sandflächen. An verschiedenen Stellen entlang von Transekten zwischen Dünentälern und -rücken etablierte Joern Feldkäfige, um Vögel fernzuhalten sowie entsprechende Kontrollflächen mit freiem Zugang für diese Prädatoren. In jedem der 3 Untersuchungsjahre wurde die Heuschreckendichte der Flächen etwa 6 Wochen nach Beginn des Experiments bestimmt. Es ergaben sich große räumliche und zeitliche Unterschiede bei den Prädationseffekten. An denselben Bereichen des Transekts waren in manchen Jahren Rückgänge bei den Heuschrecken durch Prädation in der Größenordnung von 25 % festzustellen, in anderen Jahren dagegen gab es keine Unterschiede zu den vor Vögeln geschützten Kontrollparzellen. Auch zwischen einzelnen Standorten gab es Unterschiede, die aber in den verschiedenen Jahren nicht immer dieselben waren. Die Erklärung hierfür ist folgende: Generell ist die Dichte der Heuschrecken in den Senken höher als auf den Dünenkuppen (räumliche Variabilität), und dieser Unterschied wirkt sich unter trockenen Bedingungen (zeitliche Variabilität) auch auf die Prädationsrate aus (Abb. 10.9). Im besonders niederschlagsarmen Untersuchungsjahr 1984 war auf den Kuppen kein Einfluss von Prädation auf die Heuschreckendichte festzustellen, in den Senken dagegen reduzierten die Vögel die Individuenzahl ihrer Beute deutlich. Dies lässt sich darauf zurückführen, dass die Senken feuchter sind, die Vegetation nicht völlig vertrocknet ist und daher noch geeignete Nahrung für Herbivoren bietet. Auf den Kuppen dagegen geht die Zahl der Heuschrecken zurück, und die Vögel konzentrieren sich auf der Suche nach Beute auf die individuenreicheren Stellen in der Landschaft. Die Ergebnisse in Bezug auf die räumliche Variabilität lassen sich zwar im Sinne des Fretwell-Oksanen-Modells interpretieren (Einfluss von Prädation nur in den feuchteren und damit produktiveren Senken), insgesamt zeigt sich aber eine übergeordnete Bedeutung des Faktors Feuchtigkeit, der letztlich die Prädationsrate bestimmt.

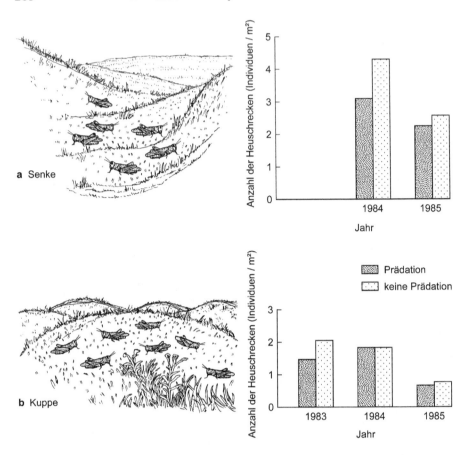

Abb. 10.9. Heuschreckendichten in der Dünenlandschaft von Nebraska *(Bild)* auf Parzellen, die durch Käfige vor Vogelprädation geschützt waren und auf offenen Kontrollparzellen. *a* in Senken in 2 aufeinander folgenden Jahren, *b* auf Kuppen in 3 aufeinander folgenden Jahren. (Grafiken nach Joern 1992)

Prädation kann jedoch auch unter anderen Bedingungen einen wesentlichen Einfluss auf die Abundanz von Heuschrecken in den nordamerikanischen Prärien haben, wie weitere Untersuchungen zeigen. Bock et al. (1992) führten einen Versuch in Arizona durch, um mit Hilfe von Feldkäfigen der Bedeutung von Vogelprädation auf Heuschrecken nachzugehen. Am Ende des 3-jährigen Experiments wurde festgestellt, dass die Dichte der adulten Heuschrecken in den von Vögeln geschützten Parzellen mehr als doppelt und die der Nymphen mehr als 3-mal so hoch war wie in den offenen Kontrollen. Trotz der Individuenzunahme in den Käfigen war keine Konkurrenz zwischen den Heuschrecken nachzuweisen, d. h. die Heuschreckendichte nahm auch ohne den Einfluss von

Prädation nicht so weit zu, dass eine stärkere Schädigung der Vegetation auftrat. Daher muss angenommen werden, dass die Heuschreckenpopulationen dort durch andere Faktoren als Prädation und Nahrung begrenzt werden. Diese Ergebnisse entsprechen nicht den Voraussagen des Fretwell-Oksanen-Modells.

Eine vergleichbare Untersuchung von Fowler et al. (1991) in der Prärie von North Dakota lieferte sehr ähnliche Ergebnisse. Prädation durch Vögel verringerte die Zahl der Heuschrecken um rund $\frac{1}{3}$. Es wurden keine Unterschiede in der Vegetationsstruktur zwischen offenen Parzellen (Vogelprädation) und Feldkäfigen (keine Prädation) festgestellt. Die Untersuchung von Joern (1992; s.o.) wies bereits darauf hin, dass abiotische Faktoren einen bedeutenden Einfluss auf die Interaktion zwischen Heuschrecken und ihren Prädatoren haben können. Weitere Belege hierfür lieferte Chase (1996) in Freilandexperimenten in der Prärie Montanas. Er etablierte Feldkäfige, die im einen Fall künstlich beschattet wurden, im anderen Fall nicht. Durch die Beschattung wurde erreicht, dass die Temperatur in solchen Käfigen niedriger blieb als unter natürlichen Bedingungen. Von diesen Situationen wurden jeweils 3 Varianten geschaffen: (a) nur Pflanzen, (b) Pflanzen und Heuschrecken sowie (c) Pflanzen, Heuschrecken (*Melanoplus sanguinipes*) und Wolfspinnen (*Pardosa*-Arten). Als Kontrollen dienten Flächen ohne Käfige. Nach 60-tägiger Laufzeit des Experiments waren in den unbeschatteten Käfigen mit Heuschrecken kaum Unterschiede in der pflanzlichen Biomasse zwischen der Variante mit Spinnen und der ohne Spinnen festzustellen (Abb. 10.10 a). Die Erklärung hierfür ist, dass die Prädatoren zwar anfangs die Dichte der Heuschrecken reduzierten, die überlebenden Tiere aber eine höhere Fitness aufwiesen. Daher war dort letztlich etwa dieselbe Zahl an Individuen vorhanden wie in den Käfigen ohne Spinnen. Die höhere Fitness resultierte aus der reduzierten Konkurrenz um Nahrung und der dadurch möglichen Erhöhung der individuellen Fressrate. In den beschatteten Käfigen reagierte die Heuschreckenpopulation nicht in gleicher Weise auf die Spinnenprädation. Ihre Dichte war nach 60 Tagen deutlich geringer als in den beschatteten Käfigen ohne Spinnen. Die überlebenden Tiere konnten hier kaum von der verringerten Konkurrenz profitieren, da ihre Fressaktivität durch die relativ niedrigen Temperaturen erheblich eingeschränkt war. In diesem Fall wurde festgestellt, dass die Spinnen einen positiven Effekt auf die pflanzliche Biomasse hatten: Sie war deutlich höher im Vergleich zur beschatteten Variante ohne Spinnen (Abb. 10.10 b). Insgesamt zeigen die Ergebnisse, dass die Spinnen in diesem System unter natürlichen Bedingungen keine Kontrolle über die Heuschreckendichte ausüben, was den Aussagen des Fretwell-Oksanen-Modells zur Nahrungskettenlänge 2 entspricht. Unter Beschattung verändern sich die Verhältnisse, und es erfüllt sich die HSS-Prognose, dass Prädatoren die Verringerung der pflanzlichen Biomasse durch Herbivoren weitgehend verhindern (Nahrungskettenlänge 3).

Dieses Beispiel belegt, dass sich auch relativ geringfügige Veränderungen in den Umweltbedingungen auf die Kontrollmechanismen einzelner trophischer Ebenen auswirken können, auch wenn in diesem Fall die experimentell hervorgerufene Situation unter natürlichen Bedingungen kaum auftreten dürfte.

Insgesamt liefern die Untersuchungen zu den Wirkungen von Prädation auf die Heuschreckengemeinschaften in den nordamerikanischen Prärien sehr unterschiedliche Ergebnisse, die praktisch das gesamte Spektrum an Möglichkeiten abdecken: Die Individuendichte wird durch Prädation nicht, manchmal oder deutlich beeinflusst, und entsprechend sind die Unterschiede in Bezug auf das Auftreten von Konkurrenz sowie die Effekte auf die Vegetation (sofern sie untersucht wurden). Eine allgemeine Unterstützung für das Fretwell-Oksanen-Modell bezüglich der Nahrungskettenlänge 2 kann daraus nicht abgeleitet werden.

Eine experimentelle Prüfung der Prognosen des Fretwell-Oksanen-Modells zu den Nahrungskettenlängen 2 und 3 wurde von Moen u. Oksanen (1998) durch-

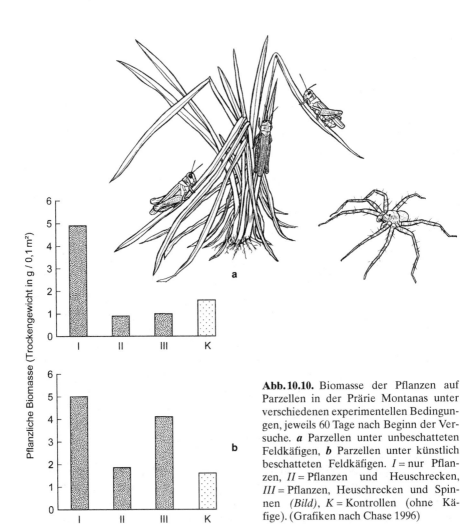

Abb. 10.10. Biomasse der Pflanzen auf Parzellen in der Prärie Montanas unter verschiedenen experimentellen Bedingungen, jeweils 60 Tage nach Beginn der Versuche. *a* Parzellen unter unbeschatteten Feldkäfigen, *b* Parzellen unter künstlich beschatteten Feldkäfigen. *I* = nur Pflanzen, *II* = Pflanzen und Heuschrecken, *III* = Pflanzen, Heuschrecken und Spinnen *(Bild)*, *K* = Kontrollen (ohne Käfige). (Grafiken nach Chase 1996)

geführt. Sie verglichen unterschiedliche Habitate in der Landschaft Nord-
norwegens im Hinblick auf Vegetationsveränderungen bei Abwesenheit von
Herbivoren. Die gewählten Standorte unterschieden sich in ihrer pflanzlichen
Biomasse und Produktivität: Zum einen handelte es sich um so genannte
Schneetälchen, d. h. Rasengesellschaften, die auf Grund ihrer Lage in Senken
im Frühjahr länger von Schnee bedeckt sind als die Umgebung. Dadurch ver-
kürzt sich die Vegetationsperiode, was eine relativ geringe Produktion zur Folge
hat. Solche Rasen setzen sich überwiegend aus Gräsern und einigen krautigen
Arten zusammen. Zum anderen wurde ein Habitat-Typ mit deutlich höherer
Biomasse und Produktivität gewählt, und zwar Rodungsflächen von Birkenwäl-
dern, auf denen sich wenige Jahre nach dem Einschlag Hochstaudenfluren aus
krautigen Arten entwickelten. Somit existieren Vergleichsflächen, die sich in
ihrer Produktivität unterscheiden, ansonsten aber auf Grund des jeweils geringen Anteils an Gehölzpflanzen relativ ähnlich sind.

Entsprechend dem Fretwell-Oksanen-Modell erwarteten Moen u. Oksanen,
dass die Vegetation der relativ unproduktiven Schneetälchen von Herbivoren
kontrolliert wird (Nahrungskettenlänge 2). In den Hochstaudenfluren sollten
die in der HSS-Hypothese getroffenen Aussagen realisiert sein (Nahrungskettenlänge 3). Die Herbivoren der arktisch-alpinen und subarktischen fenno-
skandinavischen Lebensräume sind in erster Linie kleine Nager (Mäuse,
Lemming), das Moorschneehuhn, 2 Hasenarten sowie das Rentier. Ihre Abundanzen zeigten keine Unterschiede zwischen den beiden Habitat-Typen. Als
Prädatoren treten Hermelin, Mauswiesel und verschiedene Raubvögel in Erscheinung. Beobachtungen ergaben, dass sich Dichten und Aktivitäten dieser
Prädatoren vor allem auf die höher produktiven Habitate konzentrierten. Um
nachweisen zu können, dass die beobachteten Muster tatsächlich in Einklang
mit dem Fretwell-Oksanen-Modell stehen, etablierten Moen u. Oksanen eingezäunte Parzellen an den jeweiligen Standorten, von denen die Herbivoren entfernt und ausgeschlossen wurden. Sie beobachteten die Vegetationsentwicklung
der Experimentalflächen über einen Zeitraum von 8 Jahren. In dieser Periode
war ein deutlicher Biomassezuwachs innerhalb der eingezäunten Schneetälchen festzustellen, der in erster Linie durch das Aufkommen krautiger Arten zu
Stande kam. Dagegen veränderte sich die Vegetation der abgegrenzten Hochstaudenfluren kaum im Vergleich zu den offenen Kontrollflächen. Ergänzend
zu diesen Experimenten wurden verschiedene Pflanzen (krautige Arten und
Gehölze) in Parzellen der verschiedenen Versuchsvarianten ausgesät oder ein-
gepflanzt. In den eingezäunten Schneetälchen wiesen sie hohe Überlebens- und
Wachstumsraten auf, in den offenen dagegen nur relativ geringe. Zwischen den
eingezäunten und den offenen Hochstaudenfluren zeigten sich kaum experimentell bedingte Unterschiede in der Entwicklung der eingesetzten Pflanzen
(Abb. 10.11). Insgesamt sehen Moen u. Oksanen mit diesen Ergebnissen die
Voraussagen des Fretwell-Oksanen-Modells bestätigt: Die Vegetation der relativ gering produktiven Schneetälchen ist herbivorenlimitiert. Dies konnte dadurch gezeigt werden, dass dort nach Ausschluss der Herbivoren ein deutlicher
Produktivitätszuwachs zu verzeichnen war. In den Hochstaudenfluren ließ sich

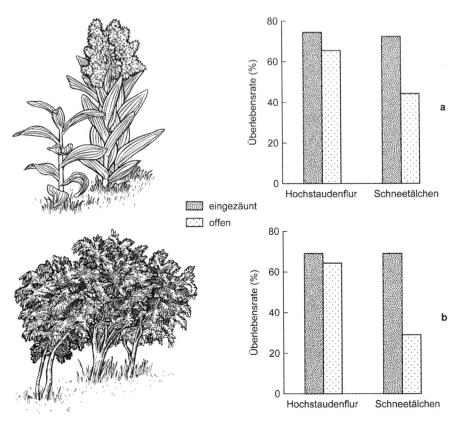

Abb. 10.11. Überlebensrate der Individuen von verschiedenen Pflanzenarten, 7 Jahre nach der experimentellen Ausbringung in Parzellen von Hochstaudenfluren und Schneetälchen in Nordskandinavien. *Eingezäunt:* vor herbivoren Wirbeltieren geschützt; *offen:* frei zugängliche Kontrollparzellen. *a* krautige Pflanzen (6 Arten, z. B. *Veratrum album, Bild*), *b* Gehölzpflanzen (3 Arten, z. B. *Sorbus aucuparia, Bild*). (Grafiken nach Daten von Moen u. Oksanen 1998)

dagegen kein weiterer Biomassezuwachs durch die Entfernung der Herbivoren feststellen. Die Pflanzen solcher Standorte sind daher durch ihre Ressourcen limitiert, und die Herbivoren werden von den Prädatoren kontrolliert.

Nahrungskettenlänge 3. Gibt es Freilanduntersuchungen, die Unterstützung für die in Nahrungskettenlänge 3 des Fretwell-Oksanen-Modells postulierten Prozesse, also für das Prinzip der ursprünglichen HSS-Hypothese, liefern? Wie bereits erwähnt, zeigen Hairston et al. (1960) in ihrer Veröffentlichung mit keinem Beispiel, dass ihre Annahmen in natürlichen Gemeinschaften realisiert sind. Die in Abschnitt 10.2.1 vorgestellten Literaturstudien von Schoener (1983), Connell (1983) und Sih et al. (1985) haben diesbezüglich nur wenig

Aussagekraft, da dort nur bestimmte Teilaussagen der HSS-Hypothese zu Konkurrenz und Prädation betrachtet werden und nicht die Hypothese als Ganzes. So gibt es zwar viele Untersuchungen, die zeigen, dass Prädatoren die Abundanz von Herbivoren in verschiedenen Systemen zum Teil deutlich verringern können (s. Beispiele in Kap. 4). Nur wenige jedoch betrachten die indirekte Wirkung von Prädatoren auf die Pflanzen. Eine experimentelle Prüfung der HSS-Hypothese müsste zeigen, dass der Ausschluss von Prädatoren eine deutlich höhere Schädigung der Pflanzen durch Herbivoren und damit eine geringere Produktion zur Folge hat. Wenn eine Veränderung der Biomasse bzw. der Individuenzahl der jeweils höchsten trophischen Ebene zu Veränderungen in der Biomasse bzw. der Individuenzahl der darunter liegenden trophischen Ebenen führt und sich letztlich auf die Biomasseproduktion der Pflanzen auswirkt, handelt es sich um eine so genannte **trophische Kaskade**. Die folgenden Beispiele befassen sich mit dem Nachweis solcher Kaskaden.

Marquis u. Whelan (1994) untersuchten den Effekt insektivorer Vögel auf das Wachstum der Amerikanischen Weißeiche *(Quercus alba)*, indem sie in verschiedenen Freilandversuchen die Interaktionen zwischen Prädatoren und Herbivoren manipulierten. Die an einem natürlichen Standort in Missouri festgestellten Herbivoren an der Weißeiche sind fast ausschließlich Blattfresser (hauptsächlich Schmetterlingsraupen), ihre Feinde sind überwiegend Singvögel. Über einen Zeitraum von 2 Jahren dokumentierten Marquis u. Whelan Zahl der Insekten, Blattschädigungsrate und Biomassezuwachs an jungen Bäumen. Diese Kontrolldaten dienten zum Vergleich mit Daten von Bäumen, die mit Feldkäfigen gegen Vögel, nicht aber gegen Insekten geschützt waren. In einem weiteren Versuch wurden Bäume mit Insektizid behandelt, um den Einfluss der Herbivoren auf den Blattflächenverlust und das Wachstum der Bäume zu bestimmen. Im Durchschnitt aus beiden Jahren betrug die Blattflächenverlustrate bei den Käfigpflanzen rund 29 %, bei den Kontrollen 18 % und bei der insektizid-behandelten Variante 7 % (Abb. 10.12). Der letztgenannte Wert erklärt sich damit, dass sich auch durch Insektizideinsatz keine vollständige Entfernung von Herbivoren erzielen ließ. Als Ergebnis der unterschiedlichen Schädigungen produzierten die Käfigpflanzen ⅓ weniger oberirdische Biomasse als die insektizid-behandelten, die Werte für die Kontrollen lagen zwischen diesen. Somit konnte auch der Einfluss der Prädatoren auf das Wachstum der Pflanzen belegt werden.

Die Heidelbeere *(Vaccinium myrtillus)* ist eine häufige Pflanze im Unterwuchs der borealen Wälder Schwedens. Auf den Sträuchern entwickeln sich die Larven verschiedener Arten von Schmetterlingen, Schwebfliegen und anderer Insekten. Sie sind dort eine Nahrungsquelle für Vögel wie Haselhuhn, Kohlmeise und Trauerschnäpper. Atlegrim (1989) untersuchte den Einfluss von Prädation auf die Larvendichte phytophager Insekten in Heidelbeerbeständen von 5 verschiedenen Waldstandorten. Zum Schutz vor Vögeln wurden Parzellen mit Feldkäfigen abgedeckt. Auf entsprechenden, für Vögel offenen Kontrollflächen wurden nach 11 Wochen zwischen 50 und 80 % (durchschnittlich 63 %) geringere Insektendichten festgestellt (Abb. 10.13 a). Als Folge davon

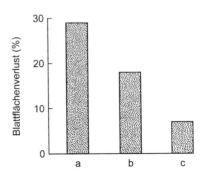

Abb. 10.12. Durch Herbivoren bedingte Blattflächenverluste bei jungen Individuen der Amerikanischen Weißeiche *(Quercus alba, Bild)* in verschiedenen experimentellen Varianten. *a* mit Käfigen vor Vögeln, aber nicht vor Herbivoren geschützte Pflanzen, *b* ungeschützte Kontrollpflanzen, *c* mit Insektizid behandelte Pflanzen. (Grafik nach Daten von Marquis u. Whelan 1994)

waren die Schäden an den annuellen Trieben der Pflanzen dort um durchschnittlich mehr als die Hälfte geringer als unter den Käfigen, wo die Insektendichte nicht durch Prädatoren reduziert wurde (Abb. 10.13 b).

Die Resultate dieser beiden Untersuchungen entsprechen dem Prinzip der HSS-Hypothese und auch den Vorgaben für die Nahrungskettenlänge 3 hinsichtlich der Produktivität der Biozönosen. In einem ähnlichen Versuch, der von Strong et al. (2000) mit jungen Bäumen des Zuckerahorns *(Acer saccharum)* in Nordamerika durchgeführt wurde, zeigte sich folgende Situation: Vögel waren dort zwar in der Lage, durch die Erbeutung von Schmetterlingsraupen die Herbivorieschäden an den Blättern zu reduzieren, zu einem Anstieg in der Biomasseproduktion der Bäume führte dies jedoch nicht. Der Grund dafür ist, dass die Schmetterlingsraupen nur etwa 15 % der herbivoren Individuen stellen. Die Übrigen sind Pflanzensauger (Homoptera), die nur selten von den Vögeln gefressen werden. Somit hängt es auch von der Zusammensetzung der Herbivorengemeinschaft ab, ob Prädatoren indirekte, positive Effekte auf das Pflanzenwachstum bzw. die Pflanzenfitness haben.

Entgegen den Annahmen der ursprünglichen HSS-Hypothese (s. Abschn. 10.2.1) ließ sich zeigen, dass Granivoren nicht ressourcenlimitiert sein müssen, sondern durch ihre Gegenspieler daran gehindert werden können, größere Mengen an Samen zu konsumieren. Gómez u. Zamora (1994) untersuchten in der Sierra Nevada (Spanien) den Einfluss von Parasitoiden auf die Schädigungsrate der Larven einer Rüsselkäferart der Gattung *Ceutorhynchus*, die sich von den reifenden Samen des Strauches *Hormathophylla spinosa* (Brassicaceae) ernähren. Sie stellten fest, dass sich die Samenprädationsrate der Larven von 20 % auf 43 % erhöhte, wenn der Parasitoidenbefall experimentell verhindert wurde.

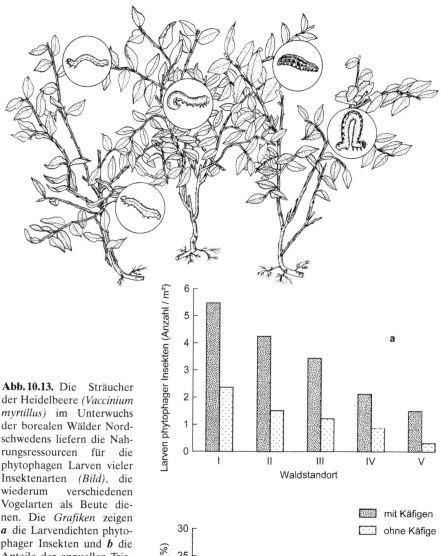

Abb. 10.13. Die Sträucher der Heidelbeere *(Vaccinium myrtillus)* im Unterwuchs der borealen Wälder Nordschwedens liefern die Nahrungsressourcen für die phytophagen Larven vieler Insektenarten *(Bild)*, die wiederum verschiedenen Vogelarten als Beute dienen. Die *Grafiken* zeigen *a* die Larvendichten phytophager Insekten und *b* die Anteile der annuellen Triebe von Heidelbeerpflanzen mit Insekten-Fraßschäden auf experimentell mit Käfigen vor Vögeln geschützten Parzellen und offenen Kontrollparzellen. Die Vergleiche erfolgten an 5 verschiedenen Waldstandorten *(I–V)* jeweils 11 Wochen nach Beginn des Experiments. (Grafiken nach Atlegrim 1989)

Auch in Agrarökosystemen, die ebenfalls von der HSS-Hypothese ausgenommen wurden, gibt es Beispiele dafür, dass Prädatoren indirekt für eine geringere Schädigung der Kulturpflanzen sorgen können. Risch u. Carroll (1982) wiesen nach, dass die Ameise *Solenopsis geminata* in einem Kürbisfeld in Mexiko die Hauptschädlinge, Larven von Schmetterlingen der Gattung *Diaphana* (Pyralidae) und *Melittia* (Sesiidae) um rund 80 % reduzieren konnte und dadurch deutlich höhere Erträge erzielt werden. Anders als hier gezeigt sind Prädatoren in Agrarökosystemen aber oft nicht in der Lage, die Schädlinge zu kontrollieren und verhindern folglich auch nicht, dass Ertragsverluste entstehen (s. die Interaktionen zwischen Prädatoren und Getreideblattläusen in Abschn. 4.3.2).

Aus einer Literaturstudie von Schmitz et al. (2000) geht hervor, dass trophische Kaskaden in terrestrischen Systemen insgesamt relativ häufig zu finden sind: In den meisten der 41 berücksichtigten Freilanduntersuchungen zu diesem Aspekt wurden indirekte Effekte von Prädatoren auf die Schädigungsrate des Gewebes, die Biomasseproduktion oder die Fitness der Pflanzen nachgewiesen.

> In vielen Fällen können in terrestrischen Systemen Prädatoren die Abundanz von Phytophagen so weit reduzieren, dass daraus positive Effekte auf das Wachstum oder die Fitness ihrer Wirtspflanzen resultieren. Der Nachweis solcher trophischen Kaskaden liefert aber in der Regel nur eingeschränkte Unterstützung für die HSS-Hypothese bzw. das Fretwell-Oksanen-Modell: Sie betreffen in den meisten Situationen lediglich bestimmte Arten und nicht die trophischen Ebenen als Ganzes. Außerdem sind trophische Kaskaden nicht auf hoch produktive Systeme beschränkt, was nicht in Einklang mit dem Fretwell-Oksanen-Modell steht.

Nahrungskettenlänge 4. Die Aussagen zur Nahrungskettenlänge 4 im Fretwell-Oksanen-Modell beziehen sich lediglich auf pelagische Systeme, wobei die bereits von Wiegert u. Owen (1971) getroffenen Aussagen (s. Abschn. 10.2.2) übernommen wurden. Demnach werden die 1. und die 3. trophische Ebene (Pflanzen und Prädatoren 1. Ordnung) top-down kontrolliert, die Biomasse der 2. und der 4. trophischen Ebene (Herbivoren und Prädatoren 2. Ordnung) wird dagegen vom Ressourcenangebot (bottom-up) bestimmt. In terrestrischen Systemen existieren vielfach aber ebenfalls 4 trophische Ebenen, und es stellt sich die Frage, ob in solchen Gemeinschaften eine Kontrolle nach dem Prinzip der trophischen Kaskade stattfinden kann.

Letourneau u. Dyer (1998) versuchten dies zu beantworten und führten Experimente im Regenwald von Costa Rica durch. Die trophische Ebene der Pflanzen wurde dabei von *Piper cenocladum* (Piperaceae) repräsentiert, einer häufigen Baumart im Unterwuchs. Ihre Vermehrung findet hauptsächlich vegetativ statt, und zwar durch abgebrochene Zweige, die wieder Wurzeln schlagen. Die Stängel werden von Ameisen *(Pheidole bicornis)* durch Entfernung des Marks ausgehöhlt und von deren Kolonien besiedelt. Auf der Stängelinnenseite produzieren die Pflanzen einzellige, fett- und proteinreiche Futterkörper, die der Versorgung der Ameisen dienen. Zusätzlich erbeuten die Ameisen Insekten (v. a. Schmetterlingsraupen) von den Blättern der Pflanze und stehen dadurch mit ihr in mutualistischer Beziehung. *Pheidole bicornis* ernährt sich zwar gleichzeitig von Organismen zweier trophischer Ebenen (Pflanze und Herbivoren), ist aber in ihrer ökologischen Funktion vor allem ein Prädator, da die Pflanzen durch den Konsum der Futterkörper nicht geschädigt werden. In diesem System existiert außerdem die Käferart *Tarsobaenus letourneaue* (Cleridae), deren Larven ebenfalls in den Stängeln leben und dort vor allem Ameisen und ihre Brut fressen, aber auch Fruchtkörper. Sie sind damit Phytophagen und Konkurrenten der Ameisen, in erster Linie jedoch Prädatoren 2. Ordnung (Abb. 10.14).

Letourneau u. Dyer etablierten Parzellen mit *Piper cenocladum* an natürlichen Waldstandorten und sorgten für ihre Besiedelung mit *Pheidole bicornis*. In einem Teil der Flächen wurden *Tarsobaenus*-Larven in Dichten, wie sie auch unter natürlichen Bedingungen vorkommen, in die Stängel gesetzt. Nach 18 Monaten erfolgte ein Vergleich der Koloniegrößen der Ameisen sowie der Herbivorieschäden zwischen diesen beiden Varianten. Die Anwesenheit von *Tarsobaenus*-Larven führte zu einer 5fachen Verringerung der Ameisendichte gegenüber den Varianten ohne Käferlarven. Als Folge davon erhöhte sich der Herbivorenfraß, was wiederum in einer deutlichen Verringerung der Blattfläche der Pflanzen resultierte (Abb. 10.15). Um zu prüfen, ob diese Interaktionen und ihre Wirkungen durch bottom-up-Effekte auf die Pflanzen beeinflusst werden, führten Letourneau u. Dyer dieselben Experimente auch an natürlichen Standorten mit höherem Nährstoffangebot und geringerer Beschattung durch. Im Ergebnis zeigten sich jedoch keine signifikanten Unterschiede hinsichtlich

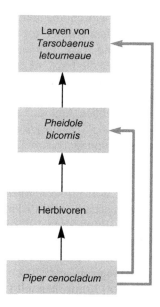

Abb. 10.14. Schematische Darstellung der Nahrungsbeziehungen zwischen verschiedenen trophischen Ebenen der mit dem Pfeffergewächs *Piper cenocladum* im Regenwald von Costa Rica assoziierten Gemeinschaft. Die *grauen Pfeile* stellen den Konsum von Fruchtkörpern dar, durch den die Pflanzen im Unterschied zum Blattfraß der Herbivoren nicht geschädigt werden. Die *schwarzen Pfeile* repräsentieren sonstige Fressbeziehungen. (Nach Letourneau u. Dyer 1998)

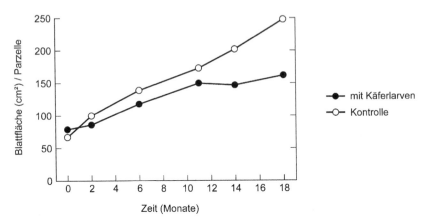

Abb. 10.15. Unterschiede in der Gesamtblattfläche zwischen Individuen von *Piper cenocladum* (Piperaceae), die nur von Kolonien der Ameise *Pheidole bicornis* besiedelt waren (Kontrollen) und solchen, die außerdem Larven des Käfers *Tarsobaenus letourneaue* beherbergten, im Verlauf eines Zeitraumes von 18 Monaten im Regenwald von Costa Rica. (Nach Letourneau u. Dyer 1998)

der direkten und indirekten Effekte der Käferlarven gegenüber den Varianten mit ungünstigerem Ressourcenangebot für die Pflanzen.

In diesem System entsprechen die kontrollierenden Mechanismen den Aussagen des Fretwell-Oksanen-Modells zur Nahrungskettenlänge 4: Die Prädatoren 1. Ordnung (Ameisen) werden von den Prädatoren 2. Ordnung (Käferlarven) top-down kontrolliert. Dadurch verringert sich der Prädationsdruck auf die Herbivoren, die somit unter bottom-up-Kontrolle gelangen. Die Pflanzen stehen damit unter top-down-Einfluss der Herbivoren, woran auch Unterschiede im Ressourcenangebot der Standorte grundsätzlich nichts ändern. Somit wurde die Existenz einer trophischen Kaskade nachgewiesen.

In der von Letourneau u. Dyer (1998) untersuchten Situation wird die 4. trophische Ebene durch eine Art repräsentiert, die in ihrer Funktion als Prädator ausschließlich Ameisen erbeutet. In vielen Fällen ist der Prädator 2. Ordnung jedoch kein Spezialist, sondern ernährt sich sowohl von Prädatoren 1. Ordnung als auch von Herbivoren. Welche Auswirkung hat dies auf die Pflanzen? Dieser Frage gingen Spiller u. Schoener (1994) nach und führten Experimente mit der Artengemeinschaft einer kleinen Insel der Bahamas durch. Die Vegetation besteht dort im Wesentlichen aus Büschen der Seetraube (*Coccoloba uvifera*, Polygonaceae), deren Blätter verschiedenen Herbivorengruppen als Nahrung dienen. Prädatoren 1. Ordnung sind vor allem Netzspinnenarten. Als Prädatoren 2. Ordnung, die sowohl Spinnen als auch Herbivoren fressen, treten Leguane der Gattung *Anolis* in Erscheinung. Spiller u. Schoener etablierten 4 Varianten von Feldkäfigen mit unterschiedlicher Zusammensetzung der Prädatoren: (a) Kontrollen mit Leguanen und Spinnen in natürlicher Dichte, (b) nur

Spinnen, (c) nur Leguane und (d) weder Leguane noch Spinnen. Mit diesem Ansatz sollten zwei Modelle mit alternativen Kontrollmechanismen der Gemeinschaft (Abb. 10.16) geprüft werden: In Modell A existiert eine intensive Prädator-Beute-Beziehung zwischen den Leguanen und den Herbivoren und eine schwache Beziehung zwischen den Spinnen und den Herbivoren. Die vorherrschenden Interaktionen umfassen 3 trophische Ebenen, und der indirekte Effekt der Leguane auf die Pflanzen ist positiv. In Modell B ist die Wirkung der Leguane auf die Herbivoren gering, die der Spinnen auf die Herbivoren dagegen stark. Insgesamt ist dadurch der Einfluss der Prädatoren 2. Ordnung auf die Pflanzen negativ. Die Ergebnisse der Experimente nach 3-jähriger Versuchsdauer lieferten deutliche Unterstützung für Modell A: Leguane sind in der Lage, die Spinnendichte zu reduzieren und verringern gleichzeitig die Abundanz der Herbivoren deutlich, was entsprechende Folgen für die Pflanzen hatte: Die Blattschädigung an den Seetraubenbüschen war um das 3,3fache höher in den Varianten b und d (jeweils ohne Leguane) als in den Varianten a und c (mit

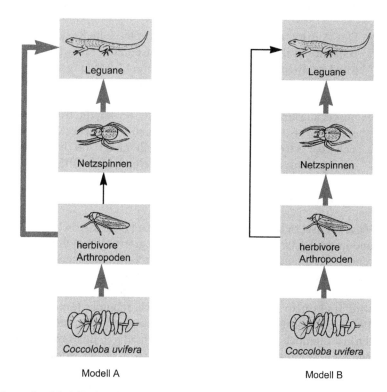

Abb. 10.16. Alternative Modelle für die relative Bedeutung von Nahrungsbeziehungen hinsichtlich der konsumierten Biomasse zwischen verschiedenen trophischen Ebenen der mit *Coccoloba uvifera* (Seetraube) assoziierten Gemeinschaft auf den Bahamas. *Dicke Pfeile:* Beziehungen mit hoher Bedeutung; *dünne Pfeile:* Beziehungen mit geringer Bedeutung. (Grafiken nach Spiller u. Schoener 1994)

Leguanen). Spinnen hatten dagegen keinen Einfluss auf die Blattschädigung. Somit tritt in dieser Gemeinschaft eine trophische Kaskade auf, die sich aber nicht über 4 trophische Ebenen hindurch fortsetzt wie in der von Letourneau u. Dyer (1998; s. o.) beschriebenen Situation, sondern nur 3 trophische Ebenen umfasst: Die Spitzenprädatoren, also die Vertreter der 4. trophischen Ebene, haben hier dieselbe Funktion wie die Prädatoren in einer Gemeinschaft mit 3 trophischen Ebenen. Die Prädatoren 1. Ordnung (die 3. trophische Ebene) sind in ihrer Bedeutung in Bezug auf die kontrollierenden Prozesse der Gemeinschaft vernachlässigbar und werden bei der trophischen Kaskade quasi übersprungen. Sofern die Aussagen des Fretwell-Oksanen-Modells zur Nahrungskettenlänge 4 auf pelagische Gemeinschaften beschränkt bleiben und nicht für terrestrische Systeme übernommen werden, steht dieses Ergebnis damit in Einklang. Mit anderen Worten: Unabhängig davon, ob eine terrestrische Gemeinschaft 3 oder 4 trophische Ebenen umfasst, sollte der für die Nahrungskettenlänge 3 im Fretwell-Oksanen-Modell postulierte Prozess wirksam sein, d. h. eine trophische Kaskade über 3 trophische Ebenen hinweg. Dies steht dann allerdings nicht in Einklang mit dem Ergebnis von Letourneau u. Dyer (1998; s. o.).

Das Auftreten einer vollständigen trophischen Kaskade in terrestrischen Biozönosen mit 4 trophischen Ebenen setzt voraus, dass die Spitzenprädatoren größtenteils Arten der Prädatoren 1. Ordung zur Beute haben und außerdem eine ausreichend hohe Abundanz aufweisen, um diese zu kontrollieren. Wenn sie sich jedoch außerdem von Herbivoren ernähren, was bei unspezialisierten Arten zu erwarten ist, werden die trophischen Ebenen auf andere Weise kontrolliert. Ob dann eine trophische Kaskade resultiert, die sich über 3 trophische Ebenen erstreckt, hängt von der Wirkung ab, welche die Prädatoren 1. Ordnung auf die Herbivoren ausüben.

Pelagische Gemeinschaften

Meere. Lässt sich die von Wiegert u. Owen (1971; s. Abschn. 10.2.2) entworfene und in das Fretwell-Oksanen-Modell integrierte Vorstellung zu den kontrollierenden Mechanismen in pelagischen Biozönosen belegen? Nach den Ergebnissen verschiedener ökologischer Untersuchungen sind die Verhältnisse in den offenen Ozeanen insgesamt komplexer, als in dem Modell zu Grunde gelegt wird. Im Prinzip stellt sich die Situation wie folgt dar (Smetacek 1991, Pomeroy 1991): Das marine Phytoplankton (überwiegend Diatomeen und Dinoflagellaten) ist räumlich und zeitlich nicht gleichmäßig in den Ozeanen verteilt. In den kühleren Meeresgebieten (besonders ausgeprägt im Nordatlantik) entwickeln sich im Frühjahr bei entsprechend günstigen Strahlungsbedingungen ausgedehnte Algenblüten. Diese Massenvermehrungen gelangen zum Stillstand, wenn die Nährstoffe (im Wesentlichen Phosphor und Stickstoff, aber auch Eisen und Mangan) in der oberen Meeresschicht aufgebraucht sind. Nur ein geringer Teil der produzierten Biomasse wird bei einer Algenblüte von Konsumenten genutzt. In dieser Phase sind die Pflanzen also ressourcenlimitiert.

Nach der Blüte sterben die Algen größtenteils ab und sinken nach unten. Sie leisten dadurch einen Beitrag zur so genannten „Kohlenstoffpumpe", d. h. das bei der Fotosynthese aufgenommene CO_2 ist bis auf Weiteres dem globalen Kohlenstoffkreislauf entzogen und sedimentiert am Meeresgrund vor allem in Form von Calciumcarbonat ($CaCO_3$). Die nahe der Oberfläche verbliebenen Nährstoffe sind in den überlebenden Algen gebunden oder liegen in fester oder gelöster Form als Abbauprodukte der toten Zellen vor. Dieses organische Material, das in geringerer Menge auch von anderen marinen Organismen geliefert wird, dient heterotrophen Bakterien als Energiequelle. Die Bakterien sind die Beute von Flagellaten und Ciliaten. Nach deren Absterben werden die Nährstoffe nach und nach wieder freigesetzt. Sie stehen somit über den Umweg durch dieses mikrobielle Nahrungsnetz wieder dem Phytoplankton zur Verfügung. Dieser regenerierende Kreislauf wird **mikrobielle Schleife** genannt. Die Biomasse der über diesen Weg aufrecht erhaltenen Phytoplanktonpopulationen ist wesentlich geringer als bei einer Algenblüte. Dieses Stadium ist typisch für die kühleren Breiten im Sommer und für das ganze Jahr in den größten Teilen der Meere in den Tropen und Subtropen (Smetacek 1991). Dann sind auch die Bedingungen gegeben, die von Wiegert u. Owen (1971; s. Abschn. 10.2.2) postuliert wurden: Ein Großteil der produzierten Algenbiomasse wird vom phytophagen Zooplankton konsumiert, und auf Grund der hohen Reproduktionsrate des Phytoplanktons werden diese Verluste ausgeglichen. Somit ist das Zooplankton ressourcenlimitiert.

Eine weitere Situation kann in bestimmten Regionen der Tropen und Subtropen auftreten. An den Westküsten Südamerikas und Afrikas tritt nährstoffreiches, kaltes Wasser an die Oberfläche, wo sich dann ebenfalls Phytoplanktonblüten entwickeln. Zooplankton fehlt weitgehend in diesen Auftriebsgebieten, da die Organismen in die Randgebiete abgedriftet werden, bevor sie sich in der kalten Kernzone vermehren können. Entlang eines Wassertemperaturgradienten entstehen dann wieder die typischen Verhältnisse tropischer Meere. In den kalten Kernzonen der empor getretenen Meeresströme sind die Nahrungsketten kurz, da die mikrobielle Schleife fehlt und das Phytoplankton oft direkt von Fischen konsumiert wird. Dagegen existieren in den wärmeren Meeresbereichen meist deutlich längere Trophieabfolgen (Pomeroy 1991). Dieser Umstand steht in fundamentalem Widerspruch zum Fretwell-Oksanen-Modell. Dort wird postuliert, dass mit zunehmender Produktivität die Nahrungsketten länger werden, in den Meeren ist das Gegenteil der Fall.

Da experimentelle Untersuchungen im offenen Meer aus methodischen Gründen kaum durchführbar sind, ist über die kontrollierenden Prozesse auf den höheren trophischen Ebenen solcher Biozönosen kaum etwas bekannt. Nellen (1997) führt aus, dass die Zuwachsrate eines Fischjahrgangs extrem variieren kann und bei vielen Arten fast nie ein Zusammenhang zwischen der Größe des Laichfischbestandes einerseits und der Zahl der laichenden Adultfische einer Art andererseits erkennbar ist. Ob die Jungfische top-down oder bottom-up kontrolliert werden, ist kaum erforscht. Die darauf Einfluss nehmenden abiotischen Faktoren sowie die Bedeutung verschiedener Prädatoren ist weitgehend unbekannt. Auch die Fischerei greift immer mehr in die ökologischen Prozesse des Systems ein. Nur wenige Beobachtungen geben jedoch Hinweise darauf, welche Veränderungen sich nach übermäßiger fischereilicher Nutzung einzelner Arten in marinen Biozönosen einstellen.

Sherman et al. (1981) verfolgten über einen Zeitraum von mehreren Jahren die Entwicklung der Populationen verschiedener Fischarten im Nordatlantik. Zwischen 1968 und 1975 verringerten sich dort die Fischbestände um etwa die Hälfte, vor allem auf Grund der starken Befischung von Hering *(Clupea harengus)* und Makrele *(Scomber scombrus;* Abb. 10.17). Von 1974 bis 1979 nahm die Zahl der Sandaale *(Ammodytes-*Arten) deutlich zu (Abb. 10.17), und zwar von weniger als 50 % auf annähernd 90 % der gesamten Fischbiomasse. Diese Veränderungen lassen sich im Wesentlichen mit dem verringerten Fraßdruck der piscivoren Heringe und Makrelen auf die Sandaale erklären.

Im Südpolarmeer gingen die Populationen verschiedener Walarten durch die intensive Bejagung seit den 1930er Jahren extrem zurück, allein die Bestände der Blau- und Finnwale zu über 90 %. Schätzungen ergaben, dass dadurch jährlich rund 150 Millionen Tonnen Krill, die dem ursprünglichen Walbestand als

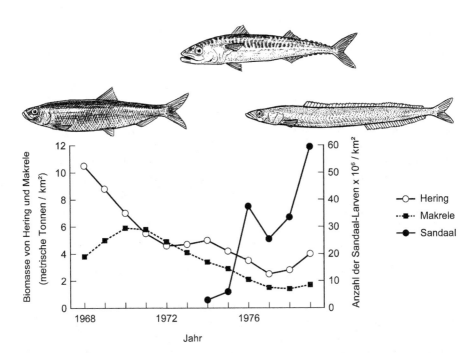

Abb. 10.17. Veränderungen in der Biomasse bzw. der Abundanz von Hering *(Clupea harengus, Bild links)*, Makrele *(Scomber scombrus, Bild mitte)* und Sandaalen *(Ammodytes-*Arten, *Bild rechts)* im Nordatlantik im Verlauf von mehreren Jahren. (Grafik nach Sherman et al. 1981)

Nahrung gedient haben, quasi als Überschuss produziert werden. Davon profitieren nun verschiedene andere Arten, die ebenfalls überwiegend Krill erbeuten. Zu diesen gehören in erster Linie Minkwale, Krabbenfresserrobben und viele Pinguinarten, deren Bestände in den letzten Jahrzehnten wesentlich zugenommen haben. Am deutlichsten war die Zuwachsrate dieser Populationen dort, wo ursprünglich die Nahrungskonkurrenz mit den Walen am größten war. Die Zahl der Adelie-Pinguine *(Pygoscelis adeliae)* beispielsweise erhöhte sich in verschiedenen Gegenden der Antarktis, nicht aber auf der Ross-Insel, da die sie umgebende Meereszone nur selten von Walen aufgesucht wird. Insgesamt lassen diese Beobachtungen den Schluss zu, dass die überwiegend Krill fressenden Arten in der Antarktis um ihre Nahrungsressource konkurrieren und daher von dieser in ihrer Populationsgröße begrenzt werden (Laws 1985; Beddington u. May 1991).

Die kontrollierenden Mechanismen der verschiedenen trophischen Ebenen des marinen Pelagials sind wesentlich komplexer, als dies im Modell von Wiegert u. Owen bzw. im Fretwell-Oksanen-Modell angenommen wird. Dort nicht berücksichtigt sind (a) die Existenz eines mikrobiellen Nahrungsnetzes, das nicht einer definierten trophischen Ebene zuzuordnen ist und in bestimmten Situationen die Produktion steuert und (b) die zeitlichen und räumlichen Unterschiede, die v. a. durch die Wassertemperaturen und das Nährstoffangebot gegeben sind: In kalten, nährstoffreichen Gewässern sind die Nahrungsketten kürzer als in warmen, nährstoffarmen. Welche Prozesse bei der Kontrolle der höheren trophischen Ebenen (im Wesentlichen Fische) wirksam werden, ist wenig bekannt.

Seen. Wesentlich umfangreichere Untersuchungen, die eine Prüfung des Fretwell-Oksanen-Modells für pelagische Gemeinschaften erlauben, liegen dagegen aus Seen vor. Dort existieren, anders als in den Ozeanen, auch Biozönosen mit 2 oder 3 trophischen Ebenen, die im Fretwell-Oksanen-Modell in Bezug auf pelagische Systeme nicht explizit berücksichtigt werden. Es stellt sich daher die Frage, welche Regulationsmechanismen dort, auch unter Berücksichtigung des Nährstoffgehaltes, zur Wirkung kommen.

Mazumder (1994) prüfte das Fretwell-Oksanen-Modell in Bezug auf diese Frage anhand von Daten aus 363 Erfassungsjahren in verschiedenen nordamerikanischen und europäischen Seen. Die jeweiligen Gemeinschaften wurden in 2 Kategorien unterteilt, und zwar in geradzahlige Systeme (Nahrungskettenlänge 2 und 4) und in ungeradzahlige (Nahrungskettenlänge 3). Als Kriterium für diese Zuordnungen zog Mazumder die Struktur der jeweiligen Gemeinschaften heran, und zwar auf der Basis folgender Beobachtungen aus vielen Seen: Große *Daphnia*-Arten (Wasserflöhe) dominieren in der Zooplanktongemeinschaft nur dann, wenn keine zooplanktivoren Fische vorhanden sind oder nur so wenige, dass sie keinen starken Fraßdruck ausüben. Dies ist der Fall, solange die Biomasse der Fische einen Wert von etwa 20 kg/ha Seefläche nicht überschreitet. Bei höheren Mengen an Zooplanktonfressern werden die als Nahrung bevorzugten großen Daphnien stark dezimiert, und in der Zooplanktongemeinschaft überwiegen dann die kleinen *Daphnia*-Arten. Nach diesen Verhältnissen lässt sich daher eine Einteilung der pelagischen Seen-Gemeinschaften vornehmen, die den Charakterisierungen der Nahrungskettenlängen 2, 3 und 4 des Fretwell-Oksanen-Modells genau entspricht. Mazumder untersuchte nun den Zusammenhang zwischen dem Phosphorgehalt und der Phytoplanktonbiomasse (gemessen am Chlorophyll *a*-Gehalt) in solchen Systemen. Seine Analysen zeigen, dass in Gemeinschaften mit ungeradzahliger Nahrungskettenlänge der Chlorophyll *a*-Gehalt mit ansteigender Gesamtphosphorkonzentration (zwischen 0 und 1000 µg/l) zunimmt. In Gemeinschaften mit geradzahligen Nahrungskettenlängen besteht dieser Zusammenhang ebenfalls, allerdings ist die Zunahme der Phytoplanktonbiomasse mit ansteigendem Phosphorgehalt deutlich geringer (Abb. 10.18). Mazumder zieht daraus den Schluss, dass bei ungeradzahliger Nahrungskettenlänge die Phytoplanktonbiomasse am deutlichsten vom Ressourcenangebot bestimmt wird, während bei geradzahliger Nahrungskettenlänge sowohl die Fressfeinde als auch das Ressourcenangebot Einfluss auf das Phytoplankton nehmen. Dieses Ergebnis unterstützt das Fretwell-Oksanen-Modell nur bedingt: Es wäre zu erwarten gewesen, dass in den geradzahligen Systemen keine Veränderung der Phytoplanktonbiomasse mit zunehmendem Phosphorgehalt stattfindet, da in diesen die Algen nicht durch Ressourcen, sondern durch die Herbivoren begrenzt sein sollten. Mazumder hält es allerdings für möglich, dass der Anstieg der Algenbiomasse hier überwiegend durch Arten bedingt ist, die vor dem Zooplanktonfraß geschützt sind.

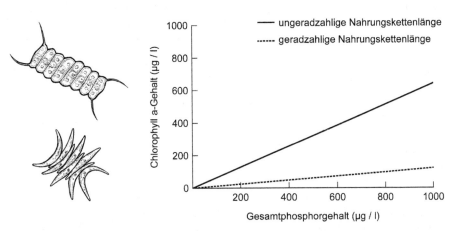

Abb. 10.18. Zusammenhänge zwischen dem Gesamtphosphorgehalt und der Phytoplankton-Biomasse (gemessen am Chlorophyll *a*-Gehalt) in einer Auswahl von nordamerikanischen und europäischen Seen mit Gemeinschaften von unterschiedlicher Nahrungskettenlänge. (Grafik nach Mazumder 1994)

Zu ähnlichen Ergebnissen wie Mazumder (1994) kam auch Hansson (1992). Er untersuchte schwedische Seen mit 3 trophischen Ebenen (Phytoplankton, Zooplankton, zooplanktivore Fische) und antarktische Seen mit 2 trophischen Ebenen (Phyto- und Zooplankton), die jeweils ein Spektrum von geringer bis hoher Produktivität abdecken. Auch hier zeigte sich, dass die Zunahme der Phytoplanktonbiomasse mit dem Phosphorgehalt in den Seen mit 2 trophischen Ebenen (Antarktis) deutlich geringer ist als in denen mit 3 trophischen Ebenen (Schweden). Der zwar geringe, aber dennoch erkennbare Anstieg der Phytoplanktonbiomasse mit zunehmendem Phosphorgehalt in den antarktischen Seen weist auch hier darauf hin, dass in Systemen mit 2 trophischen Ebenen die pflanzliche Produktion nicht allein von den Herbivoren kontrolliert wird.

Auch Brett u. Goldmann (1997) kommen in einer Analyse verschiedener Experimente zu dem Ergebnis, dass pelagische Systeme mit 2 trophischen Ebenen (Phyto- und Zooplankton) anders auf Veränderungen im Nährstoffangebot reagieren als im Fretwell-Oksanen-Modell vorausgesagt wird. Eine Nährstoffzufuhr resultiert meist in einer Erhöhung der Phytoplanktonbiomasse, während sich die Zooplanktonbiomasse daraufhin kaum verändert.

Der Einfluss von Nährstoffen auf die Abundanz des Phytoplanktons ist nicht der einzige Faktor, durch den sich die Verhältnisse in pelagischen Systemen komplexer gestalten als im Fretwell-Oksanen-Modell angenommen wird. Bei den Beziehungen zwischen dem Phytoplankton und dem Zooplankton muss berücksichtigt werden, dass in pelagischen Systemen auch verschiedene Mikroorganismen existieren, die ebenfalls Einfluss auf die kontrollierenden Mechanismen der niederen trophischen Ebenen nehmen können. Ähnlich wie im marinen Pelagial, existiert auch in stehenden Süßgewässern eine mikrobielle Schleife. Gelöste organische Substanzen, die von den Organismen des Pelagials freigesetzt werden, dienen der Ernährung von Bakterien. Diese werden von heterotrophen Protozoen (überwiegend Flagellaten) gefressen, die außerdem auch kleine Phytoplankton-Algen aufnehmen können. Die Flagellaten werden – neben Phytoplankton – von bestimmten Zooplankton-Arten erbeutet, und damit hat die mikrobielle Schleife Anschluss an das „klassische" Nahrungsnetz (Lampert u. Sommer 1993). Weitere Untersuchungen haben gezeigt, dass bestimmte Vertreter des Zooplanktons wie Cladoceren der Gattung *Daphnia* nicht nur Phytoplankton-Algen und Flagellaten fressen, sondern auch direkte Konsumenten von Bakterien sind. Dadurch sind sie sowohl Nahrungskonkurrenten als auch Prädatoren der Flagellaten. Sie können deren Dichte sowie die der Bakterien so weit reduzieren, dass die Prädator-Beute-Beziehung zwischen Flagellaten und Bakterien kaum noch Bedeutung hat. Der top-down-Effekt von Daphnien auf diese Gruppen wurde in zahlreichen Studien nachgewiesen (Jürgens 1994). Damit sind Cladoceren nicht nur in der Lage, die Biomasse und Struktur von Phytoplankton-Gemeinschaften zu verändern, sondern in hohem Maße auch die des mikrobiellen Nahrungsnetzes.

Zumindest die größeren Seen der gemäßigten Breiten sind natürlicherweise von pelagischen Biozönosen mit 4 trophischen Ebenen besiedelt. Diese bestehen aus Phytoplankton, Zooplankton, zooplanktivoren sowie piscivoren Fischarten. Zahlreiche Untersuchungen befassten sich mit den kontrollierenden Prozessen in solchen Gemeinschaften. Mittelbach et al. (1995) verfolgten in einem eutrophen See in Nordamerika die Veränderungen in der pelagischen Biozönose, die durch verschiedene Ereignisse hervorgerufen wurden. Eisbedeckung und Sauerstoffmangel führten zum Aussterben des piscivoren Forellenbarsches *(Micropterus salmoides)* und einer weiteren Fischart, während die übrigen Populationen dies überlebten. Daraufhin veränderte sich die Biozönose des gesamten Sees: Die Populationsdichte der zooplanktivoren Fische, insbesondere von *Notemigonus crysoleucas*, einem Vertreter der Karpfenfische (Cyprinidae) und einer Beute des Forellenbarsches, nahm deutlich zu. Als Folge davon veränderte sich auch die Struktur der Zooplankton-Gemeinschaft. Vor dem Verschwinden des Forellenbarsches dominierten 2 Wasserfloharten der Gattung *Daphnia* in dem See. Danach, mit der Zunahme zooplanktivorer Fische, waren diese Arten nicht mehr festzustellen. Dagegen erhöhte sich die Dichte verschiedener anderer, kleinerer Vertreter der Wasserflöhe (Cladocera). Dieser Wechsel lässt sich darauf zurückführen, dass die zooplanktivoren Fische die größeren Tiere, also die Daphnien, als Beute bevorzugen. Als Indikator für die Veränderungen beim Phytoplankton zogen Mittelbach et al. die Klarheit des Wassers, gemessen anhand der Sichttiefe, heran. Der Rückgang der Daphnien führte zu einer deutlichen Trübung, woraus geschlossen werden kann, dass sich die Phytoplanktondichte erhöhte. Diese Struktur der Biozönose des Sees blieb bis zur Wiedereinführung des Forellenbarsches 8 Jahre später erhalten. Als dessen Population wieder zunahm, stellten sich auch die Verhältnisse wieder ein, die vor dem Wintersterben geherrscht hatten: Durch Prädation ging die Zahl der zooplanktivoren Fische drastisch zurück, und *Notemigonus crysoleucas* verschwand fast völlig. Das Zooplankton wurde wieder von den Daphnien dominiert, die übrigen Arten wurden selten. Auch die Sichttiefe des Wassers erhöhte sich wieder von einem auf 3 Meter, ein Indiz für den Rückgang des Phytoplanktons durch die Herbivorie der Daphnien. Die hier beobachteten Veränderungen der aquatischen Biozönose belegen die Existenz von trophischen Kaskaden und stehen somit vollständig in Einklang mit den für die Nahrungskettenlängen 3 und 4 postulierten Szenarien des Fretwell-Oksanen-Modells (Abb. 10.19).

Nur wenige derartige Manipulationen der pelagischen Biozönosen von Seen belegen jedoch in allen Einzelheiten die genannten Hypothesen. In verschiedenen Untersuchungen deutet sich an, dass die Veränderungen bei einzelnen trophischen Ebenen durch abiotische Faktoren mit beeinflusst werden. So konnten Carpenter et al. (1987) zeigen, dass die Biomasse des Phytoplanktons eines nordamerikanischen Sees auch ohne Manipulationen des Nahrungsnetzes von Jahr zu Jahr um etwa den Faktor 2 schwanken kann, und zwar auf Grund von unterschiedlichen Witterungsbedingungen. Diese verursachten beispielsweise in einem Jahr eine Algenblüte, in einem anderen Jahr dagegen nicht.

Weitere Studien weisen auch in Systemen mit der Nahrungskettenlänge 4 auf die Bedeutung der Nährstoffversorgung für die Struktur pelagischer Biozönosen von Seen hin. Benndorf et al. (1984) führten ein Manipulationsexperiment in einem Teich eines Steinbruchs bei Dresden durch. Es handelt sich um ein

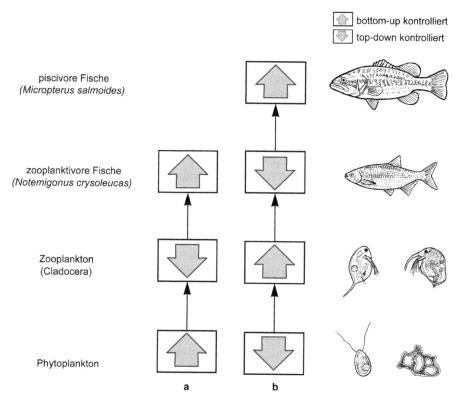

Abb. 10.19. Kontrolle der trophischen Ebenen pelagischer Gemeinschaften eines eutrophen Sees in Nordamerika. *a* ohne piscivore Fische, *b* bei Anwesenheit des piscivoren Forellenbarsches *(Micropterus salmoides)*. (Nach Ergebnissen von Mittelbach et al. 1995)

mesotrophes Gewässer, das seine Nährstoffe durch den Eintrag aus der Umgebung erhält. In der Ausgangssituation befand sich darin eine größere Population des Moderlieschens *(Leucaspius delineatus)*, einer zooplanktivoren Fischart. Die Zooplanktongemeinschaft war im Winter dominiert von Rädertierchen (Rotifera). Im Frühjahr entwickelten sich die Populationen der Cladoceren und Copepoden zu einem vorübergehenden Maximum im Juli, da sich die Moderlieschen in dieser Zeit überwiegend von Stechmückenpuppen der Gattung *Chaoborus* ernähren. Das Phytoplankton hatte ein Maximum in den Wintermonaten, bedingt durch die Nährstoffzufuhr durch Falllaub im Herbst und dem Fehlen von herbivorem Zooplankton. Im Spätwinter gingen die Abundanzen der Algenarten auf Grund von Phosphormangel drastisch zurück. Im Frühjahr erfolgte eine erneute Nährstoffzufuhr in das Gewässer durch Polleneintrag, was in einem Anstieg der Phytoplanktonbiomasse im Sommer resultierte. Da aber in dieser Zeit Eisen der mangelnde Nährstoff ist und außerdem Verluste durch die

Fresstätigkeit des Zooplanktons auftreten, blieb die Dichte geringer als im Winter. Diese Verhältnisse wurden durch den Besatz mit Flussbarschen *(Perca fluviatilis)* und Regenbogenforellen *(Oncorhynchus mykiss)*, beides piscivore Arten, manipuliert. Wie zu erwarten, verringerte sich daraufhin der Bestand des Moderlieschens deutlich. Das Sommermaximum des Crustaceenplanktons wurde zur selben Zeit erreicht wie vor Beginn des Experiments, aber die Biomasse war jetzt doppelt so hoch. Mit einem Anteil von 30 % waren *Daphnia*-Arten vertreten, die vorher nicht vorkamen. Die Auswirkungen des veränderten Fischbesatzes auf das Phytoplankton manifestierten sich lediglich in einer veränderten Artenzusammensetzung, nicht jedoch in einer Veränderung der Biomasse gegenüber der Situation vor dem Experiment. Selbst bei relativ geringer Zooplanktondichte entwickelt sich also keine größere Algenbiomasse als unter dem deutlich höheren Fraßdruck, der als Folge der Manipulation auf das Phytoplankton ausgeübt wird. Dies führen Benndorf et al. darauf zurück, dass das Phytoplankton durch Nährstoffe (Phosphor und Eisen) limitiert ist. Diese Interpretation wird unterstützt durch die Analyse der Zusammensetzung der Phytoplanktongemeinschaft, die sich nach dem Besatz mit piscivoren Fischen etabliert hat: Sie wird zum einen dominiert von Arten, die nicht vom Zooplankton gefressen werden können, da sie entweder als Beute zu groß sind oder eine unverdaubare Gallerthülle besitzen. Zum anderen handelt es sich um Arten, die durch starke Vermehrung die Fraßverluste kompensieren können. Obwohl die Phytoplankton-Gemeinschaft also in dieser Zusammensetzung vom Zooplankton wenig beeinflusst wird, erreicht sie nur die Biomasse, die das Nährstoffangebot ermöglicht. Dieses Ergebnis deutet an, dass entgegen den Aussagen des Fretwell-Oksanen-Modells zumindest das Phytoplankton bei Nahrungskettenlänge 4 auch bottom-up kontrolliert sein kann.

Weitere Hinweise darauf, dass top-down- und bottom-up-Effekte bei der Kontrolle bestimmter trophischer Ebenen in pelagischen Biozönosen zusammenwirken, liefern McQueen et al. (1989). Sie untersuchten die Folgen eines Extremwinters auf die Entwicklung der verschiedenen trophischen Ebenen eines mesotrophen Sees in Kanada über einen Zeitraum von 5 Jahren. Durch die lange Eisbedeckung wurden die Populationen der verschiedenen piscivoren Fischarten um mehr als 70 % reduziert. Die Bestände erholten sich im Untersuchungszeitraum allmählich und erreichten gegen Ende wieder relativ hohe Dichten (Abb. 10.20 a). Die zooplanktivoren Fischarten wurden ebenfalls stark dezimiert, erreichten innerhalb der beiden darauf folgenden Jahre aber mehr als die doppelte Zahl an Individuen im Vergleich zur Ausgangssituation vor dem Wintersterben. Ihre Dichte ging dann aber wieder auf das ursprüngliche Niveau zurück (Abb. 10.20 b). Das Zooplankton erreichte im Jahr nach dem Extremwinter eine mehr als doppelt so hohe Individuendichte als zuvor. Diese reduzierte sich in den beiden Folgejahren drastisch, stieg dann nochmals extrem an und zeigte im letzten Jahr der Beobachtung wieder eine abnehmende Tendenz (Abb. 10.20 c). Die Phytoplanktonbiomasse (gemessen an der Chlorophyll *a*-Konzentration) erhöhte sich leicht nach dem Winterereignis. In den darauf folgenden Jahren reduzierte sie sich auf durchschnittlich die Hälfte dieses Wertes (Abb. 10.20 d).

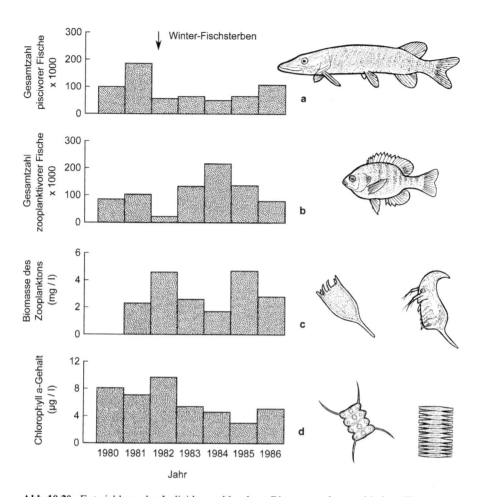

Abb. 10.20. Entwicklung der Individuenzahlen bzw. Biomassen der trophischen Ebenen der pelagischen Gemeinschaft eines mesotrophen kanadischen Sees im Verlauf mehrerer Jahre. In einem extrem kalten Winter wurden die Populationen der verschiedenen Fischarten erheblich dezimiert (Winter-Fischsterben, *Pfeil*). *a* piscivore Fische, im *Bild* als ein Vertreter der Hecht (*Esox lucius*), *b* zooplanktivore Fische, im *Bild* als Beispiel die Sonnenbarschart *Lepomis macrochirus*, *c* Zooplankton, *d* Phytoplankton. (Grafik nach McQueen et al. 1989)

Welche Zusammenhänge gibt es zwischen diesen Entwicklungen? Die Zahlen der piscivoren und der zooplanktivoren Fische stehen in deutlichem Zusammenhang: Durch den verzögerten Wiederanstieg der Piscivorendichte waren die zooplanktivoren Fische vom Prädationsdruck entlastet und konnten ihre Abundanz wesentlich erhöhen. Erst im letzten Untersuchungsjahr kamen sie wieder unter die Kontrolle ihrer Prädatoren. Ein ähnlicher Bezug existiert zwischen den zooplanktivoren Fischen und ihrer Beute, deren Abundanz sie kontrollieren. Lediglich im letzten Untersuchungsjahr war diese Beziehung nicht zu erkennen. Das Phytoplankton hat sich dagegen unabhängig von der Zooplanktondichte entwickelt und wird daher durch einen anderen Faktor kontrolliert, dem Phosphorgehalt des Wassers. Dieser verringerte sich im Laufe des Beobachtungszeitraumes, und zwar auf Grund von Veränderungen in der landwirtschaftlichen Nutzung des Einzugsgebietes. McQueen et al. ziehen aus diesen Ergebnissen den Schluss, dass die Kontrolle der trophischen Ebenen pelagischer Süßwasserbiozönosen durch kombinierte Einflüsse von biotischen Interaktionen und Nährstoffversorgung erfolgt. Dabei spielen sowohl lang- als auch kurzfristige Prozesse eine Rolle. Der Trophiegrad des Gewässers legt den Rahmen für die maximal erreichbare Biomasse der verschiedenen trophischen Ebenen fest. Längerfristige top-down-Wirkungen werden durch die Entwicklung der Fischpopulationen bestimmt, kurzfristige bottom-up-Effekte können durch Nährstoffschübe, z. B. durch Laub- oder Pollenfracht wie im Falle des von Benndorf et al. (1984) untersuchten Teiches, auftreten.

In pelagischen Biozönosen mit 4 trophischen Ebenen konnten vollständige trophische Kaskaden nur selten nachgewiesen werden. Der top-down-Effekt der Spitzenprädatoren wirkt sich in den meisten Fällen nur schwach auf die unteren trophischen Ebenen aus: Die Biomasse des Phytoplanktons wird durch das Ressourcenangebot mitbestimmt, was wiederum mehr oder weniger ausgeprägte Einflüsse auf die Biomasse des Zooplanktons hat. In der Regel werden zumindest die Biomassen dieser beiden trophischen Ebenen im Pelagial stehender Süßgewässer meist von einer Kombination aus bottom-up- und top-down-Effekten kontrolliert. Dies steht im Widerspruch zum Fretwell-Oksanen-Modell, in welchem von alternierenden Wirkungen dieser Einflüsse ausgegangen wird.

Benthische Gemeinschaften

Das **Benthal** ist der Bodenbereich von Gewässern (Meere, Seen, Fließgewässer). Die dort angesiedelte Artengemeinschaft heißt **Benthos** (oder Benthon). Ihre Produzenten sind, sofern vorhanden, entweder Gefäßpflanzen, die meist im Sediment wurzeln, oder Algen, die auf unterschiedlichen Substraten haften (Aufwuchs). Die Herbivoren halten sich meist am Grund oder an den Pflanzen auf, während unter den Prädatoren häufig frei schwimmende Arten zu finden sind.

Relativ wenige Untersuchungen befassen sich mit den kontrollierenden Mechanismen des Benthos im Meer und in Seen. Ein Beispiel aus einem marinen System wurde allerdings bereits in einem anderen Zusammenhang angeführt (s. Abschn. 9.2). Dort wurde gezeigt, dass die Seetangwälder an den Küsten des Pazifiks stellenweise fast vollständig von Seeigeln abgeweidet werden. Dies ist jedoch nur dort der Fall, wo es keine Seeotter gibt. In den Küstenbereichen ihres Vorkommens finden sich dichte Seetangbestände, da die Seeotter eine top-down-Kontrolle auf die Seeigel ausüben und dadurch eine Dezimierung der Pflanzen verhindert wird. Diese Prozesse stehen in Einklang mit den für die Nahrungskettenlänge 3 getroffenen Aussagen des Fretwell-Oksanen-Modells.

In der Gezeitenzone einer kleinen Pazifikinsel vor der nordamerikanischen Küste untersuchte Wootton (1995) die Wirkungen der Prädation von Vögeln (Möwen, Krähen, Austernfischer) auf eine Seeigelart *(Strongylocentrotus purpuratus)* und die von ihnen beweidete Algengemeinschaft auf den Steinen und Felsen. Hierfür verhinderte er mit Käfigen den Zugang der Prädatoren auf bestimmte Flächen und verglich die Unterschiede in der Struktur der Gemeinschaften mit offenen Kontrollparzellen nach 2-jähriger Versuchsdauer. Das Ergebnis unterstützt das Fretwell-Oksanen-Modell bezüglich der Nahrungskettenlänge 3: Die Dichte der Seeigel wurde durch den direkten Einfluss der Vögel um rund 50 % gegenüber den geschützten Bereichen verringert. Dies bewirkte einen 24fach höheren Algenbewuchs, gemessen am Bedeckungsgrad der Algen auf den steinigen Flächen. Die abgedeckten Versuchsparzellen mit höherer Seeigeldichte wurden nur von fadenförmigen Rotalgen besiedelt. Auf den für die Vögel frei zugänglichen Flächen existierten dagegen 6 weitere Arten. Wie der Seestern in der Untersuchung von Paine (1966; s. Abschn. 9.1.2), sorgen auch hier Prädatoren indirekt für die Aufrechterhaltung einer hohen Artdiversität der Gemeinschaft.

Martin et al. (1992) untersuchten in der Uferzone eines nordamerikanischen Sees den Einfluss der dort vorkommenden Sonnenbarscharten *Lepomis microlophus* (Abb. 10.21) und *Lepomis macrochirus* auf die benthische Gemeinschaft. Die Vegetation besteht aus Beständen der submersen Gefäßpflanzenarten *Najas flexilis* (Abb. 10.21) und *Potamogeton diversifolius*. Auf diesen leben die Schneckenarten *Helisoma anceps*, *Physella heterostropha* (Abb. 10.21) und *Gyraulus parvus*, die jedoch nicht die Pflanzen fressen, sondern den Aufwuchs (hier überwiegend Blaualgen und Diatomeen) auf der Oberfläche der Blätter abweiden. Die Schnecken sind ein wesentlicher Teil der Nahrung der Sonnenbarsche. Martin et al. etablierten in dieser Gemeinschaft mit Netzen abgegrenzte Bereiche, wobei die eine Variante Sonnenbarsche in natürlicher Dichte enthielt, die andere dagegen keine Fische. Nach 16 Monaten wurden die jeweiligen Gemeinschaften verglichen. Es zeigte sich, dass die Sonnenbarsche die Schneckenpopulationen auf den Pflanzen fast vollständig entfernt hatten. In den fischfreien Kontrollen wuchs die Biomasse der Schnecken dagegen um das mehr als 10fache an. Als indireke Folge davon stellten sich erhebliche Veränderungen in der Vegetation ein: Die Biomasse von *Najas flexilis* war in den abgegrenzten Bereichen ohne Sonnenbarsche am Ende des Experiments um rund das 60fache höher als bei Anwesenheit der Fische (Abb. 10.21). Dies erklärt sich damit, dass den Pflanzen durch dichten Aufwuchs auf den Blattoberflächen Licht vorenthalten wird, was die Fotosyntheserate und das Wachstum reduziert. Ein hoher Schneckenbesatz verbessert durch Abweidung des Aufwuchses die Existenzbedingungen der Gefäßpflanzen. *Potamogeton diversifolius* kam am Ende des Versuchs nur noch in der Variante ohne Fische vor und konnte offensichtlich nur bei Anwesenheit von Schnecken existieren. Insgesamt unter-

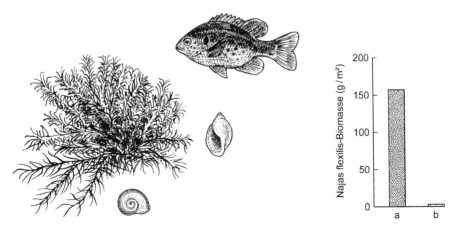

Abb. 10.21. Die beiden in der Uferzone eines nordamerikanischen Sees lebenden Sonnenbarscharten der Gattung *Lepomis (Bild oben: Lepomis microlophus)* ernähren sich von den dort vorkommenden Schneckenarten (z. B. *Helisoma anceps, Bild unten* und *Physella heterostropha, Bild rechts*). Die Schnecken weiden den Aufwuchs von Wasserpflanzen (z. B. *Najas flexilis, Bild links*) ab. *Grafik: a* Biomasse von *Najas flexilis* 16 Monate nach dem experimentellen Ausschluss von Sonnenbarschen, *b* bei Anwesenheit von Sonnenbarschen. (Grafik nach Martin et al. 1992)

stützen diese Ergebnisse die Voraussagen des Fretwell-Oksanen-Modells für die Nahrungskettenlänge 3: Die Sonnenbarsche kontrollieren die Dichte der Schnecken, wobei eine hohe Aufwuchsbiomasse erhalten bleibt. Dem Modell widerspricht auch nicht die Tatsache, dass die Wasserpflanzen dadurch in ihrem Wachstum gehemmt werden, da sie in dieser Gemeinschaft kein Element der Nahrungskette darstellen.

Eine größere Zahl an Studien liegt aus kleinen Flüssen und Bächen vor. Diese ermöglichen eine umfassendere Prüfung verschiedener Aussagen des Fretwell-Oksanen-Modells in Bezug auf die dort angesiedelten benthischen Gemeinschaften.

Die von Rosemond et al. (1993) untersuchte Gemeinschaft eines Waldbaches in Nordamerika setzt sich im Wesentlichen zusammen aus Algen, die den Aufwuchs des steinigen Substrats bilden, und einer herbivoren Schneckenart *(Elimia clavaeformis)*, die allein über 95 % der Biomasse der Wirbellosen darstellt und in hoher Dichte (über 1000 Individuen/m²) das Bachbett besiedelt. Prädatoren wie Flusskrebse, Salamander und Fische sind selten und scheinen keinen Einfluss auf die Schneckendichte zu haben. Somit entspricht die Struktur dieser Gemeinschaft der Nahrungskettenlänge 2 des Fretwell-Oksanen-Modells. Rosemond et al. führten dort Experimente durch, mit denen die Frage nach den kontrollierenden Faktoren für die Aufwuchs-Algen nachgegangen werden sollte. In dem Bach wurden künstliche Durchflussrinnen etabliert und mit Ziegelsteinen versehen, die zuvor bereits mehrere Monate in dem Gewässer gelegen hatten. Sie wiesen daher einen natürlichen Bewuchs an Algen auf. In einem Versuch wurden die Ziegel mit Schnecken entsprechend der natürlichen Dichte besetzt, die Kontrollen wurde schneckenfrei gehalten. Ein weiterer Versuch hatte dieselbe Anordnung, die beiden Varianten wurden aber jeweils im Zuflussbereich der Rinnen über eine Pumpe kontinuierlich tröpfchenweise mit Nährstoffen (Phosphor und Stickstoff) versorgt. Nach 7-wöchiger Versuchsdauer zeigten sich folgende Ergebnisse: Im Versuch ohne Düngung war die Algenbiomasse der Kontrolle nur um rund $\frac{1}{3}$ höher als bei Anwesenheit der Schnecken (Abb. 10.22 a). Die Entfernung der Herbivoren führte also nicht zu einem so deutlichen Zuwachs der pflanzlichen Biomasse, wie es nach dem Fretwell-Oksanen-Modell für die Nahrungskettenlänge 2 zu erwarten wäre. Dort wird postuliert, dass die Pflanzen durch die Herbivoren limitiert sind. Hier scheinen aber die Algen durch den Mangel an Nährstoffen in ihrem Wachstum unterdrückt zu werden, was sich auch belegen ließ: Ihre Biomasse erhöhte sich durch Düngung bei Abwesenheit der Schnecken um etwa das 2,5fache (Abb. 10.22 b). Bei Anwesenheit der Schnecken unterschieden sich die Algenbiomassen der gedüngten und der ungedüngten Variante dagegen nur unwesentlich (Abb. 10.22 a, b). Die Schnecken sind demnach in der Lage, den „Überschuss" an Algenbiomasse, der durch die Düngung erzielt wurde, zu konsumieren. Dieses Ergebnis zeigt, dass die Schnecken nahrungslimitiert sind, wie es in einem solchen System (Nahrungskettenlänge 2) auch nach dem Fretwell-Oksanen-Modell zu erwarten wäre. Ein weiterer Beleg hierfür ist, dass sich auch die Schneckenbiomasse durch den Konsum der höheren Algenbiomasse in der gedüngten Variante im Vergleich zur ungedüngten Kontrolle etwas erhöht hat.

Insgesamt lässt sich aus diesen Ergebnissen der Schluss ziehen, dass die Algen in diesem Bach sowohl bottom-up (durch Nährstoffe) als auch top-down (durch Schnecken) kontrolliert werden und die beiden Prozesse nicht isoliert

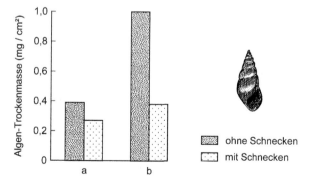

Abb. 10.22. Biomasse des Algenaufwuchses von Steinziegeln in einem nordamerikanischen Waldbach in Abhängigkeit von der Präsenz Algen fressender Schnecken *(Elimia clavaeformis, Bild)* sowie dem Einfluss der Nährstoffversorgung nach 7-wöchiger Versuchsdauer. *a* ungedüngte Variante, *b* gedüngte Variante. (Grafik nach Rosemond et al. 1993)

voneinander wirken. Die hier realisierten Mechanismen sind demnach komplexer, als im Fretwell-Oksanen-Modell ausgesagt wird. Es stellt sich noch die Frage, weshalb die Schnecken, obwohl sie nahrungslimitiert sind, in keinem der Fälle die gesamte Algenbiomasse konsumieren. Auch dies konnten Rosemond et al. klären: Der Algenaufwuchs setzt sich aus verschiedenen Arten zusammen, die nicht alle gleich empfindlich gegenüber Herbivorenfraß sind. Die Schnecken weiden vor allem die aufrecht stehenden und schnell wachsenden Fadenalgen ab. Andere Arten, die dichter an den Steinen haften und keine geeignete Schneckennahrung darstellen, bleiben verschont und vermehren sich. Die Zufuhr von Phosphor und Stickstoff förderte vor allem die von den Schnecken gefressenen Arten. Der in der gedüngten und ungedüngten Variante verbliebene „Rest" stellt jeweils die, annähernd gleich große, nicht konsumierbare Algenbiomasse dar.

Basierend auf derselben Fragestellung wie in der Studie von Rosemond et al. (1993) untersuchte auch Stewart (1987) die Beziehungen zwischen Nährstoffen, Algen und Herbivoren in einem kleinen Fluss in Nordamerika. In diesem kommt als dominante, herbivore Fischart *Campostoma anomalum* (Cyprinidae) vor, die sich von Algenaufwuchs der Steine im Flussbett ernährt. Um zu prüfen, ob die Algen top-down oder bottom-up kontrolliert werden, versenkte Stewart Steinziegel in strömungsarmen Bereichen des Flusses. An jeder Untersuchungsstelle war ein Teil der Ziegel für die Fische erreichbar, ein anderer Teil durch ein Netz von diesen abgeschirmt. Die eine Hälfte der Standorte wurde mit Stickstoff, Phosphor und Kalium versorgt, die andere diente als Kontrolle. Nach 11 Tagen erfolgte die Quantifizierung des Algenbewuchses. Wie im Experiment von Rosemond et al. (1993), führte die Düngung bei der herbivorenfreien Variante zu einer deutlichen Erhöhung der Algenbiomasse (hier um das mehr als 4fache). Dies lässt ebenfalls auf eine Nährstofflimitierung dieser Pflanzen schließen. Beim Vergleich der gedüngten und ungedüngten Varianten bei Anwesenheit der Fische stellte sich heraus, dass auch hier der durch die Düngung erzielte Biomassezuwachs der Algen fast vollständig abgeweidet wurde. Im Ergebnis zeigt sich in Übereinstimmung mit Rosemond et al. (1993), dass Algen in einem Fließgewässer mit 2 trophischen Ebenen gleichzeitig bottom-up und top-down kontrolliert werden.

In weiteren Untersuchungen der Beziehungen zwischen Nährstoffen, Algen und Herbivoren in Fließgewässern ließ sich zeigen, dass Düngung die Algenbiomasse erhöht und daraufhin die Dichte der Herbivoren zunimmt. Dies wurde z. B. bei Köcherfliegenlarven (Hart u. Robinson 1990), bei Schnecken (Hill et al. 1992) sowie bei Zuckmückenlarven (Winterbourn 1990) nachgewiesen. In den beiden letztgenannten Studien wurde auch ein negativer Einfluss der Herbivoren auf die durch Düngung erzielte Algenbiomasse nachgewiesen. Dort stehen die Algen also sowohl unter bottom-up- als auch unter top-down-Kontrolle.

Die folgende Untersuchung befasst sich mit der Rolle von prädatorischen Fischen in einem Fluss, dem Eel River in Kalifornien. Er beherbergt eine aquatische Biozönose mit 4 trophischen Ebenen. Auf den Steinen und Felsen im

Flussbett haftet die Alge *Cladophora glomerata*, die aus bis zu 2 m langen, verzweigten Fadenbüscheln besteht. Im Sommer siedeln sich darauf Zuckmückenlarven (Chironomidae) an, die sich nicht nur von den Pflanzen ernähren, sondern die Algenfäden auch zu einem Gehäuse verspinnen und dadurch die gesamte Pflanze zu einem netzartigen Gebilde verformen. An den Algen halten sich auch verschiedene prädatorische Insekten (v. a. Kleinlibellenlarven) auf, die sich von den Zuckmückenlarven ernähren. Letztere werden auch von den Jungfischen des Stichlings *(Gasterosteus aculeatus)* und denen von *Hesperoleucus symmetricus* (Cyprinidae) gefressen, die im Sommer anwesend sind. Die 4. trophische Ebene bilden größere Fische, und zwar Regenbogenforellen *(Oncorhynchus mykiss)*, die prädatorische Insekten und Jungtiere der anderen Fischarten erbeuten, sowie ältere Individuen von *Hesperoleucus symmetricus*, die Insekten, aber auch Algen fressen (Abb. 10.23). Power (1990) umgrenzte in dem Fluss mehrere Bereiche mit *Cladophora*-Beständen. Die Maschenweite des Netzes wurde so gewählt, dass die Fischbrut, nicht aber die Adulten von *O. mykiss* und *H. symmetricus* ein- und ausschwimmen konnten. Ein Teil dieser Gehege wurde mit Individuen dieser Arten in etwa der natürlichen Dichte besetzt, ein anderer Teil blieb ohne diese. Nach 5-wöchiger Etablierungsdauer wurden die Gemeinschaften der beiden Versuchsvarianten verglichen. Bei Anwesenheit der adulten prädatorischen Fische waren die Algen stark dezimiert und von netzartiger Struktur, bedingt durch die Tätigkeit der zahlreich vorhandenen

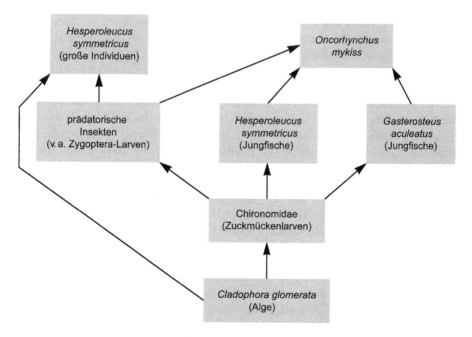

Abb. 10.23. Nahrungsbeziehungen zwischen verschiedenen Organismengruppen eines nordamerikanischen Flusses im Sommer. (Nach Power 1990)

Zuckmückenlarven. Prädatorische Insekten waren kaum vorhanden und Jungfische fehlten völlig. In den Gehegen ohne die Großfische hatten die Algen
ihren natürlichen Habitus und beherbergten nur wenige Zuckmückenlarven.
Prädatorische Insekten waren deutlich häufiger, und auch Jungfische waren
vorhanden. Diese Ergebnisse stehen in Einklang mit dem Fretwell-Oksanen-
Modell bezüglich den Nahrungskettenlängen 3 und 4: Bei Anwesenheit der
Spitzenprädatoren besteht ein hoher Fraßdruck auf die prädatorischen Insekten und die Jungfische. Diese sind dann nicht mehr in der Lage, ihre Beute, die
Zuckmückenlarven, zu kontrollieren. Die Folge ist eine starke Schädigung der
Algen durch diese Herbivoren. Wenn die Großfische fehlen, bleibt die Zahl der
vorhandenen prädatorischen Insekten und Jungfische erhalten und ist ausreichend hoch, um die Dichte der Zuckmückenlarven deutlich zu reduzieren. Dadurch werden die Algen vom Herbivorenfraß entlastet.

In den bisher dargestellten Fließgewässer-Biozönosen wird die pflanzliche
Biomasse, die der Nahrung der Primärkonsumenten dient, stets von den Algen
geliefert. Diese stellen jedoch nur unter bestimmten Bedingungen die wichtig-
te basale Ressource in solchen Systemen dar. Starkes Algenwachstum in Fließgewässern ist, neben einer ausreichenden Nährstoffversorgung, nur möglich,
wenn Steine oder Fels als Substrat vorhanden sind und günstige Lichtbedingungen herrschen. Letztere werden vor allem durch die Bestandesdichte der
Bäume im Uferbereich bestimmt. Diese liefern dann aber organisches Material
wie Laub, Zweige und Früchte, das nun die wichtigste Energiequelle des
Systems darstellt und von den verschiedenen Detritivoren konsumiert wird.
Wenn dieser Eintrag aus der terrestrischen Produktion ausbleibt, hat dies weitreichende Konsequenzen für die gesamte aquatische Fauna, wie Wallace et al.
(1997) nachweisen konnten. Sie deckten einen kleinen nordamerikanischen
Waldbach über eine Strecke von 180 m mit einem Netz von etwa 1 cm Maschenweite vollständig ab. Drei Jahre später wurden die Abundanzen und Biomassen
der vorkommenden Tiergruppen bestimmt und mit denen eines benachbarten
Baches, der als Kontrolle diente, verglichen. Detritivore Insekten, insbesondere die Larvenpopulationen der Köcherfliegen (Trichoptera), Eintagsfliegen
(Ephemeroptera) und Zuckmücken (Chironomidae) erfuhren deutliche Rückgänge in ihren Dichten. Eine ähnliche Entwicklung wurde bei den Prädatoren
festgestellt, vor allem bei den Larven von Libellen, prädatorischen Zuckmücken und Gnitzen. Die aus dem terrestrischen System stammenden Pflanzenteile sind also eine limitierende Ressource für die Detritivoren, die somit
unter bottom-up-Kontrolle stehen. Dasselbe trifft für die Prädatoren zu, deren
Populationen durch das geringe Beuteangebot als Folge der eingeschränkten
Zufuhr von Detritus ebenfalls abnehmen. Darüber hinaus zeigen die Ergebnisse weiterer Untersuchungen von Wallace et al., dass die Prädatoren den
größten Teil der produzierten Beutebiomasse konsumieren. Dadurch werden
die Detritivoren nicht ausschließlich durch das Nahrungsangebot, sondern
gleichzeitig auch von den Prädatoren kontrolliert.

Nicht nur der Eintrag von pflanzlichem Material, sondern auch von terrestrischen Arthropoden, die auf das Wasser gelangen, kann die aquatische Biozö-

nose von Fließgewässern wesentlich beeinflussen. Nakano et al. (1999) wiesen
in einem Waldbach in Japan nach, dass sich die direkten und indirekten Einflüsse prädatorischer Fische auf die trophischen Ebenen der Herbivoren und
Produzenten verändern, wenn diese Zufuhr aus dem terrestrischen System ausbleibt. Die dort vorkommenden prädatorischen Fischarten sind Vertreter der
Salmonidae, und zwar *Salvelinus malma* (Abb. 10.24), *Salvelinus leucomaenis*
sowie die Regenbogenforelle *(Oncorhynchus mykiss)*. Sie ernähren sich von
Arthropoden, wobei ein Teil des Nahrungsbedarfs durch Individuen terrestrischer Herkunft gedeckt wird. Nakano et al. richteten in dem Bach zwei voneinander abgegrenzte Bereiche ein und besetzten diese mit Individuen von
S. malma entsprechend der natürlichen Salmonidendichte. Einer dieser Bereiche wurde zeltartig mit Folie abgedeckt, der andere blieb als Kontrolle offen.
Um die Effekte dieser Manipulation auf die Algen und Herbivoren zu prüfen,
etablierten Nakano et al. dort bereits 2 Monate zuvor Steinziegel, die zu Beginn
des Experiments mit benthischen Organismen in natürlicher Dichte besiedelt
waren. Vier Wochen nach Einsatz der Fische zeigten sich deutliche Unterschiede in der Dichte der benthischen Fauna und Vegetation in Abhängigkeit
von der Zufuhr terrestrischer Arthropoden: In der abgedeckten Variante war
die Biomasse der Herbivoren um mehr als die Hälfte geringer als in der Variante mit natürlichem Eintrag (Abb. 10.24 a). Die Erklärung hierfür ist der
erhöhte Fraßdruck der Fische auf die aquatische Beute bei Ausbleiben der
terrestrischen Nahrungszufuhr. Als Folge davon nahm die Algenbiomasse um
etwa $\frac{1}{3}$ gegenüber der Kontrolle zu (Abb. 10.24 b). Somit übt der Eintrag an
terrestrischen Arthropoden einen wesentlichen Einfluss auf die kontrollierenden Mechanismen in diesem System aus.

Benthische Biozönosen liefern kein einheitliches Bild in Bezug auf die
Kontrolle der trophischen Ebenen bzw. einzelnen Vertreter derselben:
In bestimmten Situationen konnte zwar das Auftreten einer trophischen
Kaskade über 3 oder 4 trophische Ebenen hinweg nachgewiesen werden,
daneben sind jedoch auch andere Kontrollmechanismen wirksam. Speziell
bei Fließgewässern hat sich gezeigt, dass in Biozönosen mit 2 trophischen
Ebenen (Produzenten und Herbivoren) die pflanzliche Biomasse gleichzeitig von top-down- und bottom-up-Wirkungen bestimmt wird. Fließgewässer-
biozönosen zeichnen sich auch durch die Abhängigkeit von der Zufuhr
terrestrischer Ressourcen aus. Entsprechend der Verfügbarkeit von Nährstoffen für die Pflanzen, totem organischem Material für die Detritivoren
sowie terrestrischer Beute für die Prädatoren unterscheiden bzw. verändern
sich auch die zur Wirkung kommenden Kontrollmechanismen für die verschiedenen trophischen Ebenen.

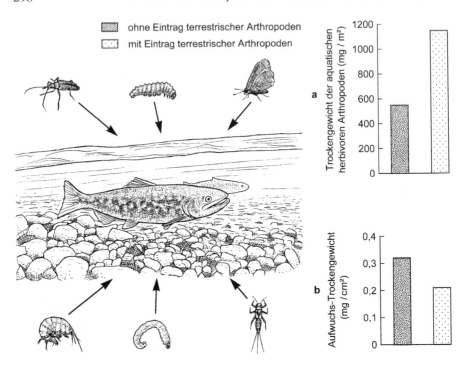

Abb. 10.24. *Bild:* Verschiedene prädatorische Fischarten (hier dargestellt *Salvelinus malma*) in Flüssen ernähren sich nicht nur von aquatischen Organismen *(unten)*, sondern erbeuten auch terrestrische Arthropoden *(oben)* an der Wasseroberfläche. Fehlt diese Nahrungsquelle, erhöht sich der Fraßdruck auf die aquatischen Beutearten. *Grafiken:* Biomassen von *a* aquatischen herbivoren Arthropoden und *b* Aufwuchs auf Steinziegeln in einem mit prädatorischen Fischarten (Vertreter der Salmonidae) besiedelten japanischen Fluss in Abhängigkeit vom Eintrag terrestrischer Arthropoden nach 4 Wochen. (Grafiken nach Nakano et al. 1999)

10.3
Diskussion: Top-down, bottom-up und trophische Kaskaden – Welche Faktoren sind bestimmend?

Die bisher in diesem Kapitel vorgestellten Untersuchungen haben gezeigt, dass sich die Beziehungen zwischen den trophischen Ebenen von Biozönosen oft anders auswirken, als im bottom-up-Modell von White bzw. im Fretwell-Oksanen-Modell postuliert wird. Davon abweichende Verhältnisse finden sich z. B. in manchen aquatischen Gemeinschaften. Vor allem auf den unteren trophischen Ebenen (Produzenten und Herbivoren) existieren bottom-up- und top-down-Kontrolle nicht grundsätzlich alternativ, sondern üben oft kombinierte Wirkungen auf die entsprechenden Organismen aus, was in den genannten Modellen keine Berücksichtigung findet. Im Extremfall können sich sogar je nach Situation top-down- und bottom-up-Kontrolle für ein und dieselbe Art abwechseln, wie in einer Untersuchung von Kato (1994) deutlich wird:

In Japan befallen die Larven der Minierfliege *Chromatomyia suikazurae* (Agromyzidae) die Blätter der Heckenkirschenart *Lonicera gracilipes* und entwickeln 2 Generationen pro Jahr. Anfang Februar beginnen die Blätter von *L. gracilipes* auszutreiben, worauf die Eiablage der Minierfliege stattfindet. Die Larven dieser Generation konkurrieren um die noch geringe Blattfläche, die zu diesem Zeitpunkt für die Minierung zur Verfügung steht. Ressourcenbegrenzung ist für sie daher der hauptsächliche Mortalitätsfaktor, die Mortalitätsrate ist dichteabhängig. Die 2. Generation von *C. suikazurae* entwickelt sich ab Anfang April. Zu dieser Zeit ist das Laub der Wirtspflanze voll entwickelt und stellt keine limitierende Ressource mehr dar. Für hohe Verluste unter den Minierfliegen sorgen stattdessen verschiedene Larven- und Puppenparasitoide, die früher im Jahr noch nicht anwesend sind. Somit wird die 1. Generation bottom-up und die 2. Generation top-down kontrolliert, wobei die prozentualen Verluste durch die Parasitoide höher sind als die durch Ressourcenbegrenzung.

Insgesamt bedeuten solche Ergebnisse, dass nicht mehr nur die Frage gestellt werden kann, ob eine bestimmte trophische Ebene bzw. ganze Biozönosen unter bottom-up- oder top-down-Kontrolle stehen. Vielmehr muss geprüft werden, unter welchen Bedingungen die jeweiligen Mechanismen wirksam werden und welche Faktoren die relative Stärke dieser beiden Kräfte beeinflussen (Hunter u. Price 1992). Sowohl die im Fretwell-Oksanen-Modell als auch die im Modell von White postulierten Mechanismen repräsentieren nur bestimmte Situationen unter mehreren möglichen. Damit im Zusammenhang steht auch die Frage nach dem Zustandekommen trophischer Kaskaden. Das Fretwell-Oksanen-Modell setzt allgemein voraus, dass die Interaktionen zwischen allen trophischen Ebenen stark und beständig sind, d.h. die jeweiligen Organismen müssen hohe Konsumierungsraten aufweisen. Nur so kann sich die alternierende top-down- und bottom-up-Kontrolle kaskadenartig durch die gesamte Gemeinschaft hinweg fortsetzen. Wenn die engen trophischen Beziehungen gestört oder abgeschwächt werden, können daraus auch Veränderungen bei den kontrollierenden Mechanismen resultieren.

In den folgenden Abschnitten werden verschiedene Faktoren, die für derartige Prozesse in Biozönosen von Bedeutung sind, im Einzelnen behandelt.

10.3.1
Die Struktur der trophischen Ebenen

Dem Fretwell-Oksanen-Modell liegt zu Grunde, dass die einzelnen trophischen Ebenen weitgehend homogene Einheiten darstellen, die hierarchisch angeordnet werden können, dann als Ganzes aufeinander wirken und es somit zur Ausbildung von trophischen Kaskaden kommt. Dies ist jedoch nur unter bestimmten Voraussetzungen der Fall. Solche können gegeben sein, wenn sich die trophischen Ebenen durch eine geringe Artenvielfalt auszeichnen oder, gemessen an der Biomasse, nur von wenigen oder einzelnen Arten dominiert werden, die dann entlang der Trophieabfolge auch entsprechend starke Beziehungen zueinander haben. Solche Bedingungen finden sich vielfach in aquatischen Systemen, in denen ein Spitzenprädator vorhanden ist, der eine Schlüsselart in der Gemeinschaft darstellt. Beispiele hierfür sind der Seeotter in Küstengemeinschaften (s. Abschn. 9.2) und verschiedene prädatorische Fische in Seen und Fließgewässern, die sich durch einen sehr effektiven Beuteerwerb auszeichnen (s. Abschn. 10.2.3; Seen sowie benthische Gemeinschaften). Auch bestehen dort vielfach enge trophische Beziehungen zwischen den Herbivoren und den Pflanzen, die beide meist durch wenige, in ihrer Biomasse dominante Arten repräsentiert sind. Dies trifft vor allem für das Zooplankton und das Phytoplankton in pelagischen Süßwassergemeinschaften zu.

Oft sind die trophischen Ebenen jedoch heterogener strukturiert. Verantwortlich hierfür sind vor allem Arten, die ihre Nahrung von verschiedenen trophischen Ebenen beziehen (Omnivoren). Ein weiterer Aspekt der Struktur betrifft die Artendiversität und damit die Frage, ob und wie sich Unterschiede in der Zahl der Arten auf einzelnen trophischen Ebenen oder zwischen ganzen Gemeinschaften auf die kontrollierenden Prozesse auswirken.

Das Nahrungsspektrum der Arten

Omnivore Arten sind in den meisten Biozönosen zu finden. Dazu zählen z.B. bestimmte Singvögel und Kleinsäuger, die sowohl wirbellose Tiere als auch Pflanzensamen fressen, sowie zahlreiche Insektenarten, die je nach Entwicklungsstadium (Larve oder Imago) sehr unterschiedliche Nahrungsansprüche haben. Einen speziellen Fall von Omnivorie stellen Prädatoren dar, die sowohl Herbivoren als auch andere Prädatoren erbeuten. Die Konsequenzen, die sich aus solchen Situationen für die Populationen der gemeinsamen Beutearten ergeben können, wurden bereits in Abschnitt 9.1.1 behandelt. Wirken sich solche Verhältnisse auch auf die Kontrolle der trophischen Ebenen aus?

Mooney et al. (2010) prüften diese Frage anhand der Auswertung von insgesamt 113 Einzelstudien, in denen die Effekte verschiedener Singvögel, Kleinsäuger und Eidechsen, die sich sowohl von prädatorischen als auch von herbivoren Arthropoden ernähren, untersucht wurden. Man könnte erwarten, dass ein direkter negativer Effekt solcher Wirbeltiere auf die Herbivoren teilweise oder vollständig durch die gleichzeitige Reduktion prädatorischer Arthropoden kompensiert wird (Polis u. Strong 1996). Insgesamt müsste sich also der trophische Kaskadeneffekt deutlich abschwächen. Mooney et al. kommen jedoch insgesamt zu dem Schluss, dass auch in Gemeinschaften, in denen solche Wirbeltier-Prädatoren eine Rolle spielen, häufig deutliche trophische Kaskaden ausgeprägt sind: In 38 % der Fälle hatten die Wirbeltiere zwar einen negativen Effekt auf die prädatorischen Arthropoden, aber genauso oft auch auf Herbivoren (39 %), und in 40 % der Fälle resultierten in diesen Konstellationen geringere Fraßschäden an den Pflanzen. Insgesamt sind jedoch die bisherigen Antworten auf die Frage, welche Faktoren die Ausbildung oder die Stärke von trophischen Kaskaden bestimmen, vage und teils widersprüchlich. Borer et al. (2005) kommen in einer Analyse von 114 Einzelstudien zu dem Schluss, dass weder die Produktivität noch die Zahl der Arten eines Systems in Zusammenhang mit der Stärke von trophischen Kaskaden stehen.

Einen anderen Aspekt des Nahrungsspektrums von Prädatoren und deren Effekte auf die kontrollierenden Mechanismen in Biozönosen beleuchteten Jiang u. Morin (2005). Sie etablierten experimentelle, mikrobielle Gemeinschaften aus Bakterien, bakterivoren Protisten, Rotifera (Rädertierchen) und zwei Arten von Wimpertierchen (Ciliata). Letztere bilden Spitzenprädatoren, von denen die eine Art *(Euplotes aediculatus)* ein enges Beutespektrum aus kleinen Arten aufweist und die andere *(Stentor coeruleus)* das gesamte Größenspektrum der vorhandenen Arten erbeuten kann. An- oder Abwesenheit einer der beiden Arten hatte deutliche Effekte auf die Prozesse in der Gemeinschaft: Sowohl die Biomasse als auch die Diversität der Beutearten erhöhte sich mit experimentell ansteigender Nährstoffversorgung sowohl in den Kontrollversuchen ohne die beiden Spitzenprädatoren als auch bei alleiniger Anwesenheit von *E. aediculatus.* Dieses Ergebnis entspricht einer bottom-up-Kontrolle. Unabhängig von der Nährstoffversorgung ergaben sich jedoch bei alleiniger Anwesenheit von *S. coeruleus* keine Veränderungen in der Biomasse und Diversität der Gemeinschaft, was in Einklang mit einer top-down-Kontrolle steht. Diese Ergebnisse legen nahe, dass das Beutespektrum von (Spitzen-)Prädatoren einen Einfluss auf die kontrollierenden Mechanismen einer Gemeinschaft ausüben kann.

Die Diversität der Arten

Die Frage, inwieweit die Artenvielfalt einer Biozönose eine Rolle für die kontrollierenden Mechanismen spielt, wurde in den letzten Jahren vermehrt gestellt (Hooper et al. 2005), ergab aber bisher nur wenige greifbare Antworten. Ein konkretes Resultat lieferte eine Studie von Hillebrand u. Cardinale (2004). Aus der Analyse von 172 Untersuchungen zu den Beziehungen zwischen herbivoren aquatischen Konsumenten und den Gemeinschaften periphytischer Algen zogen sie den Schluss, dass die Konsumierungsraten der Herbivoren umso geringer sind, je mehr Arten die Algengemeinschaften aufweisen. Die Artenvielfalt der Pflanzen hat demnach einen Effekt auf den Anteil an Biomasse bzw. Energie, der höheren trophischen Ebenen zur Verfügung steht. Ob sich solche Verhältnisse auch in terrestrischen Gemeinschaften finden, ist eine noch offene Frage.

Auch Manipulationen der Artenzahl von Prädatoren zeigten in einzelnen Untersuchungen Veränderungen der Interaktionen und Prozesse in Lebensgemeinschaften, wobei sich jedoch sehr unterschiedliche Effekte ergaben. Diese waren abhängig von den Eigenschaften der Prädatoren- und Beutearten, ihren Beziehungen zueinander sowie von verschiedenen Umweltfaktoren (Bruno u. Cardinale 2008).

Ein exemplarisches Beispiel zeigt, wie sich Veränderungen in der Artendiversität verschiedener trophischer Ebenen auf die kontrollieren Mechanismen einer Gemeinschaft auswirken können. Aquilino et al. (2005) etablierten experimentelle Systeme, in denen die Zahl der Prädatorenarten sowie die Zahl der Pflanzenarten manipuliert wurden, um die jeweiligen Effekte auf den Anteil der erbeuteten Individuen einer Herbivorenpopulation (der Erbsenblattlaus *Acyrthosiphon pisum*) zu prüfen. Bei den Prädatoren der Blattläuse handelte es sich um zwei Marienkäferarten (*Harmonia axyridis* und *Coleomegilla maculata*) sowie eine Sichelwanze (*Nabis sp.*). Die verwendeten Wirtspflanzenarten der Erbsenblattlaus waren Luzerne *(Medicago sativa)*, Wiesenklee *(Trifolium pratense)* und Ackerbohne (*Vicia faba*; Abb. 10.25a). Die wesentlichen Ergebnisse der unterschiedlich kombinierten Manipulationen von Prädatoren und Pflanzen (jeweils eine oder 3 Arten) zeigt Abbildung 10.25b. Sowohl in der Versuchsvariante mit 3 Pflanzenarten als auch in denen mit nur einer Pflanzenart lag die Zahl der erbeuteten Blattläuse bei Anwesenheit aller 3 Prädatorenarten um rund 14 % höher als in den Varianten mit nur einer Prädatorenart. Die Gesamtzahl der erbeuteten Blattläuse war unabhängig von der Zahl der Prädatorenarten in den Varianten mit 3 Pflanzenarten stets geringer als in solchen mit nur einer Pflanzenart. In diesem System existiert demnach sowohl ein top-down-Effekt durch die Prädatorendiversität als auch ein bot-

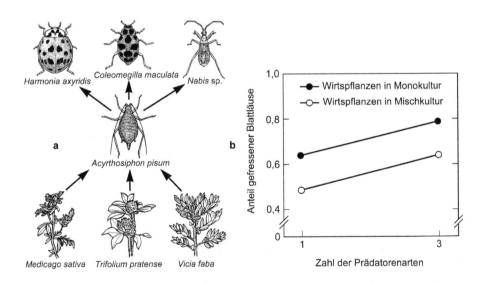

Abb. 10.25. Wie wirken sich Unterschiede in der Artendiversität auf Ebene der Prädatoren und der Pflanzen auf die kontrollierenden Mechanismen der verschiedenen Gemeinschaften aus? *a* Experimentelle Varianten von Modellsystemen umfassten je einen oder insgesamt 3 Prädatorenarten sowie je eine oder insgesamt 3 Wirtspflanzenarten der Erbsenblattlaus *(Acyrthosiphon pisum)* in den unterschiedlichen Kombinationen. *b* Die *Grafik* zeigt die Ergebnisse der jeweiligen Manipulationen auf den Anteil der gefressenen Blattläuse. (Nach Aquilino et al. 2005)

tom-up-Effekt durch die Wirtspflanzendiversität. Insgesamt verringerte also die Erhöhung der Zahl an Wirtspflanzen die Zahl der gefressenen Blattläuse in etwa gleichem Maße, wie sie durch die Erhöhung an Prädatorenarten zunahm.

Biozönosen können Arten mit sehr unterschiedlichen Nahrungsansprüchen umfassen. Dazu zählen (a) Prädatoren mit engem oder breitem Beutespektrum, (b) Spezialisten und Generalisten unter den Phytophagen sowie (c) Arten, die ihre Nahrung von verschiedenen trophischen Ebenen beziehen (Omnivoren). Zusammen mit Unterschieden in der Artenvielfalt auf den Ebenen der Pflanzen, Herbivoren und Prädatoren ergeben sich daraus vielfältige strukturelle Merkmale von Biozönosen, deren Bedeutung für die kontrollierenen Prozesse noch unzureichend bekannt ist.

10.3.2
Produktivität und Ressourcenverfügbarkeit

Im Fretwell-Oksanen-Modell wurde versucht, den Faktor Produktivität anhand der pflanzlichen Produktion zu berücksichtigen und entsprechende Differenzierungen in den Voraussagen zu den kontrollierenden Mechanismen einzelner trophischer Ebenen vorzunehmen. Die pflanzliche Biomasse stellt jedoch nur die autochthone (innerhalb der Biozönose gebildete) Ressource dar, die, lebend oder als Detritus, zum Aufbau der höheren trophischen Ebenen genutzt werden kann. Weitere Ressourcen können einer Biozönose auch von außen zugeliefert werden (allochthone Versorgung). Qualität und Quantität dieser Ressourcen sowie die Rate und die Effektivität ihres Umsatzes bestimmen letztlich die Produktivität der Biozönose, nehmen aber auch Einfluss auf die dort zur Wirkung kommenden kontrollierenden Mechanismen. Wie dies durch allochthone Ressourcen geschehen kann, haben bereits verschiedene Beispiele in den vorangegangenen Abschnitten gezeigt. Zeitlich variable Einträge von Laub, Pollen oder gelösten Nährstoffen aus der Umgebung beeinflussen die Biomasse des Phytoplanktons in vielen Seen mit 2 oder 4 trophischen Ebenen stärker als im Fretwell-Oksanen-Modell angenommen (s. Abschn. 10.2.3; Seen). In Fließgewässern kann organisches Material der Bäume im Uferbereich die wichtigste Ressource für die aquatischen Biozönosen sein, von der die trophischen Ebenen der Detritivoren und der Prädatoren begrenzt werden. Für letztere spielen außerdem terrestrische Arthropoden als Nahrung eine wichtige Rolle (s. Abschn. 10.2.3; Benthische Gemeinschaften). Ähnliche Einflüsse finden sich auch in terrestrischen Biozönosen. Erwähnt wurde die Namib-Wüste (s. Abschn. 8.2), deren trophische Ebenen sich zu wesentlichen Teilen auf allochthonem Detritus aufbauen.

Nicht nur Pflanzen und Detritivoren können allochthone Ressourcen direkt zum Aufbau ihrer Populationen nutzen, sondern auch Arten höherer trophischer Ebenen. Manche Spitzenprädatoren sind vermutlich nur deshalb in der Lage, starke top-down-Effekte auszuüben, weil sie mobil sind und ihre Beute aus verschiedenen Gemeinschaften beziehen können (Polis et al. 1996). Ihre Individuenzahl und Biomasse haben sich in solchen Fällen also nicht ausschließlich auf den Beutepopulationen aufgebaut, die sie in einem bestimmten Gebiet kontrollieren.

Eine bedeutende Ressource für Pflanzen und die darauf aufbauenden Herbivoren ist Stickstoff, wie im Zusammenhang mit dem bottom-up-Modell von White bereits dargestellt wurde (s. Abschn. 10.1.1). Darüber hinaus kann das Stickstoffangebot vielfältige und komplexe Wirkungen auf die Interaktionen zwischen verschiedenen trophischen Ebenen ausüben, wie in einer Übersicht von Chen et al. (2010) dargestellt wurde (Abb. 10.26). Effekte der Stickstoffversorgung können sich nicht nur auf Herbivoren, sondern über verschiedene Mechanismen auch positiv oder negativ auf Prädatoren und Parasitoide auswirken. Beispiele für die in Abb. 10.26 aufgezeigten Beziehungen finden sich in Chen et al. (2010).

Nicht nur für sämtliche Wirbeltiere, sondern auch für verschiedene andere Arten ist Calcium eine bedeutende Ressource. In mitteleuropäischen Wäldern nehmen sowohl die Individuen- als auch die Artenzahlen von Gehäuselandschnecken mit ansteigendem Calciumgehalt bzw. dem pH-Wert in der obersten Bodenschicht deutlich zu (Martin u. Sommer 2004). Dies erklärt sich im Prinzip mit der Verfügbarkeit an Calcium, das zum Aufbau des aus Calciumcarbonat bestehenden Gehäuses dieser Tiere benötigt wird. Das Fehlen bzw. seltene Vorkommen von Gehäuseschnecken an bodensauren Waldstandorten kann sich auch auf die Populationen weiterer Arten auswirken: Singvögel haben in der Phase der Eierproduktion einen erhöhten Calciumbedarf, der bei vielen Arten

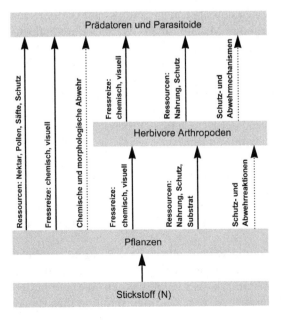

Abb. 10.26. Schematische Darstellung der Effekte von Stickstoff auf verschiedene trophische Ebenen. Durchgezogene Pfeile zeigen positive, und unterbrochene Pfeile zeigen negative Wirkungen. (Nach Chen et al. 2010)

hauptsächlich durch die Aufnahme von Schneckengehäusen gedeckt wird. Graveland u. van der Wal (1996) stellten in den Niederlanden fest, dass die Eier von Kohlmeisen *(Parus major)*, die in Wäldern ohne oder mit nur sehr wenigen Gehäuseschnecken brüten, etwa zur Hälfte Schäden (dünne und poröse Schalen) aufwiesen, wodurch sich der Reproduktionserfolg verringerte. An Standorten mit entsprechend höherer Schneckendichte gab es solche Mangelerscheinungen nicht.

> Qualität und Quantität verschiedener Ressourcen bestimmen nicht nur die Produktivität von Ökosystemen bzw. Biozönosen, sondern nehmen auch direkten oder indirekten Einfluss auf die Beziehungen zwischen verschiedenen Arten und trophischen Ebenen, die teilweise wechselseitig auf die kontrollierenden Prozesse in Biozönosen einwirken.

10.3.3
Witterung, Klima und andere physikalische Faktoren

Temperatur, Feuchte bzw. Niederschläge sowie vor allem für Pflanzen auch die Lichtverhältnisse haben große Bedeutung für die Lebensbedingungen der Arten und bestimmen wesentlich deren lokales Vorkommen und ihre geografische Verbreitung. Auch die Populationsdichte wird oft direkt von den permanent herrschenden oder vorübergehend wirksamen Einflüssen von Klima, Witterung und anderen physikalischen Faktoren gesteuert. Während es unzählige Beispiele gibt, die solche Einflüsse auf einzelne Artenpopulationen belegen, ist die Wirkung solcher Faktoren auf die Interaktionen der Arten vergleichsweise wenig untersucht. Einzelne Situationen wurden jedoch bereits dargestellt: Veränderungen von Temperatur und Luftfeuchte beeinflussen die Konkurrenzverhältnisse zwischen den beiden Käferarten *Tribolium confusum* und *T. castaneum*, wie die Experimente von Park (1954, 1962; s. Abschn. 5.3) gezeigt haben. In ähnlicher Weise hängt auch die Wirkung von interspezifischer Konkurrenz zwischen den Fischarten *Salvelinus malma* und *S. leucomaenis* von einem physikalischen Faktor, in diesem Fall der Wassertemperatur, ab (Taniguchi u. Nakano 2000; s. Abschn. 5.2.4).

Auch die Beziehungen zwischen verschiedenen trophischen Ebenen können durch physikalische Faktoren beeinflusst werden. Die in Abschnitt 10.2.3 vorgestellte Untersuchung von Chase (1996) hat gezeigt, dass Spinnen durch die Erbeutung von Heuschrecken bei experimenteller Beschattung, nicht aber unter natürlichen Bedingungen in der Lage sind, indirekt die Verringerung der pflanzlichen Biomasse weitgehend zu verhindern.

Ritchie (2000) ging in einem Feldexperiment der Frage nach, wie Nahrungsressourcen und Witterungseinflüsse die Dichte von Heuschreckenpopulationen in der nordamerikanischen Prärie beeinflussen. Hierfür versorgte er Parzellen mit Stickstoffdünger, um den N-Gehalt der Pflanzen und damit die Nahrungsqualität zu erhöhen. Auf diesen sowie auf naturbelassenen Kontrollparzellen wurde die Entwicklung der Heuschreckendichte über einen Zeitraum von 8 Jahren verfolgt. Es zeigte sich, dass die Individuenzahlen nach kühlen Sommern in beiden Varianten deutlich abnahmen. Nach warmen Jahren stieg die Zahl der Tiere auf den gedüngten Parzellen um ein Vielfaches stärker an als auf den ungedüngten Parzellen. Die Wirkung von bottom-up-Einflüssen kann demnach nicht unabhängig von den Witterungsbedingungen in den jeweiligen Untersuchungsjahren bewertet werden.

> Physikalische Faktoren wie Temperatur, Feuchtigkeit und Lichtverhältnisse können durch Unterschiede in den mikroklimatischen Standortsbedingungen auf die Interaktionen von Arten und die Kontrolle ihrer Populationen Einfluss nehmen. Durch die kurz- oder längerfristige Variabilität solcher Umwelteinflüsse kann es dabei auch zu vorübergehenden Veränderungen der Wirkungen kommen.

10.3.4
Zeitliche Dynamik

Im Fretwell-Oksanen-Modell üben die jeweils höchsten trophischen Ebenen eine top-down-Kontrolle auf die darunter liegende trophische Ebene aus (s. Abb. 10.6). Nach dem Modell von White kann es keine top-down-Kontrolle geben, da Herbivoren wie Prädatoren auf Grund des zu geringen Nahrungsangebots keine dafür ausreichend hohen Abundanzen ausbilden können. Wie lassen sich die Widersprüche zwischen diesen beiden Vorstellungen, die ja jeweils auch mit Beispielen belegt werden konnten, beseitigen? Bei der Analyse von Gemeinschaften können immer nur bestimmte zeitliche Ausschnitte betrachtet werden. Dadurch ist es nicht immer möglich zu erkennen, in welchem Stadium der Entwicklung sich eine Biozönose befindet. Vorangegangene Störungen und andere Faktoren könnten verhindert haben, dass die in einem System verfügbaren Ressourcen für den Aufbau der trophischen Ebenen bereits ausgeschöpft wurden. Dementsprechend können auch zukünftige Veränderungen kaum abgeschätzt werden. Matveev (1995) weist darauf hin, dass die Biomasse der zu einem gegebenen Zeitpunkt anwesenden Prädatoren stets von der Biomasse der Beute, die über einen früheren Zeitraum hinweg vorhanden war, bestimmt wird. Dieser Umstand diente bereits zur Erklärung von „Allens Paradox" (s. Abschn. 8.3.1). Darüber hinaus kann die zu einem entsprechenden Zeitpunkt erreichte Prädatorenbiomasse umgekehrt die zukünftige Biomasse der Beute bestimmen, was Matveev (1995) mit der folgenden Untersuchung belegt.

Die pelagische Biozönose eines kleinen, eutrophen Sees im Norden Argentiniens setzt sich zusammen aus Phytoplankton, Zooplankton (mit *Daphnia laevis* als dominanter Art) und einer prädatorischen Wassermilbe der Gattung *Piona*, die sich fast ausschließlich von Daphnien ernährt. Während einer Algenblüte im Frühjahr erreichte das Phytoplankton seine höchste Biomasse. Mit einer zeitlichen Verzögerung von 8 Tagen erreichte daraufhin die Biomasse des Zooplanktons ein Maximum. Nach insgesamt 13 Tagen wies die Phytoplankton-dichte, bedingt durch die Fressaktivitäten des Zooplanktons, wieder einen Tiefstwert auf. Fünf Tage nach dem Maximum des Zooplanktons entwickelte die Population von *Piona* durch den Konsum von *Daphnia* ihre höchste Dichte. Innerhalb eines Zeitraumes von 15 Tagen verringerte sich dadurch die Zooplanktonbiomasse deutlich, worauf die Biomasse des Phytoplanktons wieder anstieg. Diese Entwicklung läuft in zwei zeitlich ineinander greifenden Phasen ab: Zu Beginn erfolgt der Aufbau des Zooplanktons und der *Piona*-Population, wobei beide trophischen Ebenen entsprechend dem Modell von White bottom-up kontrolliert werden. Am Schluss übt *Piona* auf das Zooplankton eine top-down-Kontrolle aus, worauf das Phytoplankton vom Fraßdruck entlastet wird und mit einer Biomasseerhöhung reagiert. Dies steht in Einklang mit den Voraussagen des Fretwell-Oksanen-Modells für die Nahrungskettenlänge 3.

Dieses Ergebnis macht ebenso wie die in Abschnitt 10.3 vorgestellte Untersuchung von Kato (1994) deutlich, dass auch die Dauer bzw. der Zeitraum einer Untersuchung entscheidenden Einfluss auf die Bewertung eines Ergebnisses haben kann. Möglicherweise klärt dieser Umstand auch manche Widersprüche auf, die sich in vielen Untersuchungen in Bezug auf die Aussagen zur Kontrolle bestimmter trophischer Ebenen ergeben haben, indem sie entweder das Modell von White oder das Fretwell-Oksanen-Modell unterstützen.

> Durch die Entwicklung von Biozönosen (Sukzession) oder durch mehr oder weniger reguläre Veränderungen im Einfluss bestimmter Faktoren (z. B. saisonal unterschiedliche Ressourcenversorgung) ergeben sich oft Auswirkungen auf die Interaktionen der Arten. In Abhängigkeit von dem jeweils berücksichtigten zeitlichen Ausschnitt können ganz unterschiedliche Aussagen darüber, ob trophische Ebenen oder Vertreter derselben top-down oder bottom-up kontrolliert werden, zu Stande kommen.

10.3.5
Die Ökologie des Raums: vom lokalen zum globalen Maßstab

Ein weiterer Faktor von übergeordneter Bedeutung für die Interaktionen der Arten ist der räumliche Maßstab. Inwieweit die Einbeziehung dieses Faktors zum Verständnis der kontrollierenden Prozesse beitragen kann, zeigt sich bei näherer Betrachtung der verschiedenen Skalen.

Die **Größe eines Lebensraums** innerhalb einer Landschaft bzw. als Habitat-Insel ist von grundsätzlicher Bedeutung für die Zahl der Arten. Sie stehen in positiver Beziehung zueinander, die durch den typischen Verlauf der Arten-Areal-Kurven beschrieben wird (vgl. Abschn. 8.1). In vielen Fällen beruht dieser Zusammenhang auf der Flächengröße allein (Fläche per se-Effekt), in anderen nehmen auch biotische Prozesse, darunter die Interaktionen der Arten, Einfluss auf das Verhältnis zwischen Artenzahl und Flächengröße (s. Beispiele in Abschn. 8.1.3).

Anschaulich werden diese Aspekte bei der Betrachtung homogener Pflanzenbestände unterschiedlicher Größe, durch die die Beziehungen zu anderen Arten beeinflusst werden. Ein Beispiel in diesem Zusammenhang wurde bereits in Abschnitt 2.1 angeführt: Kleine Bestände der Pechnelke *(Viscaria vulgaris)* wiesen keinen Befall des Brandpilzes *Ustilago violacea* auf, während in größeren Beständen rund 25 % der Pflanzen infiziert waren. Ursache dafür sind wahrscheinlich Unterschiede in den Besuchsraten blütenbestäubender Insekten, die den Pilz übertragen (Jennersten et al. 1983).

Ebenfalls unter dem Aspekt der Größe der Pflanzenpopulation untersuchten v. Zeipel et al. (2005) in Schweden die Beziehungen zwischen dem Christophskraut *(Actaea spicata)* und dem Befall der Raupen der Blütenspannerart *Eupithecia immundata*, die sich in den heranreifenden Samen der Pflanzen entwickeln und darauf spezialisiert sind. Im Zusammenhang mit den Populationsgrößen wurden darüber hinaus auch die Parasitierungsraten der Raupen untersucht. Die Befallsraten der Samen standen in Beziehung zur Bestandesgröße der Pflanzen, aber nicht in einem linearen Zusammenhang. Den stärksten Befall wiesen Populationen mittlerer Größe auf, in denen die Parasitierungsraten der Raupen gleichzeitig gering waren, da die entsprechenden Parasitoide oft fehlten. In kleinen Populationen zeigten sich unterschiedliche Wirkungen: meistens trat ein hoher Samenbefall auf, da keine Parasitoide vorhanden waren, in anderen war kein Samenbefall zu finden, da die Raupen nicht vorkamen. In allen großen Beständen waren sowohl die Raupen als auch ihre Parasitoide anwesend, und letztere konnten den Raupenbefall so weit reduzieren, dass sich ein positiver Effekt auf die Fitness von *A. spicata* ergab. Unterschiede in den Umwelteinflüssen oder ein Effekt des Faktors Isolation der Pflanzenpopulationen konnte nicht festgestellt werden. V. Zeipel et al. zeigten mit diesen Ergebnissen, dass trophische Kaskaden von der Populationsgröße der unteren trophischen Ebenen beeinflusst werden können. Allgemein ziehen sie den Schluss, dass die Berücksichtigung des räumlichen Zusammenhangs notwendig ist, um die Bedeutung trophischer Interaktionen und Kaskadeneffekte in der Gesamtheit bewerten zu können.

Die **Habitat-Heterogenität** ist ein weiterer Faktor, der die Diversität verschiedener trophischer Ebenen und die Ausprägung von Arten-Interaktionen beeinflussen kann. Wie in Abschnitt 8.1.1 bereits ausgeführt wurde, können Unterschiede in der Bestandesgröße auch mit Veränderungen verschiedener abiotischer Faktoren in Verbindung stehen (z. B. in den mikroklimatischen Bedingungen), die sich auf die An- oder Abwesenheit anderer Arten oder auf deren Beziehungen auswirken können. Im kleinräumigen Maßstab hat oft die Vielfalt der Pflanzenarten einen relevanten Einfluss auf die strukturelle Diversität und beeinflusst die höheren trophischen Ebenen in verschiedener Weise. Zwischen den Artenzahlen der Pflanzen und den größtenteils spezialisierten Herbivoren ist grundsätzlich eine positive Beziehung zu erwarten, aber auch zu höheren trophischen Ebenen bestehen dadurch vielfältige Beziehungen. Ergebnisse dazu liegen vor allem aus Agrarökosystemen vor. Zahlreiche Untersuchungen befassten sich mit der Frage, ob und wie sich die Arten- und Individuenzahlen der Antagonisten phytophager Schädlinge zwischen Mischanbausystemen und Monokulturen verschiedener Kulturpflanzen unterscheiden. Eine Auswertung von mehr als 200 Studien ergab, dass rund die Hälfte (53 %) aller Prädatorenarten und drei Viertel (75 %) aller Parasitoidenarten in Mischkulturbeständen höhere Individuenzahlen aufwiesen als in Monokulturen (Andow 1991).

Dass für solche Verhältnisse in hohem Maße (wenn auch nicht ausschließlich) Unterschiede in der strukturellen Komplexität der jeweiligen Habitate verantwortlich sind, konnten Langellotto u. Denno (2004) belegen. Sie analysierten die Ergebnisse von 43 Studien, in denen gezielte Manipulationen der Strukturvielfalt vorgenommen wurden, um die Auswirkungen auf Prädatoren oder Parasitoide zu prüfen. Sie kommen zu dem Schluss, dass eine Erhöhung der strukturellen Habitat-Diversität prinzipiell bei allen prädatorischen Arthropodengruppen zu einem signifikanten Anstieg der Populationsdichten führt. Auf welche Weise dieser Faktor die Existenzbedingungen solcher Arten verbessert, ist nicht immer klar erkennbar. In vielen Fällen können eine höhere Vielfalt an Beutearten, ein effektiverer Beuteerwerb und ein besserer Schutz vor Umwelteinflüssen oder eigenen Feinden eine Rolle spielen. Weitere Aspekte der Zusammenhänge zwischen Habitat-Diversität und der Diversität verschiedener Tiergruppen liefern Tews et al. (2004).

Auf höherer Ebene bezieht sich der Aspekt der Habitat-Heterogenität auf die **Strukturvielfalt von Landschaften**. Unter natürlichen Bedingungen sind allein schon die Reliefbedingungen für vielfältige Unterschiede in den abiotischen Faktoren verantwortlich. Die Exposition (z. B. Nord- oder Südhang) sorgt für deutliche Unterschiede in den mikroklimatischen Verhältnissen. Verschiedene Reliefpositionen (Kuppen, Hänge, Senken und Täler) nehmen Einfluss auf die Art und die Eigenschaften der Böden (z. B. Nährstoffgehalte, pH-Wert, Feuchtigkeit). Hinzu kommen oft mehr oder weniger kleinräumige Unterschiede in den geologischen und damit auch in den pedologischen Verhältnissen. Außerdem sind häufig auch besondere Habitatstrukturen wie z. B. Gewässer mit unterschiedlichem Ufersubstrat (Kies, Sand), felsige oder lehmige Steilwände und andere Formationen vorhanden. Alle diese abiotischen Faktoren beeinflussen auf direkte oder indirekte Weise die Existenzbedingungen der Organismen und damit die Vielfalt und die Interaktionen der Arten bis hin zu den kontrollierenden Mechanismen verschiedener trophischer Ebenen.

In zahlreichen Landschaften trägt zusätzlich die anthropogene Landnutzung zur Habitat- und Strukturvielfalt bei. Äcker, Wälder und Wiesen prägen seit Jahrtausenden die ursprünglich vollständig bewaldete Landschaft Mitteleuropas, während z. B. in vielen tropischen Waldgebieten die Umgestaltung der Landschaft durch den Menschen erst seit wenigen Jahrzehnten im Gange ist. Solche Aktivitäten nehmen ebenfalls bedeutenden Einfluss auf die Prozesse in Biozönosen, die in zahllosen Studien unter verschiedenen Aspekten untersucht wurden. Von besonderer Bedeutung in solchen Landschaften sind u. a. die Beziehungen zwischen Blütenpflanzen und ihren Bestäubern (v. a. Wildbienen, Schwebfliegen und Schmetterlinge). Die Habitatstrukturen einer Kulturlandschaft beeinflussen in hohem Maße die Diversität der Bestäuberarten, was sich wiederum auf die Diversität und Produktivität vieler Wild- und Kulturpflanzenarten auswirkt (Fontaine et al. 2006; Aguilar et al. 2006; Steffan-Dewenter u. Westphal 2008; Ricketts et al. 2008).

Ein exemplarisches Beispiel für die Beziehungen zwischen Landnutzung, der Diversität von Bestäuberarten und Pflanzen ist eine noch unveröffentlichte Untersuchung von Meng et al. in der chinesischen Provinz Yunnan. Bis vor weniger als zwei Jahrzehnten war ein Seitental des Mekong größtenteils mit tropischem Wald bedeckt. Die Landnutzung bestand aus traditionellem Reisanbau in der Flussaue und Feldwaldwirtschaft mit Bracheflächen, bis ein großflächiger Anbau von Kautschuk *(Hevea brasiliensis)* erfolgte. Dies führte zu einem dramatischen Rückgang der Waldfläche und einer Fragmentierung der Landschaft mit jungen und alten Kautschukplantagen, isolierten Waldbeständen, Rodungsflächen sowie den Elementen der alten Kulturlandschaft. In dem Gebiet wurden 53 Schwebfliegenarten (Syrphidae) nachgewiesen, deren Vorkommen in den unterschiedlichen Habitaten eng mit der Zahl der dort jeweils vorhandenen krautigen Blütenpflanzenarten korreliert war (Abb. 10.27). Letztere stellen gleichzeitig einen Indikator für die „Offenheit" einer Landschaft dar, d.h. ihre Zahl geht mit fortschreitender Sukzession auf Grund zunehmender Beschattung zurück. Andere Verhältnisse zeigten sich beim Vorkommen von Wildbienen: rund $1/4$ der 44 nachgewiesenen Arten wurde ausschließlich an Waldstandorten gefunden, und ihre Häufigkeit korrelierte nicht mit der Zahl an krautigen Blütenpflanzenarten. Für viele Wildbienenarten stellt der ursprüngliche Wald demnach den natürlichen Lebensraum dar, während er für die Schwebfliegen nicht von Bedeutung ist. Letztere sind fast ausschließlich als Kulturfolger anzusehen, die ursprünglich aus anderen Regionen stammen.

Auch auf **Ebene der globalen Ökozonen** existieren zwischen klimatischen Faktoren, der Artenvielfalt und den kontrollierenden Prozessen entsprechender Biozönosen enge Zusammenhänge, wie prinzipiell aus folgendem Beispiel deutlich wird.

Jeanne (1979) wies nach, dass die Prädationsrate von Ameisen auf ihre Beute in den Tropen höher ist als in den gemäßigten Breiten: als Köder ausgelegte Wespenlarven wurden entlang eines Gradienten von 5 Standorten zwischen 43° N und 2° S in Amerika in zunehmend kürzerer Zeit von Ameisen entdeckt und erbeutet. Dies erklärt sich im Wesentlichen damit, dass die Zahl der Ameisenarten von 22 am nördlichsten Standort auf 74 am südlichsten Standort zunimmt. Entlang des Breitengrad-Gradienten verändert sich also nicht nur das Klima, sondern auch die Artenvielfalt und sich daraus ergebende Interaktionen der Arten. Bestimmte Beutearten können also auf Grund der höheren Prädatorenvielfalt in den Tropen einem höheren Prädationsrisiko ausgesetzt sein als in den gemäßigten Breiten.

Nicht nur bei den Ameisen, sondern auch bei fast allen anderen Tier- und Pflanzentaxa nimmt die Artenvielfalt von den Polen zum Äquator hin zu (z.B. Stevens 1989; Huston 1994). Im Einzelnen ist zwar nicht bekannt, worauf diese Tatsache beruht, aber es wird vermutet, dass zwischen der Artenvielfalt einer-

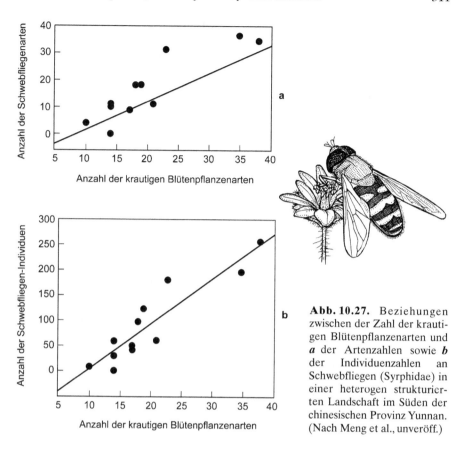

Abb. 10.27. Beziehungen zwischen der Zahl der krautigen Blütenpflanzenarten und **a** der Artenzahlen sowie **b** der Individuenzahlen an Schwebfliegen (Syrphidae) in einer heterogen strukturierten Landschaft im Süden der chinesischen Provinz Yunnan. (Nach Meng et al., unveröff.)

seits und der in verschiedenen Klimazonen zugeführten Solarenergie (gemessen an der Sonnenscheindauer oder der Temperatur) und der Wasserversorgung andererseits ein Zusammenhang besteht (z. B. Currie 1991; Rohde 1992). Einen Erklärungsansatz hierfür liefert die so genannte „Arten-Energie-Theorie" (z. B. Turner et al. 1988; Lennon et al. 2000; Kreft u. Jetz 2007; Hurlbert u. Jetz 2010).

Vor dem Hintergrund der Bedingungen in verschiedenen klimatischen Regionen können auch die kontrollierenden Mechanismen in Biozönosen deutlich variieren, wie Frank et al. (2007) bei marin-pelagischen Gemeinschaften des Atlantiks zeigten. In einer Auswertung von 26 Studien mit Untersuchungsgebieten von 32–74° N stellten sie geografische Unterschiede in der Kontrolle der trophischen Ebenen fest. Im westlichen Atlantik vor Nordamerika waren in den südlichsten Gebieten bottom-up-Mechanismen vorherrschend, in den nördlichsten waren es top-down-Prozesse. Prinzipiell dieselben Muster zeigten sich auch im östlichen Atlantik, waren jedoch auf gleicher geografischer Breite in beiden Regionen nicht identisch. Generell nahmen die

Artenzahlen nach Süden hin deutlich zu, lagen jedoch im östlichen Teil auf allen Breitengraden um das 2–3fache höher als im westlichen Teil. Frank et al. erklären die von den Breitengraden abweichenden Verhältnisse mit Unterschieden in den Wassertemperaturen, die durch Meeresströmungen bedingt sind. Allgemein sorgt der Golfstrom im östlichen Atlantik für deutlich wärmere Bedingungen als auf denselben Breiten im westlichen Atlantik. Alles in allem ergaben sich folgende Zusammenhänge: Gebiete bzw. Gemeinschaften mit geringen Artenzahlen sind überwiegend durch top-down-Kontrolle gekennzeichnet, und solche mit hohen Artenzahlen durch bottom-up-Kontrolle. Die Artenzahlen wiederum sind positiv korreliert mit den Wassertemperaturen.

> Räumliche Faktoren nehmen auf unterschiedlichen Ebenen (Habitat, Landschaft, Ökozonen) Einfluss auf die Ökologie von Biozönosen. Entsprechend der räumlichen Skala ergeben sich nicht nur Unterschiede in der Flächengröße, sondern auch (a) in der strukturellen Vielfalt, die sich aus dem Mosaik verschiedener abiotischer und biotischer Bedingungen ergibt und (b) in der Artendiversität und in den klimatischen Verhältnissen, die auch auf globaler Ebene miteinander in Zusammenhang stehen.

10.3.6
Kombinierte Einflüsse verschiedener Faktoren

In den vorangegangen Abschnitten wurden einzelne Faktoren, die bedeutenden Einfluss auf die kontrollierenden Mechanismen in Biozönosen nehmen können, exemplarisch behandelt. In verschiedenen Beispielen wurde aber bereits deutlich, dass solche Faktoren nicht isoliert oder unabhängig voneinander wirken, sondern oft miteinander in komplexen Zusammenhängen stehen. Wie sich die Faktoren Ressourcenverfügbarkeit, Arealgröße, Witterung und zeitliche Veränderungen auf die top-down- und bottom-up-Prozesse in einer Gemeinschaft auswirken können, zeigt anschaulich der folgende Fall.

Polis et al. (1998) untersuchten über einen Zeitraum von 5 Jahren die kontrollierenden Einflüsse auf die Netzspinnenpopulationen kleiner Inseln im Golf von Kalifornien. Dort herrschen mit rund 50 mm Niederschlag pro Jahr aride Bedingungen. Entsprechend gering ist die pflanzliche Produktivität (<100 g/m²/Jahr), und Herbivoren als Beute für die Spinnen sind selten. Eine bedeutende Ressource für die Biozönose auf den Inseln ist Detritus (hauptsächlich Algen und tote Meerestiere), der an die Küste gespült wird und die Nahrungsquelle für verschiedene Detritivoren, überwiegend Dipterenlarven, darstellt. Diese werden von den vorkommenden Prädatoren (Spinnen, Skorpione, Leguane) konsumiert. Die Feinde der Spinnen sind Skorpione, Leguane und Wegwespen (Pompilidae). Letztere erbeuten Spinnen zur Versorgung ihrer Larven. Welcher Faktor beeinflusst die Abundanz der Spinnen am stärksten – das Beuteangebot oder ihre Prädatoren? Polis et al. stellten fest, dass kleine Inseln in der Regel eine höhere Spinnendichte aufweisen als große. Hierfür sind vor allem zwei Faktoren verantwortlich. Kleine Inseln haben ein größeres Verhältnis zwischen der Länge der Küstenlinie und ihrer Fläche, d. h. kleine Inseln werden pro Flächeneinheit mit mehr marinem Detritus versorgt als große. Dadurch erhöht sich auch die Abundanz der Detritivoren, und es resultiert ein höheres Beuteangebot für die Spinnen. Zum anderen kommen auf den meisten kleinen Inseln keine Skorpione und Leguane vor, die aber auf allen größeren Inseln vorhanden sind. Die Wegwespen sind überall verbreitet, aber relativ selten, da die adulten Tiere von Pollen und Nektar leben, einer begrenzten Ressource auf Grund der spärlichen Vegetation. Die Spinnen sind somit bottom-up- und top-down-Einflüssen unterworfen, deren relative Bedeutung in erster Linie von der Größe der Insel ihres Vorkommens bestimmt wird.

Außer dieser räumlichen Variabilität konnten Polis et al. auch klimatisch bedingte Unterschiede im Einfluss der kontrollierenden Faktoren für die Spinnendichte feststellen. Sie resultierten als Folge eines El Niño-Ereignisses in den Untersuchungsjahren 1992 und 1993 mit außergewöhnlich hohen Niederschlägen. Diese führten zu einer bis zu 10fachen Erhöhung der pflanzlichen Produktivität in den beiden Jahren. Im Jahr 1992 verdoppelte sich daraufhin die Spinnendichte auf fast allen Inseln als Reaktion auf das durch die größere pflanzliche Biomasse bedingte höhere Beuteangebot. Im Jahr 1993 kollabierten die Spinnenpopulationen auf allen Inseln trotz der nach wie vor günstigen Ressourcenversorgung. Ihre Dichte lag unterhalb derer, die vor den El Niño-Jahren festgestellt wurde (Abb. 10.28). Die Ursache hierfür war eine starke Zunahme der Wegwespenpopulationen, was sich durch die verbesserte Versorgung der Tiere mit Nektar und Pollen erklären lässt.

Diese Studie zeigt, wie komplex und variabel die kontrollierenden Mechanismen verschiedener trophischer Ebenen in Abhängigkeit von verschiedenen Faktoren sein können: Die Inselgröße mit den kombinierten Effekten von Ressourcenversorgung und Prädation bestimmt die Spinnendichte in „normalen" Jahren. In den niederschlagsreichen El Niño-Jahren bestimmt die terrestrische Produktivität unabhängig von der Inselgröße die steuernden Prozesse. Sie fördert die Wegwespenpopulationen, die zuvor, unabhängig von der Spinnendichte, durch den Mangel an Blütenpflanzen begrenzt wurden. Somit wird Prädation der bestimmende Faktor für die Spinnendichte.

Vielschichtige Zusammenhänge zwischen der Ressourcenversorgung, der Artendiversität, der Produktivität und deren Veränderungen über die Zeit bestehen auch bei Pflanzengemeinschaften, die in ihrer gesamten Komplexität noch nicht erklärt werden können (Guo 2003; van Ruijven u. Berendse 2005; Warren et al. 2009; Jiang et al. 2009). Oft steigt die Artenvielfalt von Pflanzen mit zunehmender Nährstoffversorgung zunächst an und erreicht an einem bestimmten Punkt ein Maximum, nimmt aber bei weiterer Erhöhung des Ressourcenangebots wieder deutlich ab. Erklärungen für dieses „Paradox der Anreicherung" (Rosenzweig 1971) liefern in erster Linie biotische Prozesse. Bestimmte Pflanzenarten können ein hohes Nährstoffangebot (speziell an Stickstoff) effizienter nutzen als andere, die dann konkurrenzschwächer sind und verdrängt werden. Im Prinzip wie beim Nährstoffangebot, kann auch

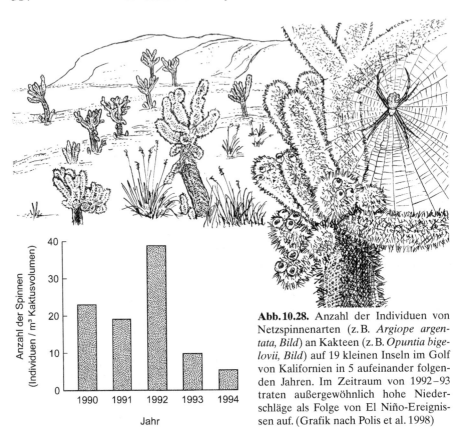

Abb. 10.28. Anzahl der Individuen von Netzspinnenarten (z. B. *Argiope argentata, Bild*) an Kakteen (z. B. *Opuntia bigelovii, Bild*) auf 19 kleinen Inseln im Golf von Kalifornien in 5 aufeinander folgenden Jahren. Im Zeitraum von 1992–93 traten außergewöhnlich hohe Niederschläge als Folge von El Niño-Ereignissen auf. (Grafik nach Polis et al. 1998)

sowohl ein sehr geringer als auch ein sehr starker Einfluss von weidenden Herbivoren zu einer geringeren Artenvielfalt einer Pflanzengemeinschaft als bei mäßiger Beweidungsintensität führen, wie u. a. das Beispiel von Zeevalking u. Fresco (1977) in Abschnitt 9.2 gezeigt hat. Dass wiederum ein Zusammenhang zwischen dem Nährstoffangebot, dem Einfluss von Herbivorie und der Zahl an Pflanzenarten besteht, zeigten Proulx u. Mazumder (1998) durch die Auswertung von Daten aus verschiedenen terrestrischen und aquatischen Gemeinschaften. Sie kommen zu dem Schluss, dass eine hohe Beweidungsintensität in nährstoffarmen Lebensräumen zu einem Rückgang der Zahl an Pflanzenarten führt, während derselbe Einfluss in nährstoffreichen Lebensräumen meist einen Anstieg der Pflanzenartenvielfalt verursacht. Im ersten Fall ist wahrscheinlich die geringe Fähigkeit der Pflanzen, Fraßverluste kompensieren zu können, der wichtigste Grund dafür, dass einzelne Arten verschwinden (s. auch Abschn. 2.1). Im zweiten Fall, unter nährstoffreichen Bedingungen, werden Pflanzengemeinschaften oft von wenigen Arten beherrscht. Diese sind unter hohem Fraßdruck möglicherweise weniger konkurrenzfähig, was die Etablierung anderer Arten ermöglicht.

Die kontrollierenden Mechanismen verschiedener trophischer Ebenen, die Artenvielfalt sowie die Produktivität von Biozönosen werden von zahlreichen abiotischen und biotischen Faktoren beeinflusst, zu denen das Ressourcenangebot, verschiedene physikalische Parameter sowie deren Variabilität in verschiedenen zeitlichen und räumlichen Skalen zählen. Diese wirken nicht unabhängig voneinander, sondern weisen oft vielschichtige Wechselwirkungen auf, die in ihrer gesamten Komplexität noch nicht erklärt werden können.

Zusammenfassung von Kapitel 10

Die Individuendichten bzw. Biomassen der einzelnen trophischen Ebenen oder der Populationen ihrer Vertreter können durch das Ressourcenangebot (bottom-up) oder durch Fressfeinde (top-down) begrenzt werden. Verschiedene Modelle und Hypothesen treffen Aussagen zur Bedeutung dieser Prozesse in Biozönosen. Nach dem bottom-up-Modell von White werden alle trophischen Ebenen vom Ressourcenangebot kontrolliert, alle Konsumenten sind somit nahrungslimitiert. Die HSS-Hypothese legt zu Grunde, dass in terrestrischen Systemen die Produzenten und die Prädatoren unter bottom-up-Kontrolle stehen, die Herbivoren dagegen top-down kontrolliert werden. Das Modell von Wiegert u. Owen für pelagische Systeme, in dem Prädatoren 1. Ordnung und 2. Ordnung unterschieden werden, geht ebenfalls von einer alternierenden Kontrolle der trophischen Ebenen aus, wobei aber für die kontrollierenden Mechanismen in der Abfolge der trophischen Ebenen umgekehrte Verhältnisse wie in der HSS-Hypothese angenommen werden. Das Fretwell-Oksanen-Modell schließlich, in das die HSS-Hypothese und das Modell von Wiegert u. Owen integriert wurden, trifft Aussagen zu Biozönosen mit 1–4 trophischen Ebenen und geht ebenfalls von einer alternierenden top-down- und bottom-up-Kontrolle aus. Es legt außerdem zu Grunde, dass die Zahl der trophischen Ebenen vom Ressourcenangebot bestimmt wird.

Ergebnisse aus Freilanduntersuchungen konnten jedoch für keines dieser Modelle uneingeschränkte Unterstützung liefern. Es hat sich gezeigt, dass die trophischen Ebenen häufig nicht alternativ durch Ressourcen oder Konsumenten begrenzt werden, sondern gleichzeitig unter top-down- und bottom-up-Kontrolle stehen können. Die bisher erstellten Modelle beruhen auch in anderen Punkten auf zu starken Abstraktionen der Prozesse in der Natur: (a) Die Annahme der Existenz von diskreten trophischen Ebenen entspricht in den wenigsten Fällen der Wirklichkeit, da sich viele Arten auf Basis ihres Nahrungsspektrums nicht eindeutig einer derselben zuordnen lassen. Auch die Artendiversität der verschiedenen trophischen Ebenen bzw. deren Unterschiede oder Veränderungen können sich auf die Interaktionen der Arten auswirken. (b) Einflüsse auf Produktivität und die strukturellen Merkmale von Biozönosen können von Ressourcen ausgehen, die nicht aus dem System selbst stammen. (c) Wirkungen verschiedener abiotischer Faktoren, die sich vor allem auf die Klima- und Witterungsbedingungen sowie auf deren Variabilität beziehen, müssen ebenfalls berücksichtigt werden. (d) Im Verlauf der Entwicklung einer Biozönose oder durch saisonale Veränderungen verschiedener Einflussfaktoren kann sich die Bedeutung von top-down- und bottom-up-Kräften verändern. (e) Die Prozesse in Biozönosen müssen auch im Kontext der verschiedenen räumlichen Ebenen (Habitat, Landschaft, Ökozönen) bewertet werden.

11 Resümee

Die einzelnen Kapitel dieses Buches befassten sich mit den Interaktionen zwischen Organismen sowie den Faktoren, die ihre Wirkungen beeinflussen. Prozesse, die grundlegende Bedeutung für die Zusammensetzung von Biozönosen haben, wurden unter Berücksichtigung zunehmend komplexer Zusammenhänge im Prinzip auf 3 Ebenen behandelt: (a) Die verschiedenen Interaktionen und ihre Einflüsse auf die beteiligten Artenpopulationen, (b) die Effekte multipler und kombinierter Interaktionen auf die Zahl der Arten und Individuen in Gemeinschaften und (c) die Interaktionen und ihre Wirkungen im Kontext verschiedener Modelle zur Kontrolle von Biozönosen. Wichtige Aspekte dieser Punkte werden abschließend und zusammenfassend in diesem Kapitel wiedergegeben.

11.1
Bestimmende Faktoren für Populationsgrößen und Artenvielfalt

Welche Faktoren bestimmen das Vorkommen von Arten und die Größe ihrer Populationen? Die in Bezug auf die Interaktionen gegebenen Antworten auf diese eingangs gestellte Frage sind, auch im Rahmen verschiedener abiotischer Bedingungen, in den nächsten Abschnitten zusammengestellt.

11.1.1
Einzelne Interaktionen

Die wesentlichen Wirkungen der Interaktionen (Phytophagie, Prädation, Konkurrenz, Mutualismus) auf die Entwicklung von Artenpopulationen bzw. die Zahl der Individuen sind im Einzelnen folgende:
- Phytophagie reduziert in vielen Fällen die Fitness von Pflanzen. Negative Einflüsse auf das Wachstum und die Reproduktion von Individuen bzw. die Entwicklung von Pflanzenpopulationen als Folge von mehr oder weniger starken Schädigungen sind jedoch nicht notwendigerweise die einzigen Wirkungen von Phytophagen. Grundsätzlich sind Pflanzen in der Lage, Fraß-

bzw. potenzielle Fitnessverluste zu kompensieren. Im Extremfall kann sogar eine Überkompensation, d. h. ein Fitnessgewinn resultieren. Über das Ergebnis entscheiden wesentlich die jeweiligen Existenzbedingungen. Pflanzen besitzen außer der Fähigkeit des kompensatorischen Wachstums auch eine Palette an Mechanismen der chemischen Abwehr, die geeignet sind, die Befalls- oder Fressraten von Phytophagen zu reduzieren.

- Durch Prädation werden zwar einzelne Individuen getötet, wodurch sich die Populationsdichte verringert, aber aus dieser Tatsache lassen sich noch keine Rückschlüsse auf die weitere Entwicklung einer Beutepopulation ziehen. Die Prädationsrate allein, die ihrerseits durch eine Vielzahl an biotischen und abiotischen Faktoren beeinflusst werden kann, ist kein ausreichendes Kriterium für die Bewertung von Prädationseffekten. So können z. B. bei gleicher Prädationsrate die Folgen für eine Population in Abhängigkeit vom Alter bzw. Stadium der erbeuteten Individuen sehr unterschiedlich sein. Prinzipiell ist es auch möglich, dass Prädation die intraspezifischen Konkurrenzverhältnisse verändert und daraus sogar ein positiver Effekt auf die Population resultiert: Die Zahl der Individuen, die ihre Entwicklung vollendet, kann bei Anwesenheit von Prädatoren höher sein als bei deren Abwesenheit, wenn der „Ausdünnungseffekt" von Prädation zu einer entsprechenden Erhöhung der Überlebensrate führt (Wilbur 1988).
- Die Voraussetzung für das Auftreten von interspezifischer Konkurrenz ist die begrenzte Verfügbarkeit einer Ressource, die durch zwei oder mehr Arten genutzt wird. Aus dieser Interaktion resultieren in der Regel negative Wirkungen auf Populationen. Diese sind in den meisten Fällen asymmetrisch, d. h. eine der beteiligten Artenpopulationen erfährt mehr oder weniger größere Nachteile als andere. Solche äußern sich meist nicht in einer direkten Eliminierung vorhandener Individuen, sondern in einer Verringerung ihrer Fitness bzw. in verringertem Populationswachstum. Im Extremfall kann es zur vollständigen Verdrängung einer Population von einer Ressource kommen, also zum Konkurrenzausschluss.
- Mutualismus kann in vielfältiger Weise in Erscheinung treten. Die Wirkungen dieser Interaktion sind oft variabel. Sowohl die Größe der beteiligten Populationen als auch der Grad ihrer Abhängigkeit voneinander entscheiden in hohem Maße darüber, inwieweit durch mutualistische Beziehungen das Wachstum der jeweiligen Populationen gefördert wird. Bei der passiven Form haben die beteiligten Artenpopulationen Nutzen, aber keine Kosten. In der extremsten Variante sind verschiedene Arten vollständig voneinander abhängig, was aber nicht unbedingt bedeutet, dass deren Populationen in gleichem Maße voneinander profitieren.

Aus der prinzipiellen Form einer Interaktion (Phytophagie, Prädation, Konkurrenz, Mutualismus), die zwischen bestimmten Arten auftritt, lassen sich keine allgemeinen Aussagen über deren Wirkung auf die Entwicklung der Zahl an Individuen der beteiligten Populationen treffen. Alle genannten Formen weisen diesbezüglich ein breites Spektrum an Effekten auf.

11.1.2
Kombinierte Interaktionen

Innerhalb einer Gemeinschaft bestehen in der Regel mehrere Interaktionen gleichzeitig zwischen bestimmten Arten, wobei in Bezug auf die Wirkung verschiedene Situationen auftreten können.

Die erste ergibt sich aus der Perspektive einer Artenpopulation und betrifft z. B. mehrere Konkurrenten oder mehrere Prädatoren, die jeweils mit unterschiedlicher Intensität auf die entsprechende Population einwirken. In solchen Fällen existiert ein breites Spektrum an Möglichkeiten des Einflusses auf die Individuenzahl, wobei die theoretisch zu erwartenden Effekte oft nicht den tatsächlich auftretenden entsprechen. Dies hat sich z. B. bei der gemeinsamen Wirkung von mehreren Prädatorenarten auf eine gemeinsame Beutepopulation gezeigt: Die Zahl der insgesamt erbeuteten Individuen kann höher, aber auch wesentlich niedriger sein als dies auf Grund des rein rechnerischen, additiven Effekts zu erwarten wäre.

Eine zweite Situation betrifft die Wirkungen einer oder mehrerer Arten auf verschiedene andere in einer Gemeinschaft und bezieht sich in erster Linie auf die direkten und indirekten Effekte von Prädation. Auch diesbezüglich gibt es eine Reihe von Möglichkeiten, die in Abhängigkeit von Prädationsrate, Größe der Beutepopulationen und Konkurrenz zwischen denselben realisiert sind. Im Prinzip handelt es sich um folgende (nach Schoener u. Spiller 1996):

- Bei hoher Prädationsrate und geringer oder fehlender Konkurrenz unter den Beutearten ist eine Reduktion der Individuenzahlen der einzelnen Beutepopulationen am wahrscheinlichsten. Wenn bestimmte Beutearten nur in geringer Dichte vorkommen, besteht die Möglichkeit, daß diese von den Prädatoren ausgelöscht werden.
- Die Erbeutung von Individuen aus Populationen, die untereinander in Konkurrenz stehen, muss dagegen nicht zu einer Verringerung der Gesamtzahl an Beuteindividuen führen, wenn der Prädator bestimmte Beutegrößen bevorzugt. Durch die selektive Nutzung bestimmter Arten oder Individuen verändern sich die Konkurrenzverhältnisse, wodurch sich die Überlebenschance oder die Reproduktionsrate anderer erhöhen kann.
- Wenn ein Prädator keine der konkurrierenden Arten bevorzugt und außerdem hohe Prädationsraten erzielt, ist wiederum eine Reduktion der Populationsdichten zu erwarten. Dies kann sich aber positiv auf die Artendiversität auswirken. Durch die geringen Populationsgrößen ist dann die Konkurrenz so weit reduziert, dass keine der potenziell überlegenen Arten eine andere von der Ressource ausschließen kann.

Eine dritte Situation tritt durch die Kombination der Interaktionen Mutualismus und Prädation auf und zeigt sich z. B. bei Beziehungen zwischen Ameisen und Pflanzenläusen sowie zwischen Pflanzen und Parasitoiden. In beiden Fällen basieren diese auf einer Form von Mutualismus, bei der die Prädatoren bzw. Parasitoide für eine Reduktion der jeweiligen Fressfeinde sorgen.

Die verschiedenen Interaktionen wirken in der Regel nicht unabhängig voneinander, sondern in kombinierter, direkter und indirekter Weise auf die Artenpopulationen. Dadurch wird nicht nur die Zahl der Individuen, sondern oft auch die Zahl der Arten einer Biozönose mitbestimmt. Der Ausschluss einzelner Arten aus dem Beziehungsgefüge ist dann bedingt durch die extremste Form der Wirkung von Interaktionen, die innerhalb des gesamten Spektrums auftreten, während Veränderungen in den Individuenzahlen die Folge der weniger intensiven Wirkungen sind. Eine allgemeine Aussage darüber, ob eine bestimmte Interaktion (z. B. Prädation oder Konkurrenz) für die Zusammensetzung von Biozönosen prinzipiell höhere Bedeutung hat als eine andere, kann nicht getroffen werden.

11.1.3
Kontrolle der trophischen Ebenen

Verschiedene Modelle zu den kontrollierenden Mechanismen in Biozönosen legen zu Grunde, dass einzelne trophische Ebenen entweder durch Ressourcen (bottom-up) oder durch Konsumenten (top-down) begrenzt werden. Das Modell von White postuliert eine bottom-up-Kontrolle der gesamten Gemeinschaft und geht davon aus, dass die Dichte der Herbivoren allgemein durch Nahrungsressourcen begrenzt ist und die der Prädatoren durch die Verfügbarkeit ihrer Beute. Demnach sind alle Konsumenten nahrungslimitiert. Die Aussagen zu den wirksamen Mechanismen in terrestrischen (HSS-Hypothese) und pelagischen Biozönosen (Modell von Wiegert u. Owen) sind Bestandteile des Fretwell-Oksanen-Modells, nach dem die Produktivität eines Systems einen entscheidenden Einfluss auf die Kontrolle der einzelnen trophischen Ebenen ausübt.

Das Fretwell-Oksanen-Modell trifft Aussagen zu Systemen mit 1–4 effektiv bedeutsamen trophischen Ebenen und postuliert, dass (a) die Zahl solcher trophischen Ebenen vom Ressourcenangebot bestimmt wird, (b) die jeweils höchste trophische Ebene eine top-down-Kontrolle auf die darunter liegende ausübt und (c) bottom-up- und top-down-Kontrolle sich zwischen den trophischen Ebenen stets abwechseln.

Ergebnisse aus Freilanduntersuchungen konnten jedoch für keines dieser Modelle uneingeschränkte Unterstützung liefern. Die verschiedenen in den vorangegangen Kapiteln angeführten Untersuchungen aus den unterschiedlichsten terrestrischen, limnischen und marinen Systemen haben gezeigt, dass insgesamt sehr unterschiedliche Situationen realisiert sein können:

- Für alle Modelle lassen sich Beispiele finden, welche die jeweils getroffenen Aussagen zur Kontrolle der trophischen Ebenen unterstützen. Allgemein sind solche Situationen jedoch eher die Ausnahme als die Regel.
- In der Mehrzahl der Fälle hat sich gezeigt, dass die trophischen Ebenen nicht alternativ durch Ressourcen oder Konsumenten begrenzt werden, sondern gleichzeitig unter top-down- und bottom-up-Kontrolle stehen können. Die relative Stärke der jeweiligen Kräfte kann wiederum von den Einflüssen ver-

schiedener anderer abiotischer und biotischer Faktoren abhängen und sich damit von Situation zu Situation unterscheiden.

- Einige Fälle belegen außerdem, dass zeitlich bedingte Unterschiede bei den kontrollierenden Mechanismen in Biozönosen auftreten können. Im Extremfall wird eine bestimmte trophische Ebene zu einem Zeitpunkt bottom-up, zu einem anderen top-down kontrolliert.

Weder das Fretwell-Oksanen-Modell noch das Modell von White, in denen unterschiedliche Aussagen zur Kontrolle verschiedener trophischer Ebenen getroffen werden, liefern ausreichend genaue Grundlagen für die Erklärung der kontrollierenden Mechanismen in Biozönosen. Beide gehen davon aus, dass trophische Ebenen klar voneinander abgrenzbare Einheiten bilden, was aber gewöhnlich nicht der Fall ist. Die Entwicklung der einzelnen Artenpopulationen wird in der Regel von einer Kombination an Faktoren bestimmt. Wirkungen gehen nicht nur von Prozessen innerhalb der Biozönose oder vom Ressourcenangebot aus, sondern auch von Witterungseinflüssen und anderen abiotischen Faktoren, welche die Intensität einzelner Interaktionen steuern und damit ihre relative Bedeutung verändern können. Die verschiedenen Einflüsse unterliegen oft auch einer erheblichen zeitlichen Dynamik und müssen außerdem im räumlichen Kontext betrachtet werden, sodass Aussagen zu den in einer bestimmten Situation stattfindenden Prozessen nicht immer verallgemeinert werden können.

11.2
Grenzen und Perspektiven in der Biozönoseforschung

Was sind Biozönosen? Ausgehend von der Definition von Möbius (1877) wurden sie in Abschnitt 1.1 anhand von funktionalen Kriterien charakterisiert: Es handelt sich um Gefüge von Arten, deren Populationen in Interaktion stehen, sich also durch Nahrungsbeziehungen, Konkurrenz, Mutualismus oder Kombinationen davon ein- oder wechselseitig beeinflussen. Bereits bei den von Möbius als Beispiel herangezogenen Austernbänken hat sich gezeigt, dass sowohl die räumliche als auch die zeitliche Dimension solcher Wirkungsgefüge nicht befriedigend festgelegt werden können. Dieses Problem konkretisiert sich in der Biozönoseforschung, die zum Ziel hat, diejenigen Prozesse aufzudecken, die das Zusammenleben von Arten steuern und deren Zahl und Individuendichte bestimmen. In der Praxis zeigt sich rasch, dass „die Biozönose" eine abstrakte Vorstellung ist, die in dieser Form kaum vollständig erfasst bzw. wiedergegeben werden kann. Es muss daher versucht werden, Abgrenzungen festzulegen, d. h. Ausschnitte aus Biozönosen und Untersuchungsansätze zu finden, anhand derer sich bestimmte Prinzipien erkennen lassen, die in verschiedenen Assoziationen von Arten von Bedeutung sind. Solche Ansätze wurden in den vorangegangenen Kapiteln zusammen mit den wichtigsten Ergebnissen vorgestellt und sind im Wesentlichen folgende:

1. Die Auswahl eines mehr oder weniger homogenen, räumlichen Ausschnitts einer Biozönose, der sowohl anhand seiner Grenzen als auch seines Arteninventars (ggf. mit Hilfe der Bestimmung eines Minimumareals) festgelegt wird. Dieser liefert z. B. die Grundlage für die Untersuchung des Zusammenhangs zwischen Artenzahl und Flächengröße.

2. Die Auswahl eines funktionellen Ausschnitts, dessen Grenzen in erster Linie anhand einer Interaktion, nämlich den Nahrungsbeziehungen in Form eines Nahrungsnetzes, angegeben werden. Diese Gefüge liefern die Grundlage für die Bestimmung verschiedener Parameter wie dem Prädator/Beute-Verhältnis und dem Verknüpfungsgrad, mit deren Hilfe prinzipielle Eigenschaften von Nahrungsnetzen erkannt werden sollen.

3. Die Auswahl von bestimmten Arten, deren Interaktionen und ihre Folgen für Populationen oder einzelne Individuen untersucht werden, also z. B. die Wirkungen von Herbivorie, interspezifischer Konkurrenz oder von kombinierten, direkten und indirekten Interaktionen.

4. Die Auswahl von Artengruppen unter dem Aspekt ihrer Funktion bzw. ihrer Position in der Nahrungskette, d. h. ihre Zuordnung zu trophischen Ebenen, die dann als Ganzes in Bezug auf ihre Wirkungen aufeinander untersucht werden. Auf solchen Gefügen basieren z. B. verschiedene Modelle zu den kontrollierenden Mechanismen in Biozönosen.

Bei allen diesen Ansätzen gibt es jedoch Grenzen der Aussagekraft, die im Wesentlichen durch die zu Grunde liegenden Theorien und methodische Schwierigkeiten gesetzt sind:

*   Ökologische Modelle, die den Anspruch haben, allgemein gültige Aussagen zu Prozessen zu treffen, welche die Struktur von Biozönosen bestimmen, basieren auf viel zu stark vereinfachten Annahmen und werden den tatsächlichen Verhältnissen in der Regel nicht gerecht. So wurde bei der Gleichgewichts-Theorie die Bedeutung von Interaktionen zwischen Arten bei der Erklärung für den Zusammenhang zwischen Artenzahl und Flächengröße weitgehend ignoriert. Beim Fretwell-Oksanen-Modell hat sich gezeigt, dass die Annahme der Existenz von abgrenzbaren trophischen Ebenen nicht den realen Bedingungen entspricht und außerdem weitere Faktoren auf die Interaktionen Einfluss nehmen, die dort nicht berücksichtigt sind.

*   Bei allen Ansätzen bestehen in der Praxis grundsätzliche methodische Probleme, die v. a. die Übertragbarkeit der Ergebnisse erheblich einschränken. Sie betreffen in den meisten Fällen die Erfassung der Arten, die Aufdeckung ihrer Beziehungen sowie den zeitlichen Rahmen der Beobachtungen. Solche Schwierigkeiten haben z. B. den Versuch, Biozönosen auf der Basis von Nahrungsnetzen zu charakterisieren, wesentlich behindert. Aus den genannten Gründen gelang es nicht, Nahrungsnetze ausreichend genau zu erstellen, um sie anhand von bestimmten Parametern uneingeschränkt vergleichen zu können.

Insgesamt wird deutlich, dass nicht „die Biozönose" selbst, sondern nur Ausschnitte derselben Gegenstand praktischer Untersuchungen sein können.

Letztere beziehen sich auf bestimmte **Gemeinschaften von Arten**, die im Hinblick auf das Untersuchungsziel unterschiedlich gewählt werden können. Es kann sich demnach handeln um (a) eine funktionell zusammenhängende Auswahl an Arten, zwischen denen z. B. die Nahrungsbeziehungen betrachtet werden, (b) bestimmte funktionelle oder taxonomische Gruppen von Arten, z. B. Herbivoren, Plankton, Laufkäfer (Carabidae), auf welche die Wirkung bestimmter Faktoren untersucht wird oder (c) die auf einer definierten Fläche oder in einer Raumeinheit vorkommenden Arten bzw. Vertreter bestimmter Organismengruppen.

Praktisch allen in diesem Buch vorgestellten Untersuchungen bzw. Experimenten zu den verschiedenen Aspekten der interspezifischen Beziehungen und ihren Konsequenzen für die Größe oder die Zahl von Artenpopulationen lagen solche Gemeinschaften zu Grunde. Die daraus gewonnenen Daten und Erkenntnisse sind Teile des Mosaiks, das zusammengefügt ein Bild von allen relevanten Prozessen und ihren Wirkungen liefert, die in Biozönosen stattfinden. Bisher sind aber noch nicht alle Teile bekannt, d. h. verschiedene Muster und Prozesse müssen erst noch aufgedeckt werden.

Aus den Forschungsergebnissen verschiedener Fachgebiete zeichneten sich innerhalb der letzten Jahre einige richtungsweisende Schwerpunkte ab, die in verschiedenen Kapiteln bereits angesprochen wurden und weitere grundlegende Einsichten erwarten lassen. Mit Blick auf die Frage nach den Mechanismen und bestimmenden Faktoren der Interaktionen der Arten und den kontrollierenden Prozessen in Biozönosen handelt es sich hauptsächlich um folgende Ansätze (mit Angaben grundlegender Literatur):

- Die biochemischen Interaktionen zwischen den Arten auf verschiedenen Ebenen: Im Einzelnen betrifft dieser Aspekt (a) den Bereich der Kommunikation zwischen Pflanzen, (b) die Beziehungen zwischen Pflanzen und Herbivoren im Kontext der induzierten Abwehr und (c) die indirekte induzierte Abwehr, d. h. die Beziehungen zwischen Pflanzen und den Prädatoren der Herbivoren (Agrawal 2005; Baldwin et al. 2006; Arimura et al. 2009; Dicke u. Baldwin 2010).
- Die Bedeutung der Biodiversität für die kontrollierenden Mechanismen in Biozönosen: Angesprochen sind dabei (a) die Artenvielfalt auf den verschiedenen trophischen Ebenen (Produzenten, Herbivoren, Prädatoren) und der Zusammenhang dieser Muster mit der Ressourcenversorgung (Duffy et al. 2007; Tylianakis u. Romo 2010; Cardinale et al. 2006a,b), und (b) auch die Bedeutung der genetischen Diversität innerhalb der Populationen verschiedener Arten für die Interaktionen zwischen verschiedenen trophischen Ebenen (Wu et al. 2008; Poelman et al. 2009; Snoeren et al. 2010).
- Die räumliche Variabilität: Hier geht es um die Frage, inwieweit sich die Veränderungen verschiedener Faktoren (Arealgröße, strukturelle Komplexität, abiotische Ressourcen, Artdiversität und Klimabedingungen) auf verschiedenen räumlichen Skalen (Habitat, Landschaft, Ökozonen) auf die der Prozesse in Biozönosen auswirken (Gripenberg u. Roslin 2007).

- Die zeitliche Dynamik: Durch die Wirkungen äußerer oder innerer Faktoren sind alle Ökosysteme einem kurz- oder langfristigen Wandel unterworfen, der sich auch auf die Struktur und die Regulation von Biozönosen auswirkt (Milner et al. 2007; MacDougall et al. 2008). Abrupte Veränderungen ergeben sich aus natürlichen Katastrophen und anthropogenen Eingriffen, die an einem Standort und innerhalb von Landschaften zu Sukzessionen führen. Vielfach finden in deren Verlauf auch dynamische Veränderungen von top-down- und bottom-up-Prozessen statt (Schmitz et al. 2006; Finzi u. Rodgers 2009), deren Ursachen und Muster weiter untersucht und entsprechend interpretiert werden müssen.

Insgesamt muss versucht werden, die Wirkungen der verschiedenen biotischen und abiotischen Faktoren zu bewerten und allgemeine Aussagen darüber zu treffen, unter welchen Bedingungen bestimmte Muster in der Zusammensetzung von Biozönosen als Folge von multiplen Einflüssen resultieren. Damit wäre eine Grundlage für die Erstellung einer umfassenden ökologischen Theorie geschaffen, die das Zusammenleben der Arten erklärt und in ihrer Bedeutung mit der Evolutionstheorie verglichen werden kann, die eine Antwort auf die Entstehung der Arten gibt.

Glossar

abiotische Faktoren *(abiotic factors)*: Faktoren bzw. deren Wirkungen, die von der unbelebten Umwelt auf Organismen ausgehen. Es sind im Wesentlichen Klimaeinflüsse, chemisch-physikalische Eigenschaften des Bodens oder des Wassers sowie geografische Bedingungen (vgl. →biotische Faktoren).

Abundanz *(abundance)*: Zahl der Individuen bestimmter Organismen, die in der Regel auf eine Flächen- oder Raumeinheit bezogen wird.

aerob *(aerobic)*: Bezeichnung für Organismen, die für ihre Stoffwechselprozesse Sauerstoff benötigen. Im Gegensatz dazu können anaerobe Organismen ohne Sauerstoff leben.

Agrarökosystem *(agroecosystem)*: vom Menschen gestaltetes und von diesem durch regelmäßige Eingriffe in seinem Arteninventar und in seiner Funktion gesteuertes →Ökosystem, das der Produktion von Nutzpflanzen dient.

allochthon *(allochthonous)*: nicht aus dem →Lebensraum stammend, sondern von außen eingetragen (vgl. →autochthon).

Altruismus *(altruism)*: uneigennütziges Verhalten von Individuen, das anderen Individuen derselben Art Vorteile bringt.

annuell *(annual)*: Pflanzen, die ihre Entwicklung von der Keimung bis zur Samenbildung innerhalb einer Vegetationsperiode bzw. eines Jahres beenden und dann absterben (vgl. →perennierend).

Antagonisten *(antagonists)*: Gegenspieler (Fressfeinde und →Pathogene).

aquatisch *(aquatic)*: dem Wasser angehörend oder dasselbe betreffend (vgl. →limnisch und →marin).

Arten-Areal-Kurve *(species-area curve)*: grafische Darstellung der Beziehung zwischen Artenzahl und Flächengröße (s. auch →Minimumareal).

Artendiversität *(species diversity)*: hier gleich bedeutend mit Artenvielfalt verwendet, d. h. die Zahl der Arten einer →Gemeinschaft oder eines definierten Areals.

Aufwuchs *(aufwuchs)*: →Gemeinschaft der Organismen, die sich in einem →aquatischen

→Lebensraum permanent auf einem Substrat (z. B. Pflanzen, Steine) aufhalten. Zu diesen gehören v. a. Algen, Bakterien, →Cyanobakterien, Protozoen und Pilze.

Ausbeutungskonkurrenz *(exploitative competition)*: →Konkurrenz.

autochthon *(autochthonous)*: aus demselben →Lebensraum stammend (vgl. →allochthon).

autotroph *(autotrophic)*: sich ohne den Bedarf an organischer Substanz ernährend. Fotoautotroph sind grüne Pflanzen, die ihre Biomasse aus anorganischen Verbindungen unter Verwendung von Lichtenergie aufbauen (Fotosynthese). Chemoautotroph sind bestimmte Bakterien, die hierfür die durch Oxidation von anorganischen Substanzen gewonnene Energie nutzen (vgl. →heterotroph).

Benthal *(benthal)*: →Lebensraum der Böden von Gewässern (Seen, Flüsse, Meere).

Benthos *(benthos)*: die im →Benthal lebenden Organismen.

biologische Schädlingsbekämpfung *(biological control)*: der Einsatz von →Prädatoren, →Parasitoiden, →Pathogenen (→Antagonisten) oder von Konkurrenten mit dem Ziel, die →Abundanz von →Phytophagenpopulationen niedrig zu halten und dadurch entsprechend geringere Schädigungen von Pflanzen zu erreichen.

biotische Faktoren *(biotic factors)*: Faktoren bzw. deren Wirkungen, die von Organismen auf andere Organismen ausgehen, also im Wesentlichen die verschiedenen →Interaktionen darstellen (vgl. →abiotische Faktoren).

Biotop *(biotope, habitat)*: Begriff, der ursprünglich nur für den →Lebensraum einer →Biozönose verwendet wurde und sich damit ausschließlich auf die →abiotische Komponente der Umwelt bezieht. In erweiterter Form und in Bezug auf eine →Gemeinschaft umfasst er auch →biotische Merkmale, die für bestimmte Arten Bedeutung haben. In diesem Fall sind die Begriffe Biotop und →Lebensraum identisch.

Biozönose *(biocoenosis, community)*: ein Gefüge von Arten, deren →Populationen in →Interaktion stehen, sich also durch Nahrungsbeziehungen, →Konkurrenz, →Mutualismus oder Kombinationen davon ein- oder wechselseitig beeinflussen. Eine konkrete räumliche Abgrenzung von Biozönosen lässt sich in der Regel nicht vornehmen (vgl. →Gemeinschaft).

Blaualgen *(blue green algae)*: →Cyanobakterien.

boreal *(boreal)*: Bezeichnung für die kalt-gemäßigte Klimazone der Nadelwälder mit relativ kühlen, feuchten Sommern und langen, kalten Wintern (vgl. →nemoral).

bottom-up-Kontrolle *(bottom-up control)*: →Kontrolle der Individuenzahl bzw. Biomasse von →trophischen Ebenen oder →Populationen „von unten nach oben", d. h. durch das Angebot von →Ressourcen (vgl. →*top-down*-Kontrolle).

Cyanobakterien *(Cyanobacteria)*: auch Blaualgen oder blau-grüne Algen genannt, gehören zu den Bakterien, d. h. sie sind →Prokaryoten und keine echten Algen. Sie sind fähig, Fotosynthese durchzuführen und Luftstickstoff zu fixieren. Ihre Lebensweise ist →aquatisch.

Destruenten *(destruents)*: →heterotrophe Organismen, die sich von totem organischen Material (→Detritus) ernähren. Funktionell zu unterscheiden sind 2 Gruppen, die →Reduzenten und die →Detritivoren.

Detritivoren *(detritivores)*: Konsumenten von →Detritus (s. auch →Destruenten).

Detritus *(detritus)*: im engeren Sinne totes organisches Material pflanzlicher oder tierischer Herkunft. Es kann sich in unterschiedlichen Stadien des Abbaus befinden und ist daher meist mit →Destruenten assoziiert. →Detritivoren nehmen deshalb oft nicht nur tote Bestandteile auf, sondern auch lebende Mikroorganismen, die z. T. ebenfalls der Ernährung dienen. Auf Grund dessen sind viele Detritivoren als →Omnivoren anzusehen. Im Wasser gelöste organische Substanzen, die von lebenden oder toten Organismen freigesetzt werden, können im weiteren Sinne ebenfalls als Detritus angesehen werden.

Diarrhö *(diarrhoea)*: Durchfall.

dichteabhängige Faktoren *(density-dependent factors)*: Faktoren, welche die Individuendichte einer →Population beeinflussen, aber entsprechend der Populationsgröße mit unterschiedlicher Intensität wirken. So sind z. B. die durch →Konkurrenz, Verfügbarkeit von →Ressourcen oder →Pathogene verursachten Wirkungen um so stärker, je größer die Populationsdichte ist (vgl. →dichteunabhängige Faktoren).

dichteunabhängige Faktoren *(density-independent factors)*: Faktoren, welche die Individuendichte einer →Population beeinflussen können und unabhängig von der jeweiligen Populationsgröße wirken, z. B. Witterungsbedingungen wie Trockenheit, strenge Winter oder starke Niederschläge (vgl. →dichteabhängige Faktoren).

diurnal *(diurnal)*: einen Zeitraum von 24 Stunden betreffend.

Diversität *(diversity)*: →Artendiversität.

Elaiosomen *(elaiosoms, ant-fruits)*: fett-, eiweiß- oder zuckerreiche Samenanhängsel, die bei verschiedenen Pflanzenarten ausgebildet sind und wahrscheinlich dazu dienen, Ameisen als Samenverbreiter anzulocken (s. auch →Myrmecochorie).

El Niño (spanisch; Kind bzw. Christkind): in Abständen von 2–7 Jahren meist um die Weihnachtszeit auftretende Klimaanomalie im äquatorialen Pazifikraum zwischen Asien und Südamerika als Ergebnis bestimmter Wechselwirkungen zwischen Atmosphäre und Ozean. In normalen Jahren sind die Temperaturen des Meerwassers an der Oberfläche im westlichen Pazifik deutlich höher als vor der Küste Südamerikas, wo der kühle Humboldtstrom an die Oberfläche trifft. In El Niño-Jahren wird der Humboldtstrom verdrängt und die Wassertemperatur im östlichen Pazifik steigt je nach Stärke des Ereignisses um 2–12 °C an. Als Folge dieser Erwärmung kommt es zur Wolkenbildung und zu ungewöhnlich hohen Niederschlägen in weiten Teilen der amerikanischen Pazifikküste.

Endemie *(endemic)*: Eine ständig oder über längere Zeit in einem bestimmten Gebiet auftretende Infektionskrankheit.

Endemische Arten, Endemiten *(endemic species)*: Arten oder höhere Taxa von Organismen, deren Gesamtverbreitung auf ein relativ kleines und abgeschlossenes Areal beschränkt ist. Ihr Lebensraum ist in der Regel geografisch oder ökologisch von der Umgebung isoliert (z. B. Inseln, Seen, Berge, Gebirgstäler) und stellt entweder das evolutionäre Entstehungsgebiet oder das Reliktvorkommen ehemals weiter verbreiteter Arten dar.

Endokarp *(endocarp)*: innerste Schicht der Fruchtwand.

Epidemie *(epidemic)*: Gehäuftes Auftreten einer Krankheit über einen relativ kurzen Zeitraum.

Eukaryoten *(eucaryotes)*: Zusammenfassende Bezeichnung für alle Organismen, deren Zellen einen echten Zellkern besitzen (im Gegensatz zu den →Prokaryoten).

eutroph *(eutrophic)*: nährstoffreich. Dieser Begriff bezieht sich meist auf Gewässer und bezeichnet solche mit hohem →Trophiegrad.

exotische Arten, Exoten *(exotic species, alien species)*: Arten, die aus ihrem ursprünglichen Verbreitungsgebiet in eine neue, davon isolierte Region transportiert wurden, was in der Regel durch anthropogene Aktivitäten (beabsichtigte oder unbeabsichtigte Verbreitung) geschieht. Darunter fallen sämtliche Kultur- und Zierpflanzenarten sowie Nutztiere, die aus jeweils anderen Regionen stammen und gezielt etabliert wurden, sowie eine Vielzahl an Kulturfolgern. Das Vorkommen exotischer Arten ist auf die Standorte ihrer Etablierung begrenzt. Exotische Arten, die ihr Verbreitungsgebiet in der neuen Region durch selbständige Vermehrung erweitern können, stellen →invasive Arten dar.

Filtrierer *(filter feeders)*: →aquatische Tiere, die einen Wasserstrom erzeugen, welcher ihrem Verdauungssystem Nahrung zuführt.

Fitness *(fitness)*: der relative Beitrag eines Individuums zur Nachkommenschaft einer →Population. „Fit sein" im darwinschen Sinne ist die Fähigkeit eines Genotyps, vorzeitigem Tod zu entkommen und einen möglichst hohen Reproduktionserfolg zu erzielen.

funktionelle Reaktion *(functional response)*: findet statt durch →Prädatoren, die auf den Anstieg der Zahl an Beuteindividuen mit einer Erhöhung der Tötungsrate reagieren (vgl. →numerische Reaktion).

Gemeinschaft *(community)*: besteht aus Arten, die einen bestimmten Ausschnitt aus einer →Biozönose darstellen. Es kann sich dabei handeln um (a) eine funktionell zusammenhängende Auswahl an Arten, zwischen denen z.B. die Nahrungsbeziehungen betrachtet werden, (b) bestimmte funktionelle oder taxonomische Gruppen von Arten, z.B. →Herbivoren, →Zooplankton, Laufkäfer (Carabidae), auf welche die Wirkung bestimmter Faktoren untersucht wird, oder (c) die auf einer definierten Fläche oder in einer Raumeinheit vorkommenden Arten bzw. Vertreter bestimmter Organismengruppen.

Generalisten *(generalists)*: Tierarten, die ein breites Nahrungs- bzw. Wirtsspektrum nutzen.

Geophyten *(geophytes)*: auch Kryptophyten genannt, sind →perennierende, krautige Pflanzen, deren oberirdische Teile zwar am Ende der Vegetationsperiode absterben, ihre unterirdischen Organe (z.B. Zwiebeln, Knollen, Rhizome) jedoch erhalten bleiben und die ungünstige Jahreszeit überdauern.

Granivoren *(granivores)*: Tiere, die Pflanzensamen fressen (vgl. →Phytophagen).

Habitat *(habitat)*: anderer Begriff für →Lebensraum bzw. →Biotop.

Herbivoren *(herbivores)*: Tiere, die sich vom pflanzlichen →Kormus ernähren: Blatt-, Stängel- und Wurzelfresser, Pflanzensaftsauger, Minierer und Gallenbildner (vgl. →Phytophagen).

heterotroph *(heterotrophic)*: sind Organismen, die in ihrer Ernährung auf organische Verbindungen, die von anderen (lebenden oder toten) Organismen stammen, angewiesen sind. Zu ihnen zählen Tiere, Pilze und die meisten Bakterien (vgl. →autotroph).

Honigtau *(honeydew)*: zuckerreicher Kot der Phloemsaft saugenden Pflanzenläuse (Blatt- und Schildläuse).

Imago *(imago)*: geschlechtsreifes Stadium (Adultstadium) von Arthropoden.

Immunität *(immunity)*: Eine erworbene Widerstandsfähigkeit eines Organismus gegenüber bestimmten Krankheitserregern

induzierte Abwehr *(induced defense)*: bei Pflanzen eine physiologische Reaktion, die durch die Fresstätigkeit von →Herbivoren hervorgerufen wird und dazu führt, dass die Attraktivität der Pflanze oder der befallenen Teile für Konsumenten vermindert wird.

Infloreszenz *(inflorescence)*: der Blütenbildung dienendes Sprosssystem der Samenpflanzen, das sich vom rein vegetativen Bereich (→Kormus) mehr oder weniger deutlich absetzt.

Interaktionen *(interactions)*: →inter- oder →intraspezifische Beziehungen, und zwar →Phytophagie, →Prädation, →Konkurrenz und →Mutualismus.

Interferenz *(interference)*: →Konkurrenz.

interspezifisch *(interspecific)*: Beziehung zwischen Populationen oder Individuen verschiedener Arten (vgl. →intraspezifisch).

intraspezifisch *(intraspecific)*: Beziehung zwischen Individuen derselben Art (vgl. →interspezifisch).

inundative biologische Schädlingsbekämpfung *(inundative biological control)*: die „Überschwemmung" von Zielgebieten (oft Gewächshäuser) mit meist im Labor aufgezogenen, einheimischen oder exotischen →Antagonisten von Pflanzenschädlingen durch periodische Massenfreilassungen. Eine dauerhafte Etablierung dieser Arten wird dabei nicht erwartet. (vgl. →klassische und →konservative →biologische Schädlingsbekämpfung).

invasive Arten *(invasive species)*: eine besondere Kategorie von →exotischen Arten, die in der neuen Region ihres Vorkommens in der Lage sind, sich in weitere Lebensräume auszubreiten und dort negative Effekte auf einheimische Arten, Biozönosen oder Ökosystemprozesse auszuüben. Diese ökologische Definition wird häufig auch erweitert, indem die negativen Effekte auch ökonomische, soziale und gesundheitliche Aspekte mit einbeziehen.

Kairomone *(kairomones)*: Substanzen, die von Organismen freigesetzt werden und auf Individuen anderer Arten attraktiv wirken (vgl. →Pheromone).

Kannibalismus *(cannibalism)*: →intraspezifische →Prädation, d.h. das Töten und Fressen von Artgenossen.

Kaskade *(cascade)*: →trophische Kaskade.

klassische biologische Schädlingsbekämpfung *(classical biological control)*: Bekämpfung von Pflanzenschädlingen, die in eine Region eingeschleppt wurden, in der sie ursprünglich nicht vorkamen. Sie erfolgt mit eingeführten →Antagonisten, die in der Regel aus dem Herkunftsgebiet des Schädlings stammen. Eine dauerhafte Etablierung dieser Arten im Zielgebiet wird erwartet (vgl. →inundative und →konservative →biologische Schädlingsbekämpfung).

Klimax *(climax)*: hypothetisches Endstadium der Entwicklung (→Sukzession) einer →Biozönose unter den gegebenen Klimabedingungen. Veränderungen finden dann nur noch statt, wenn bestimmte äußere Einflüsse (z.B. Klimaänderung, Feuer, Grundwasserabsenkung) wirksam werden.

Knöllchenbakterien *(root nodule bacteria)*: im Boden lebende Bakterien der Gattungen *Rhizobium* und *Bradyrhizobium*, die in der Lage sind, in die Wurzeln von Leguminosen (Fabaceae) einzudringen und dort durch Vermehrung und Vergrößerung die Bildung von so genannten Wurzelknöllchen auslösen. Dort binden umgewandelte Bakterien, die Bakteroide, Luftstickstoff, der von ihnen zu Ammonium reduziert wird und so von der Pflanze genutzt werden kann. Bei dieser Beziehung zwischen Bakterien und Pflanzen handelt es sich um eine Form von →Mutualismus.

Koevolution *(coevolution)*: evolutionäre Veränderung der Eigenschaften eines Phytophagentaxons als Antwort auf die Eigenschaften eines Pflanzentaxons, auf die eine evolutionäre Veränderung der Pflanzen als Reaktion auf die der →Phytophagen erfolgt.

Konkurrenz *(competition)*: der Wettbewerb zweier (oder mehrerer) Individuen oder Populationen um begrenzt verfügbare →Ressourcen, der zu ein- oder wechselseitig negativer Beeinflussung der Organismen führt. Konkurrenz kann →inter- oder →intraspezifisch sein. Gewöhnlich werden zwei Mechanismen unterschieden, die sich aber gegenseitig nicht ausschließen: (a) Interferenz ist das direkte Aufeinandertreffen von Individuen an einer gemeinsamen Ressource, wobei es zu gegenseitigen Beeinträchtigungen in Form von Abwehr, Verdrängung, physischer Schädigung und Ähnlichem kommt. (b) Ausbeutungskonkurrenz ist eine weniger direkte Interaktion über die gemeinsame Inanspruchnahme begrenzter Ressourcen.

Konkurrenzausschlussprinzip *(competitive exclusion principle)*: besagt, dass zwei Arten mit denselben ökologischen Ansprüchen nicht koexistieren können. Es findet demnach theoretisch eine konkurrenzbedingte Verdrängung einer Art durch eine andere statt, wenn die beiden Artenpopulationen im gleichen →Lebensraum vorkommen, exakt dieselbe →ökologische Nische besetzen und sich eine Art rascher reproduziert als die andere.

konservative biologische Schädlingsbekämpfung *(conservation biological control)*: der Versuch, das Potenzial der natürlicherweise vorhandenen Nützlinge bzw. →Antagonisten von Pflanzenschädlingen durch Schutz oder Förderung ihrer →Populationen auszuschöpfen, bzw. als Komponente in das Spektrum der künstlichen Bekämpfungsmethoden zu integrieren (vgl. →inundative und →klassische →biologische Schädlingsbekämpfung).

Konsumenten *(consumers)*: →heterotrophe Lebewesen, die sich von lebenden Organismen ernähren. Solche sind →Phytophagen und →Prädatoren (vgl. →Produzenten und →Destruenten).

Kontrolle *(control)*: Wirkung des Faktors, der die obere Grenze des Wachstums einer →trophischen Ebene oder einer →Population (gemessen an der Zahl der Individuen oder der Biomasse) festlegt (vgl. →Regulation).

Kormus *(kormus)*: Vegetationskörper der Farn- und Samenpflanzen, bestehend aus Wurzeln, Sprossachse und Blättern.

Krill *(krill)*: allgemein die Bezeichnung für das →marine →Zooplankton des Südpolarmeers, das sich überwiegend aus der rund 6 cm langen Crustaceenart *Euphausia superba* zusammensetzt. Krill wird auch als Überbegriff für die in den Ozeanen mit etwa 85 Arten vertretene Familie der Euphausiidae verwendet, zu denen *E. superba* zählt.

Lebensraum *(habitat)*: der von einer →Gemeinschaft besiedelte Raum, der anhand von bestimmten →abiotischen oder →biotischen Merkmalen charakterisiert werden kann (vgl. →Habitat und →Biotop).

limnisch *(limnic)*: dem Süßwasser angehörend oder dasselbe betreffend (vgl. →aquatisch und →marin).

marin *(marine)*: dem Meer angehörend oder dasselbe betreffend (vgl. →aquatisch und →limnisch).

mesotroph *(mesotrophic)*: mäßig nährstoffreich. Dieser Begriff bezieht sich meist auf Gewässer und bezeichnet solche mit mittlerem →Trophiegrad.

Metazoen *(metazoans)*: Vielzeller; alle Tiere mit aus Zellen aufgebauten Organen (im Gegensatz zu den →Protozoen).

mikrobielle Schleife *(microbial loop)*: eine Komponente →pelagischer →Nahrungsnetze, bestehend aus (a) →heterotrophen Bakterien, die überwiegend gelöste organische Substanzen, die vom →Phytoplankton und anderen Organismen freigesetzt werden, als Energiequelle nutzen, (b) heterotrophen Protozoen (v. a. Flagellaten), die sich von solchen Bakterien ernähren und (c) Metazoen, die diese Protozoen – meist neben Phytoplankton – fressen und damit den Anschluss dieser Konsumentenabfolge zur →Nahrungskette, welche die höheren →trophischen Ebenen umfasst, herstellen.

Mineralisierer *(mineralizers)*: anderer Begriff für →Reduzenten.

Minimumareal *(minimum area)*: Flächengröße, auf der alle oder zumindest die charakteristischen Arten der →Gemeinschaft eines →Lebensraums repräsentiert sind. Das Minimumareal lässt sich mit Hilfe von →Arten-Areal-Kurven bestimmen.

Monophagie *(monophagy)*: Bezeichnung für die Ernährungsweise von →Spezialisten (vgl. →Polyphagie).

Mutualismus *(mutualism)*: Überbegriff für alle →Interaktionen zwischen Arten, die für einen oder alle Partner Vorteile bringen und auf keiner Seite mit Nachteilen verbunden sind.

Mykorrhiza *(mycorrhiza)*: →Mutualismus zwischen Pilzen und bestimmten Höheren Pflanzen. Die Pilze umhüllen die Wurzeln (ektotrophe Mykorrhiza) oder dringen in die Wurzelzellen ein (endotrophe Mykorrhiza). Der Pilz bewirkt v. a. eine effektivere Versorgung der Pflanzen mit Nährstoffen, die Pilze ihrerseits erhalten von der Pflanze Kohlenhydrate.

Myrmecochorie *(myrmecochory)*: Verbreitung von Pflanzensamen durch Ameisen (s. auch →Elaiosomen).

myrmecophil *(myrmecophile)*: in mutualistischer Beziehung mit Ameisen stehend.

Nahrungskette *(food chain)*: die Nahrungsbeziehungen zwischen den →trophischen Ebenen oder Vertretern derselben.

Nahrungsnetz *(food web)*: die Nahrungsbeziehungen zwischen sämtlichen Arten einer →Biozönose.

nemoral *(nemoral)*: Bezeichnung für die Klimazone der laubabwerfenden, sommergrünen Wälder mit relativ feuchter und warmer Vegetationsperiode und mäßig kalten Wintern (vgl. →boreal).

Neophyten *(neophytes)*: Pflanzen, die unter direkter oder indirekter Mitwirkung des Menschen seit Beginn des interkontinentalen Überseeverkehrs in ein bestimmtes Gebiet gelangt sind und sich dort etabliert haben.

Nepotismus *(nepotism)*: altruistisches Verhalten (→Altruismus) von Tieren, das speziell der Familie bzw. der näheren Verwandtschaft dieser Individuen zugute kommt.

nichtproteinogene Aminosäuren *(non-protein amino acids)*: Aminosäuren, die nicht zu denen gehören, die in Proteinen vorkommen. Aus Pflanzen sind etwa 300 solcher Verbindungen bekannt. Viele nichtproteinogene Aminosäuren rufen bei tierischen →Konsumenten Funktionsstörungen hervor, da sie auf Grund ihrer strukturellen Ähnlichkeit mit bestimmten proteinogenen Aminosäuren an Stelle dieser in körpereigene Proteine eingebaut werden.

Nische *(niche)*: →ökologische Nische.

numerische Reaktion *(numerical response)*: findet statt durch →Prädatoren, die auf den Anstieg der Zahl an Beuteindividuen mit einer Erhöhung der Individuenzahl reagieren. Dies kann entweder durch Zuwanderung oder durch eine höhere Reproduktionsrate erfolgen (vgl. →funktionelle Reaktion).

ökologische Nische *(ecological niche)*: nach der heute gebräuchlichen Definition wird darunter das gesamte Spektrum der verschiedenen →abiotischen und →biotischen Faktoren, unter denen eine Art bzw. →Population an einem Standort leben und sich durch Reproduktion erhalten kann, verstanden. Jeder der Umweltfaktoren kann als Gradient angesehen werden, entlang dessen die Artenpopulation in einem bestimmten Abschnitt einen Toleranz- oder Aktivitätsbereich aufweist. Die einzelnen Variablen stellen abstrakt verschiedene räumliche Dimensionen dar. Eine ökologische Nische mit n Dimensionen ist demnach ein „n-dimensionales Hypervolumen".

ökologische Schlüsselarten *(ecological keystone species)*: Arten, die auf die Zusammensetzung von →Biozönosen bzw. →Gemeinschaften, auf die →interspezifischen Beziehungen oder auf Ökosystemprozesse wesentlichen Einfluss nehmen. Sie können sich hinsichtlich ihrer Funktion und dem Grad ihres Einflusses jedoch erheblich unterscheiden und auf verschiedenen →trophischen Ebenen in Erscheinung treten. Der Begriff Schlüsselart bezeichnet keine artspezifische Eigenschaft, sondern bezieht sich auf die Bedeutung einer Art innerhalb eines bestimmten Systems.

Ökosystem *(ecosystem)*: theoretisches Modell eines komplexen Gefüges aus →Biozönose und →Biotop (letzterer im ursprünglichen Sinne), in welchem die verschiedenen →biotischen und →abiotischen Faktoren wirken.

Omnivoren *(omnivores)*: Tiere, die sich gleichzeitig oder in bestimmten Entwicklungsstadien von verschiedenen →trophischen Ebenen ernähren.

Parasiten *(parasites)*: Organismen, die sich zeitweise oder ständig an oder in den Organismen einer anderen Art aufhalten, um von ihnen Nahrung zu beziehen. Parasiten töten aber im Unterschied zu den →Prädatoren bzw. den →Parasitoiden ihren Wirt in der Regel nicht.

Parasitoide *(parasitoids)*: im Wesentlichen Insekten (Schlupfwespen und Schlupffliegen), die ihre Eier in die Eier, Larven, Puppen oder →Imagines anderer Arthropoden ablegen. Ihre Larven entwickeln sich im Körper des Wirtes und ernähren sich von seinem Gewebe, wodurch dieser schließlich getötet wird. Parasitoide sind daher eine spezielle Gruppe der →Prädatoren.

Parasitose *(parasitic disease)*: Eine durch →Parasiten erzeugte Krankheit.

Pathogene *(pathogenic agents)*: Krankheitserreger; im Wesentlichen Viren, Bakterien und Pilze.

Pathogenität *(pathogenicity)*: Fähigkeit von Erregern, Krankheiten zu verursachen.

Pelagial *(pelagial)*: →Lebensraum des freien Wassers. Ihm gehören alle Organismen an, die nicht mit einem Substrat assoziiert sind (vgl. →Benthal und →Aufwuchs).

pelagisch *(pelagic)*: dem →Pelagial angehörend oder dasselbe betreffend.

perennierend *(perennial)*: Pflanzen, die länger als eine Vegetationsperiode bzw. länger als ein Jahr leben (vgl. →annuell).

Pheromone *(pheromones)*: Substanzen, die von Organismen freigesetzt werden und eine Signalwirkung auf Individuen derselben Art haben (vgl. →Kairomone).

Phytophagen *(phytophages)*: Überbegriff für Organismen, die sich auf pflanzlicher Basis ernähren. Zu ihnen zählen →Herbivoren und solche, die Produkte fressen, die von der Pflanze im Zusammenhang mit der Reproduktion gebildet werden (Samen, Früchte, Pollen, Nektar).

Phytoplankton *(phytoplankton)*: Komponente des →Planktons, die sich aus Fotosynthese betreibenden Organismen zusammensetzt (überwiegend ein- und wenigzellige Algen sowie →Cyanobakterien).

piscivor *(piscivorous)*: Fische fressend.

Plankton *(plankton)*: bestimmte, in der Regel die kleinsten Organismen der →Biozönosen des →Pelagials, die sich dadurch auszeichnen, dass ihre Mobilität stärker von Wasserbewegungen bestimmt wird als von Eigenbewegungen. Es kann sich um Pflanzen (→Phytoplankton) oder um Tiere (→Zooplankton) handeln.

Polyphagie *(polyphagy)*: Bezeichnung für die Ernährungsweise von →Generalisten (vgl. →Monophagie).

Population *(population)*: in der Ökologie eine Gruppe von Individuen, die derselben Art angehören, einen bestimmten →Lebensraum besiedeln und sich dort fortpflanzen.

Prädationsrate *(predation rate)*: Anteil der in einem bestimmten Zeitraum durch →Prädatoren erbeuteten Tiere einer →Population.

Prädator/Beute-Verhältnis *(predator/prey ratio)*: Verhältnis zwischen der Zahl der Prädatorenarten und der Zahl der Beutearten in einem →Nahrungsnetz.

Prädatoren *(predators)*: Organismen, die andere Organismen aus Gründen des Nahrungserwerbs töten (s. auch →Parasitoide und →Kannibalismus).

Produktion *(production)*: Zuwachs an pflanzlicher Biomasse in einer bestimmten Raum- und Zeiteinheit.

Produzenten *(producers)*: →autotrophe Pflanzen (vgl. →Konsumenten).

Prokaryoten *(prokaryotes)*: einzellige Organismen, die durch das Fehlen eines echten Zellkerns charakterisiert sind. Zu ihnen zählen Bakterien und →Cyanobakterien.

Protease-Inhibitoren *(protease inhibitors)*: auch als Proteinase-Inhibitoren bezeichnet, sind Polypeptide und Proteine, die sich mehr oder weniger spezifisch mit proteolytischen Enzymen verbinden und deren katalytische Aktivität hemmen. Pflanzliches Material, das solche

Verbindungen enthält, kann daher bei →Phytophagen die Eiweißverdauung beeinträchtigen.

Protozoen *(protozoans)*: Sammelbezeichnung für tierartige Einzeller, meist mikroskopisch klein, bestehend aus einem Zellkörper, in dem sich ein oder mehrere Zellkerne befinden.

Reduzenten *(reducers)*: zu den →Destruenten zählende Organismen, die organisches Material in anorganische Substanzen überführen (vgl. →Detritivoren).

Regulation *(regulation)*: längerfristige Stabilisierung der Individuendichte einer →Population durch den Einfluss von →dichteabhängigen Faktoren, indem diese auf die Mortalitäts- oder die Reproduktionsrate (oder auf beide) einwirken. Dadurch muss sich jedoch nicht eine konstante Zahl an Individuen einstellen, vielmehr kann diese innerhalb bestimmter Dichtegrenzen fluktuieren (vgl. →Kontrolle).

Ressourcen *(resources)*: für die Existenz von Individuen bzw. Arten notwendige und nutzbare, biotische und abiotische Komponenten der Umwelt wie z. B. Nahrung, geeignetes Substrat, Verstecke, Nistplätze. Nicht hierzu zählende, aber ebenfalls Existenz bestimmende Faktoren (z. B. Temperatur, Feuchte, pH-Wert) bilden zusammen mit den Ressourcen die →ökologische Nische einer Art bzw. bestimmter →Populationen derselben.

Schlüsselarten *(keystone species)*: →ökologische Schlüsselarten.

sekundäre Pflanzenstoffe *(secondary plant substances, secondary plant metabolites)*: von Pflanzen gebildete Substanzen, die sich in ihrer Biosynthese von primären Produkten des Grundstoffwechsels ableiten. Phenole (abgeleitet von Kohlenhydraten), Alkaloide (von Aminosäuren) und Terpenoide (von Fetten) sind die Hauptgruppen, aber auch andere Verbindungen wie z. B. die →nichtproteinogenen Aminosäuren gehören dazu. Die sekundären Pflanzenstoffe sind meist auf bestimmte Pflanzengruppen oder -arten beschränkt oder in bestimmten Taxa in höherer Konzentration zu finden als in anderen.

Selbstregulation *(self-regulation)*: vermutete, aber bisher nicht bewiesene Fähigkeit von Tierpopulationen, durch →intraspezifische, →dichteabhängige Prozesse den Anstieg ihrer Individuenzahl auf ein Dichteniveau zu begrenzen, bei dem noch eine ausreichende Nahrungsversorgung für alle Mitglieder gewährleistet ist. (s. auch →Regulation).

Soziobiologie *(sociobiology)*: Zweig der Verhaltensforschung, in dem die biologischen Grundlagen aller Formen des sozialen Verhaltens, das innerhalb von Arten ausgeprägt ist, untersucht werden.

Spezialisten *(specialists)*: Tierarten, die ein enges Nahrungs- bzw. Wirtsspektrum nutzen (vgl. →Generalisten).

sublethale Effekte *(sub-lethal effects)*: nicht-tödliche Effekte.

Sukzession *(succession)*: zeitliche Veränderung der Zusammensetzung einer →Biozönose bzw. →Gemeinschaft, bedingt durch →biotische oder →abiotische Faktoren (s. auch →Klimax).

sympatrisch *(sympatric)*: Begriff für Arten, die im selben →Lebensraum bzw. gemeinsam vorkommen. (Gegensatz: allopatrisch).

top-down-Kontrolle *(top-down-control)*: →Kontrolle der Individuenzahl bzw. Biomasse von →trophischen Ebenen „von oben nach unten", d. h. durch Fressfeinde (vgl. *bottom-up*-Kontrolle).

transgene Pflanzen *(transgenic plants)*: Pflanzen, deren Genom künstlich eingeführte Gene von anderen Organismen enthält, was ihnen neue Eigenschaften verleiht. So besitzt z.B. transgener Mais ein Gen aus einer Bakterienart *(Bacillus thuringiensis)* und dadurch die Fähigkeit, ein für →Phytophagen toxisches Protein zu bilden.

Trichome *(trichomes)*: ein- oder mehrzellige Pflanzenhaare, die an verschiedenen Teilen der Pflanze auftreten können und aus Epidermiszellen entstanden sind.

Trophiegrad *(trophic degree)*: Maß für die Produktivität eines Gewässers, d.h. für die von den Pflanzen gebildete Biomasse. Als indirektes Maß wird auch oft der Nährstoffgehalt (v.a. Phosphor und Stickstoff) herangezogen. Gewässer mit hoher Produktivität bzw. hohem Nährstoffgehalt sind →eutroph, solche mit geringer Produktivität bzw. geringem Nährstoffgehalt werden als oligotroph bezeichnet.

trophische Beziehung *(trophic relationship)*: Nahrungsbeziehung.

trophische Ebenen *(trophic levels)*: Ernährungsstufen. Damit werden Gruppen von Organismen bezeichnet, die durch ihre Ernährungsweise charakterisiert sind und, dieser entsprechend, unterschiedliche Positionen in der →Nahrungskette einnehmen. Sie werden gebildet von den →Produzenten, den →Phytophagen, den →Prädatoren 1. und 2. Ordnung sowie den →Destruenten. Viele Arten lassen sich jedoch nicht eindeutig einer bestimmten trophischen Ebene zuordnen, da sie →Omnivoren sind.

trophische Kaskade *(trophic cascade)*: auf den Nahrungsbeziehungen basierender Prozess in →Biozönosen oder zwischen bestimmten Arten, der stattfindet, wenn eine Veränderung der Biomasse bzw. der Individuenzahl der jeweils höchsten →trophischen Ebene zu Veränderungen der Biomassen bzw. Individuenzahlen der darunter liegenden trophischen Ebenen führt und sich letztlich auf die Biomasseproduktion der Pflanzen auswirkt.

Verknüpfungsgrad *(connectance)*: Anteil der Artenpaare, die in einem →Nahrungsnetz in direkter Nahrungsbeziehung stehen.

Wurzelknöllchen *(root nodules)*: →Knöllchenbakterien.

Zoochorie *(zoochory)*: Verbreitung von Pflanzensamen durch Tiere (vgl. →Myrmecochorie)

zooplanktivor *(zooplanktivorous)*: →Zooplankton fressend.

Zooplankton *(zooplankton)*: Komponente des →Planktons, die sich aus Tieren zusammensetzt. Im Süßwasser sind Kleinkrebse (Copepoda und Cladocera), Rädertiere (Rotifera), Geißeltierchen (Zooflagellaten) und Wimpertierchen (Ciliata) die wichtigsten Vertreter. Im →marinen Zooplankton sind Cladocera und Rotifera selten, es findet sich dort aber eine hohe Vielfalt an Larvenstadien von Arten des →Benthos.

Zyste *(cyst)*: Eine mit Flüssigkeit gefüllte Blase.

Literatur

Addicott JF (1986) On the population consequences of mutualism. In: Diamond J, Case TJ (eds) Community ecology. Harper & Row, New York, pp 425–436

Agrawal AA (2005) Future directions in the study of induced plant responses to herbivory. Entomol Exp Appl 115: 97–105

Aguilar R, Ashworth L, Galetto L, Aizen MA (2006) Plant reproductive susceptibility to habitat fragmentation: review and synthesis through a meta-analysis. Ecol Lett 9: 968–980

Allen KR (1951) The Horokiwi stream. A study of a trout population. New Zealand Mar Dep Fish Bull 10: 1–238

Allgaier C (2007) Active camouflage with lichens in a terrestrial snail, *Napaeus (N.) barquini* Alonso and Ibañez, 2006. Zool Sci 24: 869–876

Allmann S, Baldwin IT (2010) Insects betray themselves in nature to predators by rapid isomerization of green leaf volatiles. Science 329: 1075–1078

Alpert P (2006) The advantages and disadvantages of being introduced. Biol Invasions 8: 1523–1534

Alpert P, Bone E, Holzapfel C (2000) Invasiveness, invasibility, and the role of environmental stress in the spread of non-native plants. Perspect Plant Ecol Evol Syst 3: 52–66

Andersen AN (1989) How important is seed predation to recruitment in stable populations of long-lived perennials? Oecologia 81: 310–315

Andow D (1991) Vegetational diversity and arthropod population response. Annu Rev Entomol 36: 561–586

Andrén H, Angelstam P, Lindström E, Widén P (1985) Differences in predation pressure in relation to habitat fragmentation. Oikos 45: 273–277

Andrewartha HG, Birch LC (1960) Some recent contributions to the study of the distribution and abundance of insects. Annu Rev Entomol 5: 219–242

Angelstam P, Lindström E, Widén P (1984) Role of predation in short-term population fluctuations of some birds and mammals in Fennoscandia. Oecologia 62: 199–208

Aquilino KM, Cardinale BJ, Ives AR (2005) Reciprocal effects of host plant natural enemy diversity on herbivore suppression: an empirical study of a model tritrophic system. Oikos 108: 275–282

Arimura GI, Kost C, Boland W (2005) Herbivore-induced, indirect plant defences. Biochim Biophys Acta 1734: 91–111

Arimura GI, Matsui K, Takabayashi J (2009) Chemical and molecular ecology of herbivore-induced plant volatiles: proximate factors and their ultimate functions. Plant Cell Physiol 50: 911–923

Askenova AA, Onipchenko VG, Blinnikov MS (1998) Plant interactions in alpine tundra: 13 years of experimental removal of dominant species. Ecoscience 5: 258–270

Atlegrim O (1989) Exclusion of birds from bilberry stands: impact on insect larval density and damage to the bilberry. Oecologia 79: 136–139

Augspurger CK (1989) Impact of pathogens on natural plant populations. In: Davy AJ, Hutchings MJ, Watkinson AR (eds) Plant population ecology. Blackwell, Oxford, pp 413–433

Ayal Y (1994) Time-lags in insect response to plant productivity: significance for plant-insect interactions in deserts. Ecol Entomol 19: 207–214

Bach CE (1991) Direct and indirect interactions between ants *(Pheidole megacephala)*, scales *(Coccus viridis)* and plants *(Pluchea indica)*. Oecologia 87: 233–239

Bais HP, Vepachedu R, Gilroy S, Callaway RM, Vivanco JM (2003) Allelopathy and exotic plant invasion: from molecules and genes to species interactions. Science 301: 1377–1380

Baldwin IT (1999) Inducible nicotine production in native *Nicotiana* as an example of adaptive phenotypic plasticity. J Chem Ecol 25: 3–30

Baldwin IT, Halitschke R, Paschold A, von Dahl CC, Preston CA (2006) Volatile signaling in plant-plant interactions: „talking trees" in the genomics era. Science 311: 812–815

Baldwin IT, Schultz JC (1983) Rapid changes in tree leaf chemistry induced by damage: evidence for communication between plants. Science 221: 227–279

Balogh J (1958) Lebensgemeinschaften der Landtiere. Akademie, Berlin

Banerjee B (1981) An analysis of the effect of latitude, age and area on the number of arthropod pest species of tea. J Appl Ecol 18: 339–342

Banks CJ (1958) Effects of the ant, *Lasius niger* (L.) on the behaviour and reproduction of the black bean aphid, *Aphis fabae* Scop. Bull Ent Res 49: 701–714

Banks CJ (1962) Effects of the ant, *Lasius niger* (L.) on insects preying on small populations of *Aphis fabae* Scop. on bean plants. Ann Appl Biol 50: 669–679

Banks CJ, Nixon HL (1958) Effects of the ant, *Lasius niger* (L.) on the feeding and excretion of the bean aphid, *Aphis fabae* Scop. Exp Biol 35: 703–711

Banks PB (2000) Can foxes regulate rabbit populations? J Wildl Manage 64: 401–406

Barbosa P (1993) Lepidopteran foraging on plants in agroecosystems: constraints and consequences. In: Stamp NE, Casey TM (eds) Caterpillars. Ecological and evolutionary constraints on foraging. Chapman & Hall, New York, pp 523–566

Becking JH (1979) Environmental requirements of *Azolla* for use in tropical rice production. In: International Rice Research Institute (ed) Nitrogen and rice. Los Baños, pp 345–373

Beddington JR, May RM (1991) Die Nutzung mariner Ökosysteme am Beispiel der Antarktis. In: Biologie der Meere. Spektrum, Heidelberg, pp 178–186

Begon M, Harper JL, Townsend CR (1998) Ökologie. Spektrum, Heidelberg

Begon M, Wall R (1987) Individual variation and competitor coexistence: a model. Funct Ecol 1: 237–241

Belovsky GE, Slade JB (1993) The role of vertebrate and invertebrate predators in a grasshopper community. Oikos 68: 193–201

Belsky AJ (1986) Does herbivory benefit plants? A review of the evidence. Am Nat 127: 870–892

Benke AC (1976) Dragonfly production and prey turnover. Ecology 57: 915–927

Benndorf J, Kneschke H, Kossatz K, Penz E (1984) Manipulation of the pelagic food web by stocking with predacious fishes. Int Revue ges Hydrobiol 69: 407–428

Berdoy M, Webster JP, Macdonald DW (2000) Fatal attraction in rats infected with *Toxoplasma gondii*. Proc R Soc Lond B 267: 1591–1594

Berenbaum M (1983) Coumarins and caterpillars: a case for coevolution. Evolution 37: 163–179

Bergelson J, Crawley MJ (1992) Herbivory and *Ipomopsis aggregata*: the disadvantages of being eaten. Am Nat 139: 870–882

Bernays E (1988) Host specifity in phytophagous insects: selection pressure from generalist predators. Entomol Exp Appl 49: 131–140

Bernays E, Graham M (1988) On the evolution of host specifity in phytophagous arthropods. Ecology 69: 886–892

Bertram BC (1981) Das Leben in Gruppen. In: Krebs JR, Davies NB (Hrsg) Öko-Ethologie. Parey, Berlin, S 62–86

Blackburn TM, Cassey P, Lockwood JL (2009) The role of species traits in the establishment success of exotic birds. Global Change Biol 15: 2852–2860

Blakley NR, Dingle H (1978) Competition: butterflies eliminate milkweed bugs from a Caribbean island. Oecologia 37: 133–136

Blau PA, Feeny P, Contardo L, Robson DS (1978) Allylglucosinolate and herbivorous caterpillars: a contrast in toxicity and tolerance. Science 200: 1296–1298

Blossey B (1995) Coexistence of two leaf-beetles in the same fundamental niche. Distribution, adult phenology and oviposition. Oikos 74: 225–234

Bock CE, Bock JH, Grant MC (1992) Effect of bird predation on grasshopper densities in an Arizona grassland. Ecology 73: 1706–1717

Bonaventure G, Baldwin IT (2010) New insights into early biochemical activation of jasmonic acid biosynthesis in leaves. Plant Signal Behav 5: 287–289.

Boppré M (1983) Leaf-scratching – a specialized behaviour of danaine butterflies (Lepidoptera) for gathering secondary plant substances. Oecologia 59: 414–416

Boppré M, Petty RL, Schneider D, Meinwald J (1978) Behaviorally mediated contacts between scent organs: another prerequisite for pheromone production in *Danaus chrysippus* males (Lepidoptera). J Comp Physiol 126: 97–103

Borer ET, Seabloom EW, Shurin JB, Anderson KE, Blanchette CA, Broitman B, Cooper SD, Halpern BS (2005) What determines the strength of a trophic cascade? Ecology 86: 528–537

Boucher DH, James S, Keeler KH (1982) The ecology of mutualism. Annu Rev Ecol Syst 13: 315–347

Bourgeois K, Suehs CM, Vidal E, Médail F (2005) Invasional meltdown potential: facilitation between introduced plants and mammals on French Mediterranean islands. Ecoscience 12: 248–256

Brattsten LB (1992) Metabolic defenses against plant allelochemicals. In: Rosenthal GA, Berenbaum MR (eds) Herbivores. Their interactions with secondary plant metabolites, 2nd edn, Vol. 2. Academic Press, San Diego, pp 175–242

Breton LM, Addicott JF (1992) Density-dependent mutualism in an aphid-ant interaction. Ecology 73: 2175–2180

Brett MT, Goldman CR (1997) Consumer versus resource control in freshwater pelagic food webs. Science 275: 384–386

Briand F, Cohen JE (1984) Community food webs have scale-invariant structure. Nature 307: 264–266

Broadway RM, Duffey SS, Pearce G, Ryan CA (1986) Plant proteinase inhibitors: a defense against herbivorous insects? Entomol Exp Appl 41: 33–38

Brönmark C (1985) Interactions between macrophytes, epiphytes and herbivores: an experimental approach. Oikos 45: 26–30

Brower LP, Ryerson WN, Coppinger LL, Glazier SC (1968) Ecological chemistry and the palatability spectrum. Science 161: 1349–1350

Brown JH, Davidson DW, Reichman OJ (1979a) An experimental study of competition between seed-eating desert rodents and ants. Amer Zool 19: 1129–1143

Brown JH, Heske EJ (1990) Control of a desert-grassland transition by a keystone rodent guild. Science 250: 1705–1707

Brown JH, Reichman OJ, Davidson DW (1979b) Granivory in desert ecosystems. Annu Rev Ecol Syst 10: 201–227

Bruno JF, Cardinale BJ (2008) Cascading effects of predator richness. Front Ecol Environ 6: 539–546

Bryant JP, Tahvanainen J, Sulkinoja M, Julkunen Tiitto R, Reichardt P, Green T (1989) Biogeographic evidence for the evolution of chemical defense by boreal birch and willow against mammalian browsing. Am Nat 134: 20–34

Buckley RC (1987) Interactions involving plants, homoptera, and ants. Annu Rev Ecol Syst 18: 111–135

Burdon JJ (1982) The effect of fungal pathogens on plant communities. In: Newman EI (ed) The plant community as a working mechanism. Blackwell Scientific, Oxford, pp 99–112

Burdon JJ, Chilvers GA (1975) Epidemiology of damping-off disease *(Pythium irregulare)* in relation to density of *Lepidium sativum* seedlings. Ann Appl Biol 81: 135–143

Burdon JJ, Chilvers GA (1976) Controlled environment experiments on epidemics of barley mildew in different density host stands. Oecologia 26: 61–72

Burdon JJ, Chilvers GA (1982) Host density as a factor in plant disease ecology. Annu Rev Phytopathol 20: 143–166

Buschbaum C, Reise K (2010) Neues Leben im Weltnaturerbe Wattenmeer. Biol Unserer Zeit 40: 202–210

Campbell BC, Duffey SS (1979) Tomatine and parasitic wasps: potential incompatibility of plant antibiosis with biological control. Science 205: 700–702

Cannon RJ (1986) Summer populations of the cereal aphid *Metopolophium dirhodum* (Walker) on winter wheat: three contrasting years. J Appl Ecol 23: 101–114

Cappuccino N, Arnason JT (2006) Novel chemistry of invasive exotic plants. Biol Lett 2: 189–193

Cappuccino N, Carpenter D (2005) Invasive exotic plants suffer less herbivory than non-invasive exotic plants. Biol Lett 1: 435–438

Cardinale BJ, Srivastava DS, Duffy JE, Wright JP, Downing AL, Sankaran M, Jouseau C (2006a) Effects of biodiversity on the functioning of trophic groups and ecosystems. Nature 443: 989–992

Cardinale BJ, Weis JJ, Forbes AE, Tilmon KJ, Ives AR (2006b) Biodiversity as both a cause and consequence of resource availability: a study of reciprocal causality in a predator-prey system. J Anim Ecol 75: 497–505

Carignan R, Kalff J (1980) Phosphorus sources for aquatic weeds: water or sediments? Science 207: 987–989

Carpenter SR, Kitchell JF, Hodgson JR, Cochran PA, Elser JJ, Elser MM, Lodge DM, Kretchmer D, He X, von Ende CN (1987) Regulation of lake primary productivity by food web structure. Ecology 68: 1863–1876

Carpenter SR, Lodge DM (1986) Effects of submersed macrophytes on ecosystem processes. Aquat Bot 26: 341–370

Carroll CR, Risch SJ (1984) The dynamics of seed harvesting in early successional communities by a tropical ant, *Solenopsis geminata*. Oecologia 61: 388–392

Catford JA, Jansson R, Nilsson C (2009) Reducing redundancy in invasion ecology by integrating hypotheses into a single theoretical framework. Diversity Distrib 15: 22–40

Caut S, Angulo E, Courchamp F (2008) Dietary shift of an invasive predator: rats, seabirds and sea turtles. J Appl Ecol 45: 428–437

Chambers RJ, Adams TH (1986) Quantification of the impact of hoverflies (Diptera: Syrphidae) on cereal aphids in winter wheat: an analysis of field populations. J Appl Ecol 23: 895–904

Chambers RJ, Sunderland KD, Stacey DL, Wyatt IJ (1986) Control of cereal aphids in winter wheat by natural enemies: aphid-specific predators, parasitoids and pathogenic fungi. Ann Appl Biol 108: 219–231

Chambers RJ, Sunderland KD, Wyatt IJ, Vickerman GP (1983) The effect of predator exclusion and caging on cereal aphids in winter wheat. J Appl Ecol 20: 209–224

Chambliss OL, Jones CM (1966) Cucurbitacins: Specific insect attractants in Cucurbitaceae. Science 153: 1392–1393

Chang GC (1996) Comparison of single versus multiple species of generalist predators for biological control. Environ Entomol 25: 207–212

Chase JM (1996) Abiotic controls of trophic cascades in a simple grassland food chain. Oikos 77: 495–506

Chen BM, Peng SL, Ni GY (2009) Effects of the invasive plant *Mikania micrantha* HBK on soil nitrogen availability through allelopathy in South China. Biol Invasions 11: 1291–1299

Chen MS (2008) Inducible direct plant defense against insect herbivores: a review. Insect Sci 15: 101–114

Chen Y, Olson DM, Ruberson JR (2010) Effects of nitrogen fertilization on tritrophic interactions. Arthropod-Plant Interact 4: 81–94

Chew FS (1979) Community ecology and *Pieris-crucifer* coevolution. J N Y Ent Soc 87: 128–134

Christian JJ (1971) Population density and reproductive efficiency. Biol Reproduct 4: 248–294

Churchfield S, Hollier J, Brown VK (1991) The effects of small mammal predators on grassland invertebrates, investigated by field enclosure experiment. Oikos 60: 283–290

Claridge MF, Wilson MR (1981) Host plant associations, diversity and species-area relationships of mesophyll-feeding leafhoppers of trees and shrubs in Britain. Ecol Entomol 6: 217–238

Clausen TP, Reichardt PB, Bryant JB, Werner RA, Post K, Frisby K (1989) Chemical model for short-term induction in quaking aspen *(Populus tremuloides)* foliage against herbivores. J Chem Ecol 15: 2335–2346

Clements FE (1916) Plant succession: An analysis of the development of vegetation. Carnegie Inst Publ No. 242, Washington DC

Closs G, Watterson GA, Donnelly PJ (1993) Constant predator-prey ratios: an arithmetical artifact? Ecology 74: 238–243

Cogni R (2010) Resistance to plant invasion? A native specialist herbivore shows preference for and higher fitness on an introduced host. Biotropica 42: 188–193

Cohen JE (1977) Ratio of prey to predators in community foodwebs. Nature 270: 165–167

Cohen JE, Newman CM (1985) A stochastic theory of community food webs. I. Models and aggregated data. Proc R Soc Lond B 224: 421–448

Colautti RI, Ricciardi A, Grigorovich IA, MacIsaac HJ (2004) Is invasion success explained by the enemy release hypothesis? Ecol Lett 7: 721–733

Coleman BD (1981) On random placement and species-area relations. Math Biosci 54: 191–215

Coleman BD, Mares MA, Willig MR, Hsieh Y (1982) Randomness, area, and species richness. Ecology 63: 1121–1133

Colinvaux P (1993) Ecology 2, 2nd edn. Wiley, New York

Collins AR, Jose S (2008) Cogongrass invasion alters soil chemical properties of natural and planted forestlands. In: Kohli RK, Jose S, Singh HP, Batish DR (eds) Invasive plants and forest ecosystems. CRC Press, Boca Raton, Florida, pp 295–323

Connell JH (1983) On the prevalence and relative importance of interspecific competition: evidence from field experiments. Am Nat 122: 661–696

Connor EF, McCoy ED (1979) The statistics and biology of the species-area relationship. Am Nat 113: 791–833

Coombes DS, Sotherton NW (1986) The dispersal and distribution of polyphagous predatory Coleoptera in cereals. Ann Appl Biol 108: 461–474

Corbet PS (1980) Biology of Odonata. Annu Rev Entomol 25: 189–217

Corsmann M (1990) Die Schneckengemeinschaft (Gastropoda) eines Laubwaldes: Populationsdynamik, Verteilungsmuster und Nahrungsbiologie. Ber. Forschungszentrum Waldökosysteme, Reihe A, 58: 1–208

Cox PA, Elmqvist T, Pierson ED, Rainey WE (1991) Flying foxes as strong interactors in South Pacific island ecosystems: a conservation hypothesis. Conservation Biology 5: 448–454

Crawley MJ (1985) Reduction of oak fecundity by low-density herbivore populations. Nature 314: 163–164

Crawley MJ (1992a) Population dynamics of natural enemies and their prey. In: Crawley MJ (ed) Natural enemies. The population biology of predators, parasites and diseases. Blackwell, Oxford, pp 40–89

Crawley MJ (1992b) Overview. In: Crawley MJ (ed) Natural enemies. The population biology of predators, parasites and diseases. Blackwell, Oxford, pp 476–489

Crist TO, Friese CF (1993) The impact of fungi on soil seeds: implications for plants and granivores in a semi-arid shrub-steppe. Ecology 74: 2231–2239

Crowder LB, Squires DD, Rice JA (1997) Nonadditive effects of terrestrial and aquatic predators on juvenile estuarine fish. Ecology 78: 1796–1804

Cummins KW, Cushing CE, Minshall GW (1995) Introduction: An overview of stream ecosystems. In: Cushing CE, Cummins KW, Minshall GW (eds) River and stream ecosystems. Elsevier, New York pp 1–8

Currie DJ (1991) Energy and large-scale patterns of animal- and plant-species richness. Am

Nat 137: 27–49

D'Adamo P, Lozada M (2009) Flexible foraging behavior in the invasive social wasp *Vespula germanica* (Hymenoptera: Vespidae). Ann Entomol Soc Am 102: 1109–1115

DaCosta CP, Jones CM (1971) Cucumber beetle resistance and mite susceptibility controlled by the bitter gene in *Cucumis sativus* L. Science 172: 1145–1146

Damman H (1993) Patterns of interaction among herbivore species. In: Stamp NE, Casey TM (eds) Caterpillars. Ecological and evolutionary constraints on foraging. Chapman & Hall, New York, pp 132–169

Darwin C (1859) The origin of species by means of natural selection. Murray, London

Davis BNK (1975) The colonisation of isolated patches of nettles (*Urtica dioica* L.) by insects. J Appl Ecol 12: 1–14

Davis NE, O'Dowd DJ, Green PT, Mac Nally R (2008) Effects of alien plant invasion on abundance, behavior, and reproductive success of endemic island birds. Conserv Biol 22: 1165–1176

Davis NE, O'Dowd DJ, Mac Nally R, Green PT (2010) Invasive ants disrupt frugivory by endemic island birds. Biol Lett 6: 85–88

de Boer JG, Hordijk CA, Posthumus MA, Dicke M (2008) Prey and non-prey arthropods sharing a host plant: effects on induced volatile emission and predator attraction. J Chem Ecol 34: 281–290

De Moraes CM, Lewis WJ, Paré PW, Alborn HAT, Tumlinson JH (1998) Herbivore-infested plants selectively attract parasitoids. Nature 393: 570–573

Dean GJ (1973a) Distribution of aphids in spring cereals. J Appl Ecol 10: 447–462

Dean GJ (1973b) Aphid colonization of spring cereals. Ann Appl Biol 75: 138–193

Dean GJ (1974a) The overwintering and abundance of cereal aphids. Ann Appl Biol 76: 1–7

Dean GJ (1974b) The four dimensions of cereal aphids. Ann Appl Biol 77: 74–78

Dean GJ (1974c) Effects of parasites and predators on the cereal aphids *Metopolophium dirhodum* (Wlk.) and *Macrosiphum avenae* (F.) (Hem., Aphididae). Bull Ent Res 63: 411–422

Dean GJ (1975) The natural enemies of cereal aphids. Ann Appl Biol 80: 115–135

Dean GJ, Wilding N (1971) *Entomophthora* infecting the cereal aphids *Metopolophium dirhodum* and *Sitobion avenae*. J Invert Path 18: 169–176

Dean GJ, Wilding N (1973) Infection of cereal aphids by the fungus *Entomophthora*. Ann Appl Biol 74: 133–138

DeBach P (1964) Biological control of insect pests and weeds. Chapman & Hall, London

Dennis P, Wratten SD (1991) Field manipulation of populations of individual staphylinid species in cereals and their impact on aphid populations. Ecol Entomol 16: 17–24

Dennis P, Wratten SD, Sotherton NW (1990) Feeding behaviour of the staphylinid beetle *Tachyporus hypnorum* in relation to its potential for reducing aphid numbers in wheat. Ann Appl Biol 117: 267–276

Denno RF, McClure MS, Ott JR (1995) Interspecific interactions in phytophagous insects: Competition reexamined and resurrected. Annu Rev Entomol 40: 297–331

Denno RF, Peterson MA, Gratton C, Cheng J, Langellotto GA, Huberty AF, Finke DL (2000) Feeding-induced changes in plant quality mediate interspecific competition between sap-feeding herbivores. Ecology 81: 1814–1827

Denno RF, Roderick GK, Peterson MA, Huberty AF, Döbel HG, Eubanks MD, Losey JE, Langellotto GA (1996) Habitat persistence underlies the intraspecific dispersal strategies of planthoppers. Ecol Monogr 66: 389–408

DeWalt SJ, Denslow JS, Ickes K (2004) Natural-enemy release facilitates habitat expansion of the invasive tropical shrub *Clidemia hirta*. Ecology 85: 471–483

Dewar AM, Carter N (1984) Decision trees to assess the risk of cereal aphid (Hemiptera: Aphididae) outbreaks in summer in England. Bull Ent Res 74: 387–398

Dicke M (2009) Behavioural and community ecology of plants that cry for help. Plant Cell Environ 32: 654–665

Dicke M, Baldwin IT (2010) The evolutionary context for herbivore-induced plant volatiles: beyond the 'cry for help'. Trends Plant Sci 15: 167–175

Dinoor A, Eshed N (1984) The role and importance of pathogens in natural plant communities. Annu Rev Phytopathol 22: 443–466

Dixon AFG (1973) Biology of aphids. The Institute of Biology's Studies in Biology No. 44. Arnold, London

Dobson A, Lafferty K, Kuris A (2005) Parasites and food webs. In: Pascual M, and Dunne JA (eds) Ecological networks: linking structure to dynamics in food webs. Oxford University Press:119–135

Dogra KS, Sood SK, Dobhal PK, Sharma S (2010) Alien plant invasion and their impact on indigenous species diversity at global scale: a review. J Ecol Nat Environ 2: 175–186.

Dolch R, Tscharntke T (2000) Defoliation of alders *(Alnus glutinosa)* affects herbivory by leaf beetles on undamaged neighbours. Oecologia 125: 504–511

Doorduin LJ, Vrieling K (2010) A review of the phytochemical support for the shifting defence hypothesis. Phytochem Rev (online first) DOI: 10.1007/s11101-010-9195-8

Duffy JE, Cardinale BJ, France KE, McIntyre PB, Thébault E, Loreau M (2007) The functional role of biodiversity in ecosystems: incorporating trophic complexity. Ecol Lett 10: 522–538

Duggins DO (1980) Kelp beds and sea otters: an experimental approach. Ecology 61: 447–453

Dussourd DE (1997) Plant exudates trigger leaf trenching by cabbage loopers, *Trichoplusia ni* (Noctuidae). Oecologia 112: 362–369

Dussourd DE, Denno RF (1994) Host range of generalist caterpillars: trenching permits feeding on plants with secretory canals. Ecology 75: 69–78

Dvořák J, Best EPH (1982) Macro-invertebrate communities associated with the macrophytes of Lake Vechten: structural and functional relationships. Hydrobiologia 95: 115–126

Dyer LA, Floyd T (1993) Determinants of predation on phytophagous insects: the importance of diet breadth. Oecologia 96: 575–582

Edwards CA, Sunderland KD, George KS (1979) Studies on polyphagous predators of cereal aphids. J Appl Ecol 16: 811–823

Edwards J (1985) Effects of herbivory by moose on flower and fruit production of *Aralia nudicaulis.* J Ecol 73: 861–868

EEA (European Environment Agency) (2010) www.eea.europa.eu./data-and-maps/indicators/invasive-alien-species-in-europe

Ehler LE, Hall RW (1982) Evidence for competitive exclusion of introduced natural enemies in biological control. Environ Entomol 11: 1–4

Ehrlich PR, Raven PH (1964) Butterflies and plants: a study in coevolution. Evolution 18: 586–608

Eibl-Eibesfeldt I (1999) Grundriss der vergleichenden Verhaltensforschung. 8. Aufl. Piper, München

Eichenseer H, Mathews MC, Powell JS, Felton GW (2010) Survey of a salivary effector in caterpillars: glucose oxidase variation and correlation with host range. J Chem Ecol 36: 885–897

Eisner T, Johnessee JS, Carrel J, Hendry LB, Meinwald J (1974) Defensive use by an insect of a plant resin. Science 184: 996–999

Eriksson MOG (1979) Competition between freshwater fish and goldeneyes *Bucephala clangula* (L.) for common prey. Oecologia 41: 99–107

Erlinge S (1987) Predation and noncyclicity in a microtine population in southern Sweden. Oikos 50: 347–352

Erlinge S, Göranson G, Hansson L, Högstedt G, Liberg O, Nilsson IN, Nilsson T, von Schantz T, Sylvén M (1983) Predation as a regulating factor on small rodent populations in southern Sweden. Oikos 40: 36–52

Erlinge S, Göranson G, Högstedt G, Jansson G, Liberg O, Loman J, Nilsson IN, von Schantz T, Sylvén M. (1984) Can vertebrate predators regulate their prey? Am Nat 123: 125–133

Estes JA, Duggins DO (1995) Sea otters and kelp forests in Alaska: generality and variation in a community ecological paradigm. Ecol Monogr 65: 75–100

Estes JA, Harrold C (1988) Sea otters, sea urchins, and kelp beds: Some questions of scale. In: VanBlaricom GR, Estes JA (eds) Community ecology of sea otters. Springer, Berlin, Heidelberg, New York, pp 116–150

Estes JA, Palmisano JF (1974) Sea otters: their role in structuring nearshore communities.

Science 185: 1058–1060

Farmer EE (2001) Surface-to-air signals. Nature 411: 854–856

Fausch KD, Nakano S, Ishigaki K (1994) Distribution of two congeneric charrs in streams of Hokkaido Island, Japan: considering multiple factors across scales. Oecologia 100: 1–12

Feeny P (1968) Effect of oak leaf tannins on larval growth of the winter moth *Operophtera brumata*. J Insect Physiol 14: 805–817

Feeny P (1970) Seasonal changes in oak leaf tannins and nutrients as a cause of spring feeding by winter moth caterpillars. Ecology 51: 565–581

Feeny P (1976) Plant apparency and chemical defense. Rec Adv Phytochem 10: 1–40

Feeny P, Bostock H (1968) Seasonal changes in the tannin content of oak leaves. Phytochemistry 7: 871–880

Felton GW, Tumlinson JH (2008) Plant-insect dialogs: complex interactions at the plant-insect interface. Curr Opin Plant Biol 11: 457–463

Ferguson KI, Stiling S (1996) Non-additive effects of multiple natural enemies on aphid populations. Oecologia 108: 375–379

Finzi AC, Rodgers VL (2009) Bottom-up rather than top-down processes regulate the abundance and activity of nitrogen fixing plants in two Connecticut old-field ecosystems. Biogeochemistry 95: 309–321

Flux JEC (2001) Evidence of self-limitation in wild vertebrate populations. Oikos 92: 555–557

Fontaine C, Dajoz I, Meriguet J, Loreau M (2006) Functional diversity of plant-pollinator interaction webs enhances the persistence of plant communities. Plos Biol 4: 129–135

Fonteyn PJ, Mahall BE (1978) Competition among desert perennials. Nature 275: 544–545

Fonteyn PJ, Mahall BE (1981) An experimental analysis of structure in a desert plant community. J Ecol 69: 883–896

Foster WA (1984) The distribution of the sea lavender aphid *Staticobium staticis* on a marine saltmarsh and its effect on host plant fitness. Oikos 42: 97–104

Fowler AC, Knight RL, George TL, McEwen LC (1991) Effects of avian predation on grasshopper populations in North Dakota grasslands. Ecology 72: 1775–1781

Fowler N (1986) The role of competition in plant communities in arid and semiarid regions. Annu Rev Ecol Syst 17: 89–110

Fowler SV, Lawton JH (1985) Rapidly induced defenses and talking trees: The devil's advocate position. Am Nat 126: 181–195

Fox LR (1975a) Cannibalism in natural populations. Annu Rev Ecol Syst 6: 87–106

Fox LR (1975b) Some demographic consequences of food shortage for the predator, *Notonecta hoffmanni*. Ecology 56: 868–880

Fox LR, Morrow PA (1981) Specialization: Species property or local phenomenon? Science 211: 887–893

Frank KT, Petrie B, Shackell NL (2007) The ups and downs of trophic control in continental shelf ecosystems. Trends Ecol Evol 22: 236–242

Fretwell SD (1977) The regulation of plant communities by food chains exploiting them. Perspect Biol Med 20: 169–185

Fretwell SD (1987) Food chain dynamics: the central theory of ecology? Oikos 50: 291–301

Futuyma DJ (1983) Evolutionary interactions among herbivorous insects and plants. In: Futuyma DJ, Slatkin M (eds) Coevolution. Sinauer, Sunderland, pp 207–231

Futuyma DJ, Moreno G (1988) The evolution of ecological specialization. Annu Rev Ecol Syst 19: 207–233

Ganzhorn JU (1992) Leaf chemistry and the biomass of folivorous primates in tropical forests. Oecologia 91: 540–547

Gascon C, Lovejoy TE (1998) Ecological impacts of forest fragmentation in central Amazonia. Zoology 101: 273–280

George KS (1974) Damage assessment aspects of cereal aphid attack in autumn- and spring-sown cereals. Ann Appl Biol 77: 67–74

Gleason HA (1926) The individualistic concept of the plant association. Bull Torrey Bot Club 53: 7–26

GLERL (Great Lakes Environmental Research Laboratory) (2010) www.glerl.noaa.gov/

res/Programs/climate_change/ais.html

Goldschmidt T, Witte F, Wanink J (1993) Cascading effects of the introduced Nile Perch on the detritivorous/phytoplanktivorous species in the sublittoral areas of Lake Victoria. Conserv Biol 7: 686–700

Gómez JM, Zamora R (1994) Top-down effects in a tritrophic system: parasitoids enhance plant fitness. Ecology 75: 1023–1030

Gould F (1979) Rapid host range evolution in a population of the phytophagous mite *Tetranychus urticae* Koch. Evolution 33: 791–802

Gould F (1983) Genetics of plant-herbivore systems: interactions between applied and basic study. In: Denno RF, McClure MS (eds) Variable plants and herbivores in natural and managed systems. Academic Press, New York, pp 599–653

Graveland J, van der Wal R (1996) Decline in snail abundance due to soil acidification causes eggshell defects in forest passerines. Oecologia 105: 351–360

Green TR, Ryan CA (1972) Wound-induced proteinase inhibitor in plant leaves: a possible defense mechanism against insects. Science 175: 776–777

Green TR, Ryan CA (1973) Wound-induced proteinase inhibitor in tomato leaves. Plant Physiol 51: 19–21

Gripenberg S, Roslin T (2007) Up or down in space? Uniting the bottom-up versus top-down paradigm and spatial ecology. Oikos 116: 181–188

Guo Q (2003) Temporal species richness-biomass relationships along successional gradients. J Veg Sci 14: 121–128

Hagerman AE, Butler LG (1991) Tannins and lignins. In: Rosenthal GA, Berenbaum MR (eds) Herbivores. Their interactions with secondary plant metabolites. 2nd edn. Vol 1, Academic Press, San Diego, pp 355–388

Haila Y (1983) Land birds on northern islands: a sampling metaphor for insular colonization. Oikos 41: 334–351

Hairston NG, Smith FE, Slobodkin LB (1960) Community structure, population control, and competition. Am Nat 94: 421–425

Haley D (1978) Saga of Steller's sea cow. Natural History 87: 9–17

Hall SJ, Raffaelli DG (1993) Food webs: theory and reality. Adv Ecol Res 24: 187–239

Hamilton DJ, Ankney CD, Bailey RC (1994) Predation of zebra mussels by diving ducks: an enclosure study. Ecology 75: 521–531

Hansson LA (1992) The role of food chain composition and nutrient availability in shaping algal biomass development. Ecology 73: 241–247

Harborne JB (1995) Ökologische Biochemie. Spektrum, Heidelberg

Hardin G (1960) The competitive exclusion principle. Science 131: 1292–1297

Harlan JR (1976) Diseases as a factor in plant evolution. Annu Rev Phytopathol 14: 31–51

Harris DB (2009) Review of negative effects of introduced rodents on small mammals on islands. Biol Invasions 11: 1611–1630

Hart DD, Robinson CT (1990) Resource limitation in a stream community: phosphorous enrichment effects on periphyton and grazers. Ecology 71: 1494–1502

Havens K (1992) Scale and structure in natural food webs. Science 257: 1107–1109

Hayes KR, Barry SC (2008) Are there any consistent predictors of invasion success? Biol Invasions 10: 483–506

Heil M (2004) Direct defense or ecological costs: responses of herbivorous beetles to volatiles released by wild lima bean. J Chem Ecol 30: 1289–1295

Heil M (2008) Indirect defence via tritrophic interactions. New Phytol 178: 41–61

Hendrix SD (1979) Compensatory reproduction in a biennal herb following insect defloration. Oecologia 42: 107–118

Herben T, Mandák B, Bimová K, Münzenbergová Z (2004) Invasibility and species richness of a community: a neutral model and a survey of published data. Ecology 85: 3223–3233

Heß D (1983) Die Blüte. Ulmer, Stuttgart

Hestbeck JB (1987) Multiple regulation states in populations of small mammals: a state-transition model. Am Nat 129: 520–532

Hilker M, Meiners T (2006) Early herbivore alert: insect eggs induce plant defense. J Chem

Ecol 32: 1379–1397

Hill WR, Boston HL, Steinman AD (1992) Grazers and nutrients simultaneously limit lotic primary productivity. Can J Fish Aquat Sci 49: 504–512

Hillebrand H, Cardinale BJ (2004) Consumer effects decline with prey diversity. Ecol Lett 7: 192–201

Holzmueller EJ, Jose S (2009) Invasive plant conundrum: What makes the aliens so successful? J Trop Agric 47: 18–29

Hooper DU, Chapin FS, Ewel JJ, Hector A, Inchausti P, Lavorel S, Lawton JH, Lodge DM, Loreau M, Naeem S, Schmid B, Setälä H, Symstad AJ, Vandermeer J, Wardle DA (2005) Effects of biodiversity on ecosystem functioning: a consensus of current knowledge. Ecol Monogr 75: 5–35

Horiuchi JI, Arimura GI, Ozawa R, Shimoda T, Dicke M, Takabayashi J, Nishioka T (2003) Lima bean leaves exposed to herbivore-induced conspecific plant volatiles attract herbivores in addition to carnivores. Appl Entomol Zool 38: 365–368

Hörnfeldt B (1978) Synchronous population fluctuations in voles, small game, owls and tularemia in northern Sweden. Oecologia 32: 141–152

Horvitz CC, Schemske DW (1990) Spatiotemporal variation in insect mutualists of a neotropical herb. Ecology 71: 1085–1097

Hosseini M, Ashouri A, Enkegaard A, Weisser WW, Goldansaz SH, Mahalati MN, Moayeri HR (2010) Plant quality effects on intraguild predation between *Orius laevigatus* and *Aphidoletes aphidimyza*. Entomol Exp Appl 135: 208–216

Howe GA, Jander G (2008) Plant immunity to insect herbivores. Annu Rev Plant Biol 59: 41–66

Howe HF (1984) Constraints on the evolution of mutualists. Am Nat 123: 764–777

Hudson PJ, Dobson AP, Lafferty KD (2006) Is a healthy ecosystem one that is rich in parasites? Trends Ecol & Evol 21:381–385

Hunter MD, Price PW (1992) Playing chutes and ladders: heterogeneity and the relative roles of bottom-up and top-down forces in natural communities. Ecology 73: 724–732

Hurlbert AH, Jetz W (2010) More than „more individuals": The nonequivalence of area and energy in the scaling of species richness. Am Nat 176: 50–65

Huston MA (1994) Biological diversity. Cambridge University Press, Cambridge, New York

Hutchinson GE (1957) Concluding remarks. Cold Spring Harbor Symposia on Quantitative Biology 22: 415–427

Hutchinson GE (1975) A treatise on Limnology Vol 3. Limnological botany, Wiley, New York

ISSG (Invasive Species Specialist Group) (2011) http://www.issg.org

Jaksić FM (1982) Inadequacy of activity time as a niche difference: the case of diurnal and nocturnal raptors. Oecologia 52: 171–175

Janssen A, Montserrat M, Hillerislambers R, de Roos A, Pallini A, Sabelis MW (2006) Intraguild predation usually does not disrupt biological control. In: Brodeur J, Boivin G (eds) Trophic and guild interactions in biological control. Progress in biological control 3, Springer, Dordrecht, pp 21–44

Janssen A, Sabelis MW, Magalhães S, Montserrat M, van der Hammen T (2007) Habitat structure affects intraguild predation. Ecology 88: 2713–2719

Janzen DH (1980) When is it coevolution? Evolution 34: 611–612

Janzen DH, Juster HB, Bell EA (1977) Toxicity of secondary compounds to the seed eating larvae of the bruchid beetle *Callosobruchus maculatus*. Phytochemistry 16: 223–227

Jeanne RL (1979) A latitudinal gradient in rates of ant predation. Ecology 60: 1211–1224

Jennersten O, Nilsson SG, Wöstljung U (1983) Local plant populations as ecological islands: the infection of *Viscaria vulgaris* by the fungus *Ustilago violacea*. Oikos 41: 391–395

Jermy T (1984) Evolution of insect/host plant relationships. Am Nat 124: 609–630

Jermy T (1985) Is there competition between phytophagous insects? Z Zool Syst Evolutionsforsch 23: 275–285

Jeschke JM, Strayer DL (2006) Determinants of vertebrate invasion success in Europe and North America. Global Change Biol 12: 1608–1619

Jiang L, Morin PJ (2005) Predator diet breadth influences the relative importance of bottom-up and top-down control of prey biomass and diversity. Am Nat 165: 350–363

Jiang L, Wan S, Li L (2009) Species diversity and productivity: why do results of diversity-manipulation experiments differ from natural patterns. J Ecol 97: 603–608

Joern A (1992) Variable impact of avian predation on grasshopper assemblies in sandhills grassland. Oikos 64: 458–463

Jogesh T, Carpenter D, Cappuccino N (2008) Herbivory on invasive exotic plants and their non-invasive relatives. Biol Invasions 10: 797–804

Johnson SN, Douglas AE, Woodward S, Hartley SE (2003) Microbial impacts on plant-herbivore interactions: the indirect effects of a birch pathogen on a birch aphid. Oecologia 134: 388–396

Jones JI, Young JO, Haynes GM, Moss B, Eaton JW, Hardwick KJ (1999) Do submerged aquatic plants influence their periphyton to enhance the growth and reproduction of invertebrate mutualists? Oecologia 120: 463–474

Jones MR (1972) Cereal aphids, their parasites and predators caught in cages over oat and winter wheat crops. Ann Appl Biol 72: 13–25

Jürgens K (1994) Impact of *Daphnia* on planktonic microbial food webs – a review. Mar Microb Food Webs 8: 295–324

Kajak Z, Kajak A (1975) Some trophic relations in the benthos of shallow parts of Marion Lake. Ekol Pol 23: 573–586

Karban R (1986) Induced resistance against spider mites in cotton: field verification. Entomol Exp Appl 42: 239–242

Karban R, Adamchak R, Schnathorst WC (1987) Induced resistance and interspecific competition between spider mites and vascular wilt fungus. Science 235: 678–680

Karban R, Baldwin IT, Baxter KJ, Laue G, Felton GW (2000) Communication between plants: induced resistance in wild tobacco plants following clipping of neighboring sagebrush. Oecologia 125: 66–71

Karban R, Carey JR (1984) Induced resistance of cotton seedlings to mites. Science 225: 53–54

Karban R, Maron J, Felton GW, Ervin G, Eichenseer H (2003) Herbivore damage to sagebrush induces resistance in wild tobacco: evidence for eavesdropping between plants. Oikos 100: 325–332

Kareiva P (1982) Exclusion experiments and the competitive release of insects feeding on collards. Ecology 63: 696–704

Karowe DN (1989) Differential effect of tannic acid on two tree-feeding Lepidoptera: implications for theories of plant anti-herbivore chemistry. Oecologia 80: 507–512

Kato M (1994) Alternation of bottom-up and top-down regulation in a natural population of an agromyzid leafminer, *Chromatomyia suikazurae*. Oecologia 97: 9–16

Keddy PA (1989) Competition. Chapman & Hall, London

Keller MA (1984) Reassessing evidence for competitive exclusion of introduced natural enemies. Environ Entomol 13: 192–195

Kerbes RH, Kotanen PM, Jefferies RL (1990) Destruction of wetland habitats by lesser snow geese: a keystone species on the west coast of Hudson Bay. J Appl Ecol 27: 242–258

Kessler A, Halitschke R, Diezel C, Baldwin IT (2006) Priming of plant defense responses in nature by airborne signaling between *Artemisia tridentata* and *Nicotiana attenuata*. Oecologia 148: 280–292

Kim YO, Lee EJ (2010) Comparison of phenolic compounds and the effects of invasive and native species in East Asia: support for the novel weapons hypothesis. Ecol Res 26: 87–94

Kiss A (1981) Melezitose, aphids and ants. Oikos 37: 382

Kjellsson G (1985a) Seed fate in a population of *Carex pilulifera* L. II. Seed predation and its consequences for dispersal and seed bank. Oecologia 67: 424–429

Kjellsson G (1985b) Seed fate in a population of *Carex pilulifera* L. I. Seed dispersal and ant-seed mutualism. Oecologia 67: 416–423

Koch W (1994) Grundzüge des Pflanzenschutzes mit dem Versuch einer Bewertung. Plits 12(4)

Koch W, Hurle K (1978) Grundlagen der Unkrautbekämpfung. Ulmer, Stuttgart

Köck UV (1988) Ökologische Aspekte der Ausbreitung von *Bidens frondosa* L. in Mitteleuropa. Verdrängt er *Bidens tripartita* L.? Flora 180: 177–190

Korpimäki E, Huhtala K, Sulkava S (1990) Does the year-to-year variation in the diet of eagle and Ural owls support the alternative prey hypothesis? Oikos 58: 47–54

Korpimäki E, Wiehn J (1998) Clutch size of kestrels: seasonal decline and experimental evidence for food limitation under fluctuating conditions. Oikos 83: 259–272

Kranz J, Schmutterer H, Koch W (1979) Krankheiten, Schädlinge und Unkräuter im tropischen Pflanzenbau. Parey, Berlin

Krebs JR, Davies NB (1996) Einführung in die Verhaltensökologie. 3. Aufl. Blackwell, Berlin

Kreft H, Jetz W (2007) Global patterns and determinants of vascular plant diversity. Proc Natl Acad Sci USA 104: 5925–5930

Krieg A, Franz JM (1989) Lehrbuch der biologischen Schädlingsbekämpfung. Parey, Berlin

Kuris AM (1997) Host behavior modification: an evolutionary perspective. In: Beckage NE (ed) Parasites and pathogens: effects on host hormones and behavior, vol.1, Chapman & Hall, New York, pp 293–315

Kuris AM, Hechinger RF, Shaw JC, Whitney KL, Aguirre-Macedo L, Boch CA, Dobson AP, Dunham EJ, Fredensborg BL, Huspeni TC, Lorda J, Mababa L, Mancini FT, Mora AB, Pickering M, Talhouk NL, Torchin MN, Lafferty KD (2008) Ecosystem energetic implications of parasite and free-living biomass in three estuaries. Nature 454:515–518

Lafferty KD, Morris AK (1996) Altered behavior of parasitized killifish increases susceptibility to predation by bird final hosts. Ecology 77:1390–1397

Lafferty KD, Dobson AP, Kuris AM (2006) Parasites dominate food web links. Proc Natl Acad Sci U.S.A. 103:11211–11216

Lafferty KD, Allesina S, Arim M, Briggs CJ, De Leo G, Dobson AP, Dunne JA, Johnson PTJ, Kuris AM, Marcogliese DJ, Martinez ND, Memmott J, Marquet PA, McLaughlin JP, Mordecai EA, Pascual M, Poulin R, Thieltges DW (2008) Parasites in food webs: the ultimate missing links. Ecology letters 11:533–546

Lampert W, Sommer U (1993) Limnoökologie. Thieme, Stuttgart

Langellotto GA, Denno RF (2004) Responses of invertebrate natural enemies to complex-structured habitats: a meta-analytical synthesis. Oecologia 139: 1–10

Lankau RA (2007) Specialist and generalist herbivores exert opposing selection on a chemical defense. New Phytol 175: 176–184

Laws RM (1985) The ecology of the southern ocean. Am Sci 73: 26–40

Lawton JH (1976) The structure of the arthropod community on bracken. Bot J Linn Soc 73: 187–216

Lennon JJ, Greenwood JJD, Turner JRG (2000) Bird diversity and environmental gradients in Britain: a test of the species-energy hypothesis. J Anim Ecol 69: 581–598

Letourneau DK, Dyer LA (1998) Experimental test in lowland tropical forest shows top-down effects through four trophic levels. Ecology 79: 1678–1687

Lefèvre T, Lebarbenchon C, Gauthier-Clerc M, Missé D, Poulin R, Thomas F (2008) The ecological significance of manipulative parasites. Trends Ecol & Evol 24:41–48

Levey DJ, Byrne MM (1993) Complex ant-plant interactions: rain forest ants as secondary dispersers and post-dispersal seed predators. Ecology 74: 1802–1812

Levine JM, Adler PB, Yelenik SG (2004) A meta-analysis of biotic resistance to exotic plant invasions. Ecol Lett 7: 975–989

Lin L, Shen TC, Chen YH, Hwang SY (2008) Responses of *Helicoverpa armigera* to tomato plants previously infected by ToMV or damaged by *H. armigera*. J Chem Ecol 34: 353–361

Lindström ER, Andrén H, Angelstam P, Cederlund G, Hörnfeldt B, Jöderberg L, Lemnell PA, Martinsson B, Sköld K, Swenson JE (1994) Disease reveals the predator: sarcoptic mange, red fox predation, and prey populations. Ecology 75: 1042–1049

Liu H, Stiling P, Pemberton RW (2007) Does enemy release matter for invasive plants? Evidence from a comparison of insect herbivore damage among invasive, non-invasive and native congeners. Biol Invasions 9: 773–781

Lloyd M, Dybas HS (1966) The periodical cicada problem. II. Evolution. Evolution 20: 466–505

Loader C, Damman H (1991) Nitrogen content of food plants and vulnerability of *Pieris rapae* to natural enemies. Ecology 72: 1586–1590

Lodge DM (1986) Selective grazing on periphyton: a determinant of freshwater gastropod microdistributions. Freshwat Biol 16: 831–841

Losey JE, Denno RF (1998) Positive predator-predator interactions: enhanced predation rates and synergistic suppression of aphid populations. Ecology 79: 2143–2152

Louda SM (1982) Inflorescence spiders: a cost/benefit analysis for the host plant, *Haplopappus venetus* Blake (Asteraceae). Oecologia 55: 185–191

Louda SM (1984) Herbivore effect on stature, fruiting, and leaf dynamics of a native crucifer. Ecology 65: 1379–1386

Lowenberg GJ (1994) Effects of floral herbivory on maternal reproduction in *Sanicula arctopoides* (Apiaceae). Ecology 75: 359–369

Lugo AE (2004) The outcome of alien tree invasions in Puerto Rico. Front Ecol Environ 2: 265–273

MacArthur RH, Wilson EO (1963) An equilibrium theory of insular zoogeography. Evolution 17: 373–387

MacArthur RH, Wilson EO (1967) The theory of island biogeography. Princeton University Press, Princeton

MacDougall AS, Wilson SD, Bakker JD (2008) Climatic variability alters the outcome of long-term community assembly. J Ecol 96: 346–354

Mahdi A, Law R, Willis AJ (1989) Large niche overlaps among coexisting plant species in a limestone grassland community. J Ecol 77: 386–400

Malcolm SB (1992) Prey defence and predator foraging. In: Crawley MJ (ed) Natural enemies. The population biology of predators, parasites and diseases. Blackwell, Oxford, pp 458–475

Marcogliese DJ, Cone DK (1997) Food webs: a plea for parasites. Trends Ecol Evol 12: 320–325

Maron JL, Vila M, Arnason J (2004) Loss of enemy resistance among introduced populations of St. John's Wort *(Hypericum perforatum)*. Ecology 85: 3243–3253

Marquis RJ (1984) Leaf herbivores decrease fitness of a tropical plant. Science 226: 537–539

Marquis RJ, Whelan CJ (1994) Insectivorous birds increase growth of white oak through consumption of leaf-chewing insects. Ecology 75: 2007–2014

Marshall LG, Webb SD, Sepkoski JJ, Raup DM (1982) Mammalian evolution and the great American interchange. Science 215: 1351–1357

Martin K (1987) Quantitativ-ökologische Untersuchungen zur Schneckenfauna in unterschiedlich ausgeprägten Bachuferbereichen des Mittleren Neckarraumes. Veröff Naturschutz Landschaftspflege Bad-Württ 62: 381–464

Martin K (1994) Struktur und Nahrungsnetze aquatischer Reisfeld-Biozönosen im traditionellen System der Ifugao (Nord-Luzon, Philippinen). Plits 12 (5)

Martin K, Sauerborn J (2000) An aquatic wild plant as a keystone species in a traditional Philippine rice growing system: its agroecological implications. Ann Trop Res 22: 1–15

Martin K, Sommer M (2004) Relationships between land snail assemblage patterns and soil properties in temperate-humid forest ecosystems. J Biogeogr 31: 531–545

Martin TH, Crowder LB, Dumas CF, Burkholder JM (1992) Indirect effects of fish on macrophytes in Bays Mountain Lake: evidence for a littoral trophic cascade. Oecologia 89: 476–481

Martinez ND (1991) Artifacts or attributes? Effects of resolution on the Little Rock Lake food web. Ecol Monogr 61: 367–392

Maschinski J, Whitham TG (1989) The continuum of plant responses to herbivory: the influence of plant association, nutrient availability, and timing. Am Nat 134: 1–19

Mason CF (1970) Snail populations, beech litter production and the role of snails in litter decomposition. Oecologia 5: 215–239

Mattiacci L, Dicke M, Posthumus MA (1995) β-Glucosidase: an elicitor of herbivore-induced plant odor that attracts host-searching parasitic wasps. Proc Natl Acad Sci USA 92: 2036–2040

Mattson WJ (1980) Herbivory in relation to plant nitrogen content. Annu Rev Ecol Syst 11: 119–161

Matveev V (1995) The dynamics and relative strength of bottom-up vs top-down impacts in a community of subtropical lake plankton. Oikos 73: 104–108

May RM (1972) Will a large complex system be stable? Nature 238: 413–414

Mazumder A (1994) Patterns of algal biomass in dominant odd- vs. even-link lake ecosystems. Ecology 75: 1141–1149

McCloud ES, Tallamy DW, Halaweish FT (1995) Squash beetle trenching behaviour: avoidance of cucurbitacin induction or mucilaginous plant sap? Ecol Entomol 20: 51–59

McLean I, Carter N, Watt A (1977) Pests out of control? New Sci 76: 74–75

McQueen DJ, Johannes MRS, Post JR, Stewart TJ, Lean DRS (1989) Bottom-up and top-down impacts on freshwater pelagic community structure. Ecol Monogr 59: 289–309

Meinwald J, Meinwald YC, Mazzocchi PH (1969) Sex pheromone of the Queen butterfly: chemistry. Science 164: 1174–1175

Meng LZ, Martin K, Liu JX (unveröff.) Contrasting responses of hoverflies and wild bees to land use change in a tropical landscape (southern Yunnan, SW China)

Menke SB, Fisher RN, Jetz W, Holway DA (2007) Biotic and abiotic controls of Argentine ant invasion success at local and landscape scales. Ecology 88: 3164–3173

Messier F (1994) Ungulate population models with predation: a case study with the North American moose. Ecology 75: 478–488

Metzger C, Ursenbacher S, Christe P (2009) Testing the competitive exclusion principle using various niche parameters in a native *(Natrix maura)* and an introduced *(N. tessellata)* colubrid. Amphibia Reptilia 30: 523–531

Mian MH, Stewart WD (1984) A study of the availability of biologically fixed atmospheric di-nitrogen by *Azolla-Anabaena* complex to the flooded rice crops. In: Silver WS, Schröder EC (eds) Practical application of *Azolla* for rice production. Nijhoff/Junk, Dordrecht, pp 168–175

Miller RS (1967) Pattern and process in competition. Adv Ecol Res 4: 1–74

Mills LS, Soulé ME, Doak DF (1993) The keystone-species concept in ecology and conservation. Bioscience 43: 219–224

Milner AM, Fastie CL, Chapin FS, Engstrom DR, Sharman LC (2007) Interactions and linkages among ecosystems during landscape evolution. BioSci 57: 237–247

Mithofer A, Boland W (2008) Recognition of herbivory-associated molecular patterns. Plant Physiol 146: 825–831

Mittelbach GG, Turner AM, Hall DJ, Rettig JE, Osenberg CW (1995) Perturbation and resilience: a long-term, whole-lake study of predator extinction and reintroduction. Ecology 76: 2347–2360

Möbius K (1877) Die Auster und die Austernwirthschaft. Wiegandt, Hempel u. Parey, Berlin

Moen J, Oksanen L (1998) Long-term exclusion of folivorous mammals in two arctic-alpine plant communities: a test of the hypothesis of exploitation. Oikos 82: 333–346

Mooney KA, Gruner DS, Barber NA, Van Bael SA, Philpott SM, Greenberg R (2010) Interactions among predators and the cascading effects of vertebrate insectivores on arthropod communities and plants. Proc Natl Acad Sci USA 107: 7335–7340

Morales CL, Aizen MA (2002) Does invasion of exotic plants promote invasion of exotic flower visitors? A case study from the temperate forests of the southern Andes. Biol Invasions 4: 87–100

Morrow PA, Bellas TE, Eisner T (1976) Eucalyptus oils in the defensive oral discharge of Australian sawfly larvae (Hymenoptera: Pergidae). Oecologia 24: 193–206

Morse DH (1977) Resource partitioning in bumble bees: the role of behavioral factors. Science 197: 678–680

Mühlenberg M (1993) Freilandökologie. 3. Aufl. Quelle & Meyer, Heidelberg

Muller CH (1969) The „co-" in coevolution. Science 164: 197–198

Mumm R, Dicke M (2010) Variation in natural plant products and the attraction of bodyguards involved in indirect plant defense. Can J Zool 88: 628–667

Muola A, Mutikainen P, Lilley M, Laukkanen L, Salminen JP, Leimu R (2010) Associations of plant fitness, leaf chemistry, and damage suggest selection mosaic in plant-herbivore interactions. Ecology 91: 2650–2659

Myers JH, Higgins C, Kovacs E (1989) How many insect species are necessary for the biological control of insects? Environ Entomol 18: 541–547

Literatur   351

Nakano S, Miyasaka H, Kuhara N (1999) Terrestrial-aquatic linkages: riparian arthropod inputs alter trophic cascades in a stream food web. Ecology 80: 2435–2441

Nault LR, Montgomery ME, Bowers WS (1976) Ant-aphid association: role of aphid alarm pheromone. Science 192: 1349–1351

Nauwerck A, Duncan A, Hillbricht-Ilkowska A, Larsson P (1980) Secondary production (zooplankton). In: LeCren ED, Lowe-McConnell RH (eds) The functioning of freshwater ecosystems. Cambridge University Press, Cambridge, London, pp 251–285

Nellen W (1997) Meere. In: Fränzle O, Müller F, Schröder W (Hrsg) Handbuch der Umweltwissenschaften IV-1, 2, 3. Ecomed, Landberg, pp 1–34

Neuvonen S, Hanhimäki S, Suomela J, Haukioja E (1988) Early season damage to birch foliage affects the performance of a late season herbivore. J Appl Ent 105: 182–189

Niemelä J (1993) Interspecific competition in ground-beetle assemblages (Carabidae): what have we learned? Oikos 66: 325–335

Nilsson LA (1988) The evolution of flowers with deep corolla tubes. Nature 334: 147–149

Nilsson LA (1992) Orchid pollination biology. Trends Ecol Evol 7: 255–259

NISMP (2008) National Invasive Species Management Plan, USA: www.invasivespecies.gov

O'Dowd DJ, Green PT, Lake PS (2003) Invasional 'meltdown' on an oceanic island. Ecol Lett 6: 812–817

Ohgushi T (1992) Resource limitation on insect herbivore populations. In: Hunter MD, Ohgushi T, Price PW (eds) Effects of resource distribution on animal-plant interactions. Academic Press, San Diego, pp 199–241

Ohmart CP, Stewart LG, Thomas JR (1985) Effects of food quality, particularly nitrogen concentrations, of *Eucalyptus blakelyi* foliage on the growth of *Paropsis atomaria* larvae (Coleoptera: Chrysomelidae). Oecologia 65: 543–549

Oksanen L (1988) Ecosystem organization: mutualism and cybernetics or plain Darwinian struggle for existence? Am Nat 131: 424–444

Oksanen L, Fretwell SD, Arruda J, Niemelä P (1981) Exploitation ecosystems in gradients of primary productivity. Am Nat 118: 240–261

Ono M, Igarashi T, Ohno E, Sasaki M (1995) Unusual thermal defence by a honeybee against mass attack by hornets. Nature 377: 334–336

Onuf CP, Teal JM, Valiela I (1977) Interactions of nutrients, plant growth and herbivory in a mangrove ecosystem. Ecology 58: 514–526

Orians C (2005) Herbivores, vascular pathways, and systemic induction: facts and artifacts. J Chem Ecol 31: 2231–2242

Orr DB, Suh CPC (1999) Parasitoids and predators. In: Rechcigl JE, Rechcigl NA (eds) Biological and biotechnological control of insect pests. Lewis, Boca Raton, London, pp 3–34

Owen D (1976) Ladybird, ladybird, fly away home. New Sci 71: 686–687

Owen DF (1978) Why do aphids synthesize melezitose? Oikos 31: 264–267

Paige KN (1992) Overcompensation in response to mammalian herbivory: from mutualistic to antagonostic interactions. Ecology 73: 2076–2085

Paige KN (1994) Herbivory and *Ipomopsis aggregata*: differences in response, differences in experimental protocol: a reply to Bergelson and Crawley. Am Nat 143: 739–749

Paige KN, Whitham TG (1987) Overcompensation in response to mammalian herbivory: the advantage of being eaten. Am Nat 129: 407–416

Paine RT (1966) Food web complexity and species diversity. Am Nat 100: 65–75

Paine RT (1980) Food webs: Linkage, interaction strength and community infrastructure. J Anim Ecol 49: 667–685

Paine RT (1988) Food webs: road maps of interactions or grist for theoretical development? Ecology 69: 1648–1654

Park T (1954) Experimental studies on interspecies competiton II. Temperature, humidity, and competition in two species of Tribolium. Physiol Zool 27: 177–238

Park T (1962) Beetles, competition, and populations. Science 138: 1369–1375

Parmenter RR, MacMahon JA (1988) Factors influencing species composition and population sizes in a ground beetle community (Carabidae): predation by rodents. Oikos 52: 350–356

Perry LG, Blumenthal DM, Monaco TA, Paschke MW, Redente EF (2010) Immobilizing nitrogen to control plant invasion. Oecologia 163: 13–24

Petelle M (1980) Aphids and melezitose: a test of Owen's 1978 hypothesis. Oikos 35: 127–128

Peters GA, Mayne BC, Ray TB, Toia RE (1979) Physiology and biochemistry of the *Azolla-Anabaena* symbiosis. In: International Rice Research Institute (ed) Nitrogen and rice. Los Baños, pp 325–344

Pfleger V (1984) Schnecken und Muscheln Europas. Franckh, Stuttgart

Philipson J, Abel R (1983) Snail numbers, biomass and respiratory metabolism in a beech woodland – Wytham Woods, Oxford. Oecologia 57: 333–338

Pillemer EA, Tingey WM (1976) Hooked trichomes: A physical plant barrier to a major agricultural pest. Science 193: 482–484

Pimentel D (1988) Herbivore population feeding pressure on plant hosts: feedback evolution and host conservation. Oikos 53: 289–302

Pimm SL (1980) Bounds of food web connectance. Nature 285: 591–592

Pimm SL (1982) Food webs. Chapman & Hall, London

Pip E, Stewart JM (1976) The dynamics of two plant-snail associations. Can J Zool 54: 1192–1205

Pliske TE, Eisner T (1969) Sex pheromone of the Queen butterfly: biology. Science 164: 1170–1172

Poelman EH, Van Dam NM, Van Loon JJA, Vet LEM, Dicke M (2009) Chemical diversity in *Brassica oleracea* affects biodiversity of insect herbivores. Ecology 90: 1863–1877

Polis GA (1991) Complex trophic interactions in deserts: an empirical critique of food-web theory. Am Nat 138: 123–155

Polis GA, Holt RD, Menge BA, Winemiller KO (1996) Time, space and life history: influences on food webs. In: Polis GA, Winemiller KO (eds) Food webs. Chapman & Hall, New York, Albany, Bonn, pp 435–460

Polis GA, Hurd SD, Jackson CT, Sanchez-Piñero F (1998) Multifactor population limitation: variable spatial and temporal control of spiders on Gulf of California islands. Ecology 79: 490–502

Polis GA, Strong DR (1996) Food web complexity and community dynamics. Am Nat 147: 813–846

Pomeroy LR (1991) Relationships of primary and secondary production in lakes and marine ecosystems. In: Cole JJ, Lovett GM, Findlay SEG (eds) Comparative analyses of ecosystems: patterns, mechanisms and theories. Springer, Berlin, Heidelberg, New York, pp 97–119

Power ME (1990) Effects of fish in river food webs. Science 250: 811–814

Prell HH (1996) Interaktionen von Pflanzen und phytophagen Pilzen. Gustav Fischer, Jena, Stuttgart

Prell HH, Day P (2001) Plant-fungal pathogen interaction. A classical and molecular view. Springer, Berlin, Heidelberg

Price PW (1976) Colonization of crops by arthropods: non-equilibrium communities in soybean fields. Environ Entomol 5: 605–611

Price PW (1980) Evolutionary biology of parasites. Princeton University Press, Princeton, N.J.

Proulx M, Mazumder A (1998) Reversal of grazing impact on plant species richness in nutrient-poor vs. nutrient-rich ecosystems. Ecology 79: 2581–2592

Ramey PA, Teichman E, Oleksiak J, Balci F (2009) Spontaneous alternation in marine crabs: Invasive versus native species. Behav Process 82: 51–55

Rasmann S, Turlings TCJ (2007) Simultaneous feeding by aboveground and belowground herbivores attenuates plant-mediated attraction of their respective natural enemies. Ecol Lett 10: 926–936

Rathcke BJ (1976) Competition and coexistence within a guild of herbivorous insects. Ecology 57: 76–87

Raven JA (1983) Phytophages of xylem and phloem: a comparison of animal and plant sap feeders. Adv Ecol Res 13: 135–234

Rees NE, Onsager JA (1982) Influence of predators on the efficiency of *Blaesoxipha* spp. parasites of the migratory grasshopper. Environ Entomol 11: 426–428

Reichstein T, van Euw J, Parsons JA, Rothschild M (1968) Heart poisons in the Monarch butterfly. Science 161: 861–866

Reise K (2008) Nordseeküste: Klimawandel und Welthandel komponieren Lebensgemeinschaften neu. In: Lozán JL u.a. (Hrsg) Warnsignal Klima. Klimarisiken. Gefahren für Pflanzen, Tiere und Menschen. Wissenschaftliche Auswertungen, Hamburg, S 63–67

Rejmánek M, Starý P (1979) Connectance in real biotic communities and critical values for stability of model ecosystems. Nature 280: 311–313

Rey JR (1981) Ecological biogeography of arthropods on *Spartina* islands in Northwest Florida. Ecol Monogr 51: 237–265

Richardson DM, Allsopp N, D'Antonio CM, Milton SJ, Rejmánek M (2000) Plant invasions – the role of mutualisms. Biol Rev 75: 65–93

Richardson JL (1980) The organismic community: resilience of an embattled ecological concept. Bioscience 30: 465–471

Richardson ML, Mitchell RF, Reagel PF, Hanks LM (2010) Causes and consequences of cannibalism in noncarnivorous insects. Annu Rev Entomol 55: 39–53

Ricketts TH, Regetz J, Steffan-Dewenter I, Cunningham SA, Kremen C, Bogdanski A, Gemmill-Herren B, Greenleaf SS, Klein AM, Mayfield MM, Morandin LA, Ochieng A, Viana BF (2008) Landscape effects on crop pollination services: are there general patterns? Ecol Lett 11: 499–415

Riedman ML, Estes JA (1988) A review of the history, distribution and foraging ecology of sea otters. In: VanBlaricom GR, Estes JA (eds) The community ecology of sea otters. Springer, Berlin, Heidelberg, New York, pp 4–22

Rigby C, Lawton JH (1981) Species-area relationships of arthropods on host plants: herbivores on bracken. J Biogeogr 8: 125–133

Risch SJ, Carroll CR (1982) Effect of a keystone predaceous ant, *Solenopsis geminata*, on arthropods in a tropical agroecosystem. Ecology 63: 1979–1983

Ritchie ME (2000) Nitrogen limitation and trophic vs. abiotic influences on insect herbivores in a temperate grassland. Ecology 81: 1601–1612

Robinson AS (1999) Genetic control of insect pests. In: Rechcigl JE, Rechcigl NA (eds) Biological and biotechnological control of insect pests. Lewis, Boca Raton, London, pp 141–169

Robinson T (1974) Metabolism and function of alkaloids in plants. Science 184: 430–435

Robinson T (1979) The evolutionary ecology of alkaloids. In: Rosenthal GA, Janzen DH (eds) Herbivores: Their interaction with secondary plant metabolites. Academic Press, New York, pp 413–448

Rohde K (1992) Latitudinal gradients in species diversity: the search for the primary cause. Oikos 65: 514–527

Rosemond AD, Mulholland PJ, Elwood JW (1993) Top-down and bottom-up control of stream periphyton: effects of nutrients and herbivores. Ecology 74: 1264–1280

Rosenheim JA (2001) Source-sink dynamics for a generalist insect predator in habitats with strong higher-order predation. Ecol Monogr 71: 93–116

Rosenheim JA, Limburg DD, Colfer RG (1999) Impact of generalist predators on a biological control agent, *Chrysoperla carnea*: direct observations. Ecol Appl 9: 409–417

Rosenthal GA, Bell EA (1979) Naturally occuring, toxic nonprotein amino acids. In: Rosenthal GA, Janzen DH (eds) Herbivores: Their interaction with secondary plant metabolites. Academic Press, New York, pp 353–385

Rosenthal GA, Dahlman DL, Janzen DH (1978) L-Canaline detoxification: a seed predator's biochemical mechanism. Science 202: 528–529

Rosenzweig ML (1971) Paradox of enrichment: destabilization of exploitation ecosystems in ecological time. Science 171: 385–387

Rostás M, Simon M, Hilker M (2003) Ecological cross-effects of induced plant responses towards herbivores and phytopathogenic fungi. Basic Appl Ecol 4: 43–62

Roudez RJ, Glover T, Weis JS (2008) Learning in an invasive and a native predatory crab. Biol Invasions 10: 1191–1196

Roughgarden J, Diamond J (1986) Overview: The role of species interactions in community ecology. In: Diamond J, Case TJ (eds) Community ecology. Harper & Row, New York, pp 333–343

Ryan CA (1973) Proteolytic enzymes and their inhibitors in plants. Annu Rev Plant Physiol 24: 173–196

Sagata K, Lester PJ (2009) Behavioural plasticity associated with propagule size, resources, and the invasion success of the Argentine ant *Linepithema humile*. J Appl Ecol 46: 19–27

Saunders JF (1980) Organic matter and decomposers. In: LeCren ED, Lowe-McConnell RH (eds) The functioning of freshwater ecosystems. Cambridge University Press, Cambridge, London, pp 341–392

Saunders JF, Lewis WM (1988) Dynamics and control mechanisms in a tropical zooplankton community (Lake Valencia, Venezuela). Ecol Monogr 58: 337–353

Schemske DW, Horvitz CC (1984) Variation among floral visitors in pollination ability: a precondition for mutualism specialisation. Science 225: 519–521

Schmitz OJ (1993) Trophic exploitation in grassland food chains: simple models and a field experiment. Oecologia 93: 327–335

Schmitz OJ, Hambäck PA, Beckerman AP (2000) Trophic cascades in terrestrial systems: a review of the effects of carnivore removals on plants. Am Nat 155: 141–153

Schmitz OJ, Kalies EL, Booth MG (2006) Alternative dynamic regimes and trophic control of plant succession. Ecosystems 9: 659–672

Schoener TW (1983) Field experiments on interspecific competition. Am Nat 122: 240–285

Schoener TW (1989) The ecological niche. In: Cherrett JM (ed) Ecological concepts. Blackwell Scientific, Oxford, London, pp 79–113

Schoener TW, Spiller DA (1995) Effect of predators and area on invasion: an experiment with island spiders. Science 267: 1811–1813

Schoener TW, Spiller DA (1996) Devastation of prey diversity by experimentally introduced predators in the field. Nature 381: 691–694

Schoenly K, Beaver RA, Heumier TA (1991) On the trophic relations of insects: a food-web approach. Am Nat 137: 597–638

Schön G (1994) Knöllchenbakterien. In: Herder-Lexikon der Biologie, Bd 5. Spektrum, Heidelberg, S 53–55

Schultz JC (1992) Factoring natural enemies into plant tissue availability to herbivores. In: Hunter MD, Ohgushi T, Price PW (eds) Effects of resource distribution on animal-plant interactions. Academic Press, San Diego, pp 175–197

Schweitzer DF (1979) Effects of foliage age on body weight and survival in larvae of the tribe Lithophanini (Lepidoptera: Noctuidae). Oikos 32: 403–408

Seely MK, Louw GN (1980) First approximation of the effects of rainfall on the ecology and energetics of a Namib Desert dune ecosystem. J Arid Environ 3: 25–54

Seilacher A, Reif WE, Wenk P (2007) The parasite connection in ecosystems and macroevolution. Naturwissenschaften 94: 155–169

Self LS, Guthrie FE, Hodgson E (1964) Adaptation of tobacco hornworms to the ingestion of nicotine. J Insect Physiol 10: 907–914

Shachak M, Jones CG, Granot Y (1987) Herbivory in rocks and the weathering of a desert. Science 236: 1098–1099

Sherman K, Jones C, Sullivan L, Smith W, Berrien P, Ejsymont L (1981) Congruent shifts in sand eel abundance in western and eastern North Atlantic ecosystems. Nature 291: 486–489

Sherman PW (1977) Nepotism and the evolution of alarm calls. Science 197: 1246–1253

Shi G, Ma C (2006) Biological characteristics of alien plants successful invasion. Chinese J Appl Ecol 17: 727–732

Sih A, Crowley P, McPeek M, Petranka J, Strohmeier K (1985) Predation, competition, and prey communities: a review of field experiments. Annu Rev Ecol Syst 16: 269–311

Simenstad CA, Estes JA, Kenyon KW (1978) Aleuts, sea otters, and alternate stable-state communities. Science 200: 403–411

Sinclair ARE, Olsen PD, Redhead TD (1990) Can predators regulate small mammal populations? Evidence from house mouse outbreaks in Australia. Oikos 59: 382–392

Singh BB, Hadley HH, Bernard RL (1971) Morphology of pubescence in soybeans and its relationship to plant vigor. Crop Sci 11: 13–16

Skogland T (1991) What are the effects of predators on large ungulate populations? Oikos 61: 401–411

Slansky F, Feeny P (1977) Stabilization of the rate of nitrogen accumulation by larvae of the cabbage butterfly on wild and cultivated food plants. Ecol Monogr 47: 209–228

Slobodkin LB, Smith FE, Hairston NG (1967) Regulation in terrestrial ecosystems, and the implied balance of nature. Am Nat. 101: 109–124

Smetacek V (1991) Die Primärproduktion der marinen Plankton-Algen. In: Biologie der Meere. Spektrum, Heidelberg, S 34–44

Smiley JT (1985) Are chemical barriers necessary for evolution of butterfly-plant associations? Oecologia 65: 580–583

Smith RH, Bass MH (1972) Relationship of artificial pod removal to soybean yields. J Econ Entomol 65: 606–608

Snoeren TAL, Kappers IF, Broekgaarden C, Mumm R, Dicke M, Bouwmeester HJ (2010) Natural variation in herbivore-induced volatiles in *Arabidopsis thaliana*. J Exp Bot 61: 3041–3056

Sol D, Duncan RP, Blackburn TM, Cassey P, Lefebvre L (2005) Big brains, enhanced cognition, and response of birds to novel environments. Proc Natl Acad Sci USA 102: 5460–5465

Solomon ME, Glen DM, Kendall DA, Milsom NF (1976) Predation of overwintering larvae of codling moth (*Cydia pomonella* (L.)) by birds. J Appl Ecol 13: 341–353

Soszka GJ (1975) Ecological relations between invertebrates and submerged macrophytes in the lake littoral. Ekol Pol 23: 393–415

Spiller DA, Schoener TW (1994) Effects of top and intermediate predators in a terrestrial food web. Ecology 75: 182–196

Stander PE (1992) Foraging dynamics of lions in a semi-arid environment. Can J Zool 70: 8–21

Steffan-Dewenter I, Westphal C (2008) The interplay of pollinator diversity, pollination services and landscape change. J Appl Ecol 45: 737–741

Stevens GC (1989) The latitudinal gradient in geographical range: how so many species coexist in the tropics. Am Nat 133: 240–256

Stewart AJ (1987) Responses of stream algae to grazing minnows and nutrients: a field test for interactions. Oecologia 72: 1–7

Stout MJ, Workman KV, Bostock RM, Duffey SS (1998) Stimulation and attenuation of induced resistance by elicitors and inhibitors of chemical induction in tomato (*Lycopersicon esculentum*) foliage. Entomol Exp Appl 86: 267–279

Strong AM, Sherry TW, Holmes RT (2000) Bird predation on herbivorous insects: indirect effects on sugar maple saplings. Oecologia 125: 370–379

Strong DR (1982) Harmonious coexistence of hispine beetles on *Heliconia* in experimental and natural communities. Ecology 63: 1039–1049

Strong DR (1983) Natural variability and the manifold mechanisms of ecological communities. Am Nat 122: 636–660

Strong DR (1986) Density vagueness: abiding the variance in the demography of real populations. In: Diamond J, Case TJ (eds) Community ecology. Harper & Row, New York, pp 257–268

Strong DR, Lawton JH, Southwood TRE (1984) Insects on plants: community patterns and mechanisms. Blackwell, Oxford

Suckling DM, Karg G (1999) Pheromones and other semiochemicals. In: Rechcigl JE, Rechcigl NA (eds) Biological and biotechnological control of insect pests. Lewis, Boca Raton, London, pp 63–99

Sugihara G, Schoenly K, Trombla A (1989) Scale invariance in food web properties. Science 245: 48–52

Sunderland KD (1975) The diet of some predatory arthropods in cereal crops. J Appl Ecol 12: 507–515

Sunderland KD, Fraser AM, Dixon AF (1986) Field and laboratory studies on money spiders (Linyphiidae) as predators of cereal aphids. J Appl Ecol 23: 433–447

Sunderland KD, Vickerman GP (1980) Aphid feeding by some polyphagous predators in relation to aphid density in cereal fields. J Appl Ecol 17: 389–396

Swain T (1979) Tannins and lignins. In: Rosenthal GA, Janzen DH (eds) Herbivores. Their interaction with secondary plant metabolites. Academic Press, New York, pp 657–682

Tabashnik BE (1983) Host range evolution: the shift from native legume hosts to alfalfa by the butterfly, *Colias philodice eriphyle*. Evolution 37: 150–162

Tallamy DW (1985) Squash beetle feeding behavior: an adaption against induced cucurbit defenses. Ecology 66: 1574–1579

Tallamy DW, McCloud ES (1991) Squash beetles, cucumber beetles, and inducible cucurbit responses. In: Tallamy DW, Raupp MJ (eds) Phytochemical induction by herbivores. Wiley, New York, pp 155–181

Taniguchi Y, Nakano S (2000) Condition-specific competition: implications for the altitudinal distribution of stream fishes. Ecology 81: 2027–2039

Terkel J (1995) Cultural transmission in the black rat: pine cone feeding. Adv Stud Behav 24: 119–154

Tews J, Brose U, Grimm V, Tielbörger K, Wichmann MC, Schwager M, Jeltsch F (2004) Animal species diversity driven by habitat heterogeneity/diversity: the importance of keystone structures. J Biogeogr 31: 79–92

Thienemann A (1950) Lebensraum: Lebensbedingung und Lebenshindernis. Orion 5: 417–421

Thomas F, Renaud F, De Meeüs T, Poulin R (1998) Manipulation of host behaviour by parasites: ecosystem engineering in the intertidal zone? Proc R Soc Lond B 265:1091–1096

Thomas GD, Ignoffo CM, Biever KD, Smith DB (1974) Influence of defoliation and depodding on yield of soybeans. J Econ Entomol 67: 683–685

Thomas MB, Mitchell HJ, Wratten SD (1992) Abiotic and biotic factors influencing the winter distribution of predatory insects. Oecologia 89: 78–84

Tischler W (1993) Einführung in die Ökologie. 4. Aufl. Gustav Fischer, Stuttgart

Toft CA (1986) Coexistence in organisms with parasitic lifestyles. In: Diamond JM, Case TJ (eds) Community ecology. Harper & Row, New York, pp 445–463

Tokeshi M (1999) Species coexistence. Blackwell, Oxford, London

Trapp JL (1979) Variation in summer diet of glaucous-winged gulls in the western Aleutian islands: an ecological interpretation. Wilson Bull 91: 412–419

Triltsch H (1996) On the parasitization of the ladybird *Coccinella septempunctata* (Col., Coccinellidae). J Appl Entomol 120: 375–378

Trivers R (1985) Social Evolution. Benjamin/Cummings, Menlo Park

Tscharntke T (1990) Zerstörung kontra Artenvielfalt? Kaskadeneffekte über vier trophische Ebenen, ausgelöst durch *Phragmites*-Schäden. Verh Dtsch Zool Ges 83: 493

Tscharntke T (1991) Die Auswirkungen der Herbivorie auf Wachstum und Konkurrenzfähigkeit der Pflanzen. In: Schmid B, Stöcklin J (Hrsg) Populationsbiologie der Pflanzen. Birkhäuser, Basel, S 254–280

Tscharntke T (1992) Cascade effects among four trophic levels: bird predation on gall affects density-dependent parasitism. Ecology 73: 1689–1698

Tuberville TD, Dudley PG, Pollard AJ (1996) Responses of invertebrate herbivores to stinging trichomes of *Urtica dioica* and *Laportea canadensis*. Oikos 75: 83–88

Turlings TCJ, Tumlinson JH, Lewis WJ (1990) Exploitation of herbivore-induced plant odors by host-seeking parasitic wasps. Science 250: 1251–1253

Turner JRG, Lennon JJ, Lawrenson JA (1988) British bird species distributions and the energy theory. Nature 335: 539–541

Tylianakis JM, Romo CM (2010) Natural enemy diversity and biological control: making sense of the context-dependency. Basic Appl Ecol 11: 657–668

Underwood GJC (1991) Growth enhancement of the macrophyte *Ceratophyllum demersum* in the presence of the snail *Planorbis planorbis*: the effect of grazing and chemical conditioning. Freshwat Biol 26: 325–334

Vall-Llosera M, Sol D (2009) A global risk assessment for the success of bird introductions. J Appl Ecol 46: 787–795

van Buskirk J, Smith DC (1991) Density-dependent population regulation in a salamander. Ecology 72: 1747–1756

van Driesche RG, Bellows TS (1996) Biological control. Chapman & Hall, London van Kleunen M, Weber E, Fischer M (2010) A meta-analysis of trait differences between invasive and non-invasive plant species. Ecol Lett 13: 235–245

van Ruijven J, Berendse F (2005) Diversity-productivity relationships: initial effects, long-term patterns, and underlying mechanisms. Proc Natl Acad Sci USA 102: 695–700

van Wilgenburg E, Clémencet J, Tsutsui ND (2010) Experience influences aggressive behaviour in the Argentine ant. Biol Lett 6: 152–155

Vermeij GJ (1991) When biotas meet: understanding biotic interchange. Science 253: 1099–1104

Vickerman GP, Sunderland KD (1975) Arthropods in cereal crops: nocturnal activity, vertical distribution and aphid predation. J Appl Ecol 12: 755–763

Vickerman GP, Wratten SD (1979) The biology and pest status of cereal aphids (Hemiptera: Aphididae) in Europe: a review. Bull Ent Res 69: 1–32

Voland E (1993) Grundriß der Soziobiologie. Gustav Fischer, Stuttgart

von Zeipel H, Eriksson O, Ehrlén J (2006) Host plant population size determines cascading effects in a plant-herbivore-parasitoid system. Basic Appl Ecol 7: 191–200

Vorley VT, Wratten SD (1987) Migration of parasitoids (Hymenoptera: Braconidae) of cereal aphids (Hemiptera: Aphididae) between grassland, early-sown cereals and late-sown cereals in southern England. Bull Ent Res 77: 555–568

Waage JK, Mills NJ (1992) Biological control. In: Crawley, MJ (ed) Natural enemies. The population biology of predators, parasites and diseases. Blackwell, Oxford, pp 412–430

Wall R, Begon M (1985) Competition and fitness. Oikos 44: 356–360

Wallace JB, Eggert SL, Meyer JL, Webster JR (1997) Multiple trophic levels of a forest stream linked to terrestrial litter inputs. Science 277: 102–104

Walters KFA, Dewar AM (1986) Overwintering strategy and the timing of the spring migration of the cereal aphids *Sitobion avenae* and *Sitobion fragariae*. J Appl Ecol 23: 905–915

Ward LK, Lakhani KH (1977) The conservation of *juniper*: the fauna of foodplant island sites in southern England. J Appl Ecol 14: 121–135

Warren J, Topping CJ, James P (2009) A unifying evolutionary theory for the biomass-diversity-fertility relationship. Theor Ecol 2: 119–126

Warren PH (1989) Spatial and temporal variation in the structure of a freshwater food web. Oikos 55: 299–311

Warren PH (1990) Variation in food web structure: the determinants of connectance. Am Nat 136: 689–700

Wasserthal LT (1993) Swing-hovering combined with long tongue in hawkmoths, an anti-predator adaptation during flower visits. In: Barthlott W, Naumann CM, Schmidt-Loske K, Schuchmann KL (eds) Animal-plant interactions in tropical environments. Results of the annual meeting of the German Society for Tropical Ecology held at Bonn, February 13–16, 1992 pp 77–87

Wasserthal LT (1994) Von langrüsseligen Schwärmerarten. Mitt DFG 3/94: 8–11

Wasserthal LT (1997) The pollinators of Malagasy star orchids *Angraecum sesquipedale, A. sororium* and *A. compactum* and the evolution of extremely long spurs by pollinator shift. Botanica Acta 110: 343–359

Wasserthal LT (2001) Anpassungen bei Sphingiden zur Vermeidung von Spinnen- und Fledermaus-Attacken. Verh Westd Entom Tag 2000: 13–30

Way MJ (1963) Mutualism between ants and honeydew-producing homoptera. Annu Rev Entomol 8: 307–344

Weidemann HJ (1995) Tagfalter. 2. Aufl. Naturbuch, Augsburg

Weiner J (1986) How competition for light and nutrients affects size variability in *Ipomoea tricolor* populations. Ecology 67: 1425–1427

Welter SC, Steggall JW (1993) Contrasting the tolerance of wild and domesticated tomatoes to herbivory: agroecological implications. Ecol Appl 3: 271–278

Wenk P, Renz A (2003) Parasitologie. Biologie der Humanparasiten. Thieme, Stuttgart

Werner D (1987) Pflanzliche und mikrobielle Symbiosen. Thieme, Stuttgart

Werner RA (1995) Toxicity and repellency of 4-allylanisole and monoterpenes from white spruce and tamarack to the spruce beetle and eastern larch beetle (Coleoptera: Scolytidae). Environ Entomol 24: 372–379

West C (1985) Factors underlying the late seasonal appearance of the lepidopterous leaf-mining guild on oak. Ecol Entomol 10: 111–120

Wetzel RG (1983) Attached algal-substrata interactions: fact or myth, and when and how? In: Wetzel RG (ed) Periphyton in freshwater ecosystems. Junk, The Hague, pp 207–215

White TCR (1978) The importance of a relative shortage of food in animal ecology. Oecologia 33: 71–86

White TCR (1993) The inadequate environment. Springer, Berlin, Heidelberg, New York

White, TCR (2008) The role of food, weather and climate in limiting the abundance of animals. Biol Rev 83: 227–248

Wichmann HE (1955) Das Schutzverhalten von Insekten gegenüber Ameisen. Z Angew Entomol 37: 507–510

Wickler W (1986) Dialekte im Tierreich. Ihre Ursachen und Konsequenzen. Schriftenreihe der westfälischen Wilhelm-Universität Münster (Neue Folge, Heft 6) Aschendorff, Münster

Wiegert RG, Owen DF (1971) Trophic structure, available resources and population density in terrestrial vs. aquatic ecosystems. J Theor Biol 30: 69–81

Wilbur HM (1988) Interactions between growing predators and growing prey. In: Ebenman B, Persson L (eds) Size-structured populations. Springer, Berlin, Heidelberg, New York, pp 157–172

Wiles GJ, Bart J, Beck RE, Aguon CF (2003) Impacts of the Brown Tree Snake: patterns of decline and species persistence in Guam's avifauna. Conserv Biol 17: 1350–1360

Wilkinson GS (1984): Reciprocal food sharing in the vampire bat. Nature 308: 181–184

Williamson M (1996) Biological invasions. Chapman & Hall, London

Winder L, Hirst DJ, Carter N, Wratten SD, Sopp PI (1994) Estimating predation of the grain aphid *Sitobion avenae* by polyphagous predators. J Appl Ecol 31: 1–12

Winemiller KO (1989) Must connectance decrease with species richness? Am Nat 134: 960–968

Winterbourn MJ (1990) Interactions among nutrients, algae and invertebrates in a New Zealand mountain stream. Freshwat Biol 23: 463–474

Wise MJ (2010) Diffuse interactions between two herbivores and constraints on the evolution of resistance in horsenettle *(Solanum carolinense)*. Arthropod Plant Interact 4: 159–164

Wolfson JL, Murdock LL (1990) Growth of *Manduca sexta* on wounded tomato plants: role of induced proteinase inhibitors. Entomol Exp Appl 54: 257–264

Wootton JT (1995) Effect of birds on sea urchins and algae: a lower-intertidal trophic cascade. Ecoscience 2: 321–328

Wu J, Baldwin IT (2009) Herbivory-induced signaling in plants: perception and action. Plant Cell Environ 32: 1161–1174

Wu J, Hettenhausen C, Schuman MC, Baldwin IT (2008) A comparison of two *Nicotiana attenuata* accessions reveals large differences in signaling induced by oral secretions of the specialist herbivore *Manduca sexta*. Plant Physiol 146: 927–939

Wuketits FM (1997) Soziobiologie. Spektrum, Heidelberg, Berlin

Wynne-Edwards VC (1962) Animal dispersion in relation to social behaviour. Oliver & Boyd, Edinburgh

Wynne-Edwards VC (1965) Self-regulating systems in populations of animals. Science 147: 1543–1548

Wynne-Edwards VC (1986) Evolution through group selection. Blackwell, Oxford

Yodzis P (1980) The connectance of real ecosystems. Nature 284: 544–545

Young HJ (1988) Differential importance of beetle species pollinating *Dieffenbachia longispatha* (Araceae). Ecology 69: 832–844

Zangerl AR (1990) Furanocumarin induction in wild parsnip: evidence for an induced defense against herbivores. Ecology 71: 1926–1932

Zeevalking HJ, Fresco LFM (1977) Rabbit grazing and species diversity in a dune area. Vegetatio 35: 193–196

Zong N, Wang CZ (2007) Larval feeding induced defensive responses in tobacco: comparison of two sibling species of *Helicoverpa* with different diet breadths. Planta 226: 215–224

Zwölfer H (1973) Possibilities and limitations in biological control of weeds. OEPP/EPPO Bull 3: 19–30

Verzeichnis der Gattungen und Arten

Sachverzeichnis